普通高等教育“十三五”规划教材

单片机及安全监控

余修武　李向阳　叶勇军　陈海文　编著

電子工業出版社
Publishing House of Electronics Industry
北京 • BEIJING

内 容 简 介

本书共 9 章，第 1、2 章分别介绍单片机基础知识和结构原理；第 3～5 章介绍单片机系统软件，包括系统指令、汇编语言程序设计、中断系统及定时/计数器；第 6～8 章介绍单片机监控外围系统，包括监控系统扩展、串行通信、接口；第 9 章介绍单片机安全监控系统设计。每章均有本章基本要求、本章小结、习题及技能设计模块。习题和技能设计是作者在多年科研与教学中提炼出来的，旨在培养读者解决实际复杂工程问题的能力。

本书全面系统地介绍了单片机的结构原理和监控技术，精选了大量的系统应用实例，具有实际参考价值。本书内容简练，深入浅出，具有一定的深度和广度，可作为高等院校自动化、安全、计算机、测控、机电等相关专业的本科生或研究生教材，也可供从事单片机设计开发和应用等相关领域的研究人员及工程技术人员参考。

图书在版编目（CIP）数据

单片机及安全监控/余修武等编著. —北京：电子工业出版社，2017.9

普通高等教育“十三五”规划教材

ISBN 978-7-121-32769-8

Ⅰ. ①单… Ⅱ. ①余… Ⅲ. ①单片微型计算机－高等学校－教材 Ⅳ. ①TP368.1

中国版本图书馆 CIP 数据核字（2017）第 235792 号

责任编辑：杨秋奎
印　　刷：北京虎彩文化传播有限公司
装　　订：北京虎彩文化传播有限公司
出版发行：电子工业出版社
　　　　　北京市海淀区万寿路 173 信箱　　邮编 100036
开　　本：787×1 092　1/16　印张：17.75　字数：489 千字
版　　次：2017 年 9 月第 1 版
印　　次：2024 年 6 月第 6 次印刷
定　　价：71.00 元

凡所购买电子工业出版社图书有缺损问题，请向购买书店调换。若书店售缺，请与本社发行部联系，联系及邮购电话：（010）88254888，88258888。

质量投诉请发邮件至 zlts@phei.com.cn，盗版侵权举报请发邮件至 dbqq@phei.com.cn。

本书咨询联系方式：（010）88254694。

前　言

随着科学技术的进步和工业生产的发展，现代化装备系统的功能越来越完善、结构越来越复杂，其可靠性及安全问题也日益突出，灾难性事故时有发生。在可靠安全监控等方面，对现代化装备系统的自动化和智能化程度的要求越来越高。安全监控（也称为安全测控）是指监测与控制两种功能的结合，监测设备采集被监测设备或场所的某些特征数据，处理器（如单片机）对监测数据进行分析比较，由控制设备改变被控设备的运行状态，达到自动维持安全和稳定的目的。

单片机是单片微型计算机的简称，是面向对象的用于实时监控领域的微控器。单片机几乎把计算机系统的各功能模块都集成在同一块芯片上，完成了整个系统的功能。单片机年用量达上百亿片，是计算机通用微处理器年用量的几十倍。由于单片机具有体积小、运行可靠、功耗和成本低等特点，因此在智能传感器与监控、电力自动化、机器人、数控车床、工业控制、智能仪表仪器、航空航天、信息通信、交通、家电、汽车等诸多领域均获得了广泛的应用。单片机嵌入式系统的开发与应用，是计算机技术发展史上又一个里程碑。

对于工科相关专业的大学生、研究生和科研技术人员来说，学习和掌握单片机监控技术是非常必要的。工科相关专业要像开设计算机基础一样开设单片机监控课程，有了通用计算机的基础，再学单片机就较为容易，学时数也可适当减少。单片机和通用计算机是微型机发展的两大分支，其基本结构、工作理论、监控技术都非常类似。这样既可以把计算机技术运用到本专业或相关领域，又使计算机与单片机课程互通互补、相互衔接，能够使读者加深理解，达到事半功倍的学习效果。

本书以 80C51 系列单片机为对象，结合了其在人类的生活、交通、工业生产等领域的安全监控应用与设计，既符合教学特点的典型性和实验设备成熟性，又不失内容的先进性与实用性。本书共安排了 9 个技能设计和 5 个安全监控系统设计实例，希望读者从感性认识和实践入手，理论结合实践，逐步锻炼解决实际复杂工程问题的能力。

本书共 9 章，第 1、2 章分别介绍单片机基础知识和结构原理；第 3～5 章介绍单片机系统软件，包括系统指令、汇编语言程序设计、中断系统及定时/计数器；第 6～8 章介绍单片机监控外围系统，包括监控系统扩展、串行通信、接口；第 9 章介绍单片机安全监控系统设计。本书全面系统地介绍了单片机的结构原理和监控技术，精选了大量的系统应用实例，具有实际参考价值。本书内容简练，深入浅出，具有一定的深度和广度。每章配有本章基本要求、本章小结、习题和技能设计，以利于读者“学”“做”结合。书后附录中给出部分习题答案，供读者参考。

本书主要由余修武编著，李向阳、叶勇军、陈海文参与了部分章节的编著，余员琴、江珊也参与了编写工作，范飞生、张枫、周利兴、张可、胡沐芳、刘琴、余齐豪等也做了部分工作。在开展本书内容的研究过程中，得到了湖南省普通高等学校教学改革研究项目（No.2016-351）、南华大学研究生教育教学改革课题（No.2016JG025）、湖南省教育厅自然科学研究重点项目（No.15A161）、金属矿山安全与健康国家重点实验室开放基金项目（No.2016-JSKSSYS-04）、湖南省铀尾矿库退役治理技术工程研究中心（No.2016TP2006）、南华大学安全科学与工程重点学科（No.NHXK03）的联合资助。本书由南华大学资助出版。在此，对所有曾在本书内容研究、撰写和出版过程中给予帮助支持的人和单位，我们表示由衷的感谢。尤其感谢本书所引用参考资料的所有原作者们，由于编写过程中参考文献较多，难以一一列出，在此向原作者致敬。

鉴于作者学识水平及掌握的资料所限，书中不足之处，恳请各位专家和广大读者批评指正！

作　者

2017 年 8 月

目　录

第 1 章　单片机概述

本章基本要求： 熟悉计算机中的数制和编码，了解 80C51 系单片机的概念、特点、发展及应用领域，理解典型单片机系列的基本情况。

1.1　计算机中的数据信息

1.1.1　计算机中数据的类型

计算机中所有的数据都是用二进制表示的，有的数据是用 8 位二进制表示，有的用 16 位二进制表示，有的用 32 位二进制表示。这就跟数据类型有关，在计算机中，数据类型有字节、字、双字等。针对不同类型数据，二进制表示位数也不同，下面是两种常用数据类型格式——字节（8 位）、字（16 位）。

字节（8位）：

D7	D6	D5	D4	D3	D2	D1	D0

字（16位）：

D15	…	D8	D7	…	D0

1.1.2　数制及其转换

1.1.2.1　数制

数制是指计数的规则。在日常生活中人们最熟悉的是十进制，此外还有二进制、十六进制等。为了区分不同的进位进制，一般在数字后面加上数制字符，例如，2 代表二进制、10 代表十进制、16 代表十六进制；也可以用字母来表示数制，B 代表二进制、D 代表十进制、H 代表十六进制。

二进制计数法的特点是：以 2 为底，逢 2 进位；需要 2 个数字符号 0,1。

十进制计数法的特点是：以 10 为底，逢 10 进位；需要 10 个数字符号 0,1,2,…,9。

十六进制计数法的特点是：以 16 为底，逢 16 进位；需要 16 个数字符号 0,1,2,…,9,A,B,C,D,E,F。

部分自然数的三种进制表示如表 1-1 所示。

表 1-1　部分自然数的三种进制表示

十进制	二进制	十六进制	十进制	二进制	十六进制
0	0	0	7	111	7
1	1	1	8	1000	8
2	10	2	9	1001	9
3	11	3	10	1010	A
4	100	4	11	1011	B
5	101	5	12	1100	C
6	110	6	13	1101	D

（续表）

十进制	二进制	十六进制	十进制	二进制	十六进制
14	1110	E	19	10011	13
15	1111	F	20	10100	14
16	10000	10	32	100000	20
17	10001	11	100	1100100	64
18	10010	12	1000	1111101000	3E8

1.1.2.2 数制之间的转换

（1）十进制转换成二进制

十进制→二进制：整数部分除 2 取余；小数部分乘 2 取整。

例 1.1 （58）$_{10}$和（0.8125）$_{10}$转换成二进制。

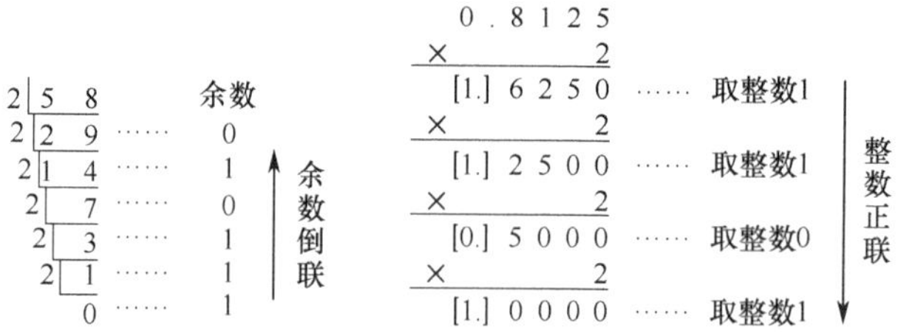

$(58)_{10}=(111010)_2$　　$(0.8125)_{10}=(0.1101)_2$

（2）二进制与十六进制之间的转换

二进制→十六进制：以小数点为基准向左或向右，每 4 位为一组（若不足 4 位则补 0）用 1 个十六进制数字表示。

十六进制→二进制：把每个十六进制数字用 4 位二进制数表示。

例 1.2 将（111010.1101）$_2$转换成十六进制。

$$(111010.1101)_2=\underset{3}{\underline{0011}}\ \underset{B}{\underline{1010}}\ .\ \underset{D}{\underline{1101}}=(3B.D)_{16}$$

1.1.3 数在计算机内的表示

计算机中的数通常有两种：无符号数和有符号数。无符号数由于不带符号，表示时比较简单，直接用它对应的二进制形式表示。假设机器字长为 8 位，则一个数据可用 8 位（二进制）来表示，例如，123 表示成 01111011B。有符号数带有正负号，通常在计算机中表示有符号数时，在数的前面一位作为符号位。正数表示为 0，负数表示为 1，其余的位用以表示数的大小。这种连同一个符号位在一起作为一个数，称为机器数，它的数值称为机器数的真值。假设机器字长为 8 位，有符号数格式如下：

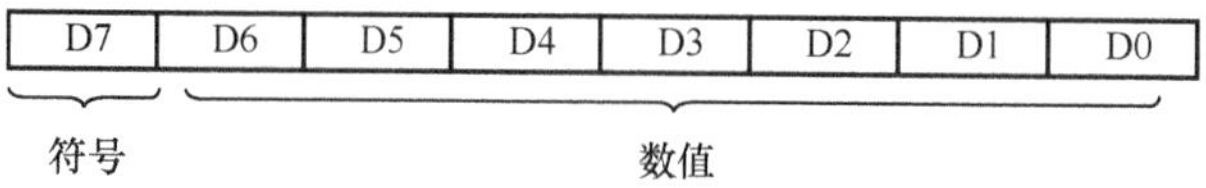

1.1.3.1 原码、反码和补码

机器数在计算机中有三种表示法：原码、反码和补码。

原码表示时，最高位为符号位，正数用 0 表示，负数用 1 表示，其余的位用于表示数的绝对值。假设机器字长为 8 位，某个数原码格式如下：

D7	D6	D5	D4	D3	D2	D1	D0
符号位	绝对值						

对于一个 n 位的二进制，它的原码表示范围为-（$2^{n-1}-1$）～+（$2^{n-1}-1$）。例如，如果用 8 位二进制表示原码，则数的范围为-127～+127。

例 1.3　求+67、-25 的原码（机器字长 8 位）。

因为　　$|+67|$=67=1000011B

　　　　$|-25|$=25=11001B

所以　　[+67]原=01000011B

　　　　[-25]原=10011001B

反码表示时，最高位为符号位，正数用 0 表示，负数用 1 表示。正数的反码与原码相同；而负数的反码可在原码的基础之上，符号位不变，其余位取反得到。

对于一个 n 位的二进制，它的反码表示范围为-（$2^{n-1}-1$）～+（$2^{n-1}-1$）。对于 0，假设机器字长为 8 位，-0 的反码为 11111111B，+0 的反码为 00000000B。

例 1.4　求+67、-25 的反码（机器字长 8 位）。

因为　　[+67]原=01000011B

　　　　[-25]原=10011001B

所以　　[+67]反=01000011B

　　　　[-25]反=11100110B

补码表示时，最高位为符号位，正数用 0 表示，负数用 1 表示。正数的补码与原码相同；而负数的补码可在原码的基础之上，符号位不变，其余位取反，末位加 1 得到。对于一个负数 X，X 的补码也可用 $2^n-|X|$ 得到，其中 n 为计算机字长。

例 1.5　求+67、-25 的补码（机器字长 8 位）。

因为　　[+67]原=01000011B

　　　　[-25]原=10011001B

所以　　[+67]补=01000011B

　　　　[-25]补=11100111B

1.1.3.2　补码的加减运算

补码的加法运算规则：

[X+Y]补=[X]补+[Y]补

[X-Y]补=[X]补+[-Y]补

对于[-Y]补，也可以由[Y]补求出。即把[Y]补的符号与数值位一起取反，末位加 1，结果就等于[-Y]补。

例 1.6　假设计算机字长为 8 位，完成下列补码运算。

（1）　25+32

[25]补=00011001B　　[32]补=00100000B

```
          [25]补=00011001
+         [32]补=00100000
---------------------------
                 00111001
```

所以　　[25+32]补=[25]补+[32]补=00111001B=[57]补

（2）　25+（-32）

[25]补=0011001B　　[-32]补=11100000B

　　[25]补=00011001

+　　[-32]补=11100000

　　11111001

所以　　[25+（-32）]补=[25]补+[-32]补=11111001B=[-7]补

1.1.3.3　十进制数的表示

十进制是人们在生活中最习惯的数制。人们通过键盘向计算机输入数据时，常用十进制输入；显示器向人们显示的数据也多为十进制形式。但计算机能直接识别与处理的是二进制，所以就必须对十进制进行编码。十进制编码又称为 BCD 码。常用的 BCD 码如表 1-2 所示。

表 1-2　常用的 BCD 码

十进制数	BCD 码	十进制数	BCD 码
0	0000B	5	0101B
1	0001B	6	0110B
2	0010B	7	0111B
3	0011B	8	1000B
4	0100B	9	1001B

其中 BCD 码又分压缩 BCD 码和非压缩 BCD 码。压缩 BCD 码又称为 8421BCD 码，它是用四位二进制编码来表示一位十进制符号。非压缩 BCD 码是用八位二进制数来表示一位十进制符号，其中低四位二进制编码与压缩 BCD 码相同，高四位任取。

例如，十进制数 124 的压缩 BCD 码为 0001 0010 0100。十进制数 4.56 的压缩 BCD 码为 0100.0101 0110。十进制数 124 的非压缩 BCD 码为 0000 0001 0000 0010 0000 0100。

1.1.4　字符在计算机内的表示

在计算机中除了数值之外，还有一类非常重要的数据，那就是字符，如英文的大小写字母（A,B,C,…,a,b,c,…）、数字符号（0,1,2,…,9）及其他常用符号（如？、=、%、+等）。在计算机中，这些符号都是用二进制编码的形式表示。

现在的计算机中字符数据的编码通常采用的是美国信息交换标准代码 ASCII 码（American Standard Code for Information Interchange）。基本 ASCII 码标准定义了 128 个字符，用七位二进制来编码。ASCII 码常用于计算机与外部设备的数据传输。如通过键盘的字符输入，通过打印机或显示器的字符输出。常用字符的 ASCII 码如表 1-3 所示。

表 1-3　常用字符的 ASCII 码

字　符	ASCII 码	字　符	ASCII 码	字　符	ASCII 码	字　符	ASCII 码
0	30H	A	41H	a	61H	SP（空格）	20H
1	31H	B	42H	b	62H	CR（回车）	0DH
2	32H	C	43H	c	63H	LF（换行）	0AH
⋮	⋮	⋮	⋮	⋮	⋮	BEL（响铃）	07H
9	39H	Z	49H	z	7AH	BS（退格）	08H

1.2　单片机基础

1.2.1　单片机及其监控系统

单片机是指集成在一个芯片上的微型计算机，也就是把组成微型计算机的各种功能部件，包括 CPU（Central Processing Unit）、随机存取存储器 RAM（Random Access Memory）、只读存储器 ROM（Read-only Memory）、基本输入/输出（Input/Output）接口电路、定时器/计数器等部件都制作在一块集成芯片上，构成一个完整的微型计算机，从而实现微型计算机的基本功能。单片机内部结构示意图如图 1-1 所示。

单片机实质上是一个集成电路芯片。在实际应用中，通常将单片机芯片外加各种扩展接口电路、外部设备、被控对象等硬件和软件，构成一个单片机应用系统。

单片机监控系统是以单片机为核心，配以输入/输出、显示、控制等外围电路和软件，能实现一种或多种功能的实用系统。单片机监控系统由硬件和软件两部分组成，硬件是监控系统的基础，软件则是对硬件资源进行的调配和使用，从而完成监控系统所要求的控制任务，二者缺一不可。单片机监控系统的组成如图 1-2 所示。

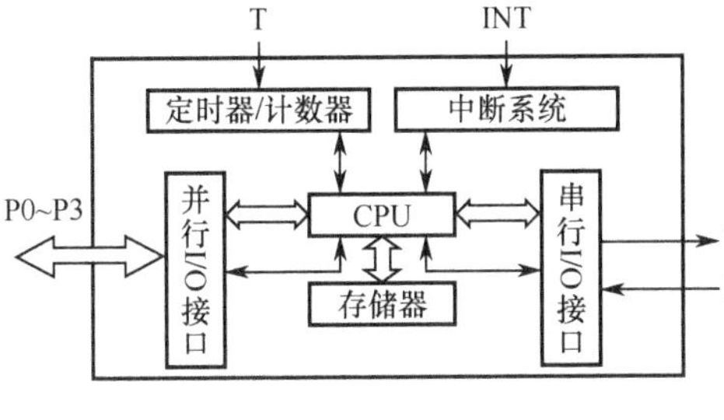

图 1-1　单片机内部结构示意图

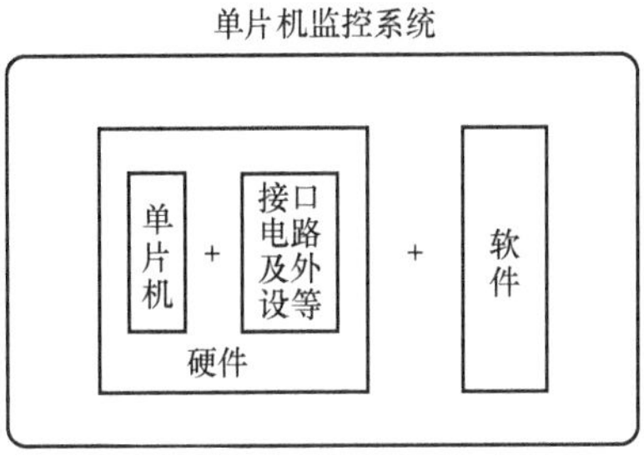

图 1-2　单片机监控系统组成

单片机监控系统开发人员必须从硬件和软件两个角度来深入了解和掌握单片机技术，并将二者有机结合起来，才能够实现或完成具有特定功能的单片机监控系统或整机产品。

1.2.2　单片机的分类

目前单片机品种很多，至少有 50 多个系列、300 多个品种。

1.2.2.1　按字长分类

◆ 4 位单片机：控制功能较弱，CPU 一次只能处理 4 位二进制。典型产品有 NEC 公司的 UPD75XX 系列、NS 公司的 COP400 系列、夏普公司的 SMXX 系列等。

◆ 8 位单片机：控制功能较强，品种最为齐全。典型产品有：Intel 公司的 MCS-48 系列、MCS-51 系列，Microchip 公司的 PIC16CXX 系列、PIC17CXX 系列及 PIC1400 系列，Motorola 公司的 M68HC05 系列和 M68HC11 系列，Zilog 公司的 Z8 系列等。

◆ 16 位单片机：16 位单片机是在 1983 年以后发展起来的。运算速度快，有的单片机的寻址能力达 1MB，片内含有 A/D 和 D/A 转换电路，支持高级语言。典型产品有 Intel 公司的 MCS-96/98 系列、Motorola 公司的 M68HC16 系列、NS 公司的 783XX 系列等。

◆ 32 位单片机：字长为 32 位，是单片机的顶级产品，具有极高的运算速度。典型产品有 Intel 公司的 MCS-80960 系列、Motorola 公司的 M68300 系列、Hitachi 公司的 Super H（简称 SH）系列等。

1.2.2.2 按控制要求分类

◆ 通用型：通用型单片机是一种基本芯片，它内部资源比较丰富，性能全面且适用性强，能满足多种应用需求。用户根据需要，可以设计一个以通用单片机芯片为核心再配以其他外围电路的测控系统。

◆ 专用型：专门针对某些产品的特定用途而制作的单片机。例如，电度表和 IC 卡读写器上的单片机等。专用型单片机针对性强且数量巨大，对系统结构的最简化、可靠性最佳化和成本的最低化等方面都作了全面的考虑，具有十分明显的综合优势。

1.2.2.3 按制造工艺分类

◆ HMOS 工艺：高密度短沟道 MOS 工艺，具有高速度、高密度的特点。

◆ CHMOS（或 HCMOS）工艺：互补的金属氧化物的 HMOS 工艺，是 CMOS 与 HMOS 的结合。CHMOS 工艺既保持了 HMOS 高密度和高速度的特点，还具有 CMOS 低功耗的特点。

1.2.3 单片机的应用特点

◆ 控制功能强。单片机是为满足工业控制需要而设计的，其实时控制功能特别强，其 CPU 可以对 I/O（输入/输出）端口直接进行操作，其位操作能力更是其他计算机无法比拟的。

◆ 体积小、使用方便、容易产品化、具有较高的性价比。一块单片机芯片就是一台完整的微型计算机。在单片机产品的引脚封装方面，有的单片机引脚已减少到 8 个甚至更少，从而使应用系统的印制板更少，安装更简单、更方便。单片机能得到广泛应用的一个重要原因就是单片机具有良好的性价比。

◆ 可靠性高。由于 CPU、存储器及 I/O 接口集成在同一芯片内，各部件间连接紧凑，数据在传送时不易受干扰和环境条件的影响，所以单片机的可靠性非常高。

1.2.4 单片机的发展过程及趋势

1.2.4.1 单片机发展过程

单片机技术发展十分迅速，产品种类琳琅满目。纵观整个单片机技术发展过程，可以分为四个阶段。

◆ 第一阶段（1976—1978 年）：低性能单片机的探索阶段。以 Intel 公司的 MCS-48 为代表，采用了单片结构，即在一块芯片内含有 8 位 CPU、定时/计数器、并行 I/O 口、RAM 和 ROM 等，主要应用于工业领域。

◆ 第二阶段（1978—1982 年）：高性能单片机阶段。这一类单片机带有串行 I/O 口、8 位数据线、16 位地址线（可寻址的范围达到 64K 字节）、控制总线、较丰富的指令系统等。这类单片机的应用范围较广。

◆ 第三阶段（1982—1990 年）：16 位单片机阶段。16 位单片机的 CPU 为 16 位，片内 RAM 和 ROM 容量也进一步增大，实时处理能力更强，体现了微控制器的特征。例如，Intel 公司的 MCS-96 主振频率为 12MHz，片内 RAM 为 232 字节，ROM 为 8K 字节，中断处理能力为 8 级，片内带有 10 位 A/D 转换器和高速输入/输出部件等。

◆ 第四阶段（1990 年—）：微控制器的全面发展阶段。各公司的产品在尽量兼容的同时，向高速、强运算能力、大寻址范围以及小型廉价方面发展。

1.2.4.2　单片机的发展趋势

（1）CPU 的改进

◆ 采用双 CPU 结构，提高处理能力。

◆ 增加数据总线宽度，内部采用 16 位数据总线。

◆ 串行总线结构，菲利浦公司的总线（Inter－ICbus）。用两根信号线代替原来的 8 位数据总线。

（2）存储器的发展

◆ 加大存储容量。

◆ 片内 EPROM 采用 EEPROM 或闪烁（Flash）存储器。

◆ 程序保密化。

（3）片内 I/O 的改进

◆ 增加并行口的驱动能力，能直接输出大电流和高电压。

◆ 增加 I/O 口的逻辑控制功能。

◆ 设置了一些特殊的串行接口功能，构成分布式、网络化系统。

（4）外围电路内装化

器件集成度的不断提高，把众多的外围功能部件集成在片内——系统的单片化。

（5）低功耗化

采用 CHMOS 工艺。

总之，单片机今后将向高性能、高速、低压、低功耗、低价格、大存储容量、外围电路内装化方向发展。

1.2.5　单片机监控应用

由于单片机具有良好的控制性能和灵活的嵌入形式，现在单片机在许多领域都获得了极为广泛地应用。下面就几个典型方面进行介绍：

◆ 智能仪器仪表。现代仪器仪表采用单片机，不仅提高了仪器仪表使用功能和精度，使仪器仪表智能化，而且简化了结构，减小了体积，降低了成本。

◆ 工业控制。单片机还可以用于各种物理量的采集和控制。例如，电流、温度、电压、流量等物理参数的采集和控制都可以利用单片机实现，从而提高生产效率和产品质量。

◆ 家用电器。现在家用电器都向智能化发展，单片机是家用电器智能化的大脑和心脏。

◆ 信息和通信产品。信息和通信产品的自动化和智能化也离不开单片机的参与。典型产品如打印机、传真机、考勤机、电话机等。

◆ 在交通领域中，汽车、火车、飞机、航天器等均有单片机的广泛应用。如汽车的自动导航系统、航天测控系统及飞机黑匣子等。

1.3　MCS–51 与 80C51 系列单片机

1.3.1　MCS-51 系列单片机

MCS-51 单片机系列有多种芯片，按内部资源配置不同，MCS-51 可分为两个子系列，如

表 1-4 所示。

表 1-4　MCS-51 系列单片机分类

子系列	片内 ROM 形式			片内 ROM 容量	片内 RAM 容量	寻址范围	I/O 特性			中断源
	无	ROM	EPROM				计数器	并行口	串行口	
51 子系列	8031	8051	8751	4KB	128B	64KB	2×16	4×8	1	5
52 子系列	8032	8052	8752	8KB	256B	128KB	3×16	4×8	1	6

MCS-51 系列单片机分为 51 子系列和 52 子系列，并以芯片型号的最末位数字“1”和“2”作为标志。前者为基本型，后者则为增强型。与 51 子系列相比，52 子系列功能增强的具体方面包括：

◆ 片内 ROM 从 4KB 增加到 8KB。

◆ 片内 RAM 从 128B 增加到 256B。

◆ 定时/计数器从 2 个增加到 3 个。

◆ 中断源从 5 个增加到 6 个。

1.3.2　80C51 系列单片机

80C51 系列单片机是在 MCS-51 系列单片机的基础上发展起来的。早期的 80C51 只是 MCS-51 系列众多芯片中的一类。但是随着后来的发展，80C51 已经形成独立的系列，并且成为当前 8 位单片机的典型代表。

1.3.2.1　80C51 系列芯片

MCS-51 的原生产厂商是 Intel 公司，最早推出 80C51 芯片的也是 Intel 公司，并且作为 MCS-51 的一部分，按原 MCS-51 芯片的规则命名。例如，80C31、80C51、87C51 和 89C51，这样我们就能很容易识别 80C51 的系列芯片。但是后来越来越多的厂商生产 80C51 的系列芯片，如 PHILIPS、ATMEL、LG、华邦等公司。这些芯片都是以 80C51 为核心并且与 MCS-51 兼容，但它们又各具特点。然而由于生产厂家多，芯片的类型也很多，使芯片的命名无法再遵循统一的规律，造成辨认困难。例如，PHILIPS 公司生产的 80C51 系列芯片名称分别为 80CXXX（ROM Less 型）、83CXXX（Mask ROM 型）、87CXXX（Otp-ROM 型）和 89CXXX（Flash ROM 型），而华邦公司则命名为 W77C51 和 W78C51 系列等。

新一代 80C51 的兼容芯片，还增加了一些外部接口功能单元，有些还在总线结构上也做了重大改进，出现了廉价的非总线型单片机芯片等。所以这些使新一代兼容芯片已远非原来意义上的 80C51 了。目前这些 80C51 的兼容芯片已普遍在我国使用，其中尤以 PHILIPS 公司的同名芯片 80C51 及其派生产品最受欢迎。

1.3.2.2　80C51 与 8051 比较

既然 80C51 系列是在 MCS-51 系列 8051 芯片的基础上发展起来的，因此兼容、改进和增强将是我们对 80C51 和 8051 进行比较的主要内容。

◆ 兼容 8051 是对 80C51 芯片的最基本要求，以确保 8 位单片机 MCS-51 系列的继续使用、发展。兼容包括指令、引脚信号、总线等多个方面。指令兼容能保证两者之间不存在障碍以维持软件的可移植性；而引脚信号和总线的兼容则确保两者在系统扩展和接口方面的一致性，有利于系统的开发和应用。

◆ 8051 芯片采用高密度短沟道 MOS 工艺，而 80C51 芯片则采用 CHMOS 工艺。

◆ 80C51 在功能增强方面也做了许多工作。为进一步降低功耗，80C51 系列芯片增加了待机和掉电保护两种工作方式，以保证单片机在掉电情况下，能以最低的消耗电流维持，确保信息不丢失。在 80C51 系列芯片中，内部程序存储器除了 ROM 和 EPROM 型之外，还有 EEPROM 型。并且随着微电子技术和集成技术的提高，80C51 系列的芯片内程序存储器的容量也越来越大，目前已有 64KB 的芯片。许多 80C51 系列芯片的存储器还具有程序存储器保密机制功能，防止应用程序泄密或被复制。

本章小结

本章讲述了单片机的一些基本知识，主要涉及以下内容：

◆ 数制是指计数规则。在日常生活中人们最熟悉的是十进制，除此之外，还有二进制、八进制、十六进制等。数在计算机内表示有两种，即有符号数和无符号数，符号在计算机内以 ASCII 码表示。

◆ 单片机是指集成在一个芯片上的微型计算机，也就是把组成微型计算机的各种功能部件，包括 CPU、随机存取存储器 RAM、只读存储器 ROM、基本输入/输出接口电路、定时器/计数器等部件都制作在一块集成芯片上，它具有体积小、价格低、可靠性高和易于嵌入式应用等特点，极适合于智能仪器仪表和工业监控系统的前端装置。

◆ 单片机是为满足工业监控而设计的，具有良好的实时监控性能和灵活的嵌入形式，在智能仪器仪表、工业控制、家用电器、信息和通信产品等领域获得了极为广泛地应用。MCS-51 系列单片机与 80C51 系列单片机应用广泛，在单片机领域里具有重要影响。

习题 1

一．单选题

1．35 的压缩 BCD 码是（　　）。

A　00110101　　B　11000010　　C　01010011　　D　01011100

2．在家用电器中使用单片机属于计算机的（　　）。

A　数据处理应用　　B　控制应用　　C　数值计算应用　　D　辅助工程应用

3．单片机芯片 8031 属于（　　）。

A　MCS-48 系列　　B　MCS-51 系列　　C　MCS-96 系列　　D　MCS-31 系列

4．51 子系列单片机有（　　）个中断源。

A　5　　B　6　　C　7　　D　8

5．以下所列各项不是单片机发展方向的是（　　）。

A　适当专用化　　B　不断提高其性能　　C　继续强化功能　　D　努力增加位数

6．80C51 芯片采用的半导体工艺是（　　）。

A　CMOS　　B　HMOS　　C　CHMOS　　D　NMOS

二．填空题

1．计算机中的数通常有________________和________________两种。

2．带符号数-74，其 8 位原码为______________，其 8 位补码为__________________。

3．某二进制机器数为 1001 0101 B，若将其视为原码则代表的十进制数值是__________；若将其视为补码则代表的十进制数值是____________；若将其视为 BCD 码则代表的十进制数值是____________；若将其视为无符号数则代表的十进制数值是_____________。

4．0～9 的 ASCII 码是__________________；A～F 的 ASCII 码是__________________。

5．已知“P”的 ASCII 码是 50H，则“T”的 ASCII 码是____________。

三．问答题

1．什么叫单片机，其主要特点有哪些？

2．单片机 51 系列与 52 系列有什么区别？

3．8051 与 80C51 有什么区别？

技能设计 1　单片机开发软件 KEIL µVISION 3 的使用简介

适用于 80C51 系列单片机编程的软件有很多种，如辉煌公司的 MEDWIN 集成开发环境、ATMEL 公司的 STDIO 软件等。但使用较为广泛得是 Keil 公司的 KEIL µVISION 3 软件。下面简单介绍一下 KEIL µVISION 3 的使用。

（1）双击 Windows 桌面上的图标，屏幕上将出现 KEIL µVISION 3 的开始界面，如图 1 所示。出现开始界面后，再过几秒钟，进入 KEIL µVISION 3 的开发环境界面。

图 1　KEIL µVISION 3 的开始界面

（2）建立一个新工程文件。单击 Project 菜单，在弹出如图 2 所示的下拉菜单中选中 New Project 选项，会弹出如图 3 所示的文件保存对话框，例如给新建工程文件取名为 lab1，单击“保存”按钮。

（3）这时会弹出一个对话框，要求选择单片机的型号，可以根据实际使用的单片机来选择（KEIL µVISION 3 软件几乎支持所有的 80C51 单片机）。这里还是选择大家用得比较多的 Atmel 的 89C51 来说明，如图 4 和图 5 所示，右边栏是对这个单片机的基本说明。

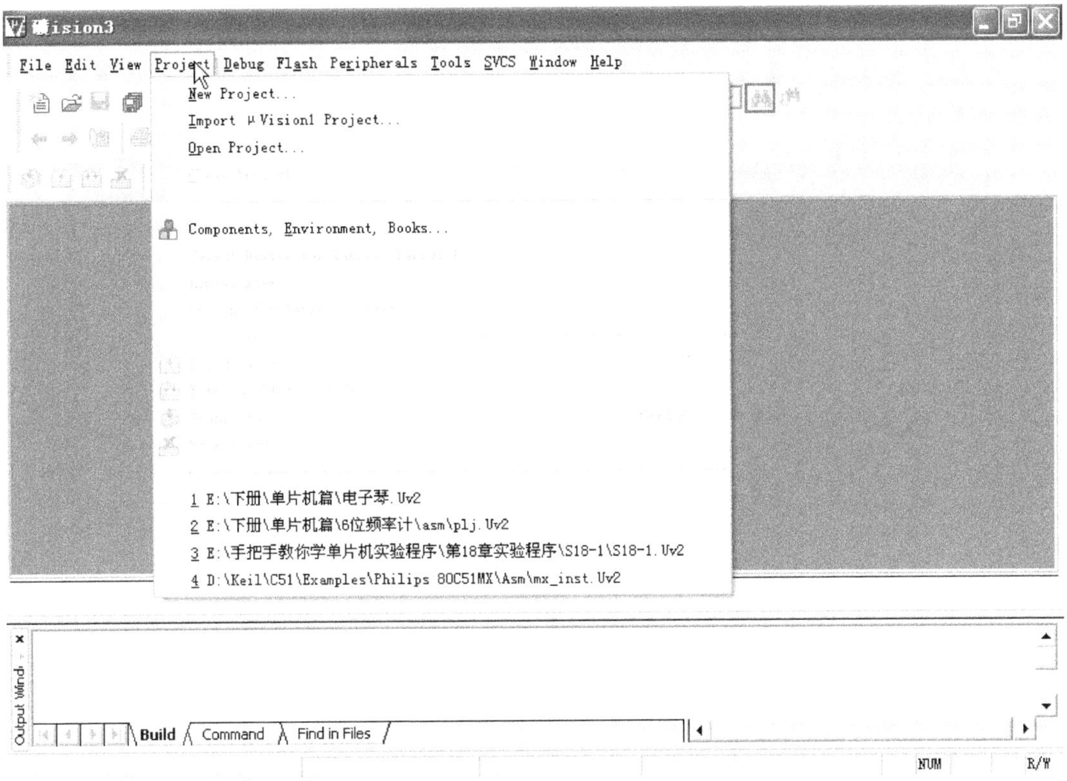

图 2　新建工程文件操作界面

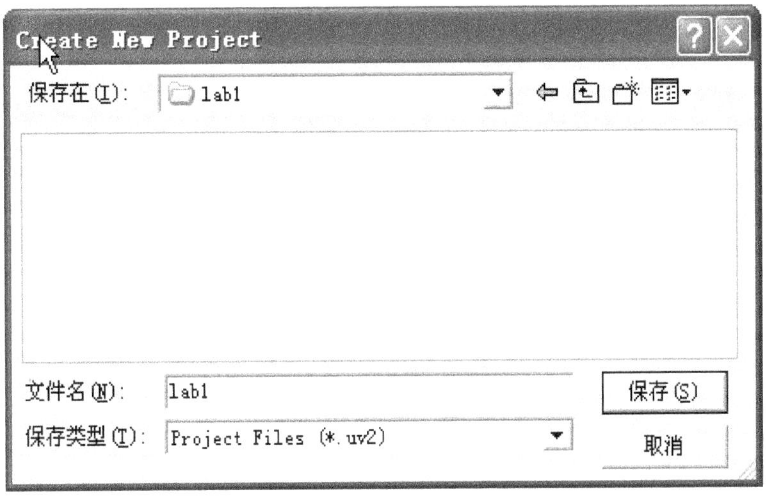

图 3　工程文件保存对话框

（4）在图 5 所示的对话框中单击确定，会弹出如图 6 所示的对话框，单击“否”上述操作完成后，表明已经将名称为 lab1 的工程文件建好。

下面建立源程序文件名称（用汇编语言编写程序时命名为“*.asm”（如 lab1.asm），用 C 语言编写程序时，命名为“*.c”（如 lab1.c），其中“*”表示输入任意文件名），在此以汇编语言编写程序为例讲解。在单击 File 弹出如图 7 所示的下拉菜单中选中 New 选项，会弹出如图 8 所示的新建源文件窗口界面，单击保存，在弹出图 9 所示的对话框中输入源文件名 lab1.asm

并单击保存文件，方法和保存工程文件相似，并且要和工程文件名保存在同一路径下。编写源程序，检查无误后保存，保存后的界面如图 10 所示，此时，汇编指令助记符以蓝色显示为正确（系统默认值）。

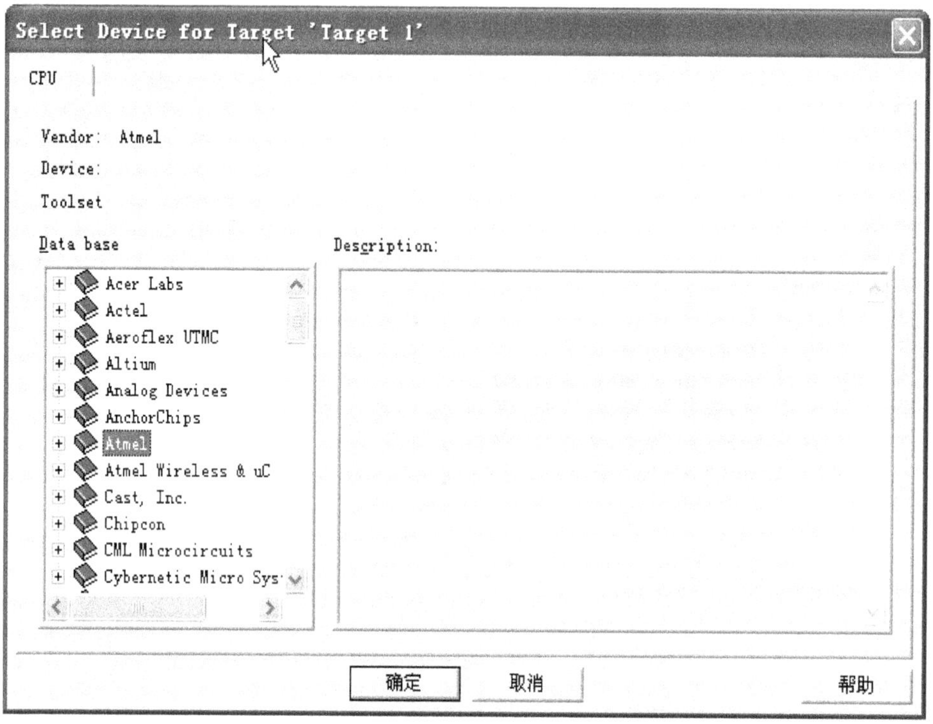

图 4　器件选择对话框 1

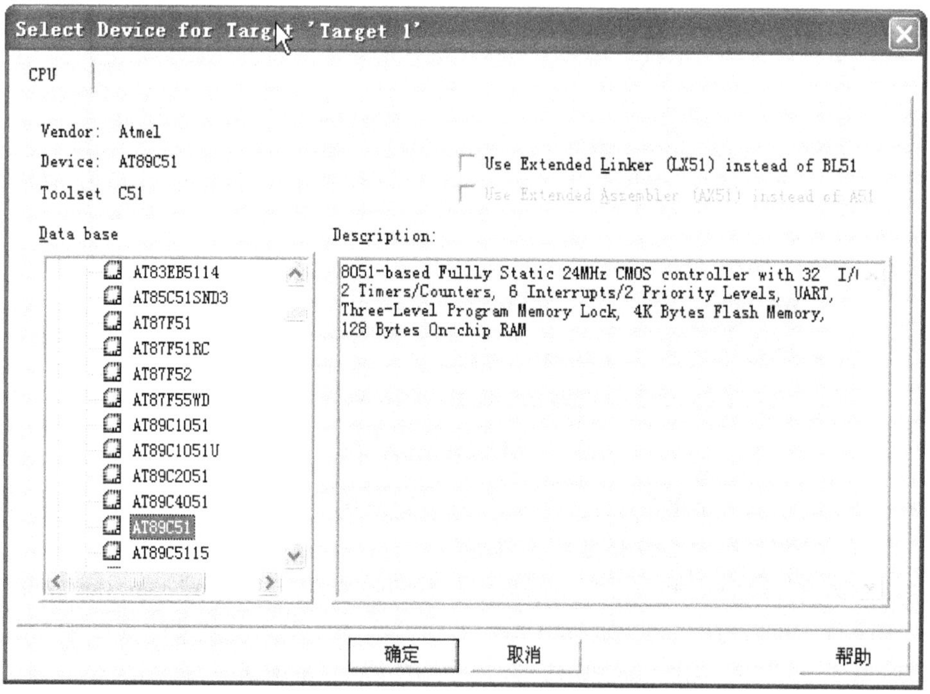

图 5　器件选择对话框 2

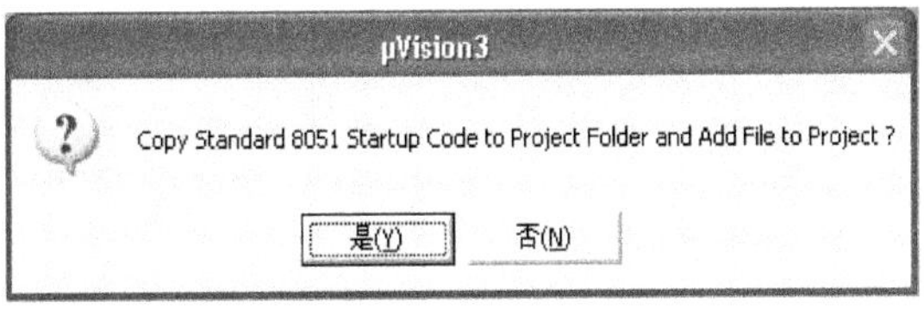

图 6　对话框

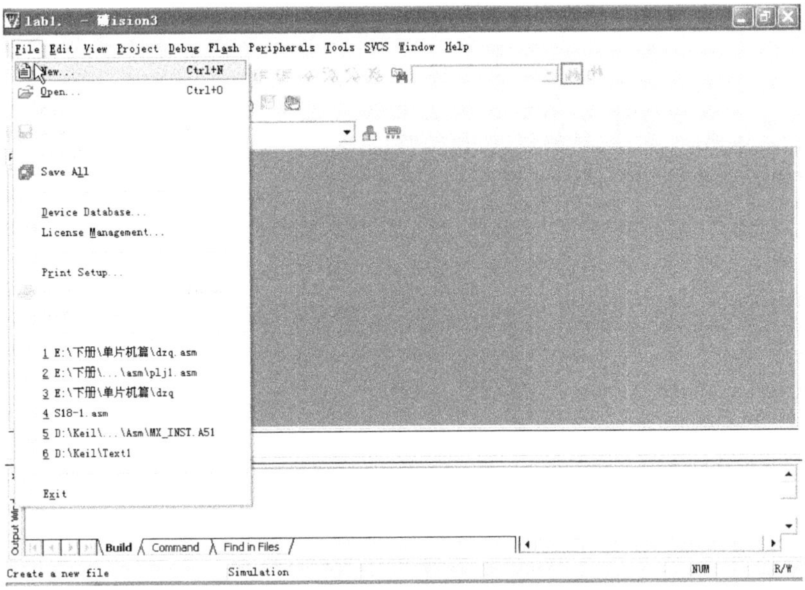

图 7　新建程序源文件窗口界面

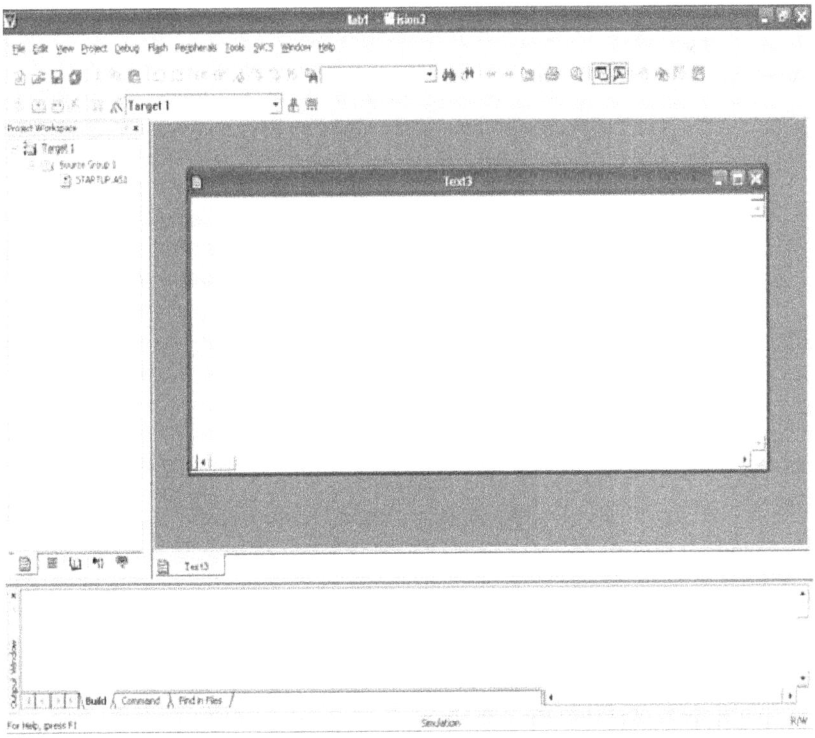

图 8　新建程序源文件窗口界面

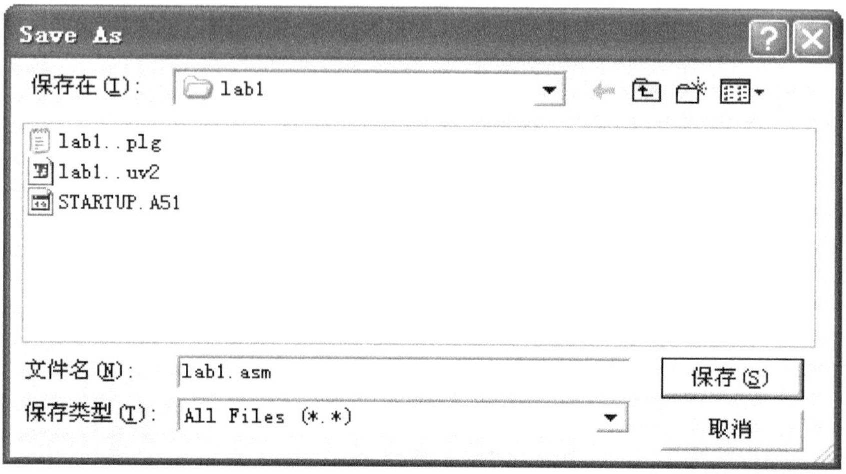

图 9　保存 lab1.asm 文件对话框

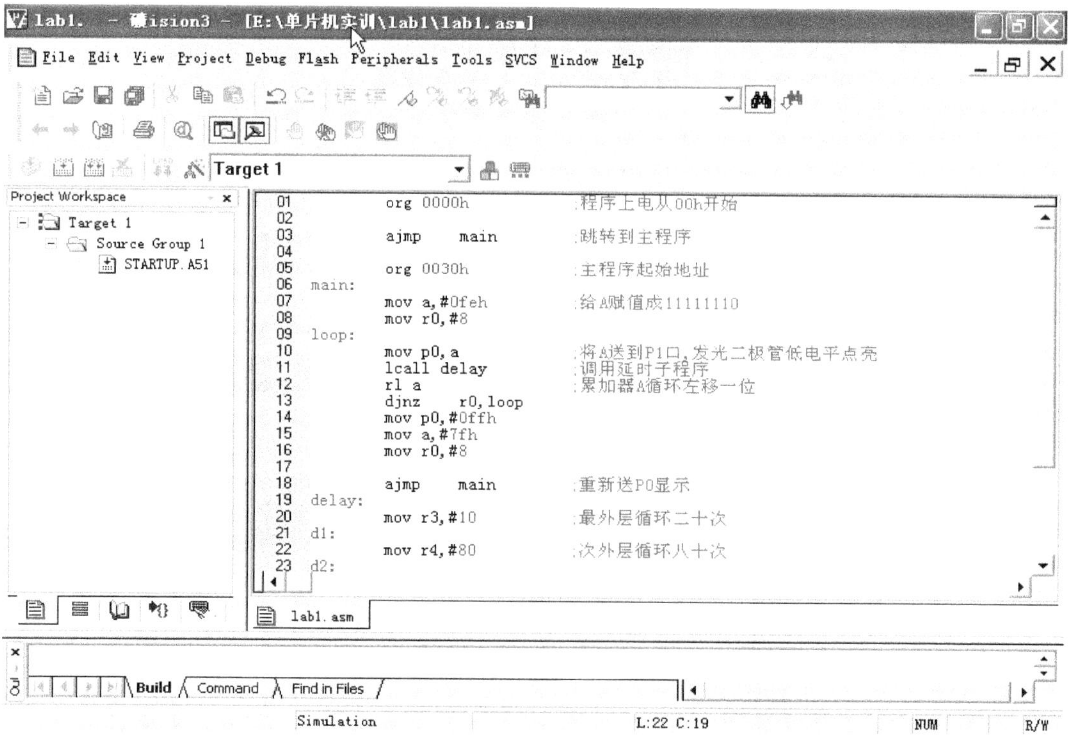

图 10　汇编源程序保存后的界面

（5）在 Project Workspace 窗口中，单击 Target 1 左面的“+”号后，在“Source Group 1”上单击右键，弹出如图 11 所示菜单，然后单击“Add File to Group ‘Source Group 1’ ” 屏幕将出现如图 12 所示的对话框。先在“文件类型”框中选择“Asm source file（ *.s*; *.src; *.a*）”选项，然后找到刚才保存的 lab1.asm 文件，单击文件后，在“文件名”框中将出现“lab1.asm”（注意在此框中不要输入文件名，如果自己输入的话，系统可能会出错）。最后单击一次“add”按钮，lab1.asm 文件将添加到 lab1 工程文件中，这样，就可以进行编译和软件仿真了。添加结果可以在 Project Workspace 窗口中浏览。

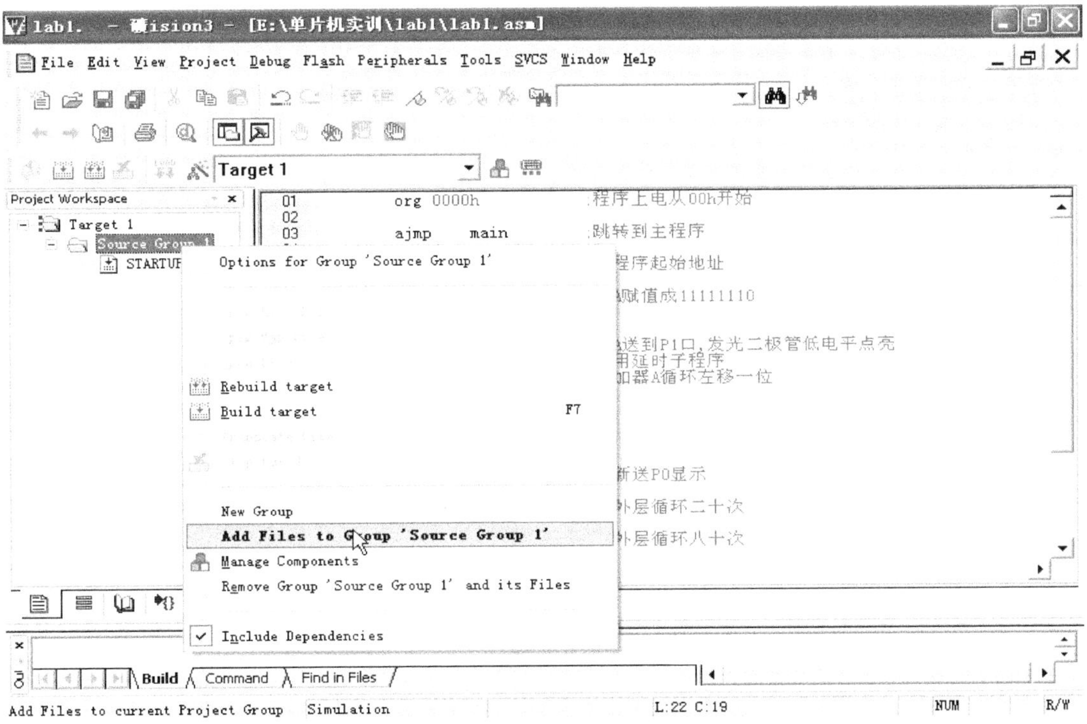

图 11　添加源文件操作界面

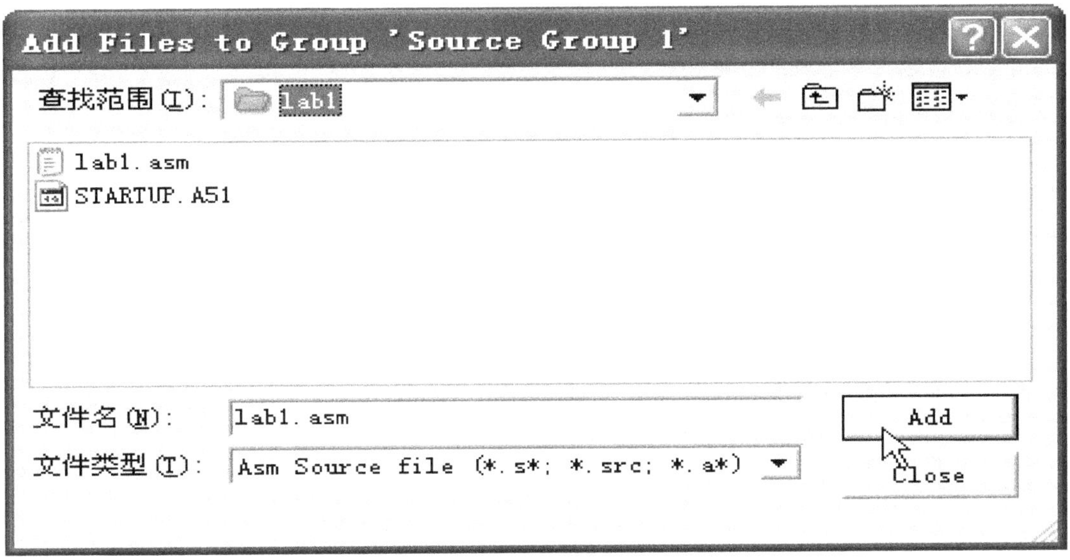

图 12　待添加的源文件选择对话框

（6）在 Project Workspace 窗口中，选择 Target1 条目并单击右键，在弹出的菜单中选择 Options for Target “Target1”，准备为 Target1 配置编译环境，如图 13 所示。单击后，会弹出 Options for Target “Target1” 设置对话框，在该对话框中选择 “Output” 页面和 “Debug 页面，分别如图 14 和图 15 所示。

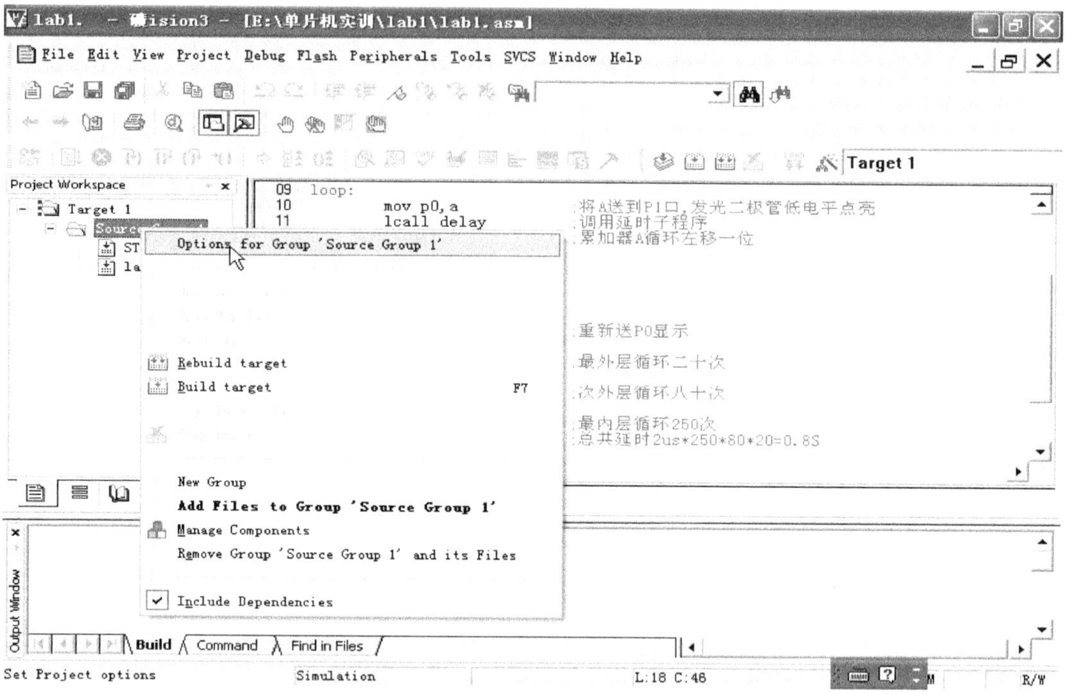

图 13　为 Target1 配置编译环境操作界面

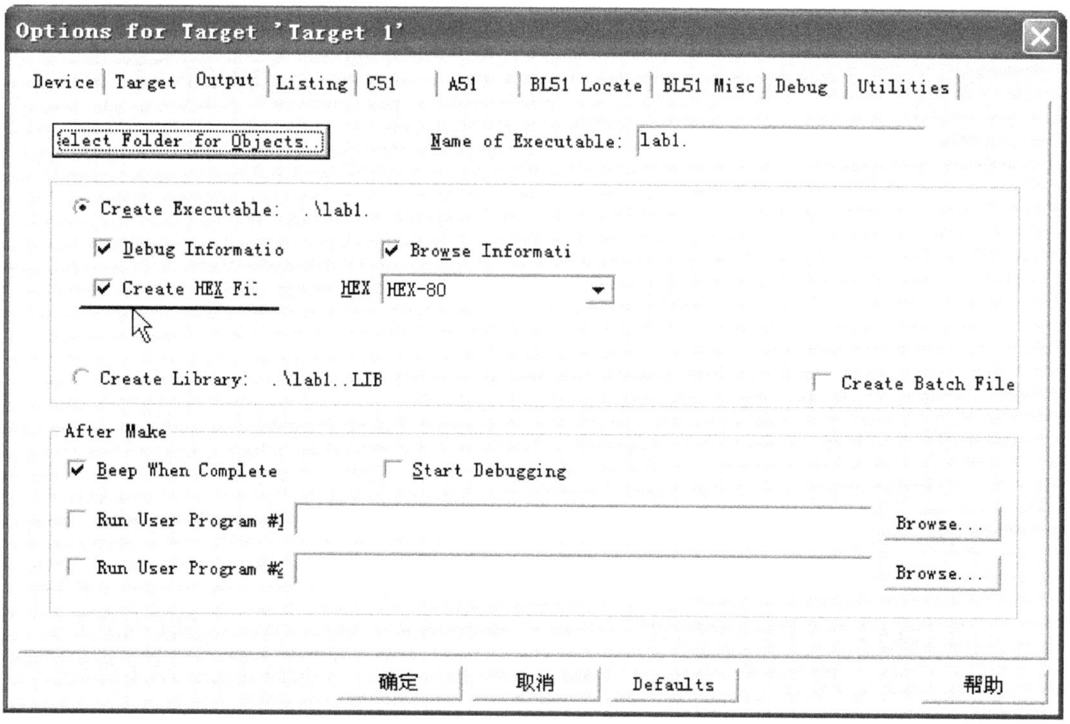

图 14　Output 页面设置界面

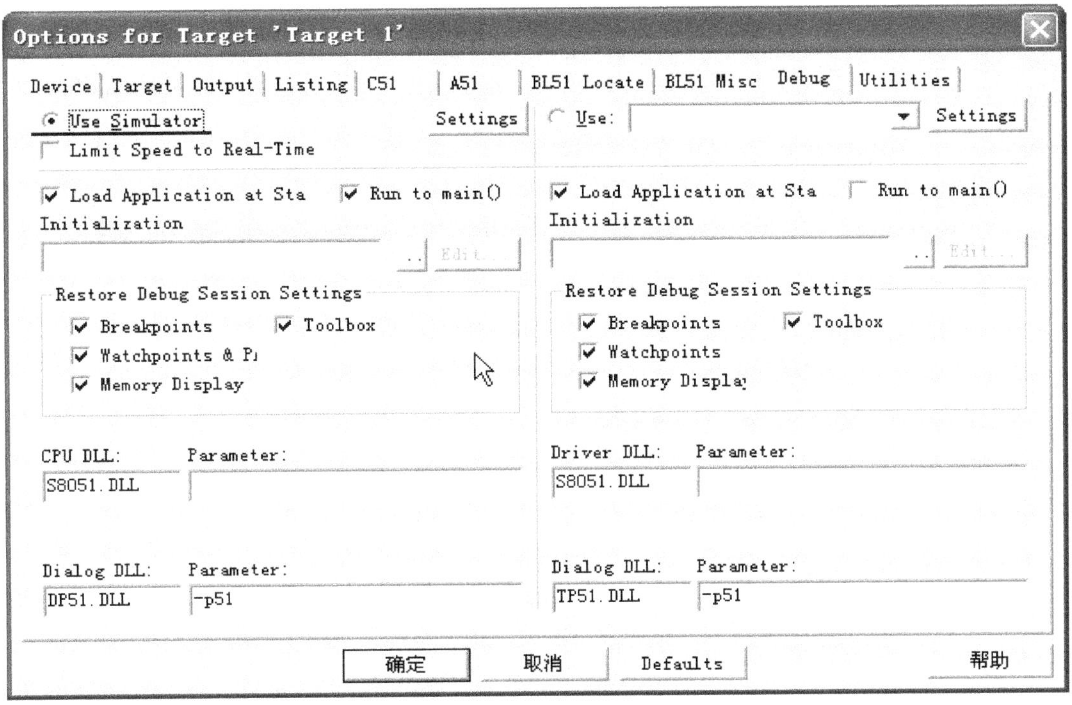

图 15　Debug 页面设置界面

（7）在“Output”页面中“Create　HEX　File”项打钩，如图 14 所示。其目的是经过编译后生成“HEX”格式的文件，提供给烧录器烧写到单片机的程序存储器中。

（8）Debug 页面的设置，选择软件仿真方式（系统默认值），如图 15 所示。

（9）以上配置好后，在 Project 菜单下选择“Build　target”项编译工程文件，如图 16 所示。

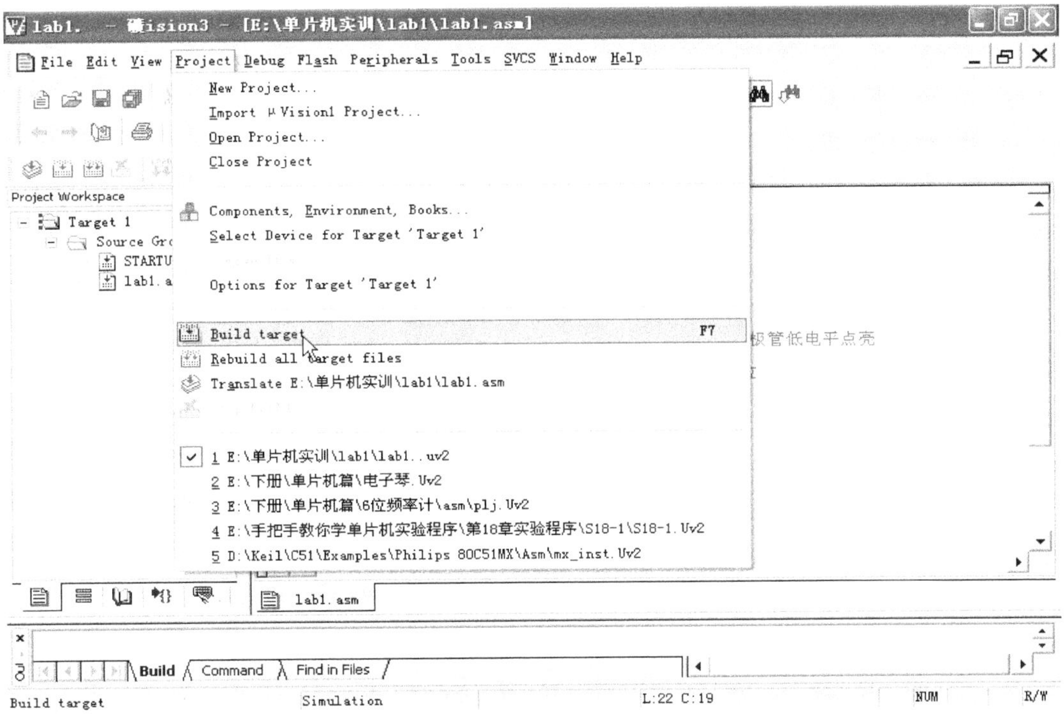

图 16　编译工程文件操作界面

（10）编译结果显示在“Output Window”中，如图 17 所示。如果有错误提示，可双击错误提示行，然后定位到源程序中修改；警告一般不影响仿真调试，但应尽量使警告少些。

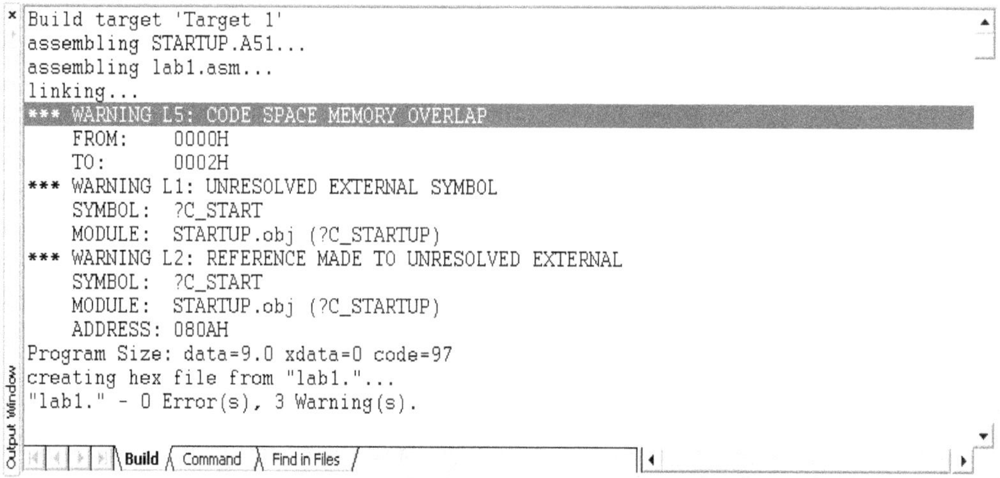

图 17　“Output Window”中编译结果输出界面

（11）在 KEIL μVISION 3 窗口中，选择“Debug”菜单项，在下拉菜单中单击“Start/Stop Debug Session”，如图 18 所示，即可进入软件仿真调试操作界面。

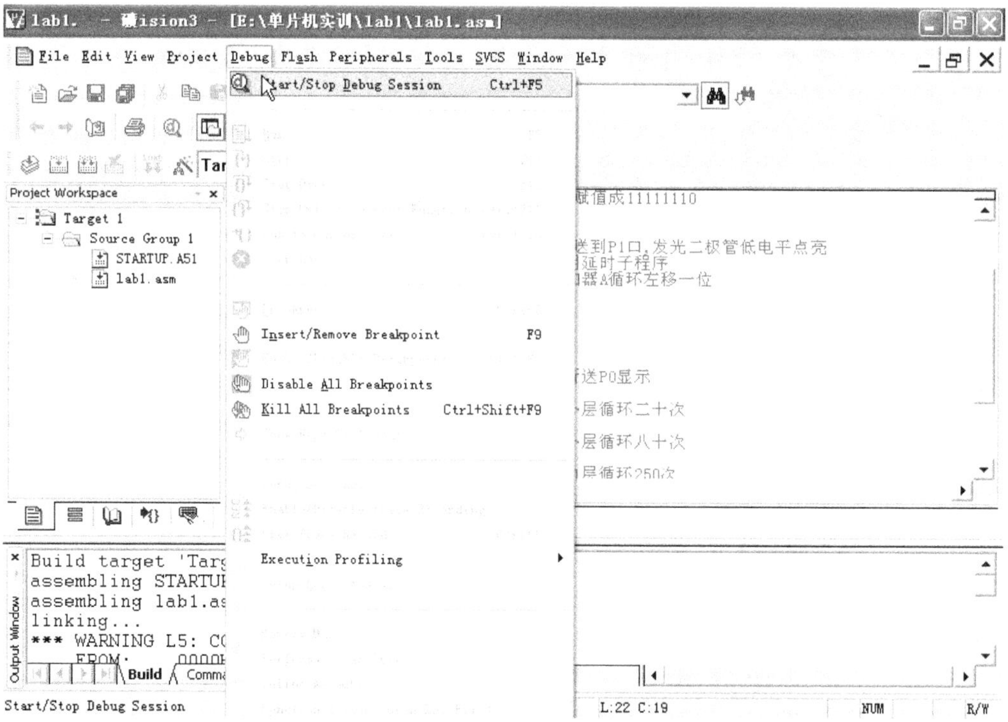

图 18　进入软件仿真调试操作界面

（12）在软件仿真调试操作界面下，选择“Peripherals”菜单下的辅助仿真工具，lab1.asm 所需的 Port0 调试观察窗口（见图 19），在“Peripherals”菜单下，有中断、定时/计数器、P0、P1、P2、P3 和串行调试辅助工具。在软件仿真环境下，可以选择这些辅助工具来帮助调试，可以直接在窗口下看到调试结果。

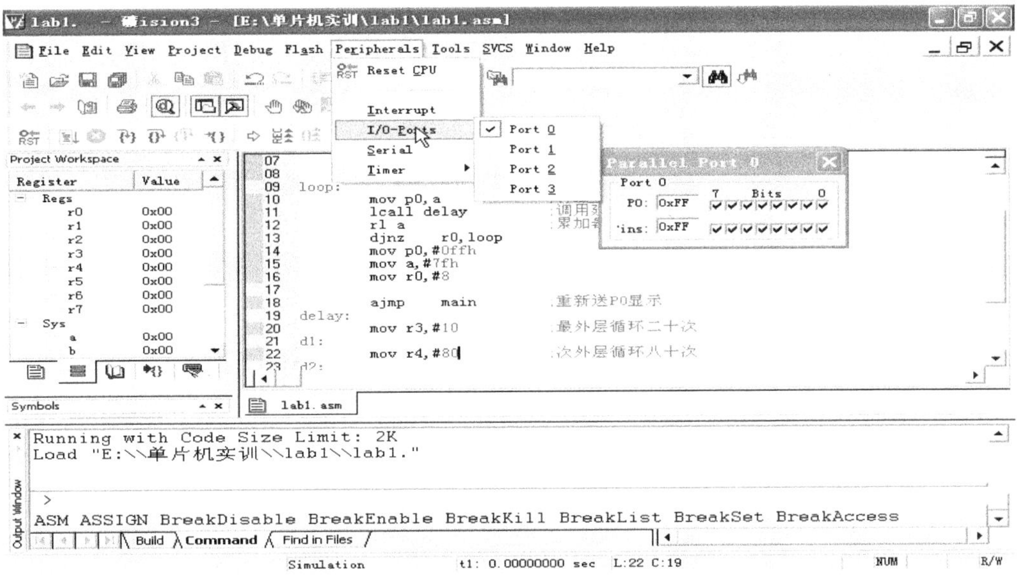

图 19　选择“Peripherals”菜单下的辅助仿真工具界面

（13）在 KEIL µVISION 3 窗口中，选择“Debug”菜单下的“Step　Over（或 F10）”可以进行单步调试，若选择“Step（或 F11）”可深入子程序中调试，若选择“Run”（或 F5）可全速运行程序，如图 20 所示。此外，还可以设置断点来调试程序（在程序的任意位置处设置一断点符号，程序处于全速运行时，执行到该处，就停止执行），利用断点可以非常方便地调试中断和定时器。

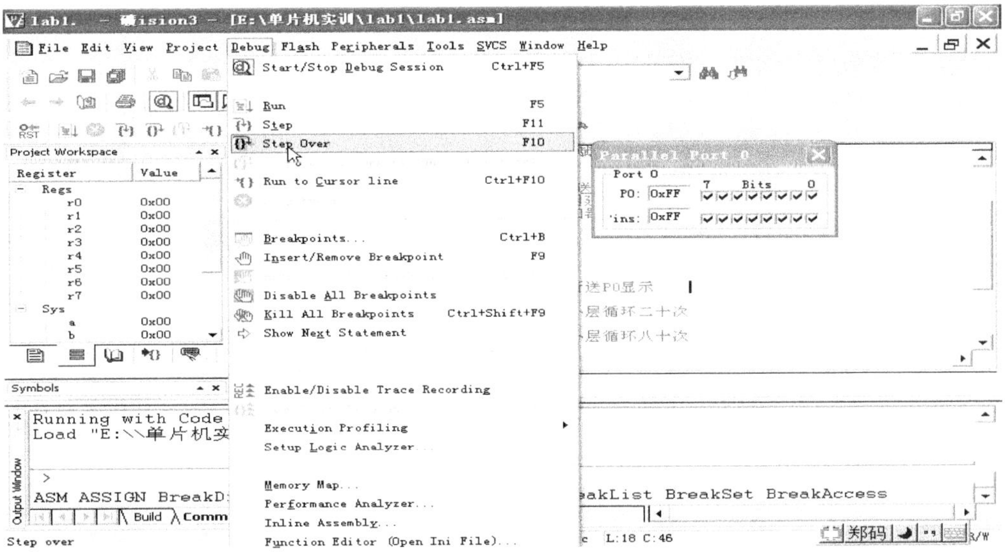

图 20　“Debug”菜单下的操作界面

（14）将编译后的 HEX 文件烧写到单片机中的步骤。

利用 KEIL µVISION 3 软件编译好的 HEX 文件，怎样才能放进单片机内部程序存储器中？此时就必须采用专门的烧写工具，烧写 80C51 的工具很多，在此以伟纳公司的 SP100A 烧写软件来简单介绍（因为它的制作资料和软件已完全公开，读者可自行制作）。

◆ 点击桌面 图标，SP100A 将自动联机，如果没有和烧写器联机，系统将弹出一报错对话框，此时需检查烧写器是否正常连接，如果连接正常，则出现图 21 所示的界面。首先需要器件选择，单击工具栏中的器件选择图标，工具栏对应的汉字说明如图 22 所示。在此选择 Atmel 公司的 AT89C51 器件，单击“确认”按钮。

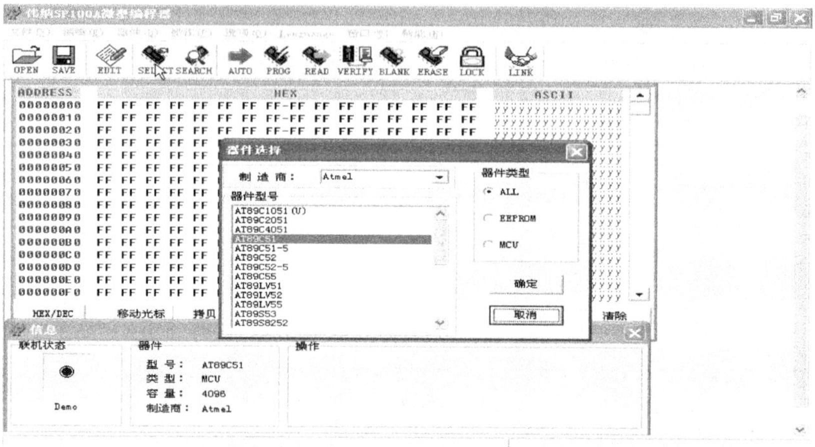

图 21　SP100A 器件选择界面

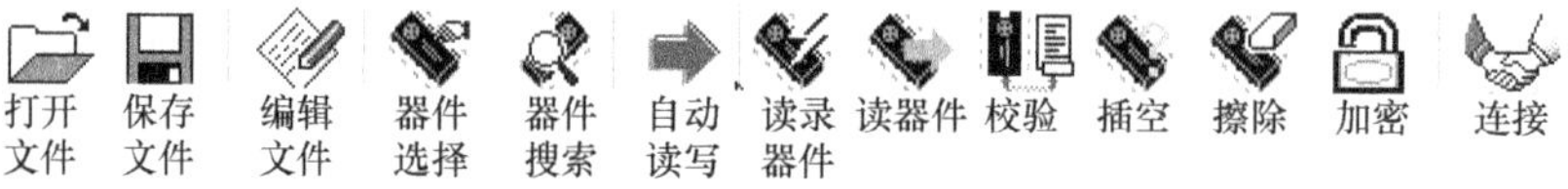

图 22　SP100A 工具栏的汉字说明

◆ 点击工具栏中的“打开”按钮，弹出如图 23 所示的对话框，找到 lab1.hex 文件存放路径，然后单击“打开”按钮，就将 HEX 文件装在缓冲器中了。

◆ 添加好 HEX 文件后，点击工具栏中的“自动烧写”按钮，系统会自动将缓冲区的 HEX 文件装载到 89C51 内部的程序存储器中。

通过以上的操作，程序就可以烧写到单片机中。

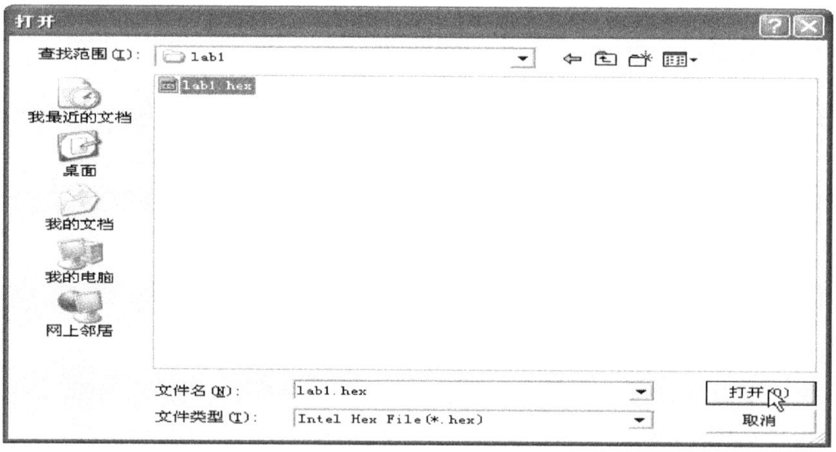

图 23　添加 HEX 文件对话框

关于软件的其他说明，在此不作详细说明。

第 2 章　单片机结构原理

本章基本要求：熟悉 80C51 单片机的基本结构、应用模式、内部资源配置及基本时序，理解单片机的工作原理，掌握 80C51 单片机的应用模式、存储器配置和 I/O 口特点。

2.1　80C51 基本架构与监控模式

单片机是微型计算机的一个分支，是电子计算机家族中的一员，在组成原理上与典型的计算机没有本质的区别，只是在架构上有它的独特之处。所以，可以用微型机的眼光来看待单片机，用微型机的思路来学习单片机。

2.1.1　80C51 基本架构

80C51 单片机的基本结构如图 2-1 所示。

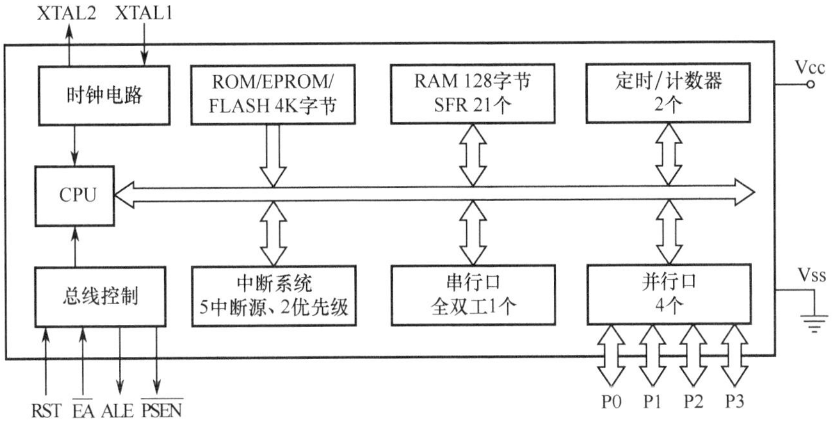

图 2-1　80C51 单片机的基本结构

注：与并行口 P3 复用的引脚：串行口输入和输出引脚 RXD 和 TXD，外部中断输入引脚 $\overline{INT0}$ 和 $\overline{INT1}$，外部计数输入引脚 T0 和 T1，外部数据存储写和读控制信号 $\overline{WR}$ 和 $\overline{RD}$。

由图 2-1 可见，80C51 单片机主要有以下几部分组成。

◆ CPU 系统（中央处理器）：8 位 CPU（含布尔处理器），时钟电路，总线控制逻辑。

◆ 存储器系统：4KB 的程序存储器（ROM），128B 的数据存储器（RAM），特殊功能寄存器 SFR。

◆ I/O 口和其他功能单元：4 个并行 I/O 口，2 个 16 位定时/计数器，1 个全双工异步串行口，中断系统。

2.1.2　80C51 监控模式

2.1.2.1　总线型监控模式

一般的微型处理器芯片都有单独的“三总线”：地址总线、数据总线、控制总线。但单片机由于芯片引脚数量的限制，数据总线和地址总线经常复用，且许多引脚还要与并行 I/O 口引脚兼用。典型的总线型单片机产品有 80C31 和 AT89C51 等。

（1）总线型监控的“三总线”模式

常用的总线型单片机有 40 个引脚，除电源、晶振输入引脚和只能作通用并行 I/O 的 P1 口外，其余引脚大多是为监控系统总线扩展而设置的，如图 2-2 所示。

监控系统的芯片内部没有 ROM（如 80C31）或内部 ROM 容量不够用时（如 80C51），或者系统需要扩展并行总线外围器件时（如扩展并行可编程接口 8155 或 ADC0809 等），需要进行扩展。

在扩展外围器件较多时，这种总线型监控接线较复杂、系统可靠性降低，在系统设计时尽量减少扩展数量。

（2）非总线型监控的“多 I/O”模式

在不使用单片机的扩展功能时，由于可以利用的通用 I/O 口线的数量较多，此时也可以采用非总线型的“多 I/O”监控模式，如图 2-3 所示。该模式极适于具有大量 I/O 口线需求的监控系统（P3.0～P3.5 含第二功能）。

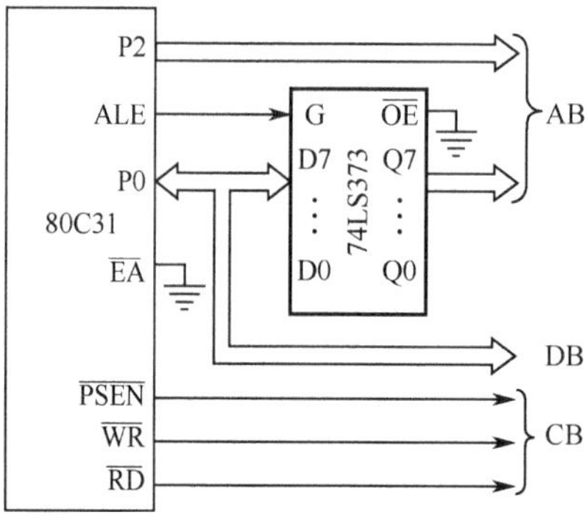

图 2-2　总线型监控的“三总线”模式

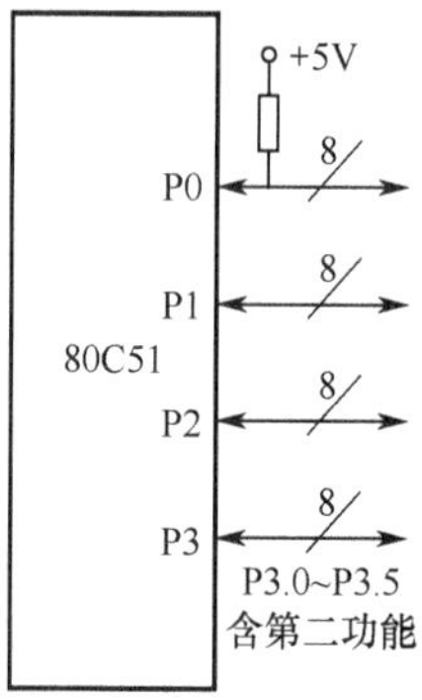

图 2-3　非总线型监控的“多 I/O”模式

2.1.2.2　非总线型单片机监控模式

非总线型单片机已经将用于外部总线扩展用的 I/O 口线和控制功能线去掉，从而减少单片机的引脚数和体积，对于不需要进行并行外围扩展、装置的体积要求苛刻且程序量不大的系统（如智能传感器等）极其适合。非总线型单片机典型产品有 AT89C2051 和 AT89C4051 等。

2.2　80C51 系列配置与封装

2.2.1　80C51 资源配置

80C51 系列单片机基本组成虽然相同，但不同型号的产品在某些方面存在一些差异。典型的单片机产品资源配置表如表 2-1 所示。

由表 2-1 可知：

◆ 增强型与基本型在以下几点不同。片内 ROM 从 4KB 增加到 8KB；片内 RAM 从 128B 增加到 256B；定时/计数器从 2 个增加到 3 个；中断源由 5 个增加到 6 个。

◆ 片内 ROM 的配置形式有以下几种。无 ROM（ROM Less）型，应用时要在片外扩展程序存储器；掩膜 ROM（Mask ROM）型，用户程序由芯片生产厂写入；EPROM 型，用户程序通过写入装置写入，通过紫外线照射擦除；FlashROM 型，用户程序可以电写入或擦除（当前常用方式）。另外，有些单片机产品还提供 OTPROM 型（一次性编程写入 ROM）供应状态。通常 OTPROM 型单片机较 Flash 型（属于 MTPROM，即多次编程 ROM）单片机具有更高的环境适应性和可靠性，在环境条件较差时应优先选用。

表 2-1　80C51 系列典型产品资源配置

分类		芯片型号	存储器类型及字节数		片内其他功能单元数量			
			ROM	RAM	并行口	串行口	定时/计数器	中断源
总线型	基本型	80C31	无	128B	4 个	1 个	2 个	5 个
		80C51	4K 掩膜	128B	4 个	1 个	2 个	5 个
		87C51	4K EPROM	128B	4 个	1 个	2 个	5 个
		89C51	4K Flash	128B	4 个	1 个	2 个	5 个
	增强型	80C32	无	256B	4 个	1 个	3 个	6 个
		80C52	84K 掩膜	256B	4 个	1 个	3 个	6 个
		87C52	84K EPROM	256B	4 个	1 个	3 个	6 个
		89C52	84K Flash	256B	4 个	1 个	3 个	6 个
非总线型		89C2051	2K Flash	128B	2 个	1 个	2 个	5 个
		89C4051	42K Flash	128B	2 个	1 个	2 个	5 个

2.2.2　80C51 封装与引脚

80C51 系列单片机一般采用双列直插式（DIP）封装。这里只介绍常用的总线型 DIP40 封装和非总线型 DIP20 封装，如图 2-4 所示。

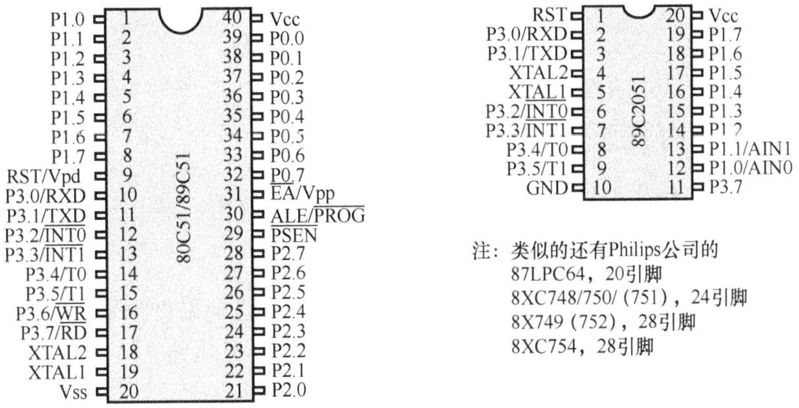

(a) 总线型引脚封装　　(b) 非总线型引脚封装

图 2-4　80C51 单片机引脚封装

2.2.2.1　总线型 DIP40 封装引脚介绍

（1）并行输入/输出 I/O 口线引脚（32 个，有 4 个 8 位口）

P0.0～P0.7：P0 口 8 位双向口线（或数据/低位地址总线复用引脚）。

P1.0～P1.7：P1 口 8 位双向口线。

P2.0～P2.7：P2 口 8 位双向口线（或高位地址总线引脚）。

P3.0～P3.7：P3 口 8 位双向口线（或第二功能引脚）。

（2）控制线引脚（4 个）

ALE/$\overline{\text{PROG}}$：地址锁存控制信号输出引脚/编程脉冲输入引脚。

$\overline{\text{PSEN}}$：外部程序存储器选通信号输出引脚。

$\overline{\text{EA}}$/Vpp：内外存储器选择引脚/片内 EPROM（或 FlashROM）编程电压输入引脚。

RST/Vpd：复位信号输入引脚/备用电源输入引脚。

（3）电源及时钟引脚（4 个）

XTAL1 和 XTAL2：外接晶体振荡器引脚。采用外部振荡器时，XTAL1 接地，XTAL2 为外部振荡信号输入脚；当使用外部时钟时，用于接外部时钟脉冲信号。

Vss：地线引脚。

Vcc：电源接入引脚。

2.2.2.2 总线型 DIP20 封装引脚介绍（以 89C2051 为例）

（1）并行输入/输出 I/O 口线引脚（15 个）

P1.0～P1.7：一般 I/O 口引脚，其中 P1.0 和 P1.1 兼作模拟信号输入引脚 AIN0 和 AIN1。

P3.0～P3.5、P3.7：一般 I/O 口引脚或第二功能引脚。

（2）电源及时钟引脚（4 个）

XTAL1 和 XTAL2：外接晶振引线端。

Vcc：电源接入引脚。

GND：地线引脚。

（3）控制线引脚（1 个）

RST：复位信号引脚。

2.3 80C51 内部结构

2.3.1 80C51 芯片内部逻辑结构

80C51 内部的逻辑结构如图 2-5 所示。

2.3.1.1 中央处理器（微处理器）

单片机的核心中央处理器简称 CPU，是一个 8 位的高性能微处理器，主要是完成运算和控制操作。按其功能，中央处理器包括运算器和控制器两部分电路。

（1）运算器电路

运算器是单片机的运算部件，用于实现算术和逻辑运算、位变量处理和数据传送等操作。图 2-5 中的 ALU（算术逻辑单元）、累加器 A、寄存器 B、PSW（程序状态字寄存器）和两个暂存器属于运算电路。

◆ ALU 是运算电路的核心，可以完成 8 位数据的加、减、乘、除算术运算和与、或、异或、循环、求补等逻辑运算，同时还具有一般微处理器所不具备的位处理功能。运算和操作结果的状态由状态寄存器 PSW 保存。

◆ 累加器 A 为 8 位寄存器，是程序中最常用的专用寄存器，用于向 ALU 提供操作数和存放运算的结果。

◆ 寄存器 B 也是一个 8 位的寄存器，主要用于乘除运算时存放一个操作数，也用来存放运算后的一部分结果。在不进行乘除运算时，可作为普通寄存器使用。

◆ 程序状态字寄存器 PSW 是一个 8 位状态标志寄存器，用于寄存指令执行的状态信息，可作为控制程序转移的条件，供程序判别和查询。

◆ 暂存寄存器用来暂时存放数据总线或其他寄存器送来的操作数。

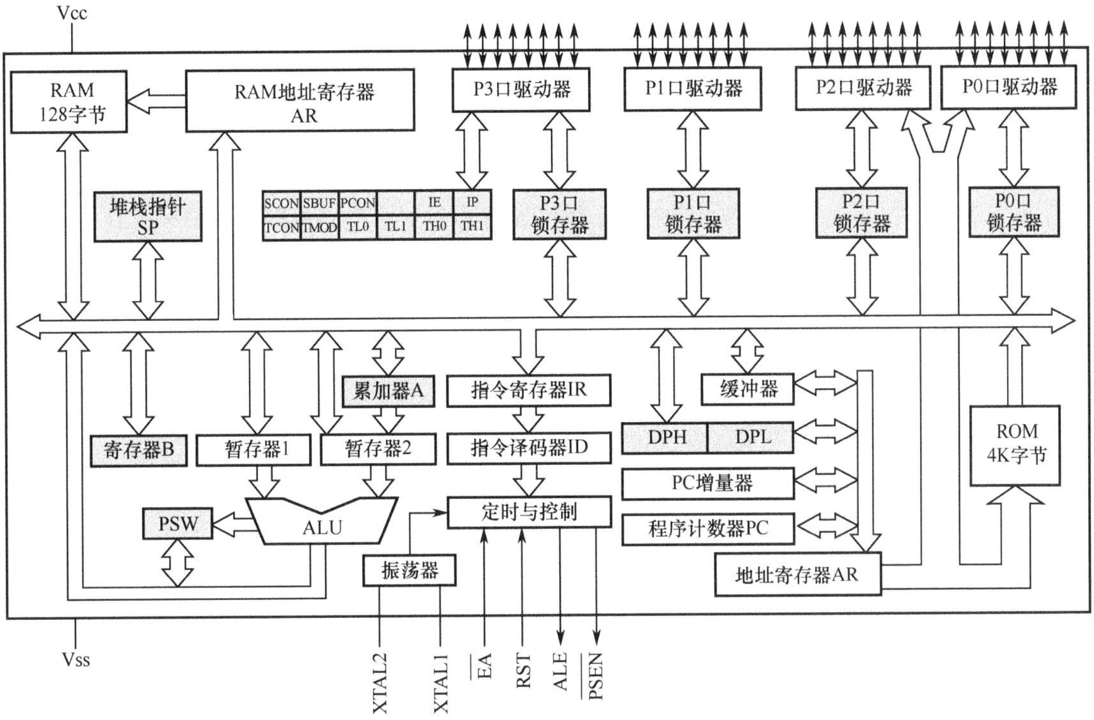

图 2-5　80C51 内部的逻辑结构

注：图中未画出增强型相关部件；加黑框内是可以寻址的 SFR（21 个）

（2）控制器电路

控制电路是单片机的指挥控制部件，保证单片机各部分能自动而协调地工作。图 2-5 中的程序计数器 PC、PC 增量器、指令寄存器 IR、指令译码器 ID、定时和控制等都属于控制电路。

◆ 程序计数器 PC（不属于特殊功能寄存器 SFR 的范畴）是一个 16 位的计数器。其内容为将要执行的指令地址，寻址范围达 64KB，具有自动加 1 功能，以实现程序的顺序执行。PC 没有地址，是不可寻址的，用户无法对它进行读写。但在执行转移、调用、返回等指令时能自动改变其内容，以改变程序的执行顺序。单片机上电或复位时，PC 自动清“0”，装入地址 0000H，保证程序从 0000H 地址开始执行。

◆ 指令寄存器 IR 保存当前正在执行的一条指令。执行一条指令，先要把它从程序存储器取到指令寄存器中，指令内容含操作码和地址码，操作码送往指令译码器 ID，并形成相应指令的微操作信号。地址码送往操作数地址形成电路，以便形成实际的操作数地址。

◆ 定时和控制是微处理器的核心部件，用于控制取指令、执行指令、存取操作数或运算结果等操作，向其他部件发出各种微操作控制信号，协调各部件的工作。80C51 片内设有振荡电路，只需外接石英晶体和频率微调电容就可以产生内部时钟信号。

2.3.1.2 内部存储器

一般微机的 ROM 和 RAM 安排在同一空间的不同范围，称为普林斯顿结构。80C51 单片机的存储器在物理上设计成程序存储器和数据存储器两个独立的空间，称为哈佛结构。

◆ 内部程序存储器。内部程序存储器在图 2-5 中包括 ROM（4KB）和地址寄存器 AR 等。80C51 共有 4KB 掩膜 ROM（用于存放程序和原始数据），称为程序存储器，简称“内部 ROM”。增强型单片机内程序存储器容量为 8KB，地址范围是 0000H～0FFFH。

◆ 内部数据存储器。在图 2-5 中包括 RAM（128B）和 RAM 地址寄存器等。实际上 80C51 芯片中共有 256 个 RAM 单元，但其中后 128 单元被专用寄存器占用，供用户使用的只是前 128 单元，用于存放可读写的数据。这 128B 的低 32 个单元用作工作寄存器，32 个单元分成 4 组，每组 8 个单元。在 20H～2FH 共 16 个单元是位寻址区，位地址的范围是 00H～7FH。然后是 80 个单元的通用数据缓冲区。通常所说的内部数据存储器是指前 128 单元，简称“内部 RAM”。增强型单片机内数据存储器为 256B，地址范围是 00H～FFH。低 128B 的配置情况与基本型单片机相同。高 128B 为一般 RAM，只能采用寄存器间接寻址方式访问（注意：与该地址范围重叠的特殊功能寄存器 SFR 空间采用直接寻址方式访问）。

2.3.1.3 定时/计数器

80C51 共有 2 个 16 位的定时/计数器，以实现定时或计数功能，并以其定时或计数结果对单片机进行控制。

2.3.1.4 并行 I/O 口

80C51 共有 4 个 8 位的 I/O 口（P0、P1、P2、P3），以实现数据的并行输入输出。

2.3.1.5 串行口

80C51 单片机有一个全双工的串行口（P3 口的两个引脚 P3.0 和 P3.1），以实现单片机和其他数据设备之间的串行数据传送。

2.3.1.6 特殊功能寄存器 SFR

80C51 单片机内部有 SP、DPTR（可分成两个 8 位寄存器 DPH、DPL）、PCON、IE、IP 等 21 个特殊功能寄存器单元，它们同内部 RAM 的 128B 统一编址，地址范围是 80H～FFH，这些 SFR 只用到了 80H～FFH 中的 21B 单元，且这些单元是离散分布的。增强型单片机的 SFR 有 26B 单元，所增加的 5 个单元与定时/计数器 2 有关。

2.3.1.7 中断系统

80C51 单片机具有一套完善的中断系统。

2.3.2 80C51 时钟和时序

单片机的工作过程是取指令→译码→微操作→再取指令→译码→微操作，这样自动地、一步一步地由微操作依序完成相应指令规定的功能。各指令的微操作在时间上有严格的次序，称为时序。单片机的时钟信号就是用来为单片机芯片内部各种微操作提供时间基准的。

2.3.2.1　时钟信号的产生方式

80C51 单片机的时钟信号一般有内部时钟方式和外部时钟方式两种产生方式。具体电路如图 2-6 所示。

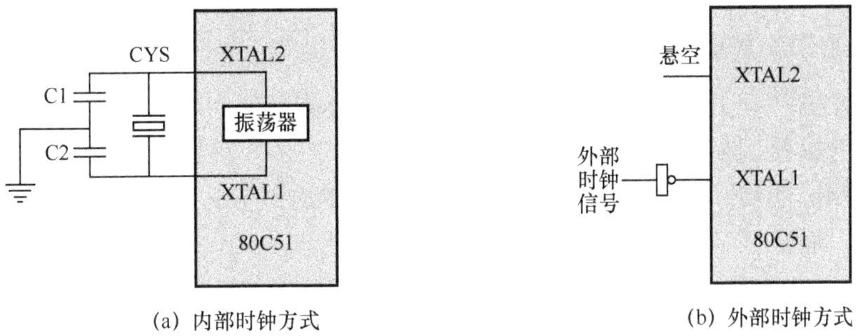

图 2-6　80C51 单片机时钟信号产生方式

内部时钟方式是利用单片机内部的振荡电路，在 XTAL1 和 XTAL2 引脚外接晶振，就构成了自激振荡器并在单片机内部产生时钟脉冲信号。电容器 C1 和 C2 的作用是稳定频率和快速起振，电容值在 5～30pF，典型值为 30pF。晶振典型值为 12MHz 和 6MHz。

外部时钟方式是把外部已有的时钟信号引入到单片机内，主要用于多片 80C51 单片机同时工作的情况，使实现各单片机的同步。

2.3.2.2　80C51 的时序定时单位

为了说明信号的时间关系，需要定义定时单位。80C51 时序的定时单位共有 4 个，从小到大依次为拍节、状态、机器周期和指令周期，如图 2-7 所示。

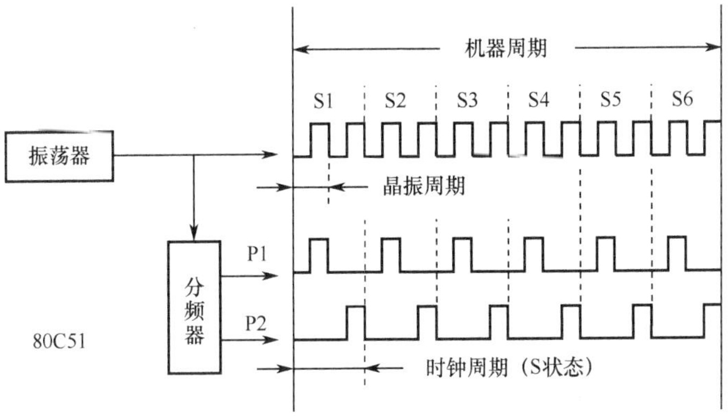

图 2-7　80C51 单片机的时钟信号

◆ 拍节和状态。把振荡脉冲的周期定义为拍节（用“P”表示）。振荡脉冲经过二分频后，就是单片机的时钟信号，把时钟信号的周期定义为状态（用“S”表示）。这样，一个状态就包含两个拍节，前半周期对应的拍节叫拍节 1（用“P1”表示），后半周期对应的拍节就叫拍节 2（用“P2”表示）。

◆ 机器周期。80C51 单片机中规定一个机器周期的宽度为 6 个状态，依次表示为 S1～S6。因此一个机器周期包含 12 个拍节，分别表示为 S1P1,S1P2,S2P1,S2P2,…,S6P1,S6P2。由于一个机器周期共有 12 个振荡脉冲周期，因此机器周期为振荡脉冲的十二分频。如振荡脉冲频率为

12MHz，则一个机器周期为 1μs。

◆ 指令周期。指令周期是最大的时序定时单位，指执行一条指令所需要的时间。指令周期以机器周期数目来表示，80C51 的指令周期根据指令的不同，有一个、两个、三个或四个机器周期。

2.3.2.3 80C51 的典型时序

80C51 单片机共有 111 条指令。按长度指令可分为单字节、双字节和三字节指令。执行这些指令所需要的机器周期数目是不同的，概括起来共有以下几种情况：单字节指令单机器周期和单字节指令双机器周期，双字节指令单机器周期和双字节指令双机器周期，三字节的指令都是双机器周期，而单字节的乘除法指令则为四机器周期。

◆ 单周期指令时序（见图 2-8）。对于单字节单周期指令来说，只需要进行一次读指令操作，当第二个 ALE 有效时，由于 PC 没有加 1，则读出的还是原来的指令，属于一次无效操作。对于双字节单周期指令来说，ALE 的两次读操作都是有效的，第一次读指令操作码，第二次读指令第二字节（如操作数）。

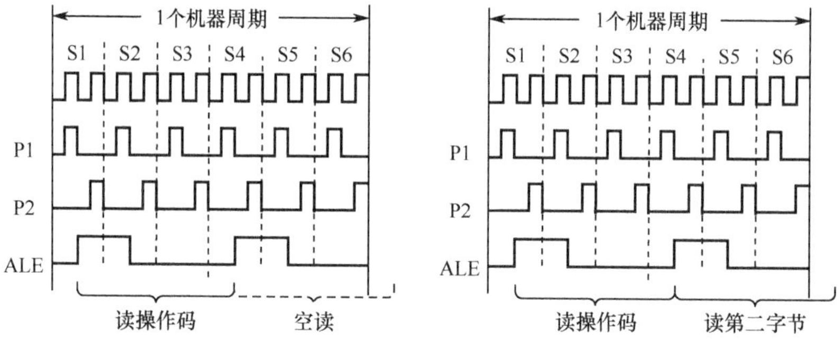

(a) 单字节指令　　(b) 双字节指令

图 2-8　单周期指令时序

◆ 双周期指令时序（见图 2-9）。对于一般的单字节双周期指令（除 MOVX 类指令外）来说，两个机器周期共进行 4 次读指令操作，其中后 3 次的读操作是无效的。但对于 MOVX 类指令来说，在对片外 RAM 进行读/写操作时，ALE 信号会出现非周期现象。在第二机器周期无读操作码的操作，而是进行外部数据存储器的寻址和数据选通，所以在 P1P2～P2P1 间无 ALE 信号，如图 2-10 所示。

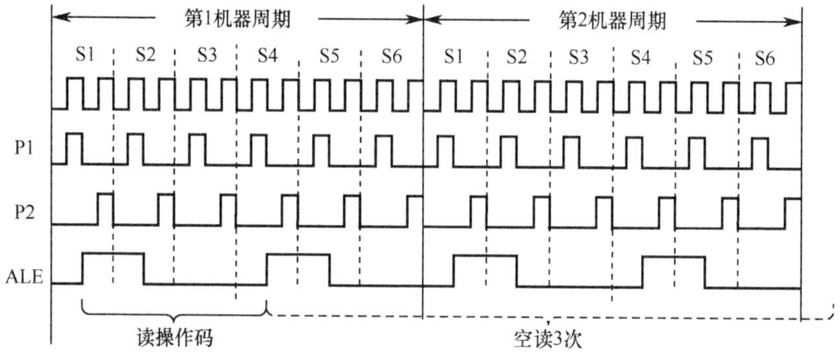

图 2-9　单字节双周期指令时序

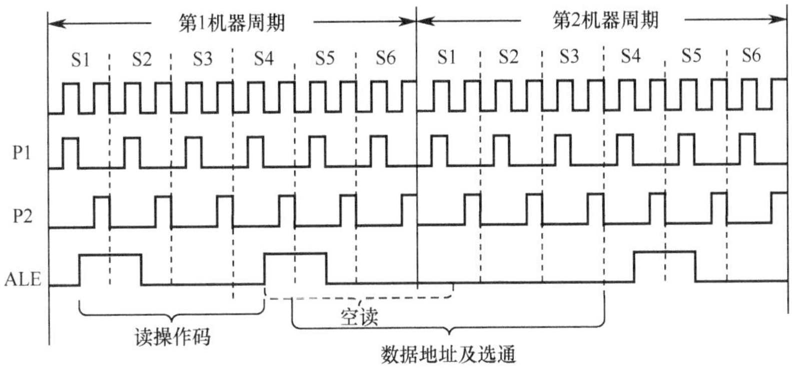

图 2-10　MOVX 类双周期指令时序

从图 2-10 中可以看出，每个机器周期中有 2 个 ALE 信号，具有稳定的频率，可以将其作为外部设备的时钟信号。

2.3.3　80C51 复位

复位目的是使单片机或系统中的其他部件处于某种确定的初始状态。单片机的工作就是从复位开始的。

复位电路可采用简单的电阻、电容及按键开关构成上电自动复位和手动复位两种，也可采用专门的复位集成芯片。图 2-11 是两种典型的简单复位电路接法。给 80C51 的 RST 引脚加上高电平并保持 2 个机器周期的时间，单片机内部就执行复位操作。若此脚持续高电平，单片机就处于循环复位状态。上电瞬间 RST 引脚获得高电平，随着电容 C 的充电，RST 引脚的高电平将逐渐下降。RST 引脚的高电平只要能保持足够长的时间（2 个机器周期），单片机就可以进行复位操作。

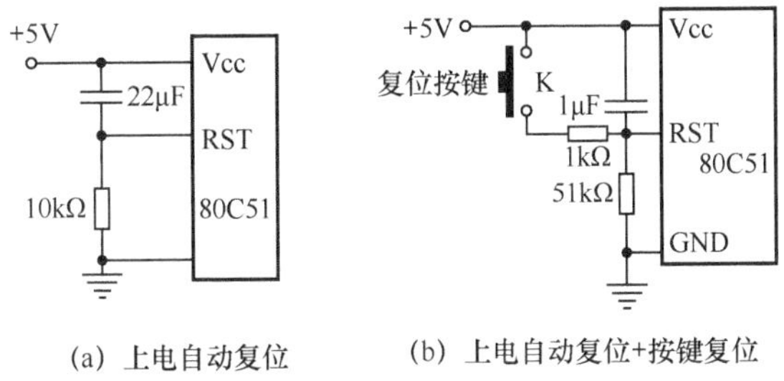

图 2-11　单片机复位电路

单片机的复位操作使单片机进入初始化状态，其主要功能是把 PC 初始化为 0000H，使单片机从 0000H 单元开始执行程序。除 PC 之外，复位操作还对其他一些专用寄存器有影响，参见附录 B 中附表 B-2 单片机复位状态表。

2.4　80C51 I/O 接口

80C51 单片机共有 4 个 I/O 口，即 P0、P1、P2 和 P3。各接口均由接口锁存器、输出驱动器和输入缓冲器组成。P1、P2 和 P3 三个端口内部都有上拉电阻，称为准双向口，在读这些端口之前应先写1，否则不能保证读入的数据正确。P0 口为开漏极输出，内部没有上拉电阻，为三态双向 I/O 口，是标准的双向口，可自由读写。虽然各接口的功能不同，结构也存在一些差异，但每个接口的位结构是相同的。

2.4.1 P0 口、P2 口的结构

2.4.1.1 P0 口的结构

P0 口由 1 个输出锁存器、1 个转换开关 MUX、2 个三态输入缓冲器、输出驱动电路、1 个与门及 1 个反相器组成，如图 2-12 所示。图 2-12 中的控制信号 C 的状态决定转换开关的位置，当 C=0 时，开关处于图中所示位置；当 C=1 时，开关接向反相器输出端位置。

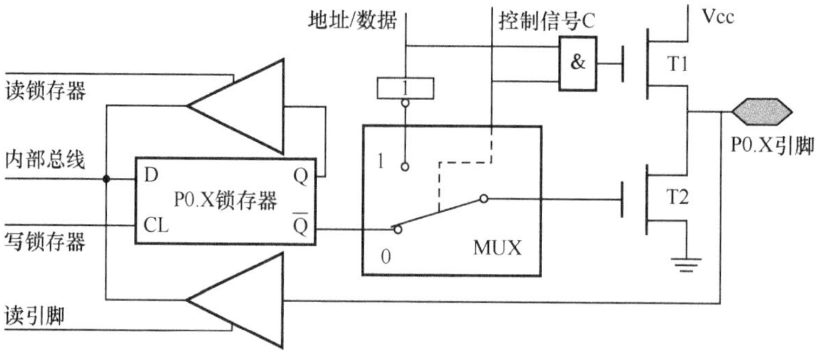

图 2-12　P0 口的位结构图

（1）P0 用作通用 I/O 接口

当系统既不进行片外的 ROM 扩展（此时 $\overline{EA}$ =1），也不进行片外 RAM 扩展（内部 RAM 传送使用“MOV”类指令）时，P0 用作通用 I/O 接口。在这种情况下，单片机硬件自动使控制 C=0，MUX 开关接向锁存器的反相输出端。另外，与门输出的“0”使输出驱动器的上拉场效应管 T1 处于截止状态。因此，输出驱动级工作在需外接上拉电阻的漏极开路方式。

P0 口作输出接口时，CPU 执行接口的输出指令，内部数据总线上的数据在“写锁存器”信号的作用下由 D 端进入锁存器，经锁存器的反相端送至场效应管 T2，再经 T2 反相，在 P0.X 引脚出现的数据正好是内部总线的数据。

P0 口作输入接口时，数据可以读自接口的锁存器，也可以读自接口的引脚。这要取决于输入操作采用的是“读锁存器”指令还是“读引脚”指令。

CPU 在执行“读”“修改”“写”类输入指令时（如“ANL　P0,A”），内部产生的“读锁存器”操作信号使锁存器 Q 端数据进入内部数据总线，在与累加器 A 进行逻辑运算之后，结果又送回 P0 接口锁存器并出现在引脚上。读口锁存器可以避免因外部电路原因使原接口引脚的状态发生变化造成的误读。例如，用一根接口线驱动一个晶体管的基极，在晶体管的射极接地的情况下，当向接口线写“1”时，晶体管导通，并把引脚的电平拉低到 0.7V。这时若从引脚读数据会把状态为“1”的数据误读为“0”。但若从锁存器读，则不会读错。

在执行“MOV”类输入指令时（如“MOV　A,P0”），内部产生的操作信号是“读引脚”。这时必须注意，在执行该类输入指令前要先把锁存器写入“1”，目的是使场效应管 T2 截止，从而使引脚处于悬浮状态，可以作为高阻抗输入。否则，在作为输入方式之前曾向锁存器输出过“0”，则 T2 导通会使引脚箝位在“0”电平，使输入高电平“1”无法读入。所以，P0 口在作为通用 I/O 接口时，属于准双向接口。

（2）P0 用作地址/数据总线

当系统进行片外 ROM 扩展（此时 $\overline{EA}$=0）或进行片外 RAM 扩展（外部 RAM 传送使用"MOVX @DPTR"或"MOVX @Ri"类指令）时，P0 用作地址/数据总线。在这种情况下，单片机内硬件自动使 C=1，即 MUX 开关接向反相器的输出端，这时地址/数据线的状态决定与门的输出。

CPU 在执行输出指令时，低 8 位地址信息和数据信息分时出现在地址/数据总线上。若地址/数据总线的状态为"1"，则场效应管 T1 导通、T2 截止，引脚状态为"1"；若地址/数据总线的状态为"0"，则场效应管 T1 截止、T2 导通，引脚状态为"0"。可见 P0.X 引脚的状态正好与地址/数据线的信息相同。

CPU 在执行输入指令时，首先低 8 位地址信息出现在地址/数据总线上，P0.X 引脚的状态与地址/数据总线的地址信息相同。然后，CPU 自动地使转换开关 MUX 接向锁存器，并向 P0 口写入 FFH，同时"读引脚"信号有效，数据经缓冲器进入内部数据总线。由此可见，P0 口作为地址/数据总线使用时是一个真正的双向接口。

2.4.1.2　P2 口的结构

P2 口由 1 个输出锁存器、1 个转换开关 MUX、2 个三态输入缓冲器、输出驱动电路和 1 个反相器组成，如图 2-13 所示。图 2-13 中的控制信号 C 的状态决定转换开关的位置，当 C=0 时，开关处于图中所示位置；当 C=1 时，开关拨向地址线位置。由图 2-13 可见，输出驱动电路与 P0 口不同，内部设有上拉电阻（由两个场效应管并联构成，图中用等效电阻 R 表示）。

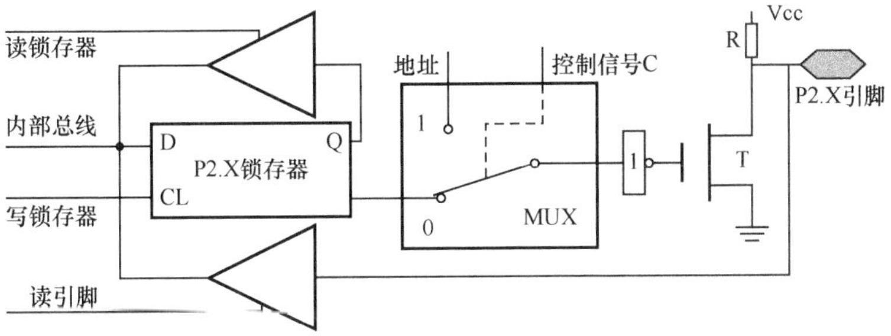

图 2-13　P2 口的位结构图

（1）P2 用作通用 I/O 接口

当不需要在单片机芯片外部扩展程序存储器（对于 80C51/87C51，$\overline{EA}$=1），仅可能扩展 256B 的片外 RAM 时（此时访问片外 RAM 不用"MOVX　@DPTR"类指令，而是利用"MOVX @Ri"类指令来实现），只用到了地址线的低 8 位，P2 口仍可以作为通用 I/O 接口使用。

CPU 在执行输出指令时，内部数据总线的数据在"写锁存器"信号的作用下由 D 端进入锁存器，经反相器反相后送至场效应管 T，再经 T 反相，在 P2.X 引脚出现的数据正好是内部数据总线的数据。

P2 口用作输入时，数据可以读自接口的锁存器，也可以读自接口的引脚。这要取决于输入操作采用的是"读锁存器"指令还是"读引脚"指令。

CPU 在执行"读""修改""写"类输入指令时（如"ANL　P2,A"），内部产生的"读锁存器"操作信号使锁存器 Q 端数据进入内部数据总线，在与累加器 A 进行逻辑运算之后，结果又送回 P2 的接口锁存器并出现在引脚上。

CPU 在执行“MOV”类输入指令时（如“MOV A,P2”），内部产生的操作信号是“读引脚”。应在执行输入指令前把锁存器写入“1”，目的是使引脚处高阻抗输入状态。所以，P2 口在作为通用 I/O 接口时，属于准双向接口。

（2）P2 用作地址总线

当需要在单片机芯片外部扩展程序存储器（$\overline{EA}$=0）或扩展的 RAM 容量超过 256B 时（读/写片外 RAM 或 I/O 接口要采用“MOVX @DPTR”类指令），单片机内硬件自动使控制 C=1，即 MUX 开关接向地址线，这时 P2.X 引脚的状态正好与地址线的信息相同。

2.4.2 P1 口、P3 口的结构

P1 口是 80C51 唯一的单功能接口，仅能用作通用的数据输入/输出接口。P3 口是双功能接口，除具有数据输入/输出功能外，每一条接口线还具有特殊的第二功能。

2.4.2.1 P1 口的结构

P1 口由 1 个输出锁存器、2 个三态输入缓冲器和输出驱动电路组成，如图 2-14 所示。输出驱动电路与 P2 口相同，内部设有上拉电阻。P1 口是通用的准双向 I/O 接口。输出高电平时，能向外提供拉电流负载，不必再接上拉电阻。当接口用作输入时，须向锁存器写入“1”。

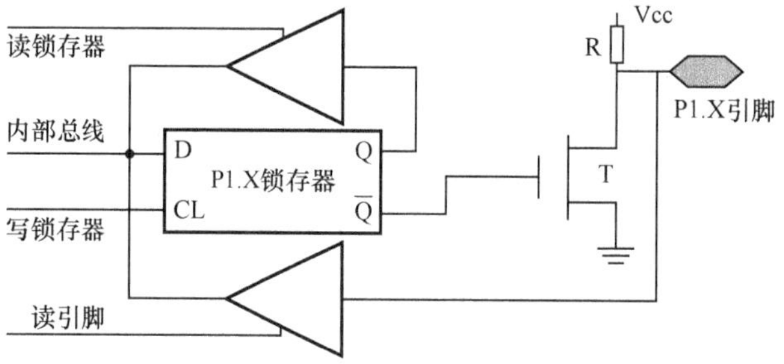

图 2-14 P1 口的位结构图

2.4.2.2 P3 口的结构

P3 口由 1 个输出锁存器、3 个输入缓冲器（其中 2 个为三态）、输出驱动电路和 1 个与非门组成，如图 2-15 所示。输出驱动电路与 P2 口和 P1 口相同，内部设有上拉电阻。

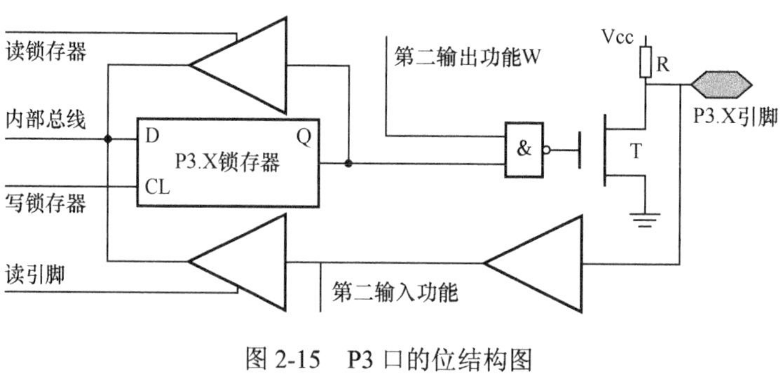

图 2-15 P3 口的位结构图

（1）P3 口用作第一功能的通用 I/O 接口

当 CPU 对 P3 口进行字节或位寻址时（多数应用场合是把几条接口线设为第二功能，另外几条接口线设为第一功能，这时宜采用位寻址方式），单片机内部的硬件自动将第二功能输出

线的 W 置“1”。这时，对应的口线为通用 I/O 接口方式。

P3 口作为输出接口时，锁存器的状态（Q 端）与输出引脚的状态相同；P3 口作为输入接口时，要先向接口锁存器写入“1”，使引脚处于高阻输入状态。输入的数据在“读引脚”信号的作用下，进入内部数据总线。所以，P3 口作为通用 I/O 接口时，也属于准双向接口。

（2）P3 用作第二功能使用

当 CPU 不对 P3 口进行字节或位寻址时，单片机内部硬件自动将接口锁存器的 Q 端置“1”。这时，P3 口作为第二功能使用。

各引脚的定义如下：

◆ P3.0 ：RXD （串行接口输入）。

◆ P3.1 ：TXD （串行接口输出）。

◆ P3.2 ：$\overline{\text{INT0}}$（外部中断 0 输入）。

◆ P3.3 ：$\overline{\text{INT1}}$（外部中断 1 输入）。

◆ P3.4 ：T0（定时/计数器 0 的外部输入）。

◆ P3.5 ：T1（定时/计数器 1 的外部输入）。

◆ P3.6 ：$\overline{\text{WR}}$（片外数据存储器“写”选通控制输出）。

◆ P3.7 ：$\overline{\text{RD}}$（片外数据存储器“读”选通控制输出）。

P3 口相应的接口线处于第二功能，应满足以下条件：

◆ 串行 I/O 接口处于运行状态（RXD、TXD）。

◆ 外部中断已经打开（$\overline{\text{INT0}}$、$\overline{\text{INT1}}$）。

◆ 定时/计数器处于外部计数状态（T0、T1）。

◆ 执行读/写外部 RAM 的指令（$\overline{\text{WR}}$、$\overline{\text{RD}}$）。

由于输出功能的接口线（如 TXD）的锁存器已自动置“1”，与非门对第二功能输出是畅通的，即引脚的状态与第二功能输出是相同的。

由于输入功能的接口线（如 RXD）的锁存器和第二功能输出线均为“1”，场效应晶体管 T 截止，该接口引脚处于高阻输入状态。引脚信号经输入缓冲器（非三态门）进入单片机内部的第二功能输入线。

2.4.3 并行接口的负载能力

P0 口、P1 口、P2 口、P3 口的输入和输出电平与 CMOS 电平和 TTL 电平均兼容。P0 口的每一位接口线可以驱动 8 个 LSTTL 负载。在作为通用 I/O 接口时，由于输出驱动电路是开漏方式，由集电极开路（OC门）电路或漏极开路电路驱动时需外接上拉电阻；当作为地址/数据总线使用时，接口线输出不是开漏的，无需外接上拉电阻。

P1 口、P2 口、P3 口的每一位能驱动 4 个 LSTTL 负载。它们的输出驱动电路设有内部上拉电阻，可以方便地由集电极开路（OC门）电路或漏极开路电路所驱动，而无需外接上拉电阻。

由于单片机接口线仅能提供几毫安的电流，当作为输出驱动一般的晶体管的基极时，应在接口与晶体管的基极之间串接限流电阻。

各接口除可以作为字节输入/输出外，它们的每一条接口线也可以单独地用作位输入/输出线。各接口编址于特殊功能寄存器中，既有字节地址又有位地址。对接口锁存器进行读写，就可以实现接口的输入/输出操作。实际应用要点包括：

◆ 当不需要外部程序存储器和数据存储器扩展时，P0 口、P1 口、P2 口、P3 口作为一般输入/输出口使用。其中，P1 口是 80C51 的唯一的单功能接口，仅能用作通用的数据输入/输出口。

◆ 当需要外部程序存储器和数据存储器扩展时，P0 口作为分时复用的低 8 位地址/数据总线，P2 口作为高 8 位地址总线。

◆ P3 口是双功能接口，除具有数据输入/输出功能外，每条接口线还具有不同的第二功能，各引脚的具体定义见附录 B。

2.5　80C51 存储器

存储器是组成计算机的主要部件，其功能是存储信息——程序和数据。存储器可以分为随机存取存储器（RAM）和只读存储器（ROM）两大类。对于 RAM，CPU 在运行时能随时进行数据的写入和读出，但在关闭电源时，其所存储的信息将丢失，所以，它用来存放暂时性的输入输出数据、运算的中间结果或用作堆栈，一般称为数据存储器；而 ROM 是一种写入信息后不易改写的存储器，断电后 ROM 中的信息保留不变。所以 ROM 用来存放程序或常数，如系统监控程序、常数表等，一般称为程序存储器。

80C51 系列单片机存储器配置如下。

◆ 64KB 程序存储器（ROM）空间：0000H～0FFFFH。

◆ 128 字节内部 RAM 空间：00H～7FH。

◆ 128 字节内部特殊功能寄存器空间：80H～0FFH。

◆ 64KB 外部数据存储器空间：0000H～0FFFFH。

◆ 位寻址空间：00H～0FFH。其中位地址 00H～7FH 位于内部 RAM 字节 20H～2FH 中，位地址 80H～0FFH 分散于内部特殊功能寄存器空间 80H～0FFH 中。

2.5.1　80C51 程序存储器

80C51 单片机的程序计数器 PC 是一个 16 位计数器，所以能寻址 64KB 的程序存储器地址范围。允许用户程序调用或转向 64KB 的任何存储单元。

80C51 单片机的芯片内部有 4KB 的掩膜 ROM，80C31 内部没有 ROM，应用时要在片外配置一定容量的 EPROM。而 87C51 片内有 4KB 的 EPROM。80C51 程序存储器配置如图 2-16 所示。

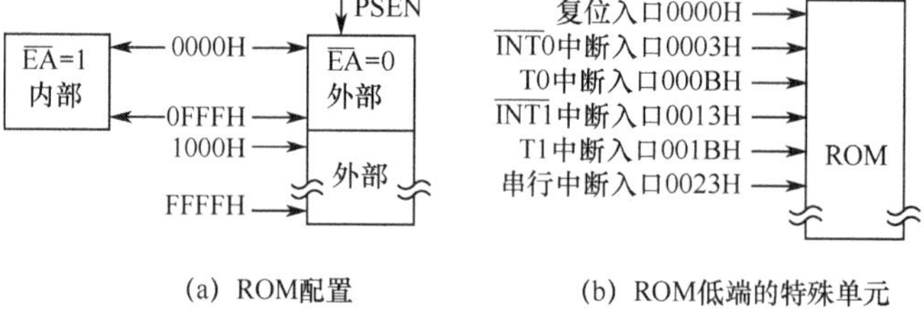

图 2-16　80C51 程序存储器配置

80C51 的 $\overline{EA}$ 引脚是访问内/外部程序存储器的选择端。当 $\overline{EA}$ 接高电平时，CPU 将先访问内部 ROM，当指令地址超过 0FFFH 时，自动转向外部 ROM 进行访问；当 $\overline{EA}$ 接低电平（80C31 内无 ROM 只能低电平）时，CPU 只能访问外部 ROM，外部 ROM 的地址从 0000H

开始编址。

程序存储器低端的一些地址被固定地用作特定的入口地址，一般是复位入口地址和中断入口地址，如图 2-16（b）所示。编程时，通常在这些入口地址的 2 和 3 个单元中，放入一条转移指令，以便与相应实际分配的程序存储器中的程序段相对应。只有中断服务程序少于 8B 时，才可以把中断服务程序直接放在相应的入口地址开始的几个单元中。

2.5.2 80C51 数据存储器

80C51 单片机的数据存储器分为片外 RAM 和片内 RAM 两大部分，如图 2-17 所示。

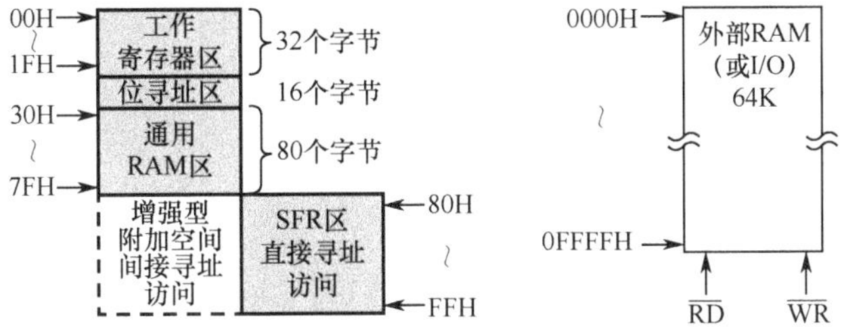

(a) 内部RAM及SFR　　(b) 外部RAM

图 2-17 80C51 数据存储器配置

80C51 片内 RAM 共有 128 字节，地址范围是 00H～7FH，分为工作寄存器区、位寻址区、通用 RAM 区三部分。增强型单片机内除地址范围在 00H～7FH 的 128B RAM 外，又增加了 80H～FFH 的高 128B 的 RAM，增加的这部分 RAM 仅能采用间接寻址方式访问（以便与特殊功能寄存器 SFR 的访问相区别）。

80C51 RAM 地址空间为 64KB，其地址范围是 0000H～0FFFFH。与程序存储器地址空间不同的是，片外/片内 RAM 在地址的低端 0000H～007FH 是重叠的，CPU 访问时采用不同的指令加以区分。访问片外 RAM 采用专门的 MOVX 指令实现，这时读（$\overline{RD}$）或写（$\overline{WR}$）信号有效。而访问片内 RAM 则采用 MOV 指令实现，无读写信号产生。另外，片外 RAM 不能进行堆栈操作。

2.5.2.1 工作寄存器区

80C51 单片机内 RAM 低端的 00H～1FH 共 32B 分成 4 个工作寄存器组，每组 8 个单元。

- 寄存器 0 组 ：地址 00H～07H。
- 寄存器 1 组 ：地址 08H～0FH。
- 寄存器 2 组 ：地址 10H～17H。
- 寄存器 3 组 ：地址 18H～1FH。

每个工作寄存器组都有 8 个寄存器，依次表示为 R0,R1,R2,···,R7。程序运行时，只能有一个工作寄存器组作为当前工作寄存器组。

当前工作寄存器组的选择由特殊功能寄存器中的程序状态字寄存器 PSW 中的 RS1、RS0 两位来决定。可以对这两位进行编程，以选择不同的工作寄存器。工作寄存器组与 RS1、RS0 的关系及地址见附录 B。

更换当前工作寄存器组时，原来的工作寄存器组的内容被屏蔽保护起来，利用这一特性可以方便地完成快速现场保护任务。

2.5.2.2 位寻址区

内部 RAM 的 20H～2FH 共 16 个字节是位寻址区，其 128 位的位地址范围为 00H～7FH。被寻址的位可进行位操作。常将程序状态标志和位控制变量设在位寻址区。该区未用到的单元也可作为通用 RAM 使用。位地址与字节地址的关系见附录 B。

2.5.2.3 通用 RAM 区

位寻址区后，剩下的 80B（30H～7FH）单元称为通用 RAM 区。这些单元可以作为数据缓冲器使用。在实际应用中，常需在 RAM 区设置堆栈。80C51 的堆栈一般设在 30H～7FH 的范围内。栈顶的位置由堆栈指针 SP 指示，复位时 SP 的初值为 07H，在系统初始化时可以重新设置。

2.5.3 80C51 特殊功能寄存器

内部数据存储器的高 128 单元是为特殊功能寄存器（SFR）（或称专用寄存器）提供的。80C51 单片机中共设有 21 个特殊功能寄存器，它们离散地分布在 80H～0FFH 的地址空间中。字节地址能被 8 整除的（十六进制的地址码尾数为 0 或 8 的）单元是具有位地址的寄存器，共有 11 个。访问特殊功能寄存器（SFR）只允许使用直接寻址方式。在 SFR 地址空间中，有效的位地址共有 83 个。80C51 的 SFR 位地址及字节地址见附录 B。

2.5.3.1 运算器相关的寄存器（3 个）

（1）程序状态字寄存器 PSW

PSW 是一个 8 位寄存器，用于寄存指令执行的状态信息。其中，有些状态是根据指令执行结果由硬件自动设置的，而有些位状态则是使用软件方法设定的。PSW 的位状态可以用专门指令进行测试，也可以用指令读出。一些条件转移指令将根据 PSW 中有关的状态，来进行程序转移。PSW 的各位含义如下。

◆ CY：最高进位（借位）标志，有最高进位（借位）时 CY=1，否则 CY=0。

◆ AC：辅助进位（借位）标志，在加减运算中，当有低 4 位向高 4 位进位或借位时，AC 由硬件置“1”，否则 AC 位被清“0”。

◆ F0：用户标志位，由用户自己定义。

◆ RS1、RS0：当前工作寄存器组选择位，用来设定当前工作寄存器的组号。

◆ OV：溢出标志位，有溢出时 OV=1，否则 OV=0。

◆ P：奇偶标志位，存于累加器 A 中的运算结果有奇数个“1”时 P=1，否则 P=0。

（2）寄存器 B（8 位）

寄存器 B 主要用于乘除法运算，也可作为 RAM 的一个单元使用。

（3）累加器 A（8 位）

80C51 中最繁忙的寄存器，用于向 ALU 提供操作数，许多运算结果也存放在累加器中。

2.5.3.2 指针类寄存器（3 个）

（1）堆栈指针寄存器 SP（8 位）

它总是指向堆栈的栈顶。80C51 单片机的堆栈通常设在 30H～7FH 这一段 RAM 中。80C51 的堆栈区是向地址增大的方向生成的，简称向上生长型堆栈。堆栈操作遵循“后进先出”的原则，入栈操作时，SP 先加 1，数据再压入 SP 指向的单元。出栈操作时，先将 SP 指向的单元的数据弹出，然后 SP 再减 1，这时 SP 指向的单元是新的栈顶。

（2）数据指针寄存器 DPTR（16 位）

它是 80C51 中唯一一个供用户使用的 16 位寄存器，用来存放 16 位的地址。它由 2 个 8 位的寄存器 DPH 和 DPL 组成。间接寻址或变址寻址可对片外的 64KB 范围的 RAM 或 ROM 数据进行操作。

2.5.3.3　接口相关的寄存器（7 个）

◆ 4 个 8 位的并行 I/O 口：P0、P1、P2、P3。

◆ 串行口数据缓冲器 SBUF。

◆ 串行口控制寄存器 SCON。

◆ 串行通信波特率倍增寄存器 PCON。

◆ 一些位还与电源控制相关，所以又称为电源控制寄存器。

2.5.3.4　定时/计数器相关的寄存器（6 个）

◆ 定时/计数器 T0 的 2 个 8 位计数初植寄存器 TH0 和 TL0。它们可构成 16 位的计数器，TH0 和 TL0 分别存放高、低 8 位。

◆ 定时/计数器 T1 的 2 个 8 位计数初植寄存器 TH1 和 TL1。

◆ 定时/计数器的工作方式寄存器 TMOD。

◆ 定时/计数器的控制寄存器 TCON。

2.5.3.5　中断相关的寄存器（2 个）

◆ 中断允许控制寄存器 IE。

◆ 中断优先级控制寄存器 IP。

本 章 小 结

本章讲述了 80C51 单片机的基本结构和原理，主要涉及以下内容：

◆ 以 80C51 为基核开发出的 CHMOS 工艺单片机产品统称为 80C51 系列，在功能上分基本型和增强型两种。在片内程序存储器的配置上有掩膜 ROM、EPROM、Flash 及无片内程序存储器等形式。

◆ 80C51 单片机由微处理器、存储器、I/O 接口及特殊功能寄存器 SFR 构成。

◆ 80C51 单片机的时钟信号有内部时钟方式和外部时钟方式两种。内部的各种微操作都以晶振周期为时序基准。晶振信号二分频后形成两相错开的时钟信号 P1 和 P2，十二分频后形成机器周期。一个机器周期包含 12 个晶振周期或 6 个时钟周期（状态）。指令的执行时间称为指令周期。

◆ 80C51 单片机的存储器在物理上设计成程序存储器和数据存储器两个独立的空间。片内程序存储器容量为 4KB，片内数据存储器为 128B。

◆ 80C51 单片机有 4 个 8 位的并行 I/O 口：P0、P1、P2 和 P3。各接口均由锁存器、输出驱动器和输入缓冲器组成。P1 口是唯一的单功能口，仅能用作通用的数据输入/输出接口。P3 口是双功能接口，除具有数据输入/输出功能外，每条接口线还具有不同的第二功能。在需要外部程序存储器和数据存储器扩展时，P0 口作为分时复用的低 8 位地址/数据总线，P2 口作为高 8 位地址总线。

◆ 单片机的复位操作使单片机进入初始化状态。复位后一些寄存器的状态发生变化。

习题 2

一．单选题

1. 内部 RAM 中的位寻址区定义的位是给（　　）。

A　位操作准备的　　　　B　移位操作准备的

C　控制转移操作准备的　　　　D　以上都对

2. 对程序计数器 PC 的操作（　　）。

A　是自动进行的　　　　B　是通过传送进行的

C　是通过加“1”指令进行的　　　　D　是通过减“1”指令进行的

3. 单片机程序存储器的寻址范围是由程序计数器 PC 的位数决定的，80C51 的 PC 为 16 位，因此其寻址范围是（　　）。

A　4KB　　B　64KB　　C　8KB　　D　128KB

4. 在算术运算中，与辅助进位标志 AC 有关的是（　　）。

A　二进制数　　B　八进制数　　C　十进制数　　D　十六进制

5. PC 的值是（　　）。

A　当前指令前一条指令的地址　　　　B　当前正在执行指令的地址

C　下一条指令的地址　　　　D　控制器中指令寄存器的地址

6. 假定设置堆栈指针 SP 的值为 37H，在进行子程序调用时把断点地址进栈保护后，SP 的值为（　　）。

A　36H　　B　37H　　C　38H　　D　39H

7. 在 80C51 单片机的运算电路中，不能为 ALU 提供数据的是（　　）。

A　累加器 A　　B　暂存器　　C　寄存器 B　　D　状态寄存器 PSW

8. 在 80C51 中（　　）。

A　具有独立的专用的地址线　　　　B　由 P0 口和 P1 口的口线作地址线

C　由 P0 口和 P2 口的口线作地址线　　　　D　由 P1 口和 P2 口的口线作地址线

二．填空题

1. 80C51 单片机引脚信号中，信号名称带有上划线的表示该信号________或_______有效。

2. 80C51 单片机内部 RAM 的寄存器区共有__________个单元，分为__________组寄存器，每组_________个单元。

3. 单片机复位后，（PSW）=00H，因此内部 RAM 寄存区的当前寄存器是第_________组，8 个寄存器的单元地址为________～________。

4. 80C51 单片机的时钟电路包含两部分，即芯片内的_________和芯片外跨接的________与_____________。

5. 在 80C51 中，位处理器的数据位存储空间是由__________的可寻址位和内部 RAM 为寻址区的_________个位。

三. 问答题

1. 80C51 晶振频率为 6MHz，时钟周期、机器周期为多少？
2. 80C51 的片内、片外存储器如何选择？
3. 使单片机复位有几种方法？复位后单片机的初始状态如何？

技能设计 2　基本 I/O 口输出与输入

一. 实训目的

◆ 了解单片机系统中的端口的连线方法及读写。
◆ 掌握并行口的操作及程序设计。
◆ 练习延时程序的编写。

二. 功能要求

P0 口接 8 个发光管，P1 口接 8 个按键，用 P1 口的开关控制 P0 口发光二极管的亮灭。

三. 电路连线

电路连线如图 1 所示。（电路连线中的 RP1 为排阻，相当于上拉电阻，各端口的黑点是虚拟仿真时的电平指示，本书后续的技能设计中的电路连线中与此相同。）

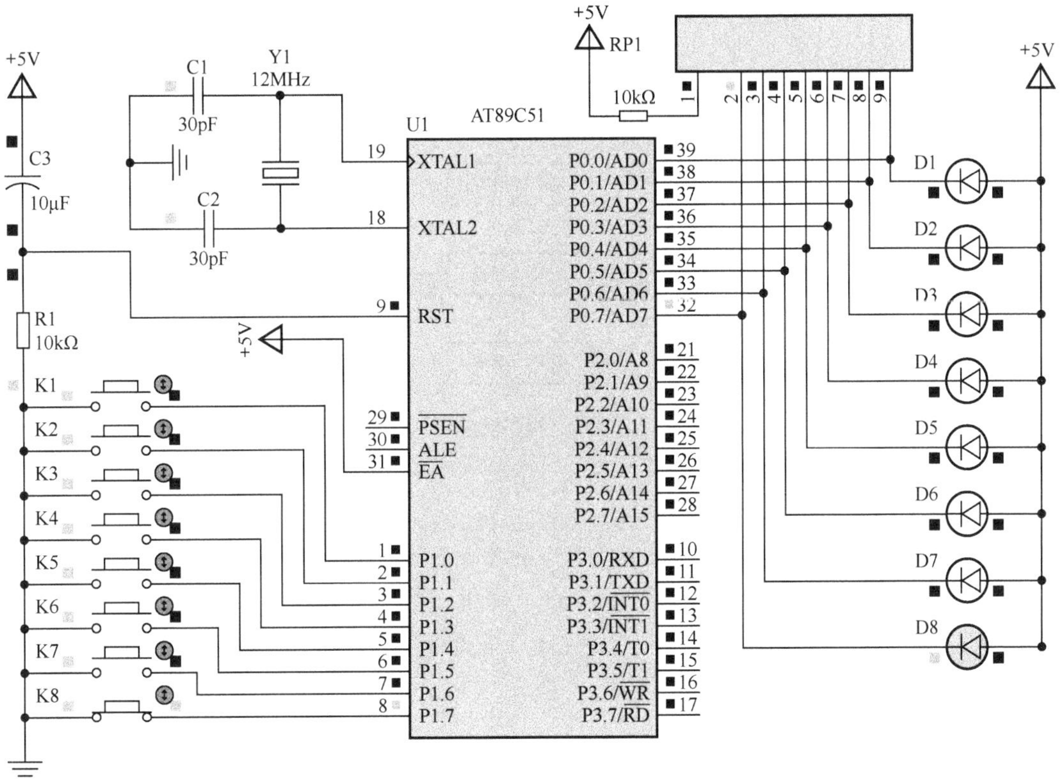

图 1　基本 I/O 口输出与输入连线

四. 程序说明

本电路是用按键控制发光二极管的亮和灭。在程序的开始，P1 口定义了 8 个按键，在 P0 口定义了 8 个发光管。当 P1.0 有按键按下时，在 P0.0 的发光二极管点亮，过几秒钟后灯熄灭。其他的按键和发光管一一对应，功能同上。

五. 程序流程

程序流程如图 2 所示。

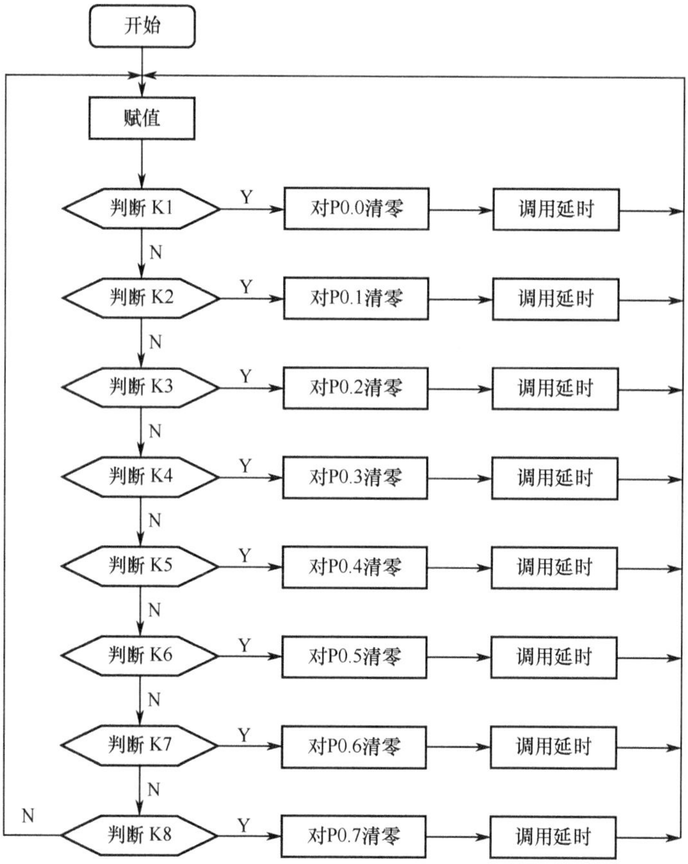

图 2　程序流程

六. 汇编程序清单

```
;**************************************************
;定义变量
;**************************************************
        K1      BIT     P1.0
        K2      BIT     P1.1
        K3      BIT     P1.2
        K4      BIT     P1.3
        K5      BIT     P1.4
        K6      BIT     P1.5
        K7      BIT     P1.6
        K8      BIT     P1.7
```

```
        ORG     0000H
        SJMP    MAIN
        ORG     0030H
;*********************************************************
; 主程序
;*********************************************************
MAIN:   MOV     P0, #0FFH       ;对 P0 口清"0",使发光管全灭
        JNB     K1, A0          ;判断按键 K1 是否按下,若有按键按下则跳到标号处
                                ;若没有,则扫描下面按键
        JNB     K2, A1
        JNB     K3, A2
        JNB     K4, A3
        JNB     K5,A4
        JNB     K6, A5
        JNB     K7, A6
        JNB     K8, A7
        SJMP    MAIN
A0:     CLR     P0.0            ;对 P0.0 清"0",使第一个发光管点亮
        CALL    DELAY           ;调用延时
        SJMP    B0              ;跳到标号处
A1:     CLR     P0.1
        CALL    DELAY
        SJMP    B0
A2:     CLR     P0.2
        CALL    DELAY
        SJMP    B0
A3:     CLR     P0.3
        CALL    DELAY
        SJMP    B0
A4:     CLR     P0.4
        CALL    DELAY
        SJMP    B0
A5:     CLR     0.5
        CALL    DELAY
        RET
A6:     CLR     P0.6
        CALL    DELAY
        RET
A7:     CLR     P0.7
        CALL    DELAY
        SJMP    B0
B0:     LJMP    MAIN            ;跳到主程序处
;*********************************************************
; 延时程序
;*********************************************************
DELAY:  MOV     R7,     #10
    LL: MOV     R6,     #248
    KK: MOV     R5,     #200
```

```
        DJNZ    R5,     $
        DJNZ    R6,     KK
        DJNZ    R7,     LL
        RET
        END
```

七. 练习

1. 用数码管替换 P0 口发光二极管，当 P1 口有按键按下时，数码管显示按键的编号。
2. 用按键控制 P0 口的发光管滚动，不同的按键不同的显示。

第3章　单片机指令系统

本章基本要求：了解80C51单片机指令系统的构成，掌握80C51的寻址方式及其与寻址空间的对应关系，理解111条指令的分类、操作功能、使用方法。

3.1　80C51指令系统概述

指令是CPU按照人们的意图来完成某种操作的命令。一台计算机所能执行的指令集合就是它的指令系统。单片机应用中主要使用机器语言和汇编语言。机器语言就是指令的二进制编码表示，汇编语言则是指令的符号表示。不管是机器语言还是汇编语言，都是直接使用指令编写程序，因此指令系统对单片机用户显得格外重要。

鉴于机器语言具有程序长、不易书写、难以阅读和调试、容易出错且出错不易查找等缺点，使用符号指令就显得十分必要，通常把表示指令的符号称为助记符。以助记符表示的指令就是计算机的汇编语言，使用汇编语言编写的程序称为汇编语言程序。为起到助记作用，指令通常以其英文名称或缩写形式为助记符。

80C51单片机指令系统共有指令111条，分五大类：

◆ 数据传送类指令（28条）。

◆ 算术运算类指令（24条）。

◆ 逻辑运算及移位类指令（25条）。

◆ 控制转移类指令（17条）。

◆ 位操作类指令（17条）。

这五类指令将在本章分类介绍（参见附录A）。

指令系统功能的强弱决定了计算机性能的高低，80C51单片机指令系统的特点是：

◆ 执行时间短。1个机器周期指令有64条，2个机器周期指令有45条，而4个机器周期指令仅有2条，即乘除指令。

◆ 指令编码字节少。单字节的指令有49条，双字节的指令有45条，三字节的指令仅有17条。

◆ 位操作指令丰富。这是80C51单片机面向控制特点的重要保证。

3.2　指令格式及常用符号

计算机能直接识别和执行的指令是二进制编码指令（机器指令），由于符号指令是机器指令的符号表示，因此它与机器指令有一一对应的关系。符号指令转换成机器指令后，才能被单片机识别和执行。

3.2.1　机器指令编码格式

指令的表示方法称为指令格式，其内容包括指令的长度和指令内部信息的安排等。一条指令通常有两部分组成：操作码和操作数（或操作数地址）。操作码是用来规定指令进行什么操作，如加、减、比较、移位等；而操作数则表示指令操作的对象。操作数可以是一个具体的数据，也可能是指出到哪里取得数据的地址或符号。

80C51 的机器指令按指令字节数分为 3 种格式：单字节指令、双字节指令和三字节指令。

3.2.1.1 字节指令

单字节指令只有一个字节，操作码和操作数信息同在其中，它有两种编码格式。

◆ 8 位编码仅为操作码。这种指令的 8 位编码仅为操作码，指令的操作数隐含在其中。例如，“INC　A”该指令的编码为：0000 0100B，其十六进制表示为 04H，累加器 A 隐含在操作码中。指令的功能是累加器 A 的内容加 1。注意，在指令中用“A”表示累加器，而用“ACC”表示累加器对应的地址——E0H。

位　号	7	6	5	4	3	2	1	0
字　节	Opcode							

注：Opcode 表示操作码。

◆ 8 位编码含有操作码和寄存器编码。这种指令的高 5 位为操作码，低 3 位为存放操作数的寄存器编码。例如，“MOV　A,R0”的编码为 1110 1000B，其十六进制表示为 E8H（低 3 位 000 为寄存器 R0 的编码）。指令功能是将当前工作寄存器 R0 中的数据传送到累加器 A 中。

位　号	7	6	5	4	3	2	1	0
字　节	Opcode					rrr		

注：rrr 表示寄存器编码。

3.2.1.2 双字节指令

双字节指令包含两个字节，其中第一个字节为操作码，第二个字节为操作数或数据地址。

位　号	7	6	5	4	3	2	1	0
字节 1	Opcode							
字节 2	data 或 direct							

注：data 和 direct 表示操作数或地址。

例如，“MOV　A,#50H”的 2 个字节编码为 0111 0100B，0101 0000B。其十六进制表示为 74H，50H。指令功能是将立即数“50H”传送到累加器 A 中。

3.2.1.3 三字节指令

三字节指令中，操作码占一个字节，操作数占两个字节，其中操作数既可以是数据也可以是地址。

位　号	7	6	5	4	3	2	1	0
字节 1	Opcode							
字节 2	data 或 direct							
字节 2	data 或 direct							

注：data 和 direct 表示操作数或地址。

例如，“MOV　60H,#40H”的 3 个字节编码为 0111 0101B，0110 0000B，0100 0000B。其十六进制表示为 75H,60H,40H。指令功能是将立即数“40H”传送到内部 RAM 的 60H 单元中。

3.2.2 符号指令格式

80C51 指令系统的符号指令通常由操作助记符、目的操作数、源操作数及指令的注释几部分构成。一般格式为：

操作助记符 [目的操作数][,源操作数][;注释]

操作助记符表示指令的操作功能。操作数是指令执行某种操作的对象，可以是具体的数据，也可以是寄存器或操作数的地址。

在 80C51 指令系统中，多数指令为两操作数指令；当指令操作数隐含在操作助记符中时，在形式上这种指令无操作数；另有一些指令为单操作数指令或三操作数指令。指令的一般格式中使用了可选择符号“[ ]”，包含的内容因指令的不同可以有或无。

在两个操作数的指令中，通常目的操作数写在左边，源操作数写在右边。如指令“ORL A, #21H”的功能是将立即数“21H”同累加器 A 中的数进行“或”操作，结果送回累加器。ORL 为“或”操作的助记符，立即数“21H”为源操作数，写在右边；累加器 A 为目的操作数，写在左边。

3.2.3 符号指令及其注解中常用符号含义

符号指令及其注解中常用的一些符号含义如下。

Rn（n=0～7）：当前选中的工作寄存器组中的寄存器 R0～R7 之一。

Ri（i=0，1）：当前选中的工作寄存器组中的寄存器 R0 或 R1。

direct：片内低 128 个 RAM 单元地址及 SFR 地址（可用符号名称表示）。

#data：8 位立即数。

#data16：16 位立即数。

addr11：11 位目的地址，只限于在 ACALL 和 AJMP 指令中使用。

addr16：16 位目的地址，只限于在 LCALL 和 LJMP 指令中使用。

rel：补码形式表示的 8 位地址偏移量，其值在-128～+127 范围内。

DPTR：16 位数据指针。

@：间址寄存器前缀标志。

bit：片内 RAM 位地址、SFR 的位地址（可用符号名称表示）。

A：累加器。

B：B 寄存器。

C：进位标志位，它是布尔处理机的累加器，也称为累加位。

/：位操作数的取反操作前缀标志。

（X）：表示某地址单元或寄存器中的内容。

((×))：由×间接寻址的单元中的内容。

←：将箭头右边的内容送入箭头左边的单元中。

3.3 80C51 寻址方式及指令执行过程

3.3.1 80C51 寻址方式

寻址方式就是寻找操作数或指令地址的方式。寻址方式包含两方面的内容：一是操作数的寻址；二是指令地址的寻址（如转移指令、调用指令）。寻址的实质就是如何确定操作数或指令单元的地址。

对于两操作数指令，源操作数有寻址方式，目的操作数也有寻址方式。若不特别声明，后面提到的寻址方式均指源操作数的寻址方式。80C51 单片机共有 7 种寻址方式，分别为寄存器寻址、直接寻址、寄存器间接寻址、立即寻址、变址寻址、相对寻址和位寻址。前 4 种寻址方式完成的是操作数的寻址，属于基本寻址方式；变址寻址实际上是间接寻址的推广；位寻址的实质是直接寻址；相对寻址是指令地址的寻址。这些寻址方式所对应的寄存器和存储器空间如表 3-1 所示。

表 3-1　寻址方式所对应的寄存器和存储空间

序　号	寻址方式	寄存器或存储空间
1	寄存器寻址	寄存器 R0～R7，A、B、DPTR 和 C（布尔累加器）
2	直接寻址	片内 RAM 低 128B、SFR
3	寄存器间接寻址	片内 RAM（@R0，@R1，SP）；片外 RAM（@R0，@R1，@DPTR）
4	立即寻址	ROM
5	变址寻址	ROM（@A+DPTR，@A+PC）
6	相对寻址	ROM（PC 当前值的－128～＋127B）
7	位寻址	可寻址位（内部 RAM20H～2FH 单元的位和部分 SFR 的位）

3.3.1.1　寄存器寻址

寄存器寻址就是操作数在寄存器中，指令中直接给出该寄存器名称的寻址方式。该寻址方式的优点是可以获得较高的传送和运行速度。在寄存器寻址方式中，用符号名称来表示寄存器。

采用寄存器寻址的寄存器有：

◆ 通用寄存器 R0～R7。

◆ 累加器 A，使用符号 ACC 表示累加器时属于直接寻址。

◆ 寄存器 B，以 A B 寄存器对的形式出现。

◆ 数据指针寄存器 DPTR。

例 3.1　若（R0）=30H，指令“MOV　A,R0”执行后，（A）=30H，如图 3-1 所示。

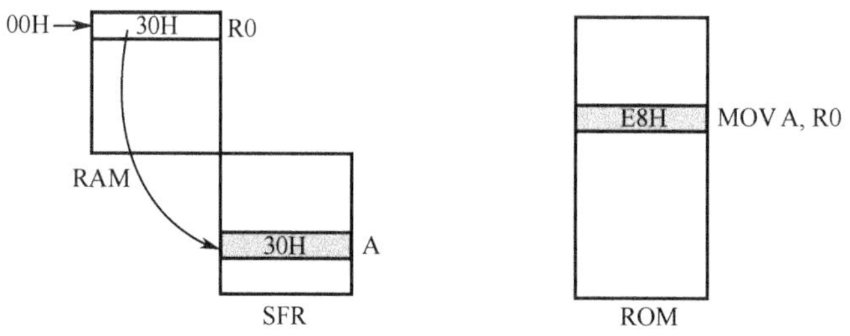

图 3-1　“MOV　A,R0”指令执行示意图

3.3.1.2　直接寻址

直接寻址就是指令中操作数直接以单元地址的形式给出，操作数本身存放在该地址指示的存储单元中的寻址方式。

采用直接寻址的存储空间为：

◆ 片内 RAM 低 128B（以地址形式表示），增强型芯片片内高 128B 需采用寄存器间接寻址方式。

◆ SFR（以地址或符号形式表示，但常用符号形式表示），如“MOV　A,P1”=“MOV　A,90H”这里的 90H 是 P1 口的地址。

例 3.2　若（50H）=3AH，指令“MOV　A,50H”执行后，（A）=3AH，如图 3-2 所示。

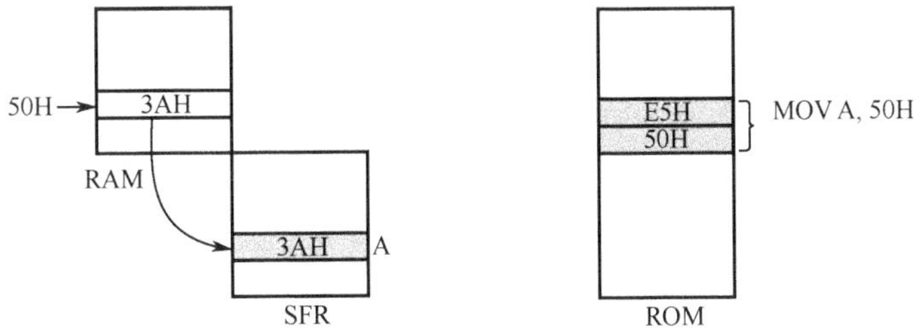

图 3-2　“MOV　A,50H”指令执行示意图

3.3.1.3　寄存器间接寻址

寄存器中存放操作数地址，寄存器间接寻址是从该地址取操作数。操作数是通过寄存器间接得到的，称为寄存器间接寻址。它也需以寄存器符号的形式表示。为了区分寄存器寻址和寄存器间接寻址，在寄存器间接寻址方式中，应在寄存器的名称前面加前缀标号“@”。

寄存器间接寻址对应的空间为片内 RAM（采用@R0,@R1 或 SP）和片外 RAM（采用@R0,@R1 或@DPTR）。

寄存器间接寻址的存储空间为片内 RAM 或片外 RAM。片内 RAM 的数据传送采用“MOV”类指令，间接寻址寄存器采用 R0 或 R1（堆栈操作时采用 SP）。片外 RAM 的数据传送采用“MOVX”类指令，这时间接寻址寄存器有两种选择：一是采用 R0 或 R1 作间接寄存器，提供低 8 位地址（外部 RAM 多于 256B 采用页面方式访问时，可由 P2 口未使用的 I/O 引脚提供高位地址）；二是采用 DPTR 作为间接寻址寄存器，提供 16 位地址。采用“MOVX”类操作片外 RAM 的数据传送指令为：“MOVX　A,@R0H”或“MOVX　A,@DPTR”。

例 3.3　若（R0）=30H，（30H）=5AH，指令“MOV　A,@R0”执行后，（A）=5AH，如图 3-3 所示。

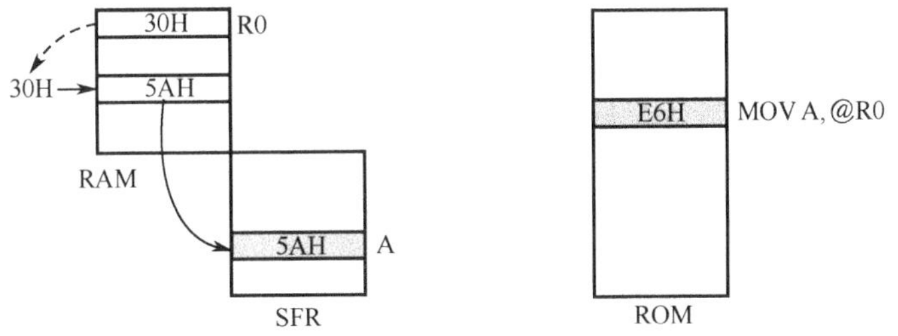

图 3-3　“MOV　A,@R0”指令执行示意图

3.3.1.4　立即寻址

所谓立即寻址就是操作数在指令中直接给出。通常把出现在指令中的操作数称为立即数，因此这种寻址方式称为立即寻址。立即数可以是单字节，也可是双字节。为了与直接寻址指令中的直接地址相区分，在立即数前面加“#”标志。由于立即数是一个常数，所以只能作为源操作数。

立即寻址所对应的寻址空间为 ROM 空间。

例 3.4　“ MOV　A,#50H”。其中 50H 就是立即数，该指令功能是把 8 位的立即数 50H 送到累加器 A 中，该指令执行后（A）=50H，如图 3-4 所示。

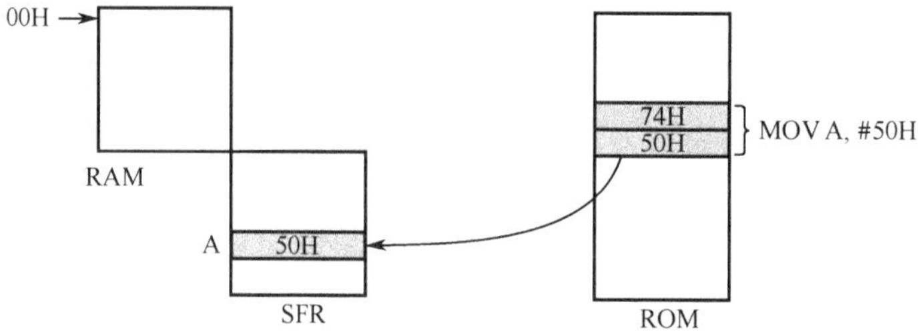

图 3-4　“MOV　A,#50H”指令执行示意图

除 8 位立即数外，80C51 指令系统中还有一条 16 位立即寻址指令“MOV　DPTR,#data16”其功能是把 16 位立即数送数据指针 DPTR。如“MOV DPTR,#1200H;DPTR←1200H”这一指令的功能是将 16 位的立即数“1200H”送到 DPTR 中，立即数高 8 位“12H”装入 DPH 中，低 8 位“00H”装入 DPL 中。

3.3.1.5　变址寻址

80C51 的变址寻址是以 DPTR 或 PC 作基址寄存器，以累加器 A 作变址寄存器，并以两者内容之和形成的 16 位地址作为操作数的地址。变址寻址方式用于对程序存储器中的数据进行寻址。由于程序存储器是只读存储器，所以变址寻址操作只有读操作而无写操作。

变址寻址对应的寻址空间为 ROM 空间（采用@A+DPTR,@A+PC）。其指令只有三条：

```
MOVC    A,@A+DPTR
MOVC    A,@A+PC
JMP     @A+DPTR
```

前两条是程序存储器读指令，功能是将累加器 A 的内容与 DPTR 或 PC 的内容相加得到操作数地址，把该地址中的数据送到 A 中；后一条是无条件转移指令，功能是将累加器 A 的内容与 DPTR 的内容相加得到指令跳转地址，使程序转移到该地址运行。

例 3.5　若（A）=0FH，（DPTR）=2400H，指令“MOVC　A,@A+DPTR”执行时，先将 A 和 DPTR 中的 0FH、2400H 两个内容相加，得到 240FH，然后将 ROM 中 240FH 单元的内容 88H 取出送到累加器 A 中，原累加器 A 中的内容 0FH 被刷新冲掉，如图 3-5 所示。

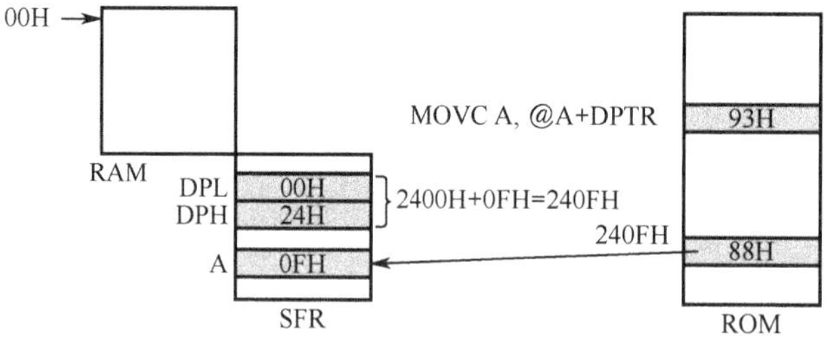

图 3-5　“MOVC　A,@A+DPTR”指令执行示意图

3.3.1.6　相对寻址

相对寻址方式是为相对转移指令实现程序的相对转移而设计的。在相对寻址的转移指令

中，给出了地址偏移量（在 80C51 系统中以“rel”表示），将 PC 的当前值加上偏移量就得到了程序转移的目标地址。这里的 PC 当前值是指执行完成转移指令后的 PC 值，即转移指令的 PC 值加上它的字节数。因此转移的目的地址可用如下公式表示：

目的地址=转移指令地址+转移指令字节数 + rel

这种寻址方式的操作是修改 PC 的值，所以主要用于实现程序的分支转移。在 80C51 指令系统中，有多条相对转移指令，其中多数为两字节指令，少数为三字节指令。

偏移量 rel 给出了相对于 PC 当前值的跳转范围，其值是一个带符号的 8 位二进制补码，取值范围是-128～+127，以补码形式置于操作码之后存放。因此相对转移是以转移指令所在地址为基点，向前最大可转移“127+转移指令字节数”个单元地址，向后最大可转移“128-转移指令字节数”个单元地址。

例 3.6　指令“JC　rel”执行如图 3-6 所示。图 3-6 中程序存储器的 1000H 和 1001H 单元存放的内容分别为 40H 和 75H，且（CY）=1。“40H”为指令“JC　rel”的操作码，偏移量 rel=75H。CPU 取出该双字节指令后，PC 的当前值已是 1002H。所以，程序将转向（PC）+75H 单元，即目标地址为 1077H 单元。1000H 单元可以称为指令“JC　rel”的源地址。

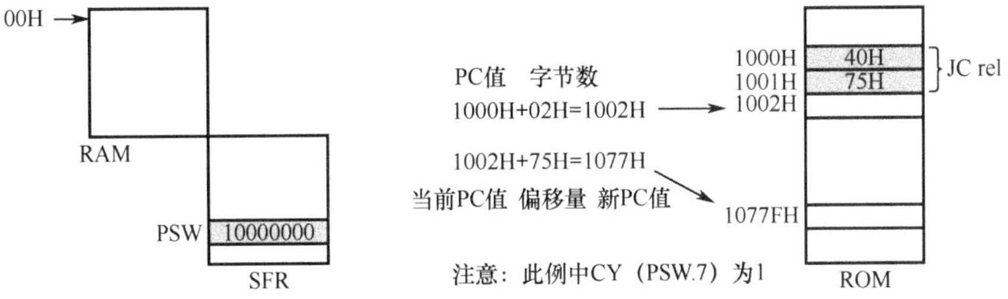

图 3-6　“JC　rel”指令执行示意图

3.3.1.7　位寻址

对位地址中的内容进行操作的寻址方式称为位寻址。采用位寻址指令的操作数是 8 位二进制数中的某一位，指令中给出的是位地址。位寻址方式属于位的直接寻址。

位寻址所对应的空间为：

- ◆ 片内 RAM 的 20H～2FH，共 16 个单元中的 128 个可寻址位。
- ◆ 专用寄存器的可寻址位（习惯上，专用寄存器的寻址位常用符号位地址表示）。

```
CLR     ACC.5
ANL     C,30H
```

第一条指令的功能是将累加器 A 的第 5 位清“0”；第二条指令的功能是将位累加器 C 的状态和位地址为 30H 的位状态进行逻辑“与”操作，并把结果保存在 C 中。

3.3.2　80C51 指令执行过程

单片机的工作过程就是执行程序的过程。程序是由指令组成的，所以执行程序的过程就是执行指令的过程。指令的执行又分为取指令和执行指令两项内容，所以单片机整个工作过程就是周而复始地取指令和执行指令的过程。

在取指令阶段中，单片机从程序存储器中取出指令操作码，送指令寄存器，再经指令译码器译码，产生一系列的控制信号，然后进入指令执行阶段。在指令执行阶段，就是利用指令译码产生的控制信号，进行本指令规定的数据操作。

单片机并不能直接使用助记符式的汇编指令，因此需要把助记符指令转换为二进制指令代码，编好的程序以指令代码的形式存入程序存储器。

3.4 单片机监控系统指令类型

3.4.1 数据传送类指令（29 条）

数据传送是进行数据处理的最基本操作，该操作属复制性质，而不是搬家性质，这类操作指令一般不影响标志寄存器 PSW 的状态。该类指令在 80C51 中占有较大的比重。

传送类指令可以分成两大类：一类是一般传送指令，采用 MOV 操作符；另一类是特殊传送指令，采用非 MOV 操作符，如 MOVC、MOVX、PUSH、POP、XCH 及 XCHD。

3.4.1.1 一般传送指令

一般传送类指令的助记符为“MOV”（Move 的缩写），通用格式为：

```
MOV   <目的操作数>,<源操作数>
```

指令完成的任务是将源操作数内容拷贝到目的操作数中，而源操作数的内容不变。传送指令中有从右向左传送的约定，即指令的右边操作数为源操作数，表达的是数据的来源；而指令的左边操作数为目的操作数，表达的则是数据的去向。源操作数可以是累加器 A、通用寄存器 Rn、直接地址 direct、间址寄存器和立即数。而目的操作数可以是累加器 A、通用寄存器 Rn、直接地址 direct 和间址寄存器。两者只差一个立即数（不能作目的操作数）。一般传送指令如表 3-2 所示。

表 3-2　一般传送指令

编号	指令分类	指　　令	功 能 说 明	字节数	机器周期数
1	A 为目的	MOV　A,Rn	寄存器送累加器	1	1
2		MOV　A,direct	直接寻址单元送累加器	2	1
3		MOV　A,@Ri	内部 RAM 单元送累加器	1	1
4		MOV　A,#data	立即数送累加器	2	1
5	Rn 为目的	MOV　Rn,A	累加器送寄存器	1	1
6		MOV　Rn,direct	直接寻址单元送寄存器	2	2
7		MOV　Rn,#data	立即数送寄存器	2	1
8	direct 为目的	MOV　direct,A	累加器送直接寻址单元	2	1
9		MOV　direct,Rn	寄存器送直接寻址单元	2	2
10		MOV　direct1,direct2	直接寻址单元送直接寻址单元	3	2
11		MOV　direct,@Ri	内部 RAM 单元送直接寻址单元	2	2
12		MOV　direct,#data	立即数送直接寻址单元	2	2
13	@Ri 为目的	MOV　@Ri,A	累加器送内部 RAM 单元	1	1
14		MOV　@Ri,direct	直接寻址单元送内部 RAM 单元	2	2
15		MOV　@Ri,#data	立即数送内部 RAM 单元	2	1
16	16 位传送	MOV　DPTR,#data16	16 位立即数送数据指针	3	2

（1）8 位数据传送指令

◆ 以 A 为目的操作数的数据传送指令：

```
MOV  A,Rn          ;A←(Rn)
MOV  A,direct      ;A←(direct)
MOV  A,@Ri         ;A←((Ri))
MOV  A,#data       ;A←data
```

该组指令的功能是：将源操作数送入累加器 A 中。源操作数有 4 种寻址方式：寄存器寻址、直接寻址、寄存器间接寻址和立即寻址。

例如，若（R0）=25H，（25H）=99H，指令“MOV　A,@R0”执行后，（A）=99H。

◆ 以 Rn 为目的操作数的数据传送指令：

```
MOV  Rn,A          ;Rn←(A)
MOV  Rn,direct     ;Rn←(direct)
MOV  Rn,#data      ;Rn←data
```

该组指令的功能是：将源操作数送入寄存器 Rn 中。源操作数有 3 种寻址方式：寄存器寻址、直接寻址和立即寻址。由于目的操作数为工作寄存器，因此源操作数不能是工作寄存器及寄存器间接方式寻址。

例如，若（10H）=66H，指令“MOV　R1,10H”执行后，（R1）=66H。

◆ 以 direct 为目的操作数的数据传送指令：

```
MOV  direct,A          ;direct←(A)
MOV  direct,Rn         ;direct←(Rn)
MOV  direct,direct1    ;direct←(direct1)
MOV  direct,@Ri        ;direct←((Ri))
MOV  direct,#data      ;direct←data
```

该组指令的功能是：将源操作数送入 direct 单元，作为 direct 单元中的内容。源操作数有 4 种寻址方式：寄存器寻址、直接寻址、寄存器间接寻址和立即寻址。

例如，若（10H）=20H，（30H）=40H，指令“MOV　10H,30H”执行后，（10H）=40H。

◆ 以@Ri 为目的操作数的数据传送指令：

```
MOV  @Ri,A             ;(Ri)←(A)
MOV  @Ri,direct        ;(Ri)←(direct)
MOV  @Ri,#data         ;(Ri)←data
```

该组指令的功能是：将源操作数送入以 Ri 内容为地址的单元中。源操作数的寻址方式有 3 种：寄存器寻址、直接寻址和立即寻址。因为目的操作数采用寄存器间接寻址，因此源操作数不能是寄存器及寄存器间接方式寻址。

例如，若（R0）=20H，（A）=50H，指令“MOV　@R0,A”执行后，（20H）=50H。

（2）16 位数据传送指令

```
MOV  DPTR,#data16   ;DPTR←data16
```

该指令的功能是：将 16 位源操作数 data16（通常是地址常数）送入目的操作数 DPTR 中。源操作数的寻址方式为立即寻址。

例如，指令“MOV　DPTR,#1234H”执行后，（DPTR）=1234H。即（DPH）=12H，（DPL）=34H。

3.4.1.2　特殊传送指令

特殊传送指令可分为 ROM 查表、外部 RAM 读写、堆栈操作和交换指令，如表 3-3 所示。

表 3-3　特殊传送指令

编号	指令分类	指　　令	功能说明	机器码字节	机器周期数
17	ROM 查表	MOVC　A,@A+DPTR	查表数据送累加器	1	2
18		MOVC　A,@A+PC	查表数据送累加器	1	2
19	读片外 RAM	MOVX　A,@Ri	外部 RAM 送累加器	1	2
20		MOVX　A,@DPTR	外部 RAM 送累加器	1	2
21	写片外 RAM	MOVX　@DPTR,A	累加器送外部 RAM	1	2
22		MOVX　@Ri,A	累加器送外部 RAM	1	2
23	堆栈操作	PUSH　direct	进栈操作	2	2
24		POP　direct	出栈操作	2	2
25	字节交换	XCH　A,Rn	累加器与寄存器交换	1	1
26		XCH　A,direct	累加器与直接寻址单元交换	2	1
27		XCH　A,@Ri	累加器与内部 RAM 单元交换	1	1
28	半字节交换	XCHD　A,@Ri	累加器与内部 RAM 单元低 4 位交换	1	1
29	自交换	SWAP　A	累加器高低 4 位交换	1	1

（1）程序存储器 ROM 查表指令

通常 ROM 中可以存放两方面的内容：一是单片机执行的程序代码；二是一些固定不变的常数（如表格数据、字段代码）。访问 ROM 实际上指的是读 ROM 中的常数。在 80C51 中，读 ROM 中的常数采用变址寻址，并需经过累加器完成。

指令助记符为：MOVC（MoveCode）

```
MOVC  A,@A+DPTR      ;A←((A)+(DPTR))
MOVC  A,@A+PC        ;A←((A)+(PC))
```

该组指令首先执行 16 位无符号数加法，将获得的基址和变址之和作为 16 位的程序存储器地址，然后将该地址单元的内容传送到累加器 A 中。指令执行后 DPTR 的内容不变。

以上两条指令主要用于程序存储器的查表，但 A 中的内容被刷新冲掉。

（2）外部 RAM 数据传送指令

在单片机的片外 RAM 中经常存放数据采集和处理的一些中间数据。访问片外 RAM 的操作分为读和写两大类，指令均采用 MOVX（MoveExternal）助记符和寄存器间接寻址。

◆ 读片外 RAM 指令：

```
MOVX  A,@DPTR        ;A←((DPTR))
MOVX  A,@Ri          ;A←((Ri))
```

第一条指令以 16 位 DPTR 为间址寄存器读片外 RAM，可以寻址整个 64KB 的片外 RAM 空间。指令执行时，在 DPH 中的高 8 位地址由 P2 口输出，DPL 中的低 8 位地址由 P0 口分时输出，并由 ALE 信号锁存在地址锁存器中。

第二条指令以 8 位的 R0 或 R1 为间址寄存器读片外 RAM，也可以读整个 64KB 的片外 RAM。指令执行时，低 8 位地址在 R0 或 R1 中，由 P0 口分时输出，多于 256B 的访问，高位地址由 P2 口提供。同样 ALE 信号将地址信息锁存在地址锁存器中。

读片外 RAM 的 MOVX 操作时，P3.7 脚输出的 RD 信号选通片外 RAM 单元，相应单元的数据从 P0 口读入累加器 A 中。

例如，若（DPTR）=1000H，（1000H）=60H，执行“MOVX　A,@DPTR”指令后，A=60H。

◆ 写片外 RAM 指令：

```
MOVX  @DPTR,A        ;((DPTR))←(A)
MOVX  @Ri,A          ;((Ri))←(A)
```

以上两条指令的执行与读片外 RAM 指令类似，只是数据传送相反，P3.6 脚的 WR 信号有效，累加器 A 的内容从 P0 口输出并写入选通的相应片外 RAM 单元。

对外部 RAM 数据传送指令作如下说明：80C51 指令系统中没有专用的存储器读写指令，实际上外部数据存储器数据传送指令就是外部 RAM 的读写指令；外部 RAM 数据传送指令与内部 RAM 数据传送指令相比，在指令助记符中增加了“X”,“X”是表示外部之意；外部 RAM 的数据传送指令，只能通过累加器 A 进行。

当片外扩展的 I/O 口映射为片外 RAM 地址时，也要利用这 4 条指令进行数据的输入输出。

（3）数据交换指令

数据交换主要是在内部 RAM 单元与累加器 A 之间进行，完成的传送是双向的；前面讲的传送指令是单向的（由“源”向“目的”）的拷贝。有整个字节和半字节两种交换。

指令助记符为：XCH（Exchange）、XCHD（Exchange low - order Digit）和 SWAP。

◆ 字节交换指令：

```
XCH  A,Rn            ;(A) ⇔ (Rn)
XCH  A,direct        ;(A) ⇔ (direct)
XCH  A,@Ri           ;(A) ⇔ ((Ri))
```

该组指令的功能是：字节数据交换，实现 3 种寻址操作数内容与 A 的内容进行互换。

例如，若（A）=68H，（R1）=21H，指令“XCH A,R1“执行后，（A）=21H，（R1）=68H。

◆ 半字节交换指令：

XCHD　A,@Ri　　　;$(A_{3\sim0}) \Leftrightarrow ((Ri)_{3\sim0})$

SWAP　A　　　　　;$(A_{3\sim0}) \Leftrightarrow (A_{7\sim4})$

XCHD 指令的功能是间址操作数的低半字节与 A 的低半字节内容互换。SWAP 指令的功能是累加器的高低 4 位互换。

例如，若（R0）=10H，（10H）=47H，（A）=20H。执行指令“XCHD A,@R0”指令后，（A）=27H，（10H）=40H。

若（A）＝19H，执行指令“SWAP A”后，（A）＝91H。

注：为了方便 SWAP 指令放在此处讲解，但它也可属于逻辑运算和移位类指令，见书后附录 A（80C51 系列单片机指令表）所示。

（4）堆栈操作指令

堆栈是在内部 RAM 中按“后进先出”的规则组织的一片存储区。此区的一段固定，称为栈底；另一段是活动的，称为栈顶。栈顶的位置（地址）由堆栈指针 SP 指示（SP 的内容是栈顶的地址）。在 80C51 中，堆栈的生长方向是向上的（地址增大）。入栈操作时，先将 SP 的内容加 1，然后将指令指定的直接地址单元的内容存入 SP 指向的单元；出栈操作时，先将 SP 指向的单元内容传送到指令指定的直接地址单元，然后 SP 的内容减 1。系统复位时，SP 的内容为 07H。用户应在系统初始化时对 SP 重新设置。SP 的值越小，堆栈的深度就越深。

堆栈操作有进栈和出栈两种，因此相应有进栈指令和出栈指令。

◆ 进栈指令：

```
PUSH  direct         ;SP←(SP)+1,(SP)←(direct)
```

该指令的功能是：先将栈指针 SP 的内容加 1，然后再将直接地址指出的操作数送入 SP

所指的单元。

◆ 出栈指令：

```
POP    direct      ;direct←((SP)),SP←(SP)-1
```

该指令的功能是：栈顶指示的单元内容送直接地址单元，然后再将栈指针 SP 的内容减 1。

例如，若（SP）=08H，（30）=56H，执行“PUSH　30H”指令后，（SP）=09H，（09H）=56H。

若（SP）=7FH，（7FH）=32H，执行“POP　50H”指令后，（50H）=32H，（SP）=7EH。

堆栈操作实际上是通过堆栈指示器 SP 进行的读写操作，是以 SP 为寄存器间接寻址方式。但因为 SP 是唯一的，则在指令中把通过 SP 的间接寻址的操作项隐含了，只表示出直接寻址的操作数项。

3.4.2 算术运算类指令（24 条）

算术运算指令可以完成加、减、乘、除及加 1、减 1 等运算。这类指令多数以 A 为源操作数之一，同时又使 A 为目的操作数。算术运算类指令如表 3-4 所示。

表 3-4　算术运算类指令

编号	指令分类	指　　令	功 能 说 明	机器码字节	机器周期数
30	不带进位加法	ADD　A,Rn	累加器加寄存器	1	1
31		ADD　A,direct	累加器加直接寻址单元	2	1
32		ADD　A,@Ri	累加器加内部 RAM 单元	1	1
33		ADD　A,#data	累加器加立即数	2	1
34	带进位加法	ADDC　A,Rn	累加器加寄存器和进位标志	1	1
35		ADDC　A,direct	累加器加直接寻址单元和进位标志	2	1
36		ADDC　A,@Ri	累加器加内部 RAM 单元和进位标志	1	1
37		ADDC　A,#data	累加器加立即数和进位标志	2	1
38	加 1	INC　A	累加器加 1	1	1
39		INC　Rn	寄存器加 1	1	1
40		INC　direct	直接寻址单元加 1	2	1
41		INC　@Ri	内部 RAM 单元加 1	1	1
42		INC　DPTR	16 位数据指针加 1	1	2
43	十进制调整	DA　A	十进制调整	1	1
44	带借位减法	SUBB　A,Rn	累加器减寄存器和借位标志	1	1
45		SUBB　A,direct	累加器减直接寻址单元和借位标志	2	1
46		SUBB　A,@Ri	累加器减内部 RAM 单元和借位标志	1	1
47		SUBB　A,#data	累加器减立即数和借位标志	2	1
48	减 1	DEC　A	累加器减 1	1	1
49		DEC　Rn	寄存器减 1	1	1
50		DEC　direct	直接寻址单元减 1	2	1
51		DEC　@Ri	内部 RAM 单元减 1	1	1
52	乘法	MUL　AB	累加器乘寄存器 B	1	4
53	除法	DIV　AB	累加器除以寄存器 B	1	4

进位（借位）标志 CY 为无符号整数的多字节加法、减法、移位等操作提供了方便。使用

软件监视溢出标志可方便地控制补码运算。辅助进位标志用于 BCD 码运算。算术运算操作将影响程序状态字 PSW 中的溢出标志 OV、进位（借位）标志 CY、辅助进位（辅助借位）标志 AC 和奇偶标志位 P 等。算术运算指令对算术标志位的影响如表 3-5 所示。

表 3-5　算术运算指令对算术标志位的影响

指令 标志	ADD	ADDC	SUBB	DA	MUL	DIV
CY	√	√	√	√	0	0
AC	√	√	√	√	×	×
OV	√	√	√	×	√	√
P	√	√	√	√	√	√

注：符号"√"表示相应的指令操作影响该对应的标志位；符号"0"表示相应的指令操作对该对应的标志位清"0"；符号"×"表示相应的指令操作不影响该对应的标志位。另"INC A"和"DEC A"指令影响标志。

3.4.2.1　加法

（1）不带进位加法指令

```
ADD  A,Rn          ;A←(A)+(Rn)
ADD  A,direct      ;A←(A)+(direct)
ADD  A,@Ri         ;A←(A)+((Ri))
ADD  A,#data       ;A←(A)+data
```

该组指令的功能是：将源操作数和目的操作数（累加器 A）的内容相加，然后将相加的结果送入 A 中。8 位二进制加法运算指令的一个加数（目的操作数）总是累加器 A，而另一个加数可由不同寻址方式得到。加法运算影响 PSW 中的 CY、AC、OV 和 P 的情况如下。

◆ 进位标志 CY：和的 D7 位有进位时，（CY）=1；否则，（CY）=0。

◆ 辅助进位标志 AC：和的 D3 位有进位时，（AC）=1；否则，（AC）=0。

◆ 溢出标志 OV：和的 D7、D6 位只有一个有进位时，（OV）=1；和的 D7、D6 位同时有进位或同时无进位时，（OV）=0。溢出表示运算的结果超出了数值所允许的范围。如两个正数相加结果为负数或两个负数相加结果为正数时均属于溢出，此时（OV）=1。

◆ 奇偶标志 P：累加器 A 中"1"的个数为奇数时，（P）=1；为偶数时，（P）=0。

例如，若（A）=84H，（30H）=8DH，执行指令"ADD　A,30H"，由于

```
     (A)      8  4  H                   1000  0100
  + (30H)     8  D  H      或         + 1000  1101
  ---------------------              --------------
           1  1  1  H          进位     1    1 1
                                     --------------
                               结果   1 0001  0001
```

（A）=11H，（CY）=1，（AC）=1，（OV）=1（D7 有进位，D6 无进位），（P）=0。

（2）带进位加法指令

```
ADDC    A,Rn        ;A←(A)+(Rn)+(CY)
ADDC    A,direct    ;A←(A)+(direct)+(CY)
ADDC    A,@Ri       ;A←(A)+((Ri))+(CY)
ADDC    A,#data     ;A←(A)+data+(CY)
```

该组指令的功能是：将源操作数和目的操作数（累加器 A）的内容相加，再与进位标志 CY 的值相加，将最后相加的结果送入 A 中。这里所加的进位 CY 的值是在指令执行之前存在的进位标志的值，而不是执行该指令过程中产生的进位标志的值。若这组指令执行前（CY）

=0，则执行结果与不带进位加法指令 ADD 相同。但在多字节加法运算中，执行指令过程中低位产生的进位要向高位进位。最低字节相加用 ADD 指令（或用 ADDC，但应先将 CY 清“0”），其余高字节相加均用 ADDC 指令。

例 3.7 三字节无符号数相加，被加数放在内部 RAM 20H～22H（低位在前），加数放在内部 RAM 2AH～2CH（低位在前），相加结果放被加数单元中。可编写如下程序完成指定运算：

```
        MOV     R0,#20H     ;被加数首地址
        MOV     R1,#2AH     ;加数首地址
        MOV     R7,#03H     ;相加字节数
        CLR     C           ;CY 清“0”
LOOP:   MOV     A,@R0       ;取一个字节被加数
        ADDC    A,@R1       ;取一个字节加数相加
        MOV     @R0,A       ;送结果
        INC     R0          ;地址增量
        INC     R1          ;
        DJNZ    R7,LOOP     ;判断是否加完
        CLR     A           ;
        ADDC    A,#00H      ;处理最高进位
        MOV     @R0,A       ;保存进位
```

（3）加 1 指令

```
INC     A           ;A←(A)+1
INC     Rn          ;Rn←(Rn)+1
INC     direct      ;direct←(direct)+1
INC     @Ri         ;(Ri)←((Ri))+1
INC     DPTR        ;DPTR←(DPTR)+1
```

该组指令的功能是：把源操作数的内容加 1，将结果送回原单元。这些指令中只有“INC A”影响 P 标志，其余指令不影响标志位的状态。

（4）十进制调整指令

十进制调整指令是一条专用指令，其格式为：

```
DA      A           ;调整 A 的内容为正确的 BCD 码
```

该指令的功能是：对累加器 A 中刚进行的两个 BCD 码的加法的结果进行十进制调整。

两个压缩的 BCD 码按二进制相加后，必须经过调整方能得到正确的压缩 BCD 码的和。调整要完成的任务是：

◆ 当累加器 A 中的低 4 位数出现了非 BCD 码（1010～1111）或低 4 位产生进位（AC=1）时，则应在低 4 位加 6 调整，以产生低 4 位正确的 BCD 结果。

◆ 当累加器 A 中的高 4 位数出现了非 BCD 码（1010～1111）或高 4 位产生进位（CY=1）时，则应在高 4 位加 6 调整，以产生高 4 位正确的 BCD 结果。

十进制调整指令执行后，PSW 中的 CY 表示结果的百位值。

例 3.8 若（A）＝0101 0110B，表示的 BCD 码为 $(56)_{BCD}$，（R2）＝0110 0111B，表示的 BCD 码为 $(67)_{BCD}$，（CY）＝0。执行以下指令：

```
ADD   A,R2                 (A)     0101 0110
                         + (R2)    0110 0111
                         ---------------------
                                   1011 1101
DA    A                    调整    0110 0110
                         ---------------------
                           结果  1 0010 0011
```

结果为：（A）＝0010 0011B，即 $(123)_{BCD}$，且（CY）＝1，故结果为 BCD 码 123。

应该注意：DA 指令不能对减法进行十进制调整。当需要进行减法运算时，可以采用十进制补码相加，然后用 DA 指令进行调整。

例如，50−20=50+[20]补=50+（100−20）=50+80=1 30

在单片机中十进制补码算法为：[X]补=9AH−|X|。

3.4.2.2　减法

（1）带借位减法指令

```
SUBB    A,Rn           ;A←(A)-(Rn)-(CY)
SUBB    A,direct       ;A←(A)-(direct)-(CY)
SUBB    A,@Ri          ;A←(A)-((Ri))-(CY)
SUBB    A,#data        ;A←(A)-data-(CY)
```

该组指令的功能是：将目的操作数（累加器 A）的内容减去源操作数的内容，再与借位标志 CY 的值相减，将最后的差送入 A 中。减法运算只有带借位减法指令，而没有不带借位的减法指令。若要进行不带借位的减法运算，只需用”CLR　C”指令先把借位标志位 CY 清“0”即可。减法运算影响 PSW 中的 CY、AC、OV 和 P 的情况如下。

◆ 借位标志 CY：差的位 7 需借位时，（CY）=1；否则，（CY）=0。

◆ 辅助借位标志 AC：差的位 3 需借位时，（AC）=1；否则，（AC）=0。

◆ 溢出标志 OV：若位 6 有借位而位 7 无借位或位 7 有借位而位 6 无借位时，（OV）=1。或者说：若两个不同符号数相减，得到的结果符号位与被减数符号位不同时，则表示有溢出，OV=1；否则，无溢出，OV=0。

◆ 奇偶标志 P：累加器 A 中“1”的个数为奇数时，（P）=1；为偶数时，（P）=0。

例 3.9　若（A）=C9H，（R2）=54H，（CY）=1，执行指令 “SUBB　A,R2”

(A)	C 9 H			1100 1001
− (R2)	5 4 H	或	−	0101 0100
− (CY)	1 H		−	1
结果	7 4 H			0111 0100

结果为：（A）=74H，（CY）=0，（AC）=1，（OV）=1（D6 有借位，D7 无借位），（P）=0。

（2）减 1 指令

```
DEC     A              ;A←(A)-1
DEC     Rn             ;Rn←(Rn)-1
DEC     direct         ;direct←(direct)-1
DEC     @Ri            ;(Ri)←((Ri))-1
```

该组指令的功能是：把源操作数的内容减 1，将结果送回原单元。这些指令中只有“DEC A”影响 P 标志，其余指令不影响标志位的状态。此外还应注意，在 80C51 指令系统中，只有数据指针 DPTR 加 1 指令，而没有 DPTR 减 1 指令。

3.4.2.3　乘除法指令

80C51 单片机中有乘除法指令各一条，它们都是一字节指令。乘除法指令是整个指令系统中执行时间最长（4 个机器周期）的指令。

（1）乘法指令

```
MUL     AB       ;累加器 A 和寄存器 B 内容相乘
```

该指令的功能是：将累加器 A 和寄存器 B 中的无符号 8 位二进制数相乘，乘积的低 8 位留在累加器 A 中，高 8 位存放在寄存器 B 中。

乘法运算影响 PSW 的状态，包含进位标志位 CY 总是被清“0”，溢出标志位 OV 状态与乘积有关，当乘积大于 FFH 时，溢出标志位（OV）=1。

例如，若（A）=50H，（B）=A0H，执行指令“MUL AB”后，（A）=00H，（B）=32H，（OV）=1，（CY）=0。

（2）除法指令

```
DIV    AB        ;累加器 A 的内容除以寄存器 B 的内容
```

该指令的功能是：将累加器 A 中的无符号 8 位二进制数与寄存器 B 中的无符号 8 位二进制数相除，得到的整数商留在累加器 A 中，余数存放在寄存器 B 中。

除法运算影响 PSW 的状态，包含进位标志位 CY 总是被清“0”，而溢出标志位 OV 则反映除数情况，当除数为 0（B=0）时，（OV）=1，表明除法没有意义，无法进行。

3.4.3 逻辑运算与移位类指令（24 条）

逻辑运算指令可以完成与、或、异或、清“0”和取反操作，当以累加器 A 为目的操作数时，对 P 标志有影响。循环指令是对累加器 A 的循环移位操作，包括左、右方向以及带与不带进位等移位。移位操作时，带进位的循环移位对 CY 和 P 标志有影响。累加器清“0”操作对 P 标志有影响。

逻辑运算与移位类指令如表 3-6 所示。

表 3-6 逻辑运算及移位类指令

编号	指令分类	指 令	功 能 说 明	机器码字节数	机器周期数
54	逻辑与	ANL direct,A	直接寻址单元与累加器	2	1
55		ANL direct,#data	直接寻址单元与立即数	3	2
56		ANL A,Rn	累加器与寄存器	1	1
57		ANL A,direct	累加器与直接寻址单元	2	1
58		ANL A,@Ri	累加器与内部 RAM 单元	1	1
59		ANL A,#data	累加器与立即数	2	1
60	逻辑或	ORL direct,A	直接寻址单元或与累加器	2	1
61		ORL direct,#data	直接寻址单元或立即数	3	2
62		ORL A,Rn	累加器或寄存器	1	1
63		ORL A,direct	累加器或直接寻址单元	2	1
64		ORL A,@Ri	累加器或内部 RAM 单元	1	1
65		ORL A,#data	累加器或立即数	2	1
66	逻辑异或	XRL direct,A	直接寻址单元异或累加器	2	1
67		XRL direct,#data	直接寻址单元异或立即数	3	2
68		XRL A,Rn	累加器异或寄存器	1	1
69		XRL A,direct	累加器异或直接寻址单元	2	1
70		XRL A,@Ri	累加器异或内部 RAM 单元	1	1
71		XRL A,#data	累加器异或立即数	2	1
72	清“0”	CLR A	累加器清“0”	1	1
73	取反	CPL A	累加器取反	1	1
74	移位	RR A	累加器循环右移	1	1
75		RRC A	累加器带进位循环右移	1	1
76		RL A	累加器循环左移	1	1
77		RLC A	累加器带进位循环左移	1	1

3.4.3.1　逻辑与运算指令

```
ANL     A,Rn              ;A←(A)∧(Rn)
ANL     A,direct          ;A←(A)∧(direct)
ANL     A,@Ri             ;A←(A)∧((Ri))
ANL     A,#data           ;A←(A)∧data
ANL     direct,A          ;direct←(direct)∧(A)
ANL     direct,#data      ;direct←(direct)∧data
```

逻辑运算是按位进行的，逻辑与运算用符号“∧”表示。其中前四条指令的功能是：将源操作数与累加器 A 的内容相与，得到的运算结果存放在 A 中；而后两条指令的功能是：将源操作数与直接地址指示的单元内容相与，得到的运算结果存放在直接地址指示的单元中。逻辑与运算主要用于将某操作数中的某一位清“0”（该位与 0 进行逻辑与运算）。

例 3.10　若（A）=C3H，（R0）=AAH，执行指令“ANL　A,R0”后，（A）=82H。

```
   C3H= 1100 0011B
与 AAH= 1010 1010B
------------------
        1000 0010B
```

3.4.3.2　逻辑或运算指令

```
ORL     A,Rn              ;A←(A)∨(Rn)
ORL     A,direct          ;A←(A)∨(direct)
ORL     A,@Ri             ;A←(A)∨((Ri))
ORL     A,#data           ;A←(A)∨data
ORL     direct,A          ;direct←(direct)∨(A)
ORL     direct,#data      ;direct←(direct)∨data
```

逻辑或运算用符号“∨”表示。其中前四条指令的功能是：将源操作数与累加器 A 的内容相或，得到的运算结果存放在 A 中；而后两条指令的功能是：将源操作数与直接地址指示的单元内容相或，得到的运算结果存放在直接地址指示的单元中。逻辑或运算主要用于将某操作数中的某一位置“1”（该位与 1 进行逻辑或运算）。

例 3.11　若（A）=C3H，（R0）=55H，执行指令“ORL　A,R0”后，（A）=D7H。

```
   C3H= 1100 0011B
或 55H= 0101 0101B
------------------
        1101 0111B
```

3.4.3.3　逻辑异或运算指令

```
XRL     A,Rn              ;A←(A)⊕(Rn)
XRL     A,direct          ;A←(A)⊕(direct)
XRL     A,@Ri             ;A←(A)⊕((Ri))
XRL     A,#data           ;A←(A)⊕data
XRL     direct,A          ;direct←(direct)⊕(A)
XRL     direct,#data      ;direct←(direct)⊕data
```

逻辑异或运算用符号“⊕”表示。其中前四条指令的功能是：将源操作数与累加器 A 的内容异或，得到的运算结果存放在 A 中；而后两条指令的功能是：将源操作数与直接地址指示的单元内容异或，得到的运算结果存放在直接地址指示的单元中。逻辑异或运算主要用于将某操作数中的某一位取反（该位与 1 进行逻辑异或运算）。

例 3.12 若（A）=C3H，（R0）=AAH，执行指令“XRL A,R0”后，（A）=69H。

```
      C3H= 1100 0011B
异或  AAH= 1010 1010B
-------------------
           0110 1001B
```

3.4.3.4 累加器清“0”和取反指令

```
CLR   A    ;A←0
CPL   A    ;A←(/A)
```

第一条指令的功能是：将累加器 A 的内容清“0”；第二条指令的功能是：将累加器 A 的内容按位取反。

3.4.3.5 累加器循环移位指令

```
RL      A       ;An+1←An,A0←A7
RR      A       ;An←An+1,A7←A0
RLC     A       ;An+1←An,CY←A7,A0←CY
RRC     A       ;An←An+1,A7←CY,CY←A0
```

以上 4 条指令的执行示意图如图 3-7 所示。

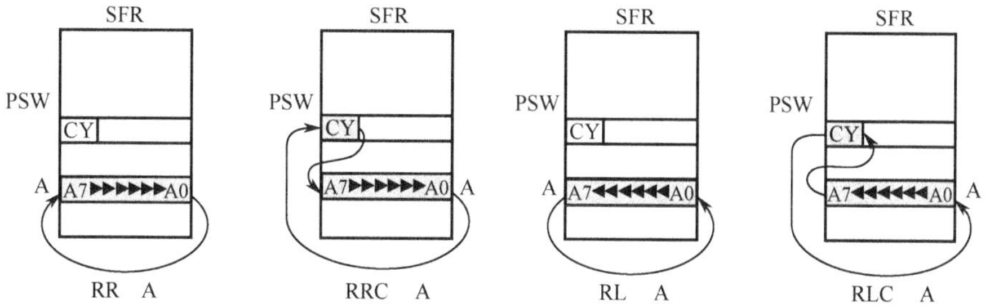

图 3-7 循环移位指令执行示意图

有时“累加器 A 内容乘 2”的任务可以利用指令“RLC A”方便地完成。

例 3.13 若（A）= BDH = 1011 1101B，（CY）=0。执行指令“RLC A”后，（CY）=1，（A）= 0111 1010B = 7AH，（CY）=1。结果为：17AH（378）=2×BDH（189）。

3.4.4 控制转移类指令（17 条）

通常情况下，程序的执行是顺序进行的，是由 PC 自动加 1 实现的。要改变程序的执行顺序，实现分支转移，应通过强迫改变 PC 值的方法来实现，这就是控制转移类指令的基本功能。80C51 的转移指令有无条件转移、条件转移及子程序调用与返回等，如表 3-7 所示。

3.4.4.1 无条件转移指令

（1）长转移指令

```
LJMP  addr16     ;PC ← addr16
```

该指令执行后把 16 位地址（addr16）送 PC，从而实现程序无条件转移到指定的目标地址去执行。转移范围可达 64KB，称为“长转移”。长转移指令是三字节指令。

例如，若标号“NEWADD”表示转移目标地址 8100H。执行“LJMP NEWADD”时，两字节的目标地址将装入 PC 中，使程序转到目标地址 8100H 处运行。

表 3-7　控制转移类指令

编号	指令分类		指　令	功能说明	机器码字节数	机器周期数
78	无条件转移	长转移	LJMP　addr16	64KB 范围长转移	3	2
79		短转移	AJMP　addr11	2KB 范围内绝对转移	2	2
80		相对转移	SJMP　rel	相对短转移	2	2
81		变址寻址转移	JMP　@A+DPTR	相对长转移	1	2
82	条件转移	判 0 转	JZ　rel	累加器为 0 转移	2	2
83			JNZ　rel	累加器不为 0 转移	2	2
84		比较不相等转	CJNE　A,direct,rel	累加器与直接寻址单元不等转移	3	2
85			CJNE　A,#data,rel	累加器与立即数不等转移	3	2
86			CJNE　Rn,#data,rel	寄存器与立即数不等转移	3	2
87			CJNE @Ri,#data,rel	内部 RAM 单元与立即数不等转移	3	2
88		减 1 不为 0 转	DJNZ　Rn,rel	寄存器减 1 不为 0 转移	2	2
89			DJNZ　direct,rel	直接寻址单元减 1 不为 0 转移	3	2
90	子程序	调用	ACALL　addr11	2KB 范围内绝对调用	2	2
91			LCALL　addr16	64KB 范围内绝对调用	3	2
92		返回	RET	子程序返回	1	2
93		中断返回	RETI	中断返回	1	2
94	空操作		NOP	空操作	1	1

（2）短转移指令

AJMP　addr11　　;PC ←(PC)+ 2,$PC_{10\sim0}$ ← addr11

该指令是一条双字节指令，指令执行时，先将 PC 的内容加 2（这时 PC 指向的是 AJMP 的下一条指令），然后把指令中 11 位地址码传送到 $PC_{10\sim0}$，而 $PC_{15\sim11}$ 保持原内容不变。在目标地址的 11 位中，前 3 位为页地址，后 8 位为页内地址（页含 256 个单元）。当前 PC 的高 5 位（下条指令的存储地址的高 5 位）可以确定 32 个 2KB 段的其中之一。

例如，若标号“NEWADD”表示转移目标地址 0201H，(PC)=0601H。执行“AJMP NEWADD”后，(PC)=0603H（此时该 PC 值指定的 2KB 段为 0000H～07FFH）。因为 $PC_{15\sim11}$ 为“00000”，该指令提供的低 11 位地址为“010 0000 0001”，组合成新的有效地址为“0000 0010 0000 0001”。程序转向目标地址 0201H 处运行。

（3）相对转移指令

SJMP　rel　　;PC ←(PC)+ 2,PC ←(PC)+ rel

该指令是一条双字节指令，其中第一字节为操作码，第二字节为相对偏移量 rel。rel 是一个带符号的 8 位二进制数，因此能实现程序的双向转移。取值范围为−128～+127。负数表示反向转移，正数表示正向转移。执行时先将 PC 的内容加 2，再加上相对地址 rel，就得到了转移目标地址。目的地址计算公式为：

目的地址=(PC)+ 2 + rel

在用汇编语言编程时，rel 可以是一个转移目标地址的标号，由汇编程序在汇编过程中自动计算偏移地址，并填入指令代码中；在手工汇编时，可用转移目标地址减转移指令所在的源地址，再减转移指令字节数 2 得到偏移字节数 rel。

例如，若标号“NEWADD”表示转移目标地址 0108H，PC 当前值为 0100H。执行“SJMP

NEWADD”指令后，程序转向目标地址 0108H 处运行（此时 rel=0108H–（0100+2）=06H）。

（4）变址寻址转移指令

```
JMP  @A+DPTR  ;PC ←(PC)+ 1,PC ←(A)+(DPTR)
```

这是一条一字节转移指令，转移的目的地址由累加器 A 的内容与 DPTR 内容之和直接装入 PC 来确定，即目的地址=（A）+（DPTR）。该指令以 DPTR 内容为基址，而以 A 的内容作变址。该指令执行时对标志位无影响。

例如，某段程序如下：

```
        MOV  DPTR,#TABLE
        JMP  @A+DPTR
TABLE:  AJMP ROUT0
        AJMP ROUT1
        AJMP ROUT2
        AJMP ROUT3
```

当（A）=00H 时，程序将转到 ROUT0 处执行；当（A）=02H 时，程序将转到 ROUT1 处执行；其余类推。

3.4.4.2 条件转移指令

所谓条件转移就是程序转移是有条件的。执行时，若指令中的条件满足，则进行程序转移；否则程序不转移，继续向下顺序执行

（1）累加器判 0 转移指令

```
JZ      rel      ;若(A)=0,则 PC←(PC)+ rel,否则程序不转移
JNZ     rel      ;若(A)≠0,则 PC←(PC)+ rel,否则程序不转移
```

该组指令的功能是：对累加器 A 的内容为 0 和不为 0 进行检测并转移。若不满足各自的条件时，程序顺序向下执行；当满足条件时，程序转向指定的目的地址执行。执行时不影响标志位。目标地址的计算与 SJMP 指令情况相同。

例如，若累加器 A 原始内容为 00H，则：

```
JNZ     L0       ;由于 A 的内容为 00H,故程序往下执行
JNC     A        ;
JNZ     L1       ;由于 A 的内容已不为 00H,所以程序转向 L1 处执行
```

（2）数值比较不相等转移指令

```
CJNE        A,#data,rel         ;若(A)≠data,则 PC←(PC)+ rel
CJNE        A,direct,rel        ;若(A)≠(direct),则 PC←(PC)+ rel
CJNE        Rn,#data,rel        ;若(Rn)≠data,则 PC←(PC)+ rel
CJNE        @Ri,#data,rel       ;若((Ri))≠data,则 PC←(PC)+ rel
```

该组指令是三字节指令，其功能是：对指定的目的操作数和源操作数进行比较，若它们的值不相等则转移，转移的目的地址=当前（PC）值 +3+rel；若目的操作数的内容大于源操作数的内容，则进位标志 CY 清“0”；若目的操作数的内容小于源操作数的内容，则 CY 置“1”；若目的操作数的内容等于源操作数的内容，程序将继续顺序向下执行。

例如，若（R7）=56H，执行 “CJNE R7,#54H,$+06H”指令后，程序将转到目标地址（存放本条指令的地址再加 06H 处，符号“$”常用来表示存放本条指令的地址）执行。

（3）减 1 不为 0 条件转移指令

```
DJNZ  Rn,rel              ;PC←(PC) + 2, Rn←(Rn)- 1
                          ;若(Rn)≠0,则 PC←(PC)+ rel,继续循环
```

```
                              ;若(Rn)=0,则结束循环,程序往下执行
    DJNZ  direct,rel          ;PC←(PC) + 3, direct←(direct)- 1
                              ;若(direct)≠0,则 PC←(PC)+ rel,继续循环
                              ;若(direct)=0,则结束循环,程序往下执行
```

第一条指令是双字节指令，其功能是：先将寄存器 Rn 的内容减 1，若结果为 0，则程序顺序向下执行；若没有减到 0，则程序转移。

第二条指令是三字节指令，其功能是；先将 direct 单元内容减 1，若结果为 0，则程序顺序向下执行；若没有减到 0，则程序转移。

这两条指令主要用于循环程序设计中控制循环次数。所有的控制转移类指令在实际应用中，偏移量 rel 经常用符号表示。

例 3.14　把 80H 开始的外部 RAM 单元中的数据送到 3000H 开始的外部 RAM 单元中，数据个数已在内部 RAM 35H 单元中。可用以下程序段完成：

```
          MOV     R1,#80H          ;源数据区首地址
          MOV     DPTR,#3000H      ;目的数据取首地址
    LOOP: MOVX    A,@R1            ;取源操作数
          MOVX    @DPTR,A          ;送操作数
          INC     R1               ;地址增量,为下一次取数、送数准备
          INC     DPTR             ;
          DJNZ    35H,LOOP         ;判断,没完则继续循环
          RET                      ;返回
```

3.4.4.3　子程序调用和返回指令

子程序是一种重要的程序结构。在一个程序中经常遇到反复多次执行某个程序段的情况，如果重复书写这个程序段，会使程序变得冗长而杂乱。对此，可采用子程序结构，即把重复的程序段编写为一个子程序，通过子程序调用来使用它。这样不但减少了编程工作量，也缩短了程序的长度。调用和返回构成了子程序调用的完整过程。

（1）子程序调用指令

```
    ACALL  addr11    ;PC←(PC)+2,SP←(SP)+1,(SP)←(PC7~0)
                     ;SP←(SP)+1,(SP)←(PC15~8),PC10~0←addr11
    LCALL  addr16    ;PC←(PC)+3,SP←(SP)+1,(SP)←(PC7~0)
                     ;SP←(SP)+1,(SP)←(PC15~8),PC←addr16
```

这两条指令可以实现子程序的短调用和长调用，执行时不影响任何标志。目标地址的形成方式与 AJMPH 和 LJMP 相似。在实际使用中，子程序调用指令中的“addr11”或“addr16”经常用符号地址表示。

ACALL 指令执行时，被调用的子程序的首址必须设在包含当前指令（调用指令的下一条指令）的第一个字节在内的 2K 字节范围内的程序存储器中。LCALL 指令执行时，被调用的子程序的首址可以设在 64K 字节范围内的程序存储器空间的任何位置。

例如，若（SP）=07H，标号“XADD”表示的实际地址为 0345H，PC 的当前值为 0123H。执行指令“ACALL　XADD”后，（PC）+ 2=0125H，其低 8 位的 25H 压入堆栈的 08H 单元，其高 8 位的 01H 压入堆栈的 09H 单元。（PC）=0345H，程序转向目标地址 0345H 处执行。

（2）返回指令

```
    RET     ;PC15~8←((SP)),SP←(SP)-1          (子程序返回指令)
            ;PC7~0←((SP)),SP←(SP)-1
```

```
RETI    ;PC15~8←((SP)),SP←(SP)-1        (中断服务子程序返回指令)
        ;PC7~0←((SP)),SP←(SP)-1
```

RET 指令的功能是从堆栈中弹出由调用指令压入堆栈保护的断点地址，并送入指令计数器 PC，从而结束子程序的执行。程序返回到断点处继续执行。

RETI 指令是专用于中断服务程序返回的指令，除正确返回中断断点处执行主程序以外，并有清除内部相应的中断状态寄存器（以保证正确的中断逻辑）的功能。

子程序执行完后，程序应返回到原调用指令的下一条指令处继续执行。因此，在子程序的结尾必须设置返回指令。

3.4.4.4 空操作指令

```
NOP     ;PC←(PC)+1
```

这条指令不产生任何控制操作，只是将程序计数器 PC 的内容加 1。该指令在执行时间上要消耗 1 个机器周期，在存储空间上可以占用一个字节。因此，NOP 指令常用于实现较短时间的延时或等待。

3.4.5 位操作类指令（17 条）

位操作就是以位为单位进行的各种操作，又称布尔操作。位变量也称布尔变量或开关变量。进行位操作时，以进位标志作为累加器。位操作指令中的位地址有 4 种表示形式：直接地址方式（如 0D5H）、点操作符方式（如 0D0H.5、PSW.5 等）、位名称方式（如 F0）、伪指令定义方式（如 MYFLAG BIT F0）。以上几种形式表示的都是 PSW 中的位 5。

与字节操作指令中累加器 A 用符号“A”表示类似，在位操作指令中，位累加器要用字符“C”表示（注：在位操作指令中 CY 与具体的直接为地址 D7H 对应）。位操作类指令如表 3-8 所示。

表 3-8 位操作类指令

编号	指令分类		指　令	功能说明	机器码字节数	机器周期数
95	位传送		MOV bit,C	C 送直接寻址位	2	2
96			MOV C,bit	直接寻址位送 C	2	1
97	位设置	清“0”	CLR C	C 清“0”	1	1
98			CLR bit	直接寻址位清“0”	2	1
99		置位	SETB C	C 置位	1	1
100			SETB bit	直接寻址位置位	2	1
101	位逻辑运算	位与	ANL C,bit	C 逻辑与直接寻址位	2	2
102			ANL C,/bit	C 逻辑与直接寻址位的反	2	2
103		位或	ORL C,bit	C 逻辑或直接寻址位	2	2
104			ORL C,/bit	C 逻辑或直接寻址位的反	2	2
105		取反	CPL C	C 取反	1	1
106			CPL bit	直接寻址位取反	2	1
107	位条件转移	判 CY 转	JC rel	C 为 1 转移	2	2
108			JNC rel	C 不为 1 转移	2	2
109		判 bit 转	JB bit,rel	直接寻址位为 1 转移	3	2
110			JNB bit,rel	直接寻址位不为 1 转移	3	2
111			JBC bit,rel	直接寻址位为 1 转移并该位清“0”	3	2

3.4.5.1　位传送指令

```
MOV     bit,C          ;bit←(CY)
MOV     C,bit          ;CY ← (bit)
```

该组指令的功能是：实现指定位地址中的内容与位累加器 CY 内容之间的相互传送。

例 3.15　若（CY）=1，（P3）=1010 0101B，（P1）=0011 0101B。执行以下指令：

```
MOV     P1.3,C
MOV     C,P3.3
MOV     P1.2,C
```

结果为：（CY）=0，P3 的内容未变，P1 的内容变为 0011 1001B。

应注意：由于没有两个可寻址位之间的传送指令，因此它们之间无法实现直接传送。如需要这种传送，应使用以上两条指令，以 CY 作为中介来实现。

3.4.5.2　位置位和复位指令

```
SETB    C          ;CY←1
SETB    bit        ;bit←1
CLR     C          ;CY←0
CLR     bit        ;bit←0
```

前两条指令实现位累加器内容和位地址内容的置位（置“1”），后两条指令实现位累加器内容和位地址内容的清“0”。

例 3.16　若（P2）=0011 1100B。指令 SETB　P2.0 执行后，结果为：（P2）＝0011 1101B。
若（P1）=1001 1101B。指令 CLR　P1.3 执行后，结果为：（P1）=1001 0101B。

3.4.5.3　位逻辑运算指令

ANL　C,bit　　;CY←(CY)∧bit
ANL　C,/bit　　;CY ←(CY)∧$\overline{\text{(bit)}}$
ORL　C,bit　　;CY ←(CY)∨ bit
ORL　C,/bit　　;CY ←(CY)∨$\overline{\text{(bit)}}$
CPL　C　　;CY ←$\overline{\text{(CY)}}$
CPL　bit　　;bit ←$\overline{\text{(bit)}}$

前两条指令实现位地址单元内容或取反后的值与位累加器的内容“与”操作，操作的结果送位累加器 C；中间两条指令实现位地址单元内容或取反后的值与位累加器的内容“或”操作，操作的结果送位累加器 C；最后两条指令实现位地址单元内容和位累加器内容的取反。

若（P1）=1001 1100B，（CY）=1。执行“ANL C，P1.0”指令后， P1 内容不变，（CY）=0。

3.4.5.4　位条件转移指令

位条件转移指令就是以位的状态作为实现程序转移的判断条件。

```
JC  rel          ;若(CY)=1,则转移 PC←(PC)+ 2 + rel,否则顺次执行
JNC rel          ;若(CY)=0,则转移 PC←(PC)+ 2 + rel,否则顺次执行
JB  bit,rel      ;若位(bit)=1,则转移 PC←(PC)+3+rel,否则顺次执行
JNB bit,rel      ;若位(bit)=0,则转移 PC←(PC)+3+rel,否则顺次执行
JBC bit,rel      ;若位(bit)=1,则转移 PC←(PC)+3+rel,且 bit ←0,否则顺次执行
```

前两条指令是双字节指令，其功能是对进位标志位 CY 进行检测，当（CY）=1（第一条指令）或（CY）=0（第二条指令）时程序转向（PC）+2+rel 的目标地址去执行，否则程序将顺序执行；后三条指令是三字节指令，其功能是对指定位 bit 进行检测，当（bit）=1（第一和

第三条指令）或（bit）=0（第二条指令）时程序转向（PC）+3+rel 的目标地址去执行，否则程序将顺序执行。对于第三条指令，当条件满足时（指定位为 1），还具有将该指定位清“0”的功能。

本 章 小 结

本章主要讲述了 80C51 系列单片机的指令系统，主要包括以下内容：

◆ 指令由操作码和操作数组成。操作码用来实现要执行的操作的性质，操作数用于给指令的操作提供数据和地址。80C51 的指令按其编码长短可分为 3 种格式：单字节指令、双字节指令和三字节指令。

◆ 寻址方式是寻找存放操作数的地址并将其提取出来的方法。80C51 单片机有 7 种基本的寻址方式：寄存器寻址、直接寻址、寄存器间接寻址、立即寻址、变址寻址、相对寻址和位寻址。

◆ 80C51 单片机指令系统共有 111 条指令分为五大类，即数据传送类指令（29 条）、算术运算类指令（24 条）、逻辑运算及移位类指令（24 条）、控制转移类指令（17 条）和位操作类指令（17 条）。数据传送类指令在单片机中应用最频繁，其特点是执行的结果不影响标志位的状态；算术运算类指令的特点是执行的结果通常影响标志位的状态；逻辑运算类指令执行的结果一般不影响标志位 CY、AC 和 OV，仅在涉及累加器 A 时才对标志位 P 有影响；控制程序的转移要利用转移指令，80C51 的转移指令有无条件转移、条件转移及子程序调用与返回等；位操作具有较强的位处理能力，在进行位操作时，以进位标志 CY 作为累加器。

习题 3

一．单选题

1．在相对寻址方式中，寻址的结果体现在（　　）。

A　PC 中　　B　累加器 A 中　　C　DPTR 中　　D　某个存储单元中

2．在相对寻址方式中，“相对”是指相对于（　　）。

A　当前偏移量 rel　　B　当前指令的首地址

C　当前指令的末地址　　D　DPTR 值

3．在寄存器间接寻址方式中，指定寄存器存放的是（　　）。

A　操作数　　B　操作数地址　　C　转移地址　　D　地址偏移量

4．对程序存储器 ROM 的读操作，只能使用（　　）。

A　MOV 指令　　B　PUSH 指令　　C　MOVX 指令　　D　MOVC 指令

5．必须进行十进制调整的十进制运算有（　　）。

A　加法和减法　　B　乘法和除法　　C　只有加法　　D　只有减法

6．执行返回指令时，返回的断点是（　　）。

A　调用指令的首地址　　B　调用指令的末地址

C　调用指令下一条指令的首地址　　D　返回指令的末地址

7．以下各项中不能用来对内部数据存储器进行访问的是（　　）。

A　数据指针 DPTR　　　　　　　B　按存储单元地址或名称

C　堆栈指针 SP　　　　　　　　D　由 R0 或 R1 作间址寄存器

8. 不能为程序存储器提供和构成地址的有（　　）。

A　PC　　　B　A　　　C　DPTR　　　D　PSW

9. 执行以下程序段后，A 和 B 的内容是（　　）。

```
MOV     SP,#3AH
MOV     A,#20H
MOV     B,#30H
PUSH    ACC
PUSH    B
POP     ACC
POP     B
```

A　20H，30H　　B　30H，20H　　C　3AH，30H　　D　3AH，3AH

10. 假定（A）=83H，（R0）=17H，（17H）=34H，执行以下程序段后，A 的内容是（　　）。

```
ANL     A,#17H
ORL     17H,A
XRL     A,@R0
CPL     A
```

A　CBH　　　B　03H　　　C　EBH　　　D　C8H

二. 填空题

1. 一台计算机的指令系统就是它所能执行的________的集合。

2. 以助记符形式表示的计算机指令就是它的________语言。

3. 按编码长度分，80C51 指令有_____字节的、______字节的和________字节的。

4. 在寄存器寻址方式中，指令中指定寄存器的内容就是__________。

5. 在直接寻址方式中，只能使用______位二进制数作为直接地址，因此其寻址对象只限于________。

6. 在变址寻址方式中，以_____作变址寄存器，以_____或_____作基址寄存器。

7. 假定 DPTR 的内容为 8100H，累加器 A 的内容为 40H，执行“MOVC　A,@A+DPTR”指令后，送入 A 是程序存储器________单元的内容。

8. 假定（SP）=60H，（ACC）=30H，（B）=70H，执行下列指令：

```
PUSH    ACC
PUSH    B
```

SP 的内容是_____，61H 单元的内容是_______，62H 单元的内容是_______。

9. 假定（A）=85H，（R0）=20H，（20H）=0AFH，执行“ADD　A,@R0”指令后，累加器 A 的内容是_______，CY=_____，AC=______，OV=________。

10. 假定（A）=56H，（R0）=67H，执行下列指令：

```
ADD   A,R0
DA
```

累加器 A 的内容是_______，CY=_________。

11. 假定（A）=69H，执行“SWAP　A”指令后，累加器 A 的内容是_________。

12. 执行如下指令序列：

```
MOV   C,P1.0
ANL   C,P1.1
ANL   C,/P1.2
MOV   P3.0,C
```

所实现的逻辑运算表达式是______________。

三．编程题

1．外部 RAM 单元 1000H 的内容传送到内部 RAM 单元 60H。
2．外部 RAM 单元 1000H 的内容传送到寄存器 R3。
3．外部 RAM 单元 1000H 的内容传送到外部 RAM 单元 86H。
4．清除累加器高 4 位，低 4 位内容不变。

技能设计 3　80C51 驱动蜂鸣器发声

一．实训目的

◆ 了解单片机系统中的端口与发声器件的连接方式。
◆ 掌握对单个端口的读写操作。
◆ 练习延时程序的使用。

二．功能要求

利用程序产生连续的脉冲信号，从 P2.0 口输出经三极管 Q1 驱动蜂鸣器，使蜂鸣器发出声音。

三．电路连线

电路连线如图 1 所示。

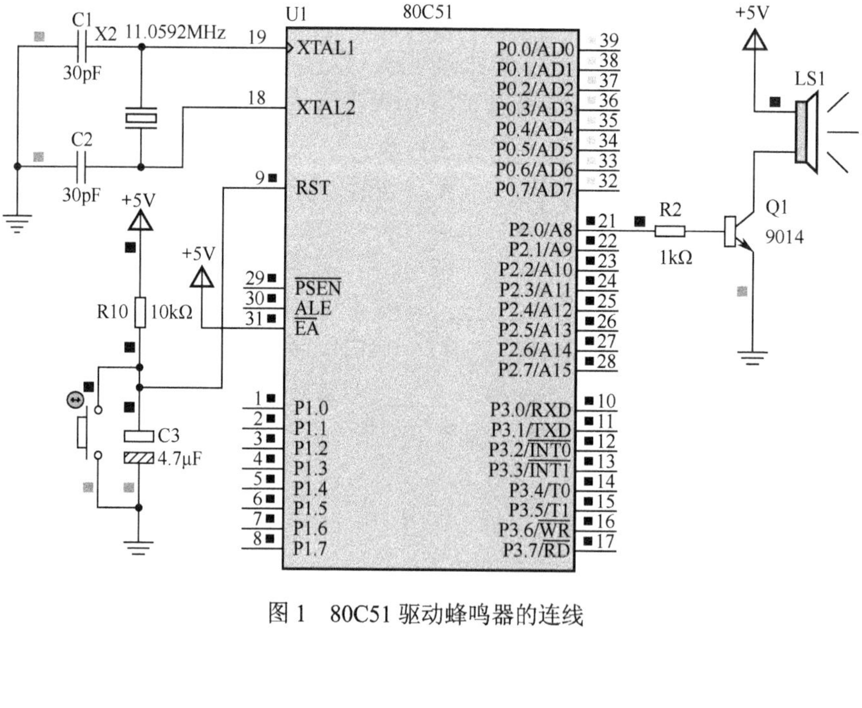

图 1　80C51 驱动蜂鸣器的连线

四．程序说明

本电路利用 P2.0 控制三极管的开通和闭合，使蜂鸣器发出声音，在程序中用延时程序来实现 P2.0 接口控制三极管的开通和闭合，以此控制蜂鸣器发音，练习了单个端口的使用。

五．汇编程序清单

```
        ORG     0000H
        AJMP    MAIN            ;跳转指令,程序跳转到 MAIN 处
        ORG     0030H
MAIN:   ACALL   MUSIC
        AJMP    MAIN
;*********************************************
;蜂鸣器输出声响子程序
;*********************************************
MUSIC:  MOV     R5,   #60H      ;控制音长
MIC:    CPL     P2.0
        ACALL   DELAY           ;控制音调
        DJNZ    R5,   MIC
        RET
;*********************************************
;延时子程序
;*********************************************
DELAY:  MOV     R7,   #04H
DELAY0: MOV     R6,   #30H
DELAY1: DJNZ    R6,   DELAY1
        DJNZ    R7,   DELAY0
        RET
        END
```

六．程序流程

程序流程如图 2 所示。

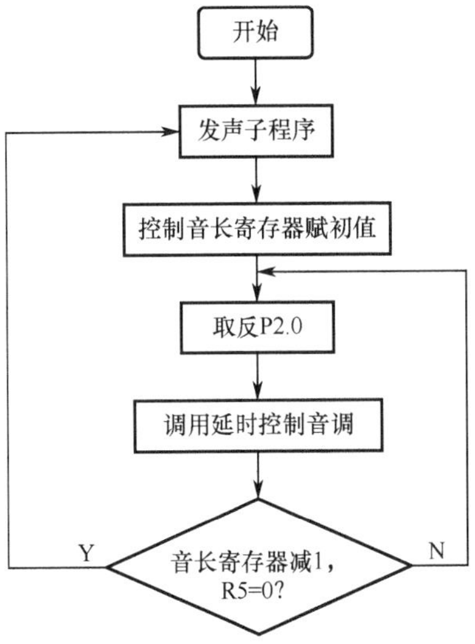

图 2　程序流程

七．练习

1．利用发声的原理来编写程序使蜂鸣器发出不同音调的声音。

2．利用本程序中的控制单个端口的方法，编写程序分别控制 8 个发光管的亮灭。

第 4 章　单片机汇编语言程序设计

本章基本要求：掌握 80C51 汇编语言程序的编制步骤和常用伪指令的使用方法；熟悉几种基本的程序结构及源程序形成目标程序的步骤；掌握分支、循环和子程序的设计要点，掌握伪指令与单片机指令的本质区别。

单片机应用系统是合理的硬件与完善的软件的有机组合。软件就是各种指令依某种规律组合形成的程序。程序设计（或软件设计）的任务是利用计算机语言对系统拟完成的任务进行描述和规定。80C51 单片机的程序设计主要采用两种语言：汇编语言和高级语言。对系统硬件资源的分配，高级语言比汇编语言简单，且程序的阅读和修改比较容易，适于编写较大一点的程序。汇编语言生成的目标程序具有占用存储空间小、运行速度快、效率高和实时性强等优点，适于编写短小高效的程序。由于汇编语言是面向机器的语言，对单片机的硬件资源操作直接方便、概念清晰，对编程人员的硬件知识要求较高，但对于学习和掌握单片机的硬件结构极为有利。故这里仅对汇编语言程序进行介绍。

4.1　程序编制步骤、方法和技巧

4.1.1　程序编制步骤

◆ 任务的分析。首先，要明确系统的设计任务、功能要求和技术指标。其次，要对系统的硬件资源和工作环境进行分析。这是单片机应用系统程序设计的基础和条件。

◆ 算法的优化。算法是解决具体问题的方法。同一个问题的算法有多种，结果也可能不尽相同，所以应对各种算法进行分析比较，并进行合理的优化。

◆ 程序总体设计及流程图绘制。经过任务的分析和算法的优化后，就可以进行程序的总体构思，确定程序的结构和数据形式，并考虑资源的分配和参数的计算等。然后根据程序运行的过程，勾画出程序执行的逻辑顺序，用图形符号将总体设计思路及程序流向绘制在程序流程图上。从而使程序的结构关系直观明了，便于检查修改。

常用的流程图符号有：开始 / 结束符、工作任务符、判断分支符、程序连接符、程序流向符等，如图 4-1 所示。

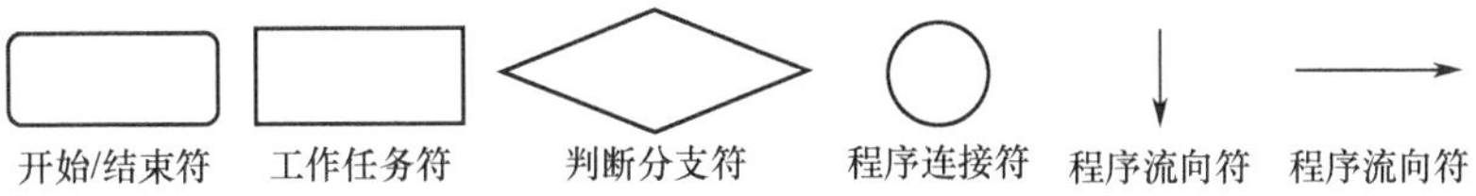

图 4-1　常用的流程图符号

通常应用程序依功能可以分为若干部分，通过流程图可以将具有一定功能的各部分有机地联系起来。通过流程图可以抓住程序的基本线索，完整地了解程序的全局。清晰正确的流程图是编制正确无误的应用程序的基础和条件。所以绘制一个好的流程图是程序设计的一项重要内容。流程图可分为总流程图和局部流程图。总流程图侧重反映程序的逻辑结构和各程序模块间的相互关系。局部流程图反映程序模块的具体实施细节。对于简单的应用程序，可不画流程图。但当程序较为复杂时，绘制流程图是一个好的编程习惯。此外，还应编制资源分配表，包括数据结构和形式、参数计算、通信协议、各子程序的入口和出口说明等。

4.1.2 程序编制方法和技巧

单片机应用系统的程序一般由包含多个模块的主程序和各种子程序组成。每一个程序模块都要完成一个明确的任务，实现某个具体的功能，如延时、显示、发送和接收等。采用模块化的程序设计方法，就是将这些不同的具体功能程序进行独立的设计和分别调试，最后将这些模块程序装配成整体程序并进行联调。模块化的程序设计方法具有明显的优点：把一个多功能的复杂程序划分为若干个简单的、功能单一的程序模块，有利于程序的设计、调试、优化和分工，提高了程序的阅读性和可靠性，使程序的结构层次一目了然。因此要树立起模块化的程序设计思想。

采用循环结构和子程序可以使程序的长度缩短、占用内存空间减小。对于通用的子程序，除了用于存放子程序入口参数的寄存器外，子程序中用到的其他寄存器的内容应压入堆栈进行现场保护，并要特别注意堆栈操作的压入和弹出的平衡。对于中断处理子程序除了要保护程序中用到的寄存器外，还应保护标志寄存器。这是由于在中断处理过程中难免对标志寄存器中的内容产生影响，而中断处理结束后返回主程序时可能会遇到以中断前的状态标志为依据的条件转移指令，如果标志位破坏，则程序的运行就会发生混乱。对于多重循环，要注意各重循环的初值和循环结束条件，避免出现程序无休止的“死循环”现象。

4.1.3 汇编语言语句格式

80C51 单片机汇编语言的语句行由四个字段组成，汇编程序能正确识别这种格式。四个字段的格式如下：

[标号:] 操作码 [操作数] [;注释]

括号内的部分可以根据实际情况取舍，每个字段之间要用分隔符分隔，可以用作分隔符的符号有空格、冒号、逗号、分号等。

```
LOOP: MOV   A,#63H  ;A←63H
```

4.1.3.1 标号

标号是语句地址的标志符号，表示标号后接语句存放的首地址，用于引导对该语句的非顺序访问。有关标号的规定为：

◆ 标号由 1～8 个 ASCII 字符组成。第一个字符必须是字母，其余字符可以是字母、数字或其他特定字符等。

◆ 不能用该汇编语言已经定义了的符号作为标号。如指令助记符、寄存器符号名称等。

◆ 标号后边必须跟冒号“:”作为与操作码的分隔符。

4.1.3.2 操作码

操作码用于规定语句执行的操作，是汇编语句中唯一不能空缺的部分。它用指令助记符表示。操作码与操作数之间只能用空格作为分隔符。

4.1.3.3 操作数

操作数用于给指令的操作提供数据或地址。在一条汇编语句中操作数可以是空缺，也可以是一项，还可以是两项或三项。各操作数之间只能用逗号“,”分隔。操作数字段的内容可能包括以下几种情况：工作寄存器名、特殊功能寄存器名、标号名、常数、符号“$”（表示程序计数器 PC 的当前值）和表达式。

4.1.3.4　注释

注释不属于汇编语句的功能部分，它只是对语句的说明，对程序的执行没有任何影响。注释字段可以增加程序的可读性，有助于编程人员的阅读和维护。注释字段必须以“；”开头，长度不限，当一行书写不下时，可以换行接着书写，但换行时应注意在开头使用“；”。

4.1.3.5　数据的表示形式

数据可以有以下几种表示形式：

◆ 二进制数，末尾以字母 B 标识，如 0011 1001B。

◆ 十进制数，末尾以字母 D 标识或将字母 D 省略，如 63D、57。

◆ 十六进制数，末尾以字母 H 标识，如 16H、0FCH（但应注意的是，十六进制数以字母 A～F 开头时应在其前面加上数字“0”）。

◆ ASCII 码，以单引号括起来标识，如‘RT’、‘7945’。

4.2　源程序编制和伪指令

目前，单片机应用系统的程序设计都借助于通用微型计算机来完成。先在微型计算机上利用各种编辑软件编写单片机的汇编语言源程序，后用交叉汇编程序对源程序进行汇编，并将获得的目标程序经仿真器或通用编程器写到单片机或程序存储器中，进而完成应用程序的调试。

4.2.1　源程序编制和汇编

4.2.1.1　源程序的编辑

源程序的编写要依据 80C51 汇编语言的基本规则，特别要用好常用的汇编命令（伪指令）。例如下面的程序段中的 ORG 和 END 是两条伪指令，其作用是说明汇编程序的起止位置。编辑好的源程序应以“.ASM”扩展名存盘，以备汇编程序调用。

```
ORG    0080H
MOV    A,#6FH
MOV    R2,#34H
END
```

4.2.1.2　源程序的汇编

将编辑好的汇编语言源程序转换为单片机能执行的机器码形式的目标程序的过程称为汇编。汇编常用的方法有手工汇编和机器汇编两种。

（1）手工汇编

程序用助记符指令写出后，通过手工方式查指令编码表，把助记符指令逐个翻译成机器码，然后将得到的机器码程序（以十六进制形式）键入到单片机开发机中，并进行调试。由于手工汇编是按绝对地址进行定位的，所以对于偏移量的计算和程序的修改非常不便。通常只有程序较小或开发条件有限制时才使用。

（2）机器汇编

在微型计算机上，使用交叉汇编程序将汇编语言源程序转换为机器码形式的目标程序。汇编工作由计算机完成，生成的目标程序由微型计算机传送到开发机上，经调试无误后，再固化到单片机的程序存储器 ROM 中。

机器汇编与手工汇编相比具有很大的优势，所以在源程序汇编时，机器汇编是首选。源程序经过机器汇编后，形成的若干文件中含有两个主要文件：列表文件和目标码文件。汇编软件的不同，文件的格式及信息会有一些不同，主要信息如下。

◆ 列表文件主要信息。

地址	目标码	汇编程序	
		ORG	0040H
0040H	747F	MOV	A,#7FH
0042H	7944	MOV	R1,#44H
		END	

◆ 目标码文件主要信息。

首地址	末地址	目标码
0040H	0044H	747F7944

该目标码文件由微型计算机的串行口传送到开发机后，接下来的任务就是仿真调试了。

4.2.2 伪指令

伪指令是汇编程序能够识别并对汇编过程进行某种控制的汇编命令。它不是单片机执行的指令，所以没有对应的可执行目标码，汇编后产生的目标程序中不会再出现伪指令。下面仅对常用的一些伪指令进行介绍。

4.2.2.1 设定起始地址伪指令（ORG）

格式为:ORG 表达式

功能为：向汇编程序说明下面紧接的程序段或数据段存放的起始地址。表达式通常为 16 进制地址，也可以是已定义的标号地址。

```
        ORG     1000H
START:  MOV     R1,#08H
        …       …
```

此处 ORG 的作用是：规定该段程序的机器码从地址 1000H 单元开始存放。

在每一个汇编语言源程序的开始，都要设置一条 ORG 伪指令来指定该程序在存储器中存放的起始位置。若省略 ORG 伪指令，则该程序段默认从 0000H 单元开始存放。在一个源程序中，可以多次使用 ORG 伪指令规定不同程序段或数据段存放的起始地址，但要求地址值由小到大依序排列，不允许有空间重叠。

4.2.2.2 汇编结束伪指令（END）

格式为：END

功能为：结束汇编。该指令放在程序的最后，END 之后的程序，汇编程序不再处理。因为汇编程序遇到 END 伪指令后即结束汇编。

4.2.2.3 字节数据定义伪指令（DB）

格式为：［标号:］ DB 字节数据表

功能为：从标号指定的地址单元开始，在 ROM 中定义字节数据。该伪指令将字节数据表中的数据根据从左到右的顺序依次存放在指定的存储单元中。一个数据占一个存储单元。字节数据列表可以是一个或多个字节数据、字符串或表达式。

例如，“DB　-2,-4,5,7,11,21”把 6 个数转换为十六进制表示（FEH,FCH,05H,07H,0BH,15H)，并连续地存放在 6 个 ROM 单元中。又如，“DB "welcome new students! "”把字符串中的字符以 ASCII 码的形式存放在连续的 ROM 单元中。

该伪指令常用于存放数据表格。如果要存放显示用的 16 进制的字形码，可用多条 DB 指令完成：

```
DB  0C0H,0F9H,0A4H,0B0H
DB  99H,92H,82H,0F8H
DB  80H,90H,88H,83H
DB  0C6H,0A1H,86H,84H
```

4.2.2.4　字数据定义伪指令（DW）

格式为：［标号:］　DW　字数据表

功能为：从标号指定的地址单元开始，在程序存储器中定义字数据。该伪指令将字或字表中的数据根据从左到右的顺序依次存放在指定的存储单元中。要注意的是 16 位的二进制数，高 8 位存放在前（低地址单元），低 8 位存放在后（高地址单元）。

```
          ORG        1000H
DATA:     DW         2134H,75H
          …          …
```

汇编后，（1000H）=21H，（1001H）= 34H，（1002H）=00H，（1003H）=75H。

在 80C51 单片机中，常用 DB 来定义数据，用 DW 来定义地址。

4.2.2.5　赋值伪指令（EQU）

格式为：符号名　EQU　表达式

功能为：将表达式的值或特定的某个汇编符号定义为一个指定的符号名。

```
  LEN     EQU     10
  SUM     EQU     21H
 BLOCK    EQU     22H
          CLR     A
          MOV     R7,#LEN
          MOV     R0,#BLOCK
 LOOP:    ADD     A,@R0
          INC     R0
          DJNZ    R7,LOOP
          MOV     SUM,A
          END
```

此程序的功能是把 BLOCK 单元开始存放的 10 个无符号数进行求和，将结果存入 SUM 单元中。

4.2.2.6　位地址符号定义伪指令（BIT）

格式为：　符号名　BIT　位地址表达式

功能为：将位地址赋给指定的符号名。其中，位地址表达式可以是绝对地址，也可以是符号地址。指令“MN BIT PSW.7”的意思是：将 PSW.7 的位地址赋给符号名 MN，在其后的编程中就可以用 MN 来代替 PSW.7。

4.2.2.7 空间定义伪指令（DS）

格式为： ［标号名:］ DS 表达式

功能为：从标号指定的地址单元开始，在程序存储器中保留由表达式所指定的个数的存储单元作为备用的空间，并都填以零值。

```
        ORG     3100H
BUF:    DS      60
        …       …
```

汇编后，从地址 3100H 开始保留 60 个存储单元作为备用单元。

4.3 基本程序结构

一般可把程序结构分为 3 种形式：顺序结构、分支结构和循环结构。我们按这 3 种结构形式来讲述单片机的基本程序设计。

4.3.1 顺序程序

顺序程序是最简单的程序结构，在顺序程序中既无分支、循环，也无子程序调用，按指令在 ROM 中的存放顺序执行。

4.3.1.1 数据传送

例 4.1 内部 RAM 的 2AH～2EH 单元中存储的数据如图 4-2 所示。试编写程序实现图 4-3 所示的数据传送结果。

ACC	
2EH	78H
2DH	56H
2CH	34H
2BH	12H
2AH	00H

图 4-2 程序执行前

ACC	78H
2EH	56H
2DH	34H
2CH	12H
2BH	00H
2AH	00H

图 4-3 程序执行后

方法一：
```
MOV   A,2EH        ;2B,1Tcy
MOV   2EH,2DH      ;3B,2Tcy
MOV   2DH,2CH      ;3B,2Tcy
MOV   2CH,2BH      ;3B,2Tcy
MOV   2BH,#00H     ;3B,2Tcy
```

方法二：
```
CLR   A            ;1B,1Tcy
XCH   A,2BH        ;2B,1Tcy
XCH   A,2CH        ;2B,1Tcy
XCH   A,2DH        ;2B,1Tcy
XCH   A,2EH        ;2B,1Tcy
```

以上两种方法均可实现所要求的传送任务。方法一使用 14B 的指令代码，执行时间为 9 个机器周期（T_{cy}）；方法二仅用了 9B 的代码，执行时间也减少到 5 个机器周期。实际应用中应尽量采用指令代码字节数少、执行时间短的高效率程序，即注意程序的优化。

4.3.1.2　简单运算

由于 80C51 指令系统中只有单字节加法指令，因此对于多字节的相加运算必须从低位字节开始分字节进行。除最低字节可以使用 ADD 指令外，其他字节相加时要把低字节的进位考虑进去，这时就应该使用 ADDC 指令。

例 4.2　双字节无符号数加法。其中被加数在内部 RAM 的 60H 和 61H 单元中，加数在内部 RAM 的 70H 和 71H 单元中，要求把相加之和存放在 60H 和 61H 单元中。进位存放在位寻址区的 00H 位中。程序如下：

```
MOV     A,60H     ;取第一个被加数
ADD     A,70H     ;低字节相加
MOV     60H,A     ;送低字节相加结果
MOV     A,61H     ;取第二个被加数
ADDC    A,71H     ;高字节相加
MOV     61H,A     ;送高字节相加结果
MOV     00H,C     ;保存进位
```

4.3.1.3　查表程序

例 4.3　有一变量存放在片内 RAM 的 20H 单元，其取值范围为：00H～05H。要求编制一段程序，根据变量值求其平方值，并存入片内 RAM 的 21H 单元。程序流程如图 4-4 所示。

完整程序如下：

```
               ORG      1000H
START:         MOV      DPTR,#2000H
               MOV      A,20H
               MOVC     A,@A+DPTR
               MOV      21H,A
               SJMP     $
               ORG      2000H
TABLE:         DB       00,01,04,09,16,25
               END
```

在程序存储器的一片存储单元中建立起该变量的平方表。

用数据指针 DPTR 指向平方表的首址，则变量与数据指针之和的地址单元中的内容就是变量的平方值。

采样"MOVC　A,@A+PC"指令也可以实现查表功能，且不破坏 DPTR 的内容，从而可以减少保护 DPTR 的内容所需的开销。但表格只能存放在"MOVC　A,@A+PC"指令后的 256 字节内，即表格存放的地点和空间有一定限制。

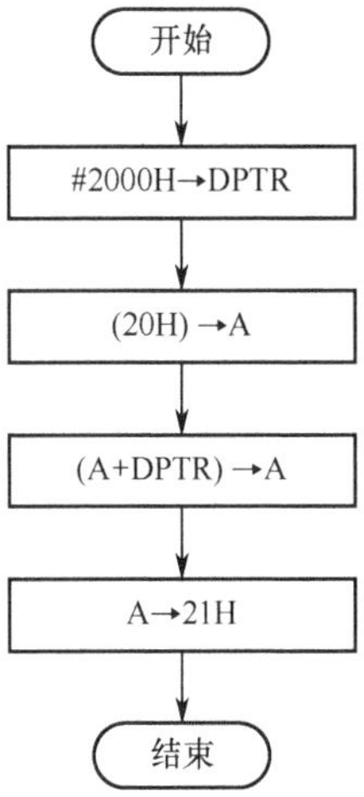

图 4-4　查表流程

4.3.2　分支程序

通常情况下，程序的执行是按照指令在程序存储器中存放的顺序执行的，但根据实际需要也可以改变程序的执行顺序，这种程序结构就属于分支结构。分支结构可以分成单分支、双分支和多分支几种情况，如图 4-5 所示。分支程序是通过转移指令来实现的。

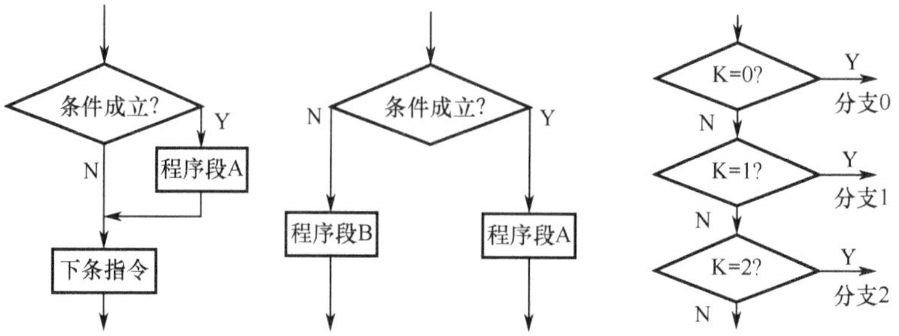

(a) 单分支　　(b) 双分支　　(c) 多分支

图 4-5　分支程序结构

单分支结构如图 4-5（a）所示。若条件成立，则执行程序段 A，然后继续执行该指令下面的指令；若条件不成立，则不执行程序段 A，直接执行该指令的下条指令。

双分支结构如图 4-5（b）所示。若条件成立，执行程序段 A；否则执行程序段 B。

多分支结构如图4-5（c）所示。先将分支按序号排列，然后按照序号的值来实现多分支选择。

4.3.2.1　单分支程序

单分支程序根据条件对程序的执行进行判断，满足条件则进行程序转移，否则程序继续向下顺序执行。

例 4.4　求单字节有符号数的二进制补码。设在内部 RAM 的 21H 单元存有一个单字节有符号数，编写程序将其读出并求其补码，结果存放于内部 RAM 的 22H 单元中。

分析：首先将数取出来，然后判其符号位（最高位）是否为“0”，若是，则表示该数为正数，其补码就是它本身；若是“1”，表示是负数，则需对该数进行求补运算（符号位不变，数值位取反加 1）。程序段如下：

```
START:    MOV    A,21H        ;取数
          JNB    ACC.7,OK     ;判断符号位,若是正数则转移(无需处理)
          MOV    C,ACC.7      ;
          CPL    A            ;取反
          ADD    A,#1         ;加 1
          MOV    ACC.7,C      ;保存符号位
OK:       MOV    22H,A        ;送结果
          RET                 ;返回
```

4.3.2.2　双分支程序

例 4.5　设变量 X 以补码的形式存放在片内 RAM 的 30H 单元中，变量 Y 与 X 的关系是：若 $X>0$，$Y=X$；若 $X=0$，$Y=20H$；若 $X<0$，$Y=X+5$。编写程序，根据 X 的大小求 Y，并将结果送回原单元中。程序段如下：

```
START:    MOV    A,30H
          JZ     NEXT       ;判断数是否为 0
          ANL    A,#80H     ;判断数的符号位
          JZ     L1         ;若为正数转移
          MOV    A,#05H
          ADD    A,30H
          MOV    30H,A
```

```
        SJMP    L1
NEXT:   MOV     30H,#20H
L1:     SJMP    $
```

4.3.2.3 多分支程序

80C51 指令系统中没有多分支转移指令，无法使用一条指令完成多分支转移。要实现多分支转移，可采用以下几种方法。

◆ 使用多条 CJNE 指令，通过连续比较，实现多分支程序转移。此分支方法的优点是层次清晰，程序简单易懂。但速度较慢，特别是层次较多时。

◆ 使用查地址表方法实现多分支程序转移。查地址表方法的大致内容是：在程序中建立一个差值表，并将各分支入口地址与该表首地址的差值按序排列其中。差值表首地址送 DPTR，分支序号送 A，查表后就可以通过转移指令“JMP @A+DPTR”进行分支。

例 4.6 假定有 BR0、BR1、BR2 共 3 个分支程序段，各分支程序段的功能依次是从内部 RAM 取数、从外部 RAM 低 256B 范围取数、从外部 RAM 4KB 范围取数。并假定 R0 中存放低 8 位地址，R1 中存放高 8 位地址，R3 中存放分支序列号。BRTAB 为差值表首地址，BR0-BRTAB～BR2-BRTAB 为差值。程序设计如下：

```
START:  MOV     A,R3            ;分支转移值送 A
        MOV     DPTR,#BRTAB     ;差值表首地址
        MOVC    A,@A+DPTR       ;查表
        JMP     @A+DPTR         ;转移
BRTAB:  DB      BR0-BRTAB       ;差值表
        DB      BR1-BRTAB
        DB      BR2-BRTAB
BR0:    MOV     A,@R0           ;从内部 RAM 取数
        SJMP    BRE
BR1:    MOVX    A,@R0           ;从外部 RAM 256B 取数
        SJMP    BRE
BR2:    MOV     A,R1            ;从外部 RAM 4KB 取数
        ANL     A,#0FH          ;高位地址取低 4 位
        ANL     P2,#0F0H        ;清 P2 口低 4 位
        ORL     P2,A            ;发高位地址
        MOVX    A,@R0
BRE:    SJMP    $
```

其中 BR2 分支是从外部 RAM 的 4KB 范围取数，因此需要 12 位地址，在程序中对所需的高 4 位地址之所以那样处理，是为了留出 P2 的高 4 位口线以作他用。由于表中的差值只限于 8 位，因此分支程序入口地址的分布范围受到限制。

◆ 使用查转移指令表的方法实现多分支程序转移。假定有多个分支程序，使这些分支程序都通过绝对转移指令 AJMP 进行转移，并把这些转移指令按序写入表中。并设置一个序号指针（如 R3）。则可用如下程序实现分支：

```
        MOV     A,R3            ;分支序号送 A
        RL      A               ;分支序号值×2(因为 AJMP 是两个字节指令)
        MOV     DPTR,#TABLE     ;转移指令表首地址
        JMP     @A+DPTR
TABLE:  AJMP    L0              ;转分支程序 0
        AJMP    L1              ;转分支程序 1
```

```
        …          …
        AJMP       L127                 ;转分支程序127
```

程序分支的实现过程是：根据分支序号值（R3），通过 JMP 指令转向 TABLE 表中的某一条 AJMP 指令，然后再执行该 AJMP 指令，就把程序转移到指定分支的入口。可见此分支方法实际上是通过两次转移而实现的，最多可实现 128 个分支程序的转移。由于 AJMP 指令的转移范围是 2KB，可在 2KB 范围内安排分支程序，因此分支范围较大，便于分支数目较多时应用。如把表中的指令改为长转移 LJMP 指令，则分支程序可在 64KB 范围内分布。

◆ 通过堆栈操作实现多分支程序转移。把分支程序入口地址存放在 TABLE 表中，并假设分支转移序号值在 R2 中。则可用如下程序实现多分支程序转移：

```
        MOV     A,R2
        MOV     DPTR,#TABLE         ;分支入口地址表首地址
        RL      A                   ;分支转移值×2
        MOV     R1,A                ;暂存A值
        INC     A
        MOVC    A,@A+DPTR           ;取低位地址
        PUSH    A                   ;低位地址入栈保护
        MOV     A,R1                ;恢复A值
        MOVC    A,@A+DPTR           ;取高位地址
        PUSH    A                   ;高位地址入栈保护
        RET                         ;分支入口地址装入PC
TABLE:  DW      BR0                 ;分支程序入口地址表
        DW      BR1
        …       …
        DW      BR127
```

该方法是：先把分支程序入口地址进栈，然后巧妙地利用返回指令，把分支程序入口地址装入 PC，接着就转去执行分支程序。

4.3.3 循环程序

在程序设计中，经常需要控制一部分指令重复执行若干次，以便用简短的程序完成大量的处理任务，这种按某种控制规律重复执行的程序称为循环程序。循环程序有先执行后判断和先判断后执行两种基本结构，如图 4-6 所示。

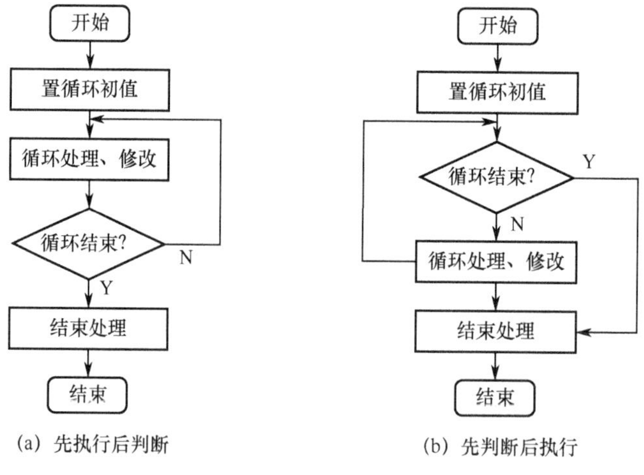

图 4-6 循环程序结构

◆ 先执行后判断的循环程序结构如图 4-6（a）所示。其特点是进入循环时先执行循环处理部分，然后根据循环控制条件判断是否结束循环。若不结束，则继续执行循环操作；若结束，则进行结束处理并退出循环。

◆ 先判断后执行的循环程序结构如图 4-6（b）所示。其特点是将循环的控制部分放在循环的入口处，先根据循环控制条件判断是否结束循环。若不结束，则继续执行循环操作；若结束，则进行结束处理并退出循环。

4.3.3.1　先执行后判断循环程序

例 4.7　设有一字符串以回车符为结束标志，并存放在内部 RAM 从 30H 单元开始的连续存储单元中，编写一个程序段测试字符串的长度。

分析：为测试字符串的长度，应使用逐个字符依次与回车符（0DH）相比较的方法，则需要设置一个字符串指针和一个长度计数器，字符串指针用于指定字符，长度计数器用于累加字符的长度。如比较不相等，则长度加 1，继续向下比较；若比较相等，则表示该字符为回车符，字符串结束，长度计数器的值就是字符串的长度。程序段如下：

```
        MOV     R2,#0FFH            ;设置长度计数器初值
        MOV     R0,#2FH             ;设置字符串指针初值
LOOP:   INC     R2                  ;
        INC     R0                  ;
        CJNE    @R0,#0DH,LOOP       ;比较
        RET                         ;返回
```

例 4.8　编写程序段完成：1+2+3+4+…+15=？，将得到的结果送内部 RAM 的 30H 单元中。

分析：这是一个很简单的加法运算，但由于相加的数多，不太可能直接用加法指令对所有的加数进行逐个相加。分析可知，该加法运算符合循环程序设计的条件，故可用循环程序进行设计。程序段如下：

```
        MOV     A,#00H      ;累加器 A 清"0"  ┐
        MOV     R1,#01H     ;取第一个加数    ├ 循环初始状态
        MOV     R7,#15      ;设置循环次数    ┘
L1:     ADD     A,R1        ;相加            ┐
        INC     R1          ;改变变量        ┘ 循环处理、修改部分
        DJNZ    R7,L1       ;判断是否加完    ——→ 循环控制部分
        MOV     30H,A       ;送结果
```

4.3.3.2　先判断后执行循环程序

例 4.9　把内部 RAM 中起始地址为 data 的数据传送到外部 RAM 以 buffer 为首地址的区域，直到发现“$”（24H）字符的 ASCII 码为止。同时规定数据串的最大长度为 32 个字节。

分析：在每次传送前要对数据内容与字符“$”进行比较，若不相等，则传送；若相等则不传送。另外，在每次传送完后还要进行长度比较，看是否传送完毕。程序段如下：

```
        MOV     R0,#data            ;data 数据区首地址
        MOV     DPTR,#buffer        ;buffer 数据区首地址
        MOV     R7,#20H             ;设置最大数据长度
LOOP:   MOV     A,@R0               ;取数据
        CLR     C
        SUBB    A,#24H              ;判断是否为"$"(24H)字符
        JZ      LOOP1
```

```
            MOV     A,@R0
            MOVX    @DPTR,A                 ;传送数据
            INC     DPTR
            INC     R0
            DJNZ    R7,LOOP                 ;循环控制
    LOOP1:  RET                             ;返回
```

4.3.4 子程序及参数传递

4.3.4.1 子程序的调用

在实际应用中，经常会遇到一些带有通用性的问题，例如数值转换、数值计算等，在一个程序中可能要使用多次。这时可以将其设计成通用的子程序供随时调用。利用子程序可以使程序结构紧凑，使程序的阅读和调试更加方便。子程序的结构与一般的程序并无多大区别，它的主要特点是，在执行过程中需要由其他程序来调用，执行完后又需要把执行流程返回到调用该子程序的主程序。

子程序的调用采用指令“LCALL　addr16”或“ACALL　addr11”来完成。

子程序调用时要注意两点：一是现场的保护和恢复；二是主程序与子程序的参数传递。

4.3.4.2 现场保护与恢复

在子程序执行过程中常常要用到单片机的一些通用单元，如工作寄存器 R0～R7、累加器 A、数据指针 DPTR，以及有关标志和状态等。而这些单元中的内容在调用结束后的主程序中仍有用，所以在调用子程序之前需要对它们进行保护，称为现场保护。在执行完子程序，返回继续执行主程序前恢复其原内容，称为现场恢复。保护与恢复的方法有在主程序和在子程序中实现两种。

◆ 在主程序中实现的特点是结构灵活，示例如下：

```
PUSH        PSW             ;保护现场
PUSH        ACC             ;
PUSH        B               ;
MOV         PSW,#10H        ;换当前工作寄存器组
LCALL       addr16          ;子程序调用
POP         B               ;恢复现场
POP         ACC             ;
POP         PSW             ;
…           …
```

◆ 在子程序中实现的特点是程序规范、清晰，示例如下：

```
SUB1:       PUSH        PSW             ;保护现场
            PUSH        ACC
            PUSH        B
            …           …
            MOV         PSW,#10H        ;换当前工作寄存器组
            …           …
            POP         B               ;恢复现场
            POP         ACC
            POP         PSW
            RET
```

注意，无论哪种方法保护与恢复的顺序都要对应，否则程序将会出错。

4.3.4.3　参数传递

子程序是主程序的一部分，所以在程序执行时必然要发生数据上的联系。在调用子程序时，主程序应通过某种方式把有关参数（子程序的入口参数）传给子程序，当子程序执行完毕后，又需要通过某种方式把有关参数（子程序的出口参数）传给主程序。在 80C51 单片机中，传递参数的方法有利用累加器或寄存器、利用存储器及利用堆栈三种。

◆ 利用累加器或寄存器。在这种方式中，要把需传递的参数存放在累加器 A 或工作寄存器 R0～R7 中。即在主程序调用子程序时，应事先把子程序需要的数据送入累加器 A 或指定的工作寄存器中，当子程序执行时，可以从指定的单元中取得数据，执行运算。反之，子程序也可以用同样的方法把结果传送给主程序。

例 4.10　编写程序，实现 $c=a^2+b^2$ 。设 a、b、c 分别存于内部 RAM 的 30H、31H、32H 三个单元中。程序段如下：

```
START:    MOV      A,30H           ;取 a
          ACALL    SQR             ;调用查平方表
          MOV      R1,A            ;a² 暂存于 R1 中
          MOV      A,31H           ;取 b
          ACALL    SQR             ;调用查平方表
          ADD      A,R1            ;a²+b² 存于 A 中
          MOV      32H,A           ;存结果
          SJMP     $
SQR:      MOV      DPTR,#TAB       ;子程序
          MOVC     A,@A+DPTR       ;
          RET
TAB:      DB       0,1,4,9,16,25,36,49,64,81
```

◆ 利用存储器。当传送的数据量比较大时，利用累加器或寄存器传递可能比较麻烦，此时可以利用存储器实现参数的传递。在这种方式中，事先要建立一个参数表，用指针指示参数表所在的位置。当参数表建立在内部 RAM 时，用 R0 或 R1 作参数表的指针。当参数表建立在外部 RAM 时，用 DPTR 作参数表的指针。

例 4.11　将 R0 和 R1 指向的内部 RAM 中两个 3B 无符号整数相加，结果送到由 R0 指向的内部 RAM 中。入口时，R0 和 R1 分别指向加数和被加数的低位字节；出口时，R0 指向结果的高位字节。低字节在高地址，高字节在低地址。程序段如下：

```
START:    MOV      R7,#3        ;三字节加法
          CLR      C
L1:       MOV      A,@R0        ;取加数低字节
          ADDC     A,@R1        ;被加数低字节加 A
          MOV      @R0,A
          DEC      R0
          DEC      R1
          DJNZ     R7,L1
          INC      R0
          RET
```

◆ 利用堆栈。利用堆栈传递参数是在子程序嵌套中常采用的一种方法。在调用子程序前，用 PUSH 指令将子程序中所需数据压入堆栈，进入执行子程序时，再用 POP 指令从堆栈中弹

出数据。

例 4.12 把内部 RAM 中 20H 单元中的 1 个字节十六进制数转换为 2 位 ASCII 码，存放在 R0 指示的两个单元中。程序段如下：

```
MAIN:    MOV     A,20H       ;
         SWAP    A
         PUSH    ACC         ;参数入栈
         ACALL   HEASC
         POP     ACC
         MOV     @R0,A       ;存高位十六进制数转换结果
         INC     R0          ;修改指针
         PUSH    20H         ;参数入栈
         ACALL   HEASC
         POP     ACC
         MOV     @R0,A       ;存低位十六进制数转换结果
         SJMP    $
HEASC:   MOV     R1,SP       ;借用 R1 为堆栈指针
         DEC     R1
         DEC     R1          ;R1 指向被转换数据
         XCH     A,@R1       ;取被转换数据
         ANL     A,#0FH      ;取一位十六进制数
         ADD     A,#2        ;所加值为 MOVC 与 DB 间字节数
         MOVC    A,@A+PC     ;查表
         XCH     A,@R1       ;1 字节指令,存结果于堆栈
         RET                 ;1 字节指令
ASCTAB:  DB   30H,31H,32H,33H,34H,35H,36H,37H
         DB   38H,39H,41H,42H,43H,44H,45H,46H
```

一般来说，参数传递使用时有如下特点：

◆ 当相互传递的数据较少时，采用累加器或寄存器传递方式可以获得较快的传递速度。

◆ 当相互传递的数据较多时，宜采用存储器或堆栈方式传递。

◆ 当子程序嵌套时，最好采用堆栈方式。

4.4 80C51 单片机汇编语言程序设计举例

4.4.1 算术运算程序

单片机应用系统的任务就是对客观实际的各种物理参数进行测试和控制，所以数据的运算是避免不了的。尽管数据运算并不是 80C51 单片机的优势所在，但运用一些编程技巧和方法，对于大部分测控应用中的运算，80C51 单片机还是能够胜任的。

4.4.1.1 多字节数的加减法运算

80C51 单片机指令系统中提供的是字节运算指令，所以在处理多字节加减运算时，要合理地运用进位（借位）标志。

例 4.13 多字节无符号数的加法。设两个 4 字节的无符号数分别存放在外部 RAM 中以 21H 和内部 RAM 中以 31H 开始的单元中。相加后的结果要求存放在内部 RAM 以 31H 单元开

始的数据区。程序段如下：

```
START:  MOV     R0,#21H     ;
        MOV     R1,#31H     ;
        MOV     R7,#4       ;设置字节数
        CLR     C           ;
LOOP:   MOVX    A,@R0       ;
        ADDC    A,@R1       ;求和
        MOV     @R1,A       ;送结果
        INC     R0          ;修改指针,准备下一次加法
        INC     R1          ;
        DJNZ    R7,LOOP     ;判断是否结束
```

例 4.14　多字节无符号数的减法。已知：BLOCK1 和 BLOCK2 为始地址的存储器中分别有 5 字节无符号被减数和减数（低位在前，高位在后），编写一个减法子程序使它们相减并将差放入 BLOCK1 为始地址的存储单元中。

```
SBYTESUB:  MOV     R0,#BLOCK1     ;被减数始地址送 R0
           MOV     R1,#BLOCK2     ;减数始地址送 R1
           MOV     R2,#5          ;字节长度送 R2
           CLR     C              ;
LOOP:      MOV     A,@R0          ;取被减数
           SUBB    A,@R1          ;求差
           MOV     @R0,A          ;送结果
           INC     R0             ;修改地址指针
           INC     R1             ;
           DJNZ    R2,LOOP        ;判断是否结束
```

4.4.1.2　多字节数乘法运算

80C51 指令系统中只有一条 8 位数的乘法指令，因此单字节的乘法可以利用这条指令直接完成，但对于多字节数的乘法就必须通过程序的方法来实现了。

例 4.15　16 位×8 位数的乘法运算。假定 16 位的乘数存放在 R4、R3 中（R4 存放高 8 位 R3 存放低 8 位，8 位的乘数存放在 R2 中，完成（R4）（R3）×（R2）的运算，乘积分别存放在 R7、R6 和 R5 中。由于

$$(R4)(R3)\times(R2)=[(R4)\times 2^8+(R3)]\times(R2)$$
$$=(R4)\times(R2)\times 2^8+(R3)\times(R2)$$

其中（R4）×（R2）和（R3）×（R2）是两组 8 位×8 位数的运算，可以直接利用乘法指令完成，而乘以 2^8 意味着左移 8 位或后面添加 8 个“0”。程序段如下：

```
CHENGFA:  MOV     A,R2
          MOV     B,R3
          MUL     AB          ;(R3)×(R2)
          MOV     R5,A        ;积的低位送 R5
          MOV     R6,B        ;积的高位送 R6
          MOV     A,R2
          MOV     B,R4
          MUL     AB          ;(R4)×(R2)
          ADD     A,R6        ;(R3)×(R2)的高位加(R4)×(R2)的低位
          MOV     R6,A        ;送 R6
```

```
        MOV       A,B
        ADDC      A,#00H          ;(R4)×(R2)的高位加进位
        MOV       R7,A            ;结果送 R7
        RET
```

例 4.16 双字节无符号数的乘法，即 16 位×16 位。设双字节的无符号被乘数存放在 R3、R2 中，乘数存放在 R5、R4 中，R0 指向积的高位。

分析：可用以上展开的方法求解，也可用图 4-7 所示的图示法求解。

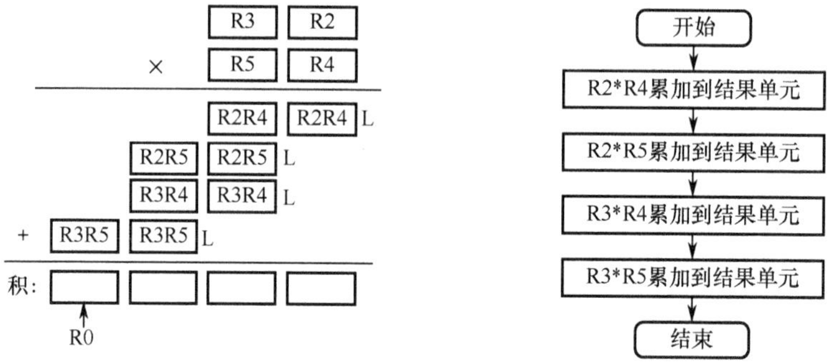

图 4-7 双字节无符号数乘法算法及流程

主程序段如下：

```
MULTB:  MOV     R7,#04          ;结果单元清"0"
LOOP:   MOV     @R0,#00H
        DJNZ    R7,LOOP
        DEC     R0
        ACALL   BMUL
        SJMP    $
BMUL:   MOV     A,R2
        MOV     B,R4
        MUL     AB              ;低位乘
        ACALL   RADD
        MOV     A,R2
        MOV     B,R5
        MUL     AB              ;交叉乘
        DEC     R0
        ACALL   RADD
        MOV     A,R4
        MOV     B,R3
        MUL     AB              ;交叉乘
        DEC     R0
        DEC     R0
        ACALL   RADD
        MOV     A,R5
        MOV     B,R3
        MUL     AB              ;高字节乘
        DEC     R0
        ACALL   RADD
        DEC     R0
```

```
            RET
RADD:       ADD         A,@R0
            MOV         @R0,A
            MOV         A,B
            INC         R0
            ADDC        A,@R0
            MOV         @R0,A
            INC         R0
            MOV         A,@R0
            ADDC        A,#00H          ;加进位
            MOV         @R0,A
            RET
```

4.4.1.3　多字节除法运算

除法指令（DIV　AB）是对单字节的，单字节的除法运算可以直接使用该指令完成，但对于多字节除法而言，则需要通过编程的方法实现了。

例 4.17　利用“移位相减”的基本方法，通过编程实现两个双字节无符号数的除法运算。相关数据的单元分配如下：

◆ R7 R6：执行前存被除数，程序执行后存商（其中 R7 为高字节）。

◆ R5 R4：存除数（其中 R5 为高字节）。

◆ R3 R2：存放每次相除的余数，程序执行后为最后余数。

◆ 3AH：溢出标志单元。

◆ R1：循环次数计数器（16 次）。

对程序几点说明如下：

◆ 除法运算需要对被除数和除数进行 0 判断，若被除数为 0，而除数不为 0，则商为 0；若除数为 0，则除法无法进行，标志位单元 3AH 为“0”。

◆ 除法运算是按位进行的，每一位是一个循环，一个循环要完成三项工作，即：被除数左移一位、余数减除数、根据是否够减使商位得“1”或“0”。对于双字节被除数来说，要循环移位 16 次。

◆ 移位是除法运算的重要操作，最简单的方法是把被除数向除数单元左移，然后把被除数移位后腾出来的低位用于存放商。这样，除法完成后，被除数已全部移到余数单元并逐次被减得到余数，而被除数单元却为商数所代替。

双字节除法运算程序如下：

```
        MOV     3AH,#00H        ;清溢出标志单元
        MOV     A,R3
        JNZ     ZERO            ;除数不为 0 转
        MOV     A,R4
        JZ      OVER            ;除数为 0 转 设置溢出标志
ZERO:   MOV     A,R7
        JNZ     START           ;被除数高字节不为 0 开始除法运算
        MOV     A,R6
        JNZ     START           ;被除数低字节不为 0 开始除法运算
        RET                     ;被除数为 0 则结束
START:  CLR     A
```

```
        MOV     R2,A            ;余数单元清"0"
        MOV     R3,A
        MOV     R1,#10H
LOOP:   CLR     C               ;进行一位除法运算
        MOV     A,R6
        RLC     A               ;被除数左移一位
        MOV     R6,A
        MOV     A,R7
        RLC     A
        MOV     R7,A
        MOV     A,R2            ;移出的被除数高位移入余数单元
        RLC     A
        MOV     R2,A
        MOV     A,R3
        RLC     A
        MOV     R3,A
        MOV     A,R2            ;余数减除数
        SUBB    A,R4            ;低位先减
        JC      NEXT            ;不够减转
        MOV     R0,A
        MOV     A,R3
        SUBB    A,R5            ;再减高位
        JC      NEXT            ;不够减转
        INC     R6              ;够减商为 1
        MOV     R3,A            ;相减结果送回余数单元
        MOV     A,R0
        MOV     R2,A
NEXT:   DJNZ    R1,LOOP         ;不够 16 次返回
OVER:   MOV     3AH,#0FFH       ;置溢出标志位
        RET
```

4.4.2 码型转换程序

单片机能识别和处理的是二进制码，而输入输出设备（如 LED 显示器、微型打印机等）则常使用 ASCII 码或 BCD 码。所以，在单片机应用系统中经常需要通过程序进行二进制码与 BCD 码或 ASCII 码的相互转换。二进制数与十六进制数有直接的对应关系，为了书写和叙述的方便，下面用十六进制数代替二进制数。

4.4.2.1 十六进制数与 ASCII 码间的转换

十六进制数与 ASCII 码的对应关系见附录 C（ASCII 码表）：当十六进制数在 0～9 之间时，其对应的 ASCII 码值为该十六进制数加 30H；当十六进制数在 A～F 之间时，其对应的 ASCII 码值为该十六进制数加 37H。

例 4.18 将 1 位十六进制数（4 位二进制数）转换成相应的 ASCII 码。设十六进制数存放在 R0 中，转换后的 ASCII 码存放于 R2 中。实现程序如下：

```
HASC:   MOV     A,R0            ;取 4 位二进制数
        ANL     A,#0FH          ;屏蔽高 4 位
        PUSH    ACC             ;4 位二进制数入栈
```

```
        CLR     C           ;清进(借)位
        SUBB    A,#0AH      ;用借位位的状态判断该数在 0~9 还是 A~F 之间
        POP     ACC         ;弹出原 4 位二进制数
        JC      LOOP        ;借位位为 1,跳转至 LOOP
        ADD     A,#07H      ;借位位为 0,该数在 A~F 之间,加 37H
LOOP:   ADD     A,#30H      ;该数在 0~9 之间,加 30H
        MOV     R2,A        ;ASCII 码存于 R2
        RET
```

对于多位十六进制数转换为 ASCII 码，可采用查表的方式完成，在查表程序中讲解。

4.4.2.2　ASCII 码转换为十六进制数

转换算法：把要转换的 ASCII 码减 30H。若小于 0 则为非十六进制数；若为 0～9 之间，即为转换结果；若大于等于 0AH，应再减 7。减 7 后，若小于 0AH，则为非十六进制数；若在 0AH～0FH 之间，即为转换结果；若大于 0FH，则为非十六进制数。

例 4.19　把外部 RAM 30H～3FH 单元中的 ASCII 码依次转换为十六进制数，并存入内部 RAM 60H～67H 单元中。因为一个字节可装 2 个转换后得到的 16 进制数，即 2 次转换才能拼装为一个字节。为了避免在程序中重复出现转换程序段，而通常采用子程序结构，把转换操作编写为子程序。

主程序：

```
MAIN:   MOV     R0,#30H     ;设置 ASCII 码地址指针
        MOV     R1,#60H     ;设置十六进制数地址指针
        MOV     R7,#08H     ;需拼装的十六进制数字节个数
L1:     ACALL   L2          ;调用转换子程序
        SWAP    A           ;A 高低 4 位对换
        MOVX    @R1,A       ;存入外部 RAM
        INC     R0
        ACALL   L2          ;调用转换子程序
        XCHD    A,@R1       ;十六进制数拼装
        INC     R0
        INC     R1
        DJNZ    R7,L1
L3:     AJMP    L3
```

子程序：

```
L2:     CLR     C           ;进位清"0"
        MOVX    A,@R0       ;取 ASCII 码
        SUBB    A,#30H      ;减 30H
        CJNE    A,#0AH,L4
        AJMP    L5
L4:     JC      DONE
L5:     SUBB    A,#07H      ;大于等于 0AH,再减 07H
DONE:   RET                 ;返回
```

4.4.2.3　BCD 码与二进制数之间的转换

在计算机中，十进制数要用 BCD 码来表示。通常，用四位二进制数表示一位 BCD 码，用 1 个字节表示 2 位 BCD 码（称为压缩型 BCD 码）。

例 4.20 双字节二进制数转换成 BCD 码。设（R2R3）为双字节二进制数，（R4R5R6）为转换完的压缩型 BCD 码。十进制数 B 与一个 8 位的二进制数的关系可以表示为：

$$B=b_7\times2^7+b_6\times2^6+\cdots+b_1\times2^1+b_0\times2^0$$

只要依十进制运算法则，将 b_i（$i=7, 6, \cdots, 1, 0$）按权相加，就可以得到对应的十进制数 B（逐次得到：$b_7\times2^0$；$b_7\times2^1+b_6\times2^0$；$b_7\times2^2+b_6\times2^1+b_5\times2^0$；…）。

程序段如下：

```
DCDTH:    CLR     A          ;
          MOV     R4,A       ;R4 清"0"
          MOV     R5,A       ;R5 清"0"
          MOV     R6,A       ;R6 清"0"
          MOV     R7,#16     ;计数初值
LOOP:     CLR     C          ;
          MOV     A,R3       ;
          RLC     A          ;
          MOV     R3,A       ;R3 左移一位并送回
          MOV     A,R2       ;
          RLC     A          ;
          MOV     R2,A       ;R2 左移一位并送回
          MOV     A,R6       ;
          ADDC    A,R6       ;
          DA      A          ;
          MOV     R6,A       ;(R6)乘 2 并调整后送回
          MOV     A,R5       ;
          ADDC    A,R5       ;
          DA      A          ;
          MOV     R5,A       ;(R5)乘 2 并调整后送回
          MOV     A,R4       ;
          ADDC    A,R4       ;
          DA      A          ;
          MOV     R4,A       ;(R4)乘 2 并调整后送回
          DJNZ    R7,LOOP    ;
```

4.4.3 查表程序

预先把数据以表格的形式存放在存储器中，然后使用程序读出，这种能读出表格数据的程序称为查表程序。

80C51 汇编语言进行查表尤为方便，它有两条专门的查表指令：

```
MOVC      A,@A+DPTR
MOV       A,@A+PC
```

第一，上述两条指令的功能是完全相同的，共同优点是能在不改变 PC 和 DPTR 的状态下，只根据 A 的内容就可以取出表格中的数据，这对于提高查表功能、缩短程序长度极为重要。

第二，上述两条指令在具体使用上却有一点差异。前一条指令“MOVC A,@A+DPTR”的基址寄存器 DPTR 能提供 16 位基址，而且还能在使用前给 DPTR 赋值，因此查表范围可达整个程序存储器的 64KB 空间；数据表格的大小和位置可以在 64KB 程序存储器中任意安排，一个数据表格可以被多个程序块公用，使用起来比较方便。而后一条指令 MOV A,@A+PC”是以 PC 作为基址寄存器，虽然也能提供 16 位基址，但不能给 PC 赋值，所以其基址值是固定的；

由于 A 的内容为 8 位无符号数，因此只能在当前指令下面的 256 个地址单元范围内进行查表，即数据表格只能放在该指令后面 256 个地址单元之内，而且表格只能被本程序段所使用。

查表程序主要用于代码转换、代码显示、实时值查表计算和按命令号实现转移等。

例 4.21　设有一始址为 TABLE 的数据表格，表中存放有 1024 个元素，每个元素为二字节。编程完成根据 R5、R4 中元素序号查找对应元素并存入 R5、R4（R5 为高 8 位）中。

程序如下：

```
        ORG     1000H
START:  MOV     DPTR,#TABLE         ;数据表格始址送 DPTR
        MOV     A,R4                ;元素序号低字节送 A
        CLR     C
        RLC     A                   ;元素序号低字节乘 2
        XCH     A,R5                ;存入 R5,序号高字节送 A
        RLC     A                   ;元素序号高字节乘 2
        XCH     A,R5
        ADD     A,DPL               ;元素序号×2 后加 DPTR
        MOV     DPL,A
        MOV     A,DPH
        ADDC    A,R5
        MOV     DPH,A
        CLR     A
        MOVC    A,@A+DPTR           ;查表得元素高字节
        MOV     R5,A                ;存入 R5
        MOV     A,#01H
        MOVC    A,@A+DPTR           ;查表得元素低字节
        MOV     R4,A                ;存入 R4
        RET
TABLE:  DW      …                   ;元素表格,高字节在前
        DW      …
        …
        END
```

例 4.22　将多位十六进制数转换成 ASCII 码。设地址指针 R0 指向十六进制数低字节，R2 中存放字节数，转换后地址指针 R0 指向十六进制数的高位。R1 指向要存放的 ASCII 码的高位地址。程序如下：

```
HTASC:  MOV     A,@R0               ;取十六进制数字节低 4 位
        ANL     A,#0FH              ;
        ADD     A,#15               ;偏移量修正
        MOVC    A,@A+PC             ;查表
        MOV     @R1,A               ;存 ASCII 码
        INC     R1                  ;
        MOV     A,@R0               ;取十六进制数字节高 4 位
        SWAP    A
        ANL     A,#0FH              ;
        ADD     A,#06H              ;偏移值修正
        MOVC    A,@A+PC             ;
        MOV     @R1,A
        INC     R0                  ;指向下一单元
```

```
        INC     R1              ;
        DJNZ    R2,HTASC        ;判断是否结束
        RET
ASCTAB: DB      30H,31H,32H,33H,34H,35H,36H,37H
        DB      38H,39H,41H,42H,43H,44H,45H,46H
```

4.4.4 定时程序

在单片机的控制应用中，常有定时的需要，如定时中断、定时检测和定时扫描等。定时功能除可以使用定时/计数器实现外，还可以使用定时程序完成。定时程序是典型的循环程序，它是通过执行一个具有固定延时时间的循环体来实现延时的。定时程序只能使用汇编语言编写。

4.4.4.1 单循环定时程序

下面是一个最简单的单循环定时程序：

```
        MOV  R7,#TIME
LOOP:   NOP
        NOP
        DJNZ  R7,LOOP
```

NOP 指令的机器周期为 1，DJNZ 指令的机器周期为 2，则一次循环的机器周期数共为 4 个 T_{cy}。该循环的定时时间计算式为：TIME×4×机器周期。如单片机的晶振频率为 6MHz，则一个机器周期为 2μs，因此一次循环的延时时间为 8μs。定时程序的总延时是循环程序段延时时间的整数倍，则该程序的延时时间（μs）为 8×TIME，TIME 是装入寄存器 R7 的时间常数，R7 是 8 位寄存器，因此这个程序的最大延时时间（μs）为：256×8=2048。

4.4.4.2 较长时间的定时程序

单循环定时程序延时比较小。为了加长定时时间，通常采用多重循环的方法。例如下列双重循环的定时程序，最长可延时 262914 个机器周期，即 525828μs 或约 526ms（单片机的晶振频率为 6MHz，T_{cy}=2μs）。

```
        MOV     R5,#TIME1
LOOP2:  MOV     R4,#TIME2
LOOP1:  NOP
        NOP
        DJNZ    R4,LOOP1
        DJNZ    R5,LOOP2
        RET
```

最大定时时间（μs）计算公式为：

$$(256\times4+2+1)\times256\times2+4=525828$$

在通常情况下，以上双重循环定时程序定时时间可近似计算为：

$$\text{TIME1}\times\text{TIME2}\times\text{内循环机器周期数}\times\text{机器周期}$$

本 章 小 结

本章主要讲述了 80C51 的汇编语言程序设计，主要涉及以下内容：

◆ 汇编语言的源程序结构紧凑、灵活，汇编成的目标程序效率高，具有占存储空间少、运行速度快、效率高和实时性强等优点。

◆ 在进行程序设计时，首先需要对任务进行分析，明确系统的设计任务、功能要求、技术指标。然后，要对系统的硬件资源和工作环境进行分析和熟悉。经过分析、研究和明确规定后，利用数学方法或数学模型来对其进行描述，从而将一个实际问题转化成由计算机进行处理的问题。进而对各种算法进行分析比较，并进行合理的优化。

◆ 利用模块化的方法设计程序。采用循环结构和子程序可以大大减少程序的容量，提高程序的效率，节省内存。

◆ 80C51 汇编语言的语句行由 4 个字段组成。伪指令是汇编程序能够识别的汇编命令，它不是单片机执行的指令，没有对应的机器码，仅用来对汇编过程进行某种控制。

◆ 汇编语言程序设计是实践性较强的一种单片机应用技能，它需要较多的编程训练和实际应用经验的积累。

习题 4

编程题：

1．把长度为 10H 的字符串从内部 RAM 的输入缓冲区 INBUF 向外部 RAM 的输出缓冲区 OUTBUF 进行传送，一直进行到遇见回车符 CR 或整个字符串传送完毕。

2．求 10 个数的平均值，这 10 个数以表格的形式存放在从 TABLE 开始的单元中。

3．比较两个 ASCII 字符串是否相等。字符串的长度在内部 RAM 41H 单元中，第一个字符串的首地址为 42H，第二个字符串的首地址为 52H。如果两个字符串相等，则置内部 RAM 40H 单元为 00H，否则置 40H 单元为 FFH。

4．在外部 RAM 首地址为 table 的数据表中，有 10 个字节的数据。编程将每个字节的最高位无条件地置“1”。

5．将 8000H 开始的有 200 个字节的源数据区，每隔一个单元送到 4000H 开始的数据区。在目的数据区中，每隔两个单元写一个数。如遇回车符（0DH）则传送结束。

6．求 16 位带符号二进制补码数的绝对值。假定补码放在内部 RAM 的 num 和 num+1 两个单元中，求得的绝对值仍放在原单元中。

7．求 16 位补码数的原码。16 位补码数放在内部 RAM 的 data 和 data+1 两个单元中，转换后得到的原码仍放在原单元中。

8．从内部 RAM 20H 单元开始存放一组带符号数，字节个数存在 16H 中。请统计出其中大于 0、小于 0 和等于 0 的数的数目，并把统计结果分别存入 DY、CY、BY 三个单元中。

9．把外部 RAM 中 block1 为首地址的数据块传送到内部 RAM 以 block2 为首地址的单元中，数据块的长度为 N 字节。

10．内部 RAM 20H 单元开始存放 8 个无符号 8 位二进制数，编程找出其中的最大数和最小数，分别存放于 2AH 和 2BH 单元中。

11．编写一个子程序，将 R1 中的 2 个十六进制数转换为 ASCII 码后存放在 R3 和 R4 中。

12．编写一个延时 10ms 的定时程序。

技能设计 4 八位数码管动态循环显示

一. 实训目的

◆ 掌握七段 LED 数码管的动态显示及数码管的显示原理。

◆ 学习运用循环来编写程序。

二. 功能要求

89C51 的 P0 口接字线，P2 口接位线。利用程序控制数码管显示“1，2，3，4，5，6，7，8”在显示期间没有闪烁现象。

三. 电路连线

电路连线如图 1 所示。

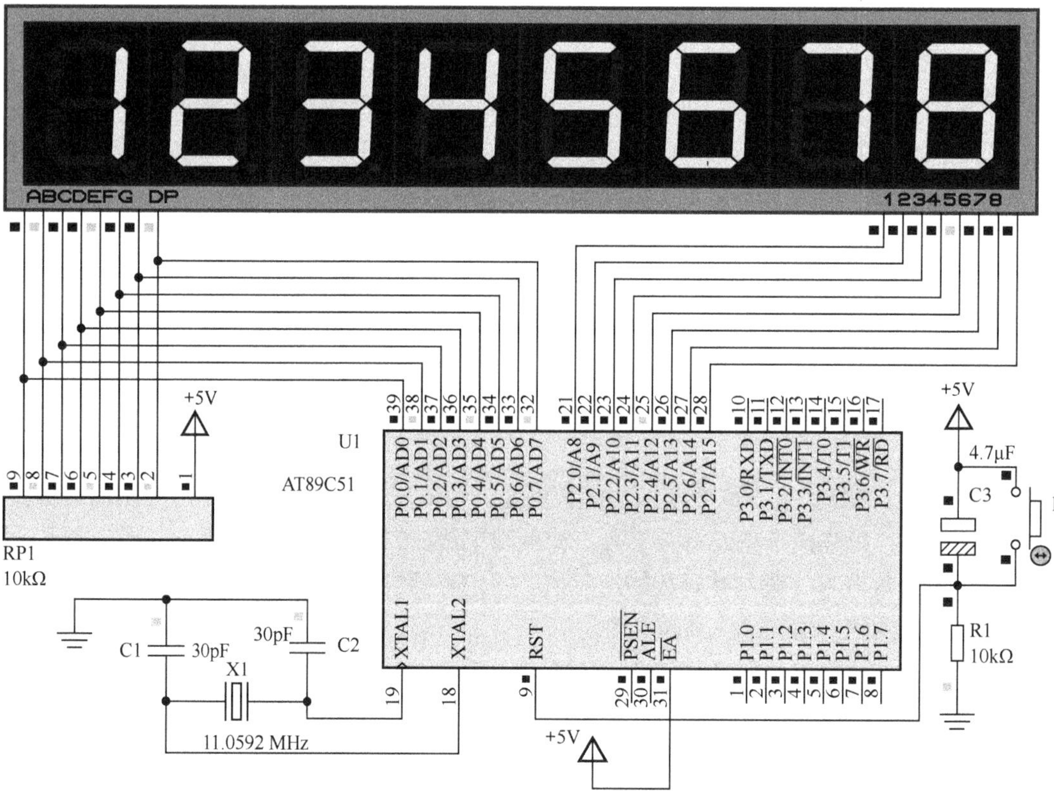

图 1 八位数码管动态循环显示接线

四. 程序说明

主程序就是一个查表程序和数码管显示程序，首先给各寄存器定义初始值，通过查表改变段码值，把查表的值作为段码送给 P0 口。把位码初始值送给 P2 口，调用延时。通过循环改变位码值来实现动态显示，视觉确是静止的效果。循环 8 次重新开始。

五．汇编程序清单

```
            ORG     0000H                   ;初始化
            AJMP    MAIN
            ORG     0030H
MAIN:       MOV     DPTR,#TAB               ;设置表首地址
            MOV     R1,#01H                 ;寄存器 R1 置"1"
            MOV     R2,#0FEH
            MOV     R3,#8
L1:         MOV     A,R1                    ;把寄存器 R1 的内容送给累加器 A
            MOVC    A,@A+DPTR               ;查表后的值送给累加器 A
            MOV     P2,R2                   ;把寄存器 R2 作为位码送给 P2 口输出
            MOV     P0,A                    ;把累加器 A 的值作为段码送给 P0 口输出
            LCALL   DELAY                   ;调用延时
            MOV     A,R2
            RL      A                       ;循环左移
            MOV     R2,A
            INC     R1                      ;寄存器 R0 加 1
            DJNZ    R3,L1                   ;循环 8 次
            AJMP    MAIN                    ;返回主程序 MAIN
DELAY:      MOV     R6,#10
L2:         MOV     R7,#250
            DJNZ    R7,$
            DJNZ    R6,L2
            RET
TAB:        DB   3FH,06H,5BH,4FH,66H     ;表  0,1,2,3,4
            DB   6DH,7DH,07H,7FH,6FH     ;表  5,6,7,8,9
            RET
            END
```

六．程序流程

程序流程如图 2 所示。

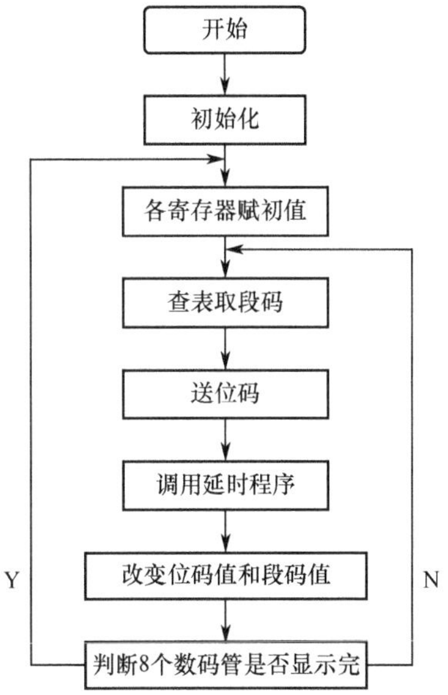

图 2　八位数码管动态循环显示流程

七．练习

1．使数码管显示“2、0、0、7、0、8、0、7”。位码使用右移，显示明显闪烁，但可以显示上述数字。

2．使数码管显示“A、B、C、D、E、F、H、P”。位码使用左移，无闪烁现象。

第 5 章　单片机中断系统及定时/计数器

本章基本要求：理解中断的基本概念、80C51 中断系统及定时/计数器的结构，重点掌握 80C51 中断系统及定时/计数器的使用方法。

5.1　80C51 单片机中断系统

5.1.1　单片机中断技术

中断是重要的计算机技术，是从我们的日常生活中来的，在单片机中也得到了充分的继承。请看下例（图 5-1）：你在看书（CPU 在处理某一事件 A）时——有人向你请教解题（发生了另一事件 B 请求 CPU 迅速去处理），中断发生——你在书上做个记号，去帮人解题（CPU 暂时中断当前的工作，保护 A 事件或主程序的现场和断点数据，转去处理 B 事件），中断响应——你在指导对方解题时（中断服务）——手机响了（又发生了另一事件 C 请求 CPU 迅速去处理），中断嵌套发生——你让请教解题者稍等一下（CPU 又暂时中断当前的工作，保护 B 事件的现场和数据，转去处理 C 事件），中断嵌套响应——你去接手机电话（中断嵌套服务）——通话结束，继续指导解题（CPU 将事件 C 处理完毕，再回到原来事件 B 被中断的地方继续处理），中断返回——指导解题完毕后，回来从做记号的地方起继续看书（CPU 将事件 B 处理完毕，再回到原来事件 A 被中断的地方继续处理），中断返回。

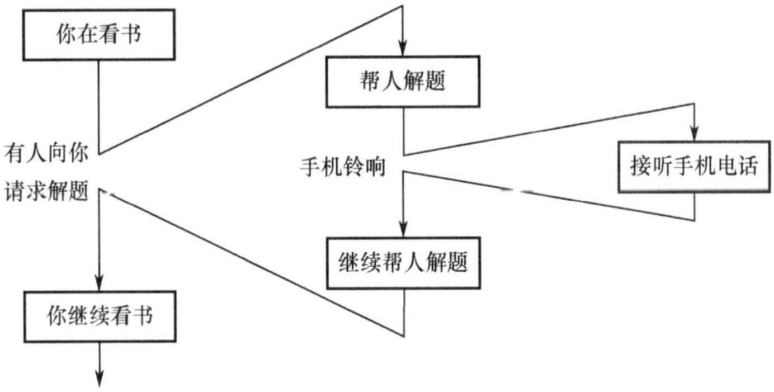

图 5-1　生活中的中断及中断嵌套

引起 CPU 中断的根源，称为中断源。中断源向 CPU 提出的处理请求，称为中断请求或中断申请。CPU 暂时中断原来的事件 A，转去处理事件 B 的过程，称为 CPU 中断响应过程。对事件 B 的整个处理过程，称为中断服务或中断处理。有更高级的中断使 CPU 又暂时中断事件 B，转去处理事件 C 的过程，称为中断嵌套，如图 5-2 所示。处理完毕后，再回到原来被中断的地方（断点），称为中断返回。实现上述中断功能的部件称为中断系统（中断机构）。中断技术就是解决资源竞争的有效方法，实质上是一种资源共享技术。采用中断技术可以使多项任务共享一个资源。随着计算机技术的应用，人们发现中断技术不仅解决了快速主机和慢速 I/O 设备的数据传送问题，而且还具有以下优点：

◆ 分时操作：CPU 可以分时为多个 I/O 设备服务，提高了计算机的利用率。

◆ 定时响应：CPU 能够及时处理应用系统的随机事件，从而大大增强了系统的实时性。
◆ 可靠性高：CPU 具有处理设备故障及断电等突发性事件的能力，提高了系统的可靠性。

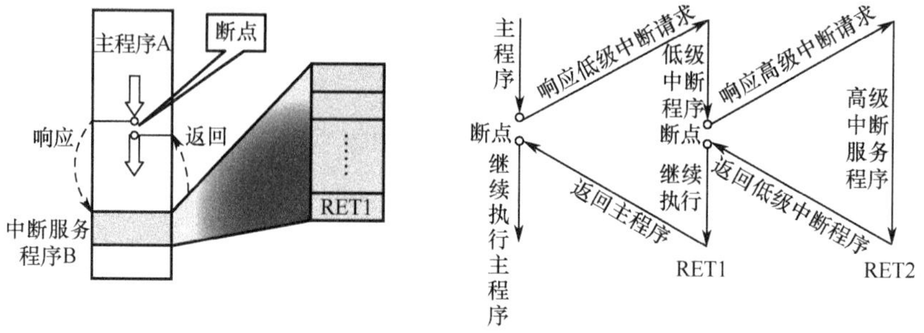

(a) ROM内中断过程　　(b) 中断嵌套流程

图 5-2　中断过程

5.1.2　单片机中断系统结构

80C51 系列单片机的中断系统有 5 个中断源、2 个优先级，可实现二级中断服务嵌套。由片内特殊功能寄存器中的中断允许寄存器 IE 控制 CPU 是否响应中断请求；由中断优先级寄存器 IP 安排各中断源的优先级；同一优先级内各中断同时提出中断请求时，由内部的查询逻辑（自然优先级）确定其响应次序。

80C51 单片机的中断系统由中断请求标志位（在相关的特殊功能寄存器中）、中断允许寄存器 IE、中断优先级寄存器 IP 及内部硬件查询电路组成。图 5-3 反映出 80C51 单片机中断系统的功能和控制情况。

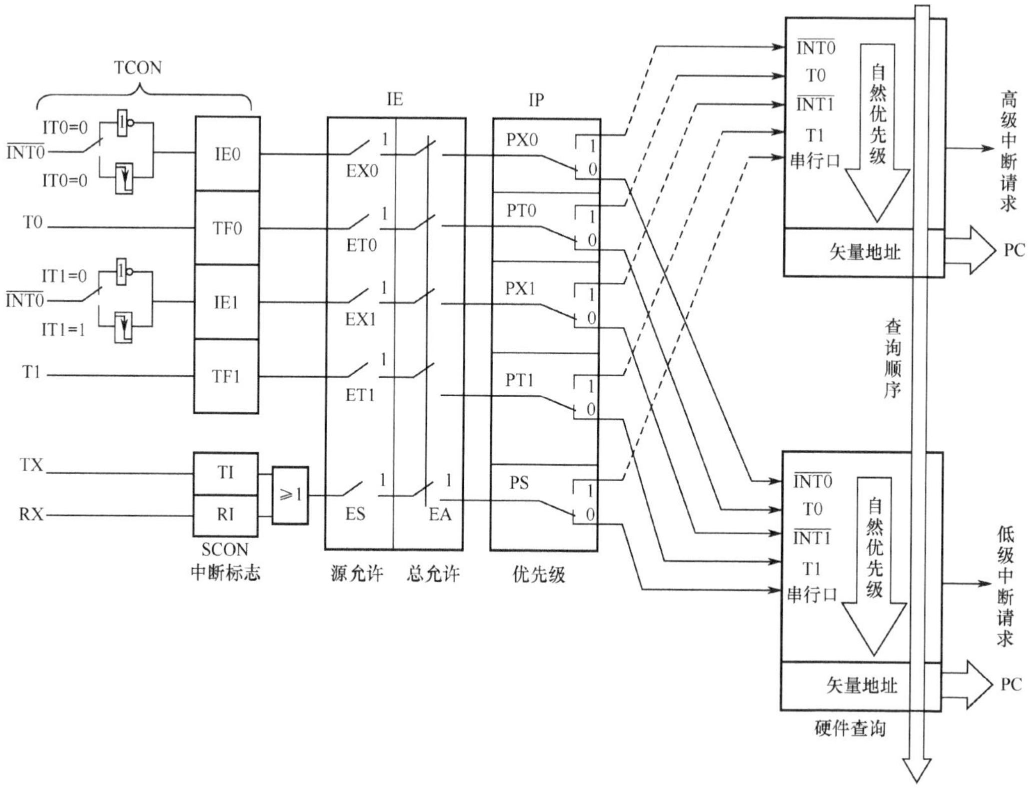

图 5-3　80C51 中断系统内部结构示意图

5.1.3 单片机中断源

80C51 是一个多中断源的单片机，有 3 类共 5 个中断源，分别是外部中断 2 个、定时中断 2 个和串行中断 1 个。

◆ 外中断。$\overline{\text{INT0}}$（P3.2）、$\overline{\text{INT1}}$（P3.3）分别是外部中断 0 和 1 请求信号输入引脚。可由 IT0（TCON.0）、IT1（TCON.2）分别选择其为低电平有效还是下降沿有效。当 CPU 检测到 P3.2 或 P3.3 引脚上出现有效的中断信号时，中断标志 IE0（TCON.1）或 IE1（TCON.3）置“1”，向 CPU 申请中断。而对于中断请求在下降沿有效这种方式下，CPU 在两个相邻机器周期对中断请求引入端进行的采样中，如前一次为高电平，后一次为低电平，即为有效中断请求。因此在这种中断请求信号方式下，中断请求信号的高电平状态和低电平状态都应至少维持一个机器周期，以确保电平变化能被单片机采样到。

◆ 定时中断。TF0（TCON.5）、TF1（TCON.7）分别是片内 2 个定时/计数器 T0 和 T1 的溢出中断请求标志。当定时/计数器 T0 和 T1 发生溢出时。置位 TF0 或 TF1 为“1”，而向 CPU 申请中断。定时中断是为满足定时或计数的需要而设置的，当计数装置发生计数溢出时，即表明定时时间到或计数值已满，这时就以计数溢出信号作为中断请求，去置位一个溢出标志位，作为单片机接受中断请求的标志。由于这种中断请求是在单片机内部发生的，因此无需在芯片上设置引入端。

◆ 串行中断。串行中断是为串行数据传送的需要而设置的，RI（SCON.0）、T1（SCON.1）分别是串行接口接收、发送中断请求标志。当串行接口接收或发送完一帧串行数据时，置位 RI 或 T1 为“1”，向 CPU 申请中断。由于串行中断请求也是在单片机芯片内部自动发生的，所以同样不需在芯片上设置引入端。

5.1.4 单片机中断控制

中断控制是指提供给用户使用的中断控制手段，实际上就是一些寄存器的位设置。80C51 单片机中，用于此目的的控制寄存器共有 4 个，即定时器控制寄存器（TCON）、中断允许控制寄存器（IE）、中断优先级控制寄存器（IP）及串行口控制寄存器（SCON）。这 4 个控制寄存器都属于专用寄存器之列，可进行位寻址。

5.1.4.1 定时器控制寄存器（TCON）

该寄存器用于锁存外部中断 $\overline{\text{INT0}}$ 和 $\overline{\text{INT1}}$ 的中断请求标志及 2 个定时/计数器的溢出中断标志，寄存器地址 88H，位地址 8FH～88H，寄存器的内容及位地址如下：

	位　序	D7	D6	D5	D4	D3	D2	D1	D0	
字节地址：88H	位地址	8FH	8EH	8DH	8CH	8BH	8AH	89H	88H	TCCN
	位符号	TF1	TR1	TF0	TR0	IE1	IT1	IE0	IT0	

这个寄存器既有定时器/计数器的控制功能又有中断控制功能，其中与中断有关的控制位共 6 位（TCON.4、TCON.6 位用来控制定时/计数器的启/停）。

◆ IE0（TCON.1）和 IE1（TCON.3）：外部中断请求标志位。当 CPU 采样到 $\overline{\text{INT0}}$（或 $\overline{\text{INT1}}$）端出现有效中断请求时，IE0（或 IE1）位由硬件置“1”。在中断响应完成后转向中断服务时，再由硬件自动清“0”。

◆ IT0（TCON.0）和 IT1（TCON.2）：外中断请求触发方式控制位，由软件置“1”或“0”。IT0(IT1)=0，电平触发方式，低电平有效。CPU 在每个机器周期的 S5P2 采样 $\overline{\text{INT0}}$（$\overline{\text{INT1}}$）

引脚电平，当采样到低电平时，置 IE0（IE1）=1 表示 $\overline{\text{INT0}}$（$\overline{\text{INT1}}$）向 CPU 请求中断；采样到高电平时，将 IE0（IE1）清“0”。必须注意，在电平触发方式下，CPU 响应中断时，不能自动清除 IE0（IE1）标志。也就是说，IE0（IE1）状态完全由 $\overline{\text{INT0}}$（$\overline{\text{INT1}}$）状态决定。所以，在中断返回前必须撤除 $\overline{\text{INT0}}$（$\overline{\text{INT1}}$）引脚的低电平。

IT0（IT1）=1，脉冲触发方式，后沿负跳有效。CPU 在每个机器周期的 S5P2 采样 $\overline{\text{INT0}}$（$\overline{\text{INT1}}$）引脚电平，如果在连续的两个机器周期检测到 $\overline{\text{INT0}}$（$\overline{\text{INT1}}$）引脚由高电平变为低电平，即第一个周期采样到 $\overline{\text{INT0}}$（$\overline{\text{INT1}}$）=1，第二个周期采样到 $\overline{\text{INT0}}$（$\overline{\text{INT1}}$）=0，则置 IE0（IE1）=1，产生中断请求。在边沿触发方式下，CPU 响应中断时，能由硬件自动清除 IE0（IE1）标志。注意，为保证 CPU 能检测到负跳变，$\overline{\text{INT0}}$（$\overline{\text{INT1}}$）的高、低电平时间至少应保持 1 个机器周期。

◆ TF0（TCON.5）和 TF1（TCON.7）：计数溢出标志位。当计数器产生计数溢出时，相应的溢出标志位由硬件置“1”。当转向中断服务时，再由硬件自动清“0”。计数溢出标志位的使用有两种情况：采用中断方式时，作中断请求标志位来使用；采用查询方式时，作查询状态位来使用。

5.1.4.2 串行口控制寄存器（SCON）

寄存器地址 98H，位地址 9FH～98H。寄存器的内容及位地址如下：

	位 序	D7	D6	D5	D4	D3	D2	D1	D0	
字节地址：98H	位地址	9FH	9EH	9DH	9CH	9BH	9AH	99H	98H	SCON
	位符号	SM0	SM1	SM2	REN	TB8	RB8	TI	RI	

与中断相关的是它的低两位 TI（SCON.1）和 RI（SCON.0）。

◆ TI（SCON.1）：串行口发送中断请求标志位。当 CPU 将一个发送数据写入串行接口发送缓冲器时，就启动了发送过程。每发送完一个串行帧数据后，由硬件置位 TI=1。CPU 响应中断时，不能自动清除 TI，TI 必须由软件清除。

◆ RI（SCON.0）：串行口接收中断请求标志位。当允许串行接口接收数据时，每接收完一个串行帧，由硬件置 RI=1。同样，RI 必须由软件清除。

串行中断请求由 TI 和 RI 的逻辑或得到。就是说，无论是发送标志还是接收标志，都会产生串行中断请求。

单片机复位后，TCON 和 SCON 各位清“0”，另外，所有能产生中断的标志位均可由软件置“1”或清“0”，由此可以获得与硬件使之置“1”或清“0”同样的效果。

5.1.4.3 中断允许控制寄存器（IE）

寄存器地址 0A8H，位地址 0AFH～0A8H。寄存器的内容及位地址如下：

	位 序	D7	D6	D5	D4	D3	D2	D1	D0	
字节地址：0A8H	位地址	0AFH	0AEH	0ADH	0ACH	0ABH	0AAH	0A9H	0A8H	IE
	位符号	EA	/	/	ES	ET1	EX1	ET0	EX0	

CPU 对中断系统所有中断以及某个中断源的开放和屏蔽是由中断允许控制寄存器 IE 控制的。IE 的状态可通过程序由软件设定。某位设定为 1，相应的中断源中断允许；某位设定为 0，相应的中断源中断屏蔽。CPU 复位时，IE 各位清“0”，即（IE）=00H，禁止所有中断。其中与中断有关的控制位共 6 位。

◆ EA（IE.7）：CPU 中断总允许位。EA=0 禁止所有中断，EA=1 中断总允许，各中断的禁止或允许由各中断源的中断允许控制位进行设置。

◆ ES（IE.4）：串行口中断允许位。

◆ ET1（IE.3）和 ET0（IE.1）：分别是 2 个定时/计数器 T1 和 T0 中断允许位。

◆ EX1（IE.2）和 EX0（IE.0）：分别是外部 $\overline{INT1}$ 和 $\overline{INT0}$ 的中断允许位。

可见，80C51 通过中断允许控制寄存器对中断允许（开放）实行两级控制。即以 EA 位作为总控制位，以各中断源的中断允许位作为分控制位。当总控制位为禁止时，关闭整个中断系统，不管分控制位状态如何，整个中断系统为禁止状态；当总控制位为允许时，开放中断系统，这时才能由各分控制位设置各自中断的允许与禁止。单片机在中断响应后不会自动关闭中断。因此在转中断服务程序后，应根据需要使用有关指令禁止中断，即以软件方式关闭中断。

5.1.4.4　中断优先级控制寄存器（IP）

80C51 单片机只定义了高低 2 个中断优先级，可实现 2 级中断服务嵌套。各中断源的优先级由软件设定中断优先级寄存器 IP 中的相应位的状态来决定的。某位设定为“1”，则相应的中断源为高优先级中断；否则，相应的中断源为低优先级中断。单片机复位时，IP 各位清“0”，（IP）=00H，各中断源同为低优先级中断。IP 寄存器地址为 0B8H，位地址为 0BFH～0B8H。寄存器的内容及位地址如下：

	位　序	D7	D6	D5	D4	D3	D2	D1	D0	
字节地址：0B8H	位地址	0BFH	0BEH	0BDH	0BCH	0BBH	0BAH	0B9H	0B8H	IP
	位符号	/	/	/	PS	PT1	PX1	PT0	PX0	

◆ PX0（IP.0）和 PX1（IP.2）：分别是外部中断 $\overline{INT0}$ 和 $\overline{INT1}$ 优先级设定位。

◆ PT0（IP.1）和 PT1（IP.3）：分别是定时/计数器 T0 和 T1 中断优先级设定位。

◆ PS（IP.4）：串行接口中断优先级设定位。

80C51 单片机的中断优先级有三条原则：

◆ CPU 同时接收到几个中断时，首先响应优先级最高的中断请求；如果同级的多个中断请求同时出现，则按 CPU 查询次序确定的中断优先权排队来响应哪个中断请求，其确定的查询次序如表 5-1 所示。

表 5-1　各中断源查询顺序（响应优先级）及中断服务程序入口

中　断　源	中断标志	中断服务程序入口	优先级查询顺序
系统复位	RST	0000H	高
外部中断 0（$\overline{INT0}$）	IE0	0003H	高（查询首端）
定时/计数器 0（T0）	TF0	000BH	↓
外部中断 1（$\overline{INT1}$）	IE1	0013H	↓
定时/计数器 1（T1）	TF1	001BH	↓
串行接口	RI 或 TI	0023H	低（查询终端）
定时/计数器 2（T2）①	TF2 或 EXT2	002BH	低

① 仅 80C52 系列增强型有。

◆ 正在进行的中断过程不能被新的同级或低优先级的中断请求所中断。

◆ 正在进行的低优先级中断服务能被后来的高优先级中断请求所中断，从而实现两级中断嵌套服务。

为了实现上述后两条原则，中断系统内部设有两个用户不能寻址的优先级状态触发器。其中一个置“1”，表示正在响应高优先级的中断，它将阻断后来所有的中断请求；另外一个置“0”，表示正在响应低优先级的中断，它将阻断后来所有的低优先级中断请求。此外，对于同级的多个中断请求查询的次序安排，也是通过专门的内部逻辑硬件实现的。

总之，在单片机应用中，用户通过上述4个寄存器来使用中断系统，因此这4个寄存器就是面向用户的80C51中断系统。对中断的使用是在程序初始化时设置的，如果不包括优先级控制，外中断初始化共三项内容：中断总允许、外中断允许和中断方式设定。而定时中断则只有两项内容，没有中断方式控制。这4个控制寄存器都是既可以使用字节寻址又可进行位寻址的。因此，对位状态的设置既可以使用字节操作指令，又可以使用位操作指令。以中断允许控制寄存器为例，假定要开放外中断1，使用字节操作指令为：

```
MOV     IE, #84H
```

位操作指令则为：

```
SETB        EA
SETB        EX1
```

其他各中断控制寄存器的设置与此类似。

5.1.5 单片机中断过程

从中断请求发生到中断被响应，转去执行中断服务程序，完成中断所要求的操作任务，这是一个很复杂的过程。整个过程都是在CPU的控制下有序地进行的。下面按顺序叙述单片机中断的全过程。

5.1.5.1 中断请求的产生

（1）外中断采样和内中断直接置位

采样是中断处理的第一步，它是针对外中断请求信号进行的，因为这类中断发生在单片机芯片的外部，要想知道有没有外中断请求发生，采样是唯一可行的方法。采样是对芯片引脚$\overline{\text{INT0}}$（P3.2）和$\overline{\text{INT1}}$（P3.3）在每个机器周期的S5P2进行的，根据采样结果来设置TCON寄存器中响应标志位的状态，也就是把外中断请求锁定在这个寄存器中。

电平方式（低电平有效）的外中断请求，若采样到高电平，表明没有中断请求，T寄存器的外中断请求标志位IE0或IE1仍为“0”；若采样到低电平，说明有中断请求，应设IE0或IE1置“1”。采样是直接对中断请求信号进行的，信号电平需至少保持1个机器周期才可确保中断请求被采样到。

脉冲方式（下降沿有效）的外中断请求，若在两个相邻机器周期采样到的是先高电平后低电平，则中断请求有效，应设IE0或IE1置“1”；否则IE0或IE1仍为“0”。此方式的外部中断请求，负脉冲的宽度也至少应为1个机器周期，才可使负脉冲的跳变被采样到。

定时中断和串行中断的中断请求由于都发生在芯片内部，所以可以直接置位TCON和SCON中各自的中断请求标志位，不存在采样问题。

（2）中断查询

80C51通过采样或直接置位，目的是要把中断请求汇集到定时器控制寄存器（TCON）和串行口控制寄存器（SCON）中，以便CPU对中断查询。所谓查询，就是由CPU检测TCON和SCON中各标志位的状态，以确定有没有中断请求发生以及是哪个中断请求。80C51单片机是在每一个机器周期的最后一个状态（S6），按优先级顺序对中断请求标志位进行查询，即先查询高级中断后再查询低级中断，同级中断按“外部中断0→定时中断0→外部中断1→定时中断 1→串行中断”的顺序查询。查询到有标志位为“1”，则表明有中断请求发生，接着就从相邻的下一个机器周期的 S1 状态开始进行中断响应。

由于中断请求是随机发生的，CPU 无法预先得知，因此在程序执行过程中，中断查询要在指令执行的每个机器周期中不停地重复进行。

5.1.5.2　中断响应

中断响应是接受中断源提出的中断请求，是在中断查询之后进行的。

（1）中断响应条件

CPU 响应中断的条件：第一，中断源有中断请求；第二，此中断源的中断允许位为“1”；第三，CPU 总中断开通（EA=1）。只有这三个条件都满足时，CPU 才可以响应中断。当查询到符合条件、有效的中断请求时，紧跟着就进行中断响应。

中断响应的任务是由硬件自动生成一条长调用指令 LCALL。其格式为“LCALL　addr16”，这里的 addr16 就是程序存储器 ROM 中断区中相应中断的入口地址。80C51 单片机中，这些入口地址已由系统设定，即 0003H～002AH 分五个区共 40 个单元。例如，对于外部中断 1 的响应，产生的长调用指令为：“LCALL　0013H”。生成 LCALL 指令后，由 CPU 立即执行。首先将程序计数器 PC 的内容压入堆栈以保护断点，再将中断入口地址装入 PC，使程序执行转向相应的中断区入口地址。但各中断区只有 8 个单元，一般情况下难以安排下一个完整的中断服务程序，因此通常总是在各中断区入口地址处放置一条无条件转移指令，使程序执行转向在其他地址存放的中断服务程序。

若遇到下列任一条件，硬件将受阻，不能产生 LCALL 指令，中断响应被封锁：

◆ CPU 正在处理同级或高优先级的中断。当一个中断被响应时，要把对应的优先级触发器置位，封锁同级和低级中断。

◆ 查询中断请求的机器周期不是当前执行指令的最后一个机器周期。此限制的目的是使指令在执行过程中不被打断，从而保证指令的完整性执行。

◆ 正在执行是返回指令 RET、RETI 或访问 IE、IP 的指令，即只有在这些指令后面再继续执行至少一条指令，才能响应中断请求。

若由于上述条件的阻碍中断未能得到响应，当条件消失时该中断标志位却已不再有效，即中断查询结果不具有记忆性，查询过程在下个机器周期将重新进行。

（2）中断响应时间

把外部中断请求有效（标志位为“1”）到转向中断区入口地址所需要的机器周期数来计算中断响应时间。图 5-4 所示为最短中断响应时序。

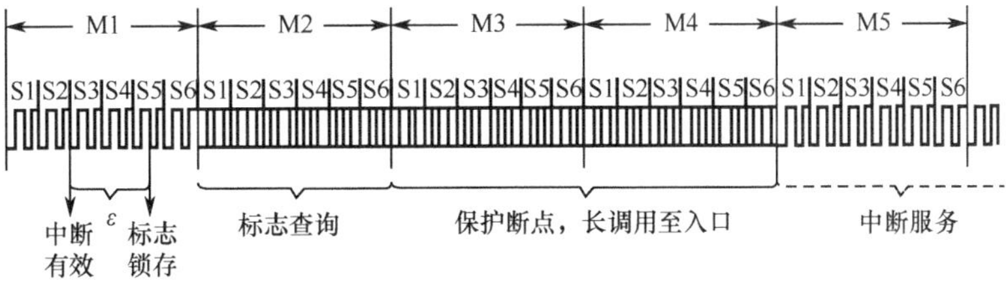

图 5-4　中断响应时序

80C51 单片机的最短响应时间为 3 个机器周期（M2～M4）。若 M1 周期的 S5P2 前某个中断生效，在 S5P2 期间其中断请求被锁存到相应的标志位中去。接着标志查询占 1 个机器周期

M2，而这个机器周期又恰好是指令的最后一个机器周期，且该指令不是 RET、RETI 或访问 IE、IP 的指令。这个机器周期结束后产生 LCALL 指令，中断即被响应。执行这条长调用指令需要 2 个机器周期（M3 和 M4）。M5 周期将进入中断服务程序。这样，中断响应共经历了 1 个查询机器周期和 2 个 LCALL 指令执行机器周期，总计 3 个机器周期。

另外，如果中断响应过程受阻，就要增加等待时间。若同级或高级中断正在进行，所需要的附加等待时间取决于正在执行的中断服务程序的长短，等待的时间不确定；若没有同级或高级中断正在进行，所需要的附加等待时间在 3～5 个机器周期之间，加上最短中断响应时间 3 个机器周期，响应时间为 3～8 个机器周期。也就是说，对于没有嵌套的单级中断，响应时间都是在大于 3 个机器周期而小于 8 个机器周期的两种极端情况之间。这是因为：

第一，如果查询周期不是正在执行指令的最后的机器周期，附加等待时间不会超过 3 个机器周期（因为执行时间最长的指令 MUL 和 DIV 也只有 4 个机器周期）。

第二，如果查询周期恰逢 RET、RETI 或访问 IE、IP 指令，而这类指令之后又跟着 MUL 或 DIV 指令，则由此引起的附加等待时间不会超过 5 个机器周期（1 个机器周期完成正在进行的指令，再加上 MUL 或 DIV 的 4 个机器周期）。

中断响应时间的长短通常无需考虑。只有在实时控制精确定时的应用场合，才需要知道中断响应时间，以保证定时的精确控制。

（3）中断请求的撤销

中断响应后，TCON 或 SCON 中的中断请求标志应及时清除。否则就意味着中断请求仍然存在，弄不好就会造成中断的重复查询和响应，因此就存在中断请求的撤销问题。下面按中断类型分别说明中断请求的撤销方法。

◆ 定时中断请求的撤销。定时中断撤销只是标志位的置“0”问题。定时中断响应后，硬件自动把标志位（TF0 或 TF1）清“0”，因此定时中断的中断请求是自动撤销的，不需要用户干预。

◆ 脉冲方式外部中断请求的撤销。外部中断的撤销包括两项内容：中断标志位的置“0”和外中断请求信号的撤销。其中标志位（IE0 或 IE1）清“0”同样是在中断响应后由硬件电路自动完成的。剩下的只是中断请求信号的撤销了。对于脉冲方式的中断请求，由于脉冲信号过后就消失了，也可以说中断请求信号是自动撤销的。

◆ 电平方式外部中断请求的撤销。对于电平方式的外部中断，中断标志的撤销是自动的，但中断请求信号的低电平可能继续存在，在以后机器周期采样时，又会把已清“0”的 IE0 或 IE1 标志位重新置“1”。为此，要彻底解决电平方式外中断的撤销，除了标志位清“0”之外，必要时还需在中断响应后把中断请求信号引脚从低电平强制改变为高电平，为此，可在系统中增加如图 5-5 所示电路。由图 5-5 可见，用 D 触发器锁存外来的中断请求低电平，并通过触发器的输出端 Q 送 $\overline{\text{INT0}}$（或 $\overline{\text{INT1}}$），所以增加的 D 触发器不影响中断请求。中断响应后，为了撤销中断请求，可利用 D 触发器的直接置位端 SD 端实现，把 SD 端接单片机的一条口线（图中 P1.0）。因此只要 P1.0 输出一个负脉冲就可以使 D 触发器置“1”，从而撤销了低电平的中断请求信号。所需的负脉冲可通过在中断服务程序中增加如下两条指令得到：

```
        ORL     P1,#01H         ;P1.0 输出高电平
        ANL     P1,#FEH         ;P1.0 输出低电平
```

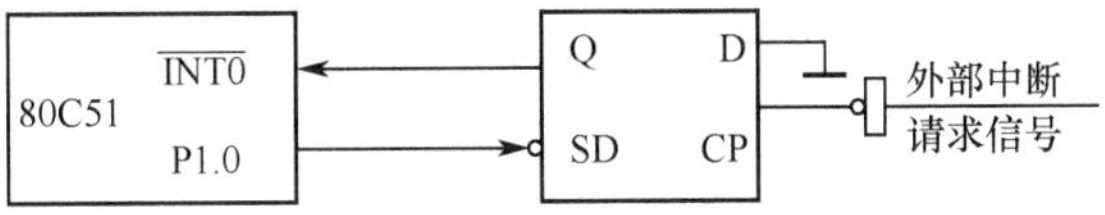

图 5-5　电平方式外部中断请求的撤销电路

可见，电平方式外部中断请求信号的撤销，是通过软件方法实现的。结合中断标志位的自动清“0”，电平方式中断的完全撤销是通过软硬件相结合的方法实现的。

◆ 串行中断请求的撤销。串行中断请求的撤销只有标志位清“0”的问题。串行中断的标志位是 TI 和 RI，但对这两个中断标志不进行自动清“0”。因为在中断响应后，还需测试这两个标志位的状态，以判断是接收操作还是发送操作，然后才能清除。所以串行中断请求的撤销也应使用软件方法，在中断服务程序中进行。软件方法就意味着需由用户完成，因此使用者应予注意。

5.1.5.3　中断服务

（1）现场保护和断点保护

◆ 中断服务前将相应的优先级状态触发器置“1”（以阻断后来的同级或低级中断请求）。

◆ 现场是指中断时单片机中存储单元中的数据或状态。为了确保中断服务程序的执行不破坏这些数据或状态，以免在中断结束后影响主程序的运行，因此要把它们送入堆栈中保存起来，这就是现场保护。位于中断服务之前。

◆ 断点是指中断时单片机程序计数器 PC 的值。同样在中断服务前执行一条硬件 LCALL 指令，即把程序计数器 PC 的内容（断点地址）压入堆栈保存，实现断点保护，再将相应的中断服务程序的入口地址送入 PC。

（2）中断处理

中断处理是中断服务程序的核心内容，是中断的具体目的。在中断执行过程中又可能有新的中断请求，但重要的中断。必须执行到底，不允许被其他的中断所嵌套。对此，除使用制定中断优先级的办法外，还可以采用关闭中断的方法来解决。即在现场保护之前先关闭中断系统，彻底屏蔽其他中断请求，待中断处理完成后再打开中断系统。

还有一种情况是中断处理可以被打扰，但现场的保护和恢复不允许打扰，以免现场被破坏，因此应在现场保护和现场恢复的前后进行关开中断。这样做的结果是除现场保护和恢复的片刻外，仍然保持着系统的中断嵌套功能。80C51 的中断关和开可通过 CLR 和 SETB 指令复位（清“0”）、置位（置“1”）中断允许控制寄存器中的有关位来实现。

5.1.5.4　中断返回

中断服务程序的最后一条指令必须是中断返回指令 RETI。此指令能使 CPU 结束中断服务程序的执行，返回到被中断的程序处，继续执行主程序。

◆ 在返回主程序前，则需把保存的现场内容从堆栈中弹出，以恢复那些存储单元的原有内容，即现场恢复，位于中断服务程序之后。

◆ RETI 指令的具体功能是将中断响应时压入堆栈保存的断点地址从栈顶弹出送回 PC，CPU 从原来中断的地方继续执行程序，即断点恢复。

◆ 将相应中断优先级状态触发器清“0”，通知中断系统，中断服务程序已执行完毕。

注意，不能用 RET 指令代替 RETI 指令。因为用 RET 指令虽然也能控制 PC 返回到原来中断的地方，但 RET 指令没有清“0”中断优先级状态触发器的功能，中断控制系统会认为中断仍在进行，其后果是与此同级和低级的中断请求将不被响应，所以中断服务程序结束时必须使用 RETI 指令。

80C51 中有堆栈操作指令 PUSH direct 和 POP direct，主要是供现场保护和现场恢复使用的，若用户在中断服务程序中进行了入栈操作，则在 RETI 指令执行前应进行相应的出栈操作，使栈顶指针 SP 与保护断点的值相同，即在中断服务程序中 PUSH 指令和 POP 指令必须成对使用，否则不能正确返回断点。至于要保护哪些现场内容，应由用户根据中断处理程序的情况来决定。

80C51 单片机的中断服务流程如图 5-6 所示。

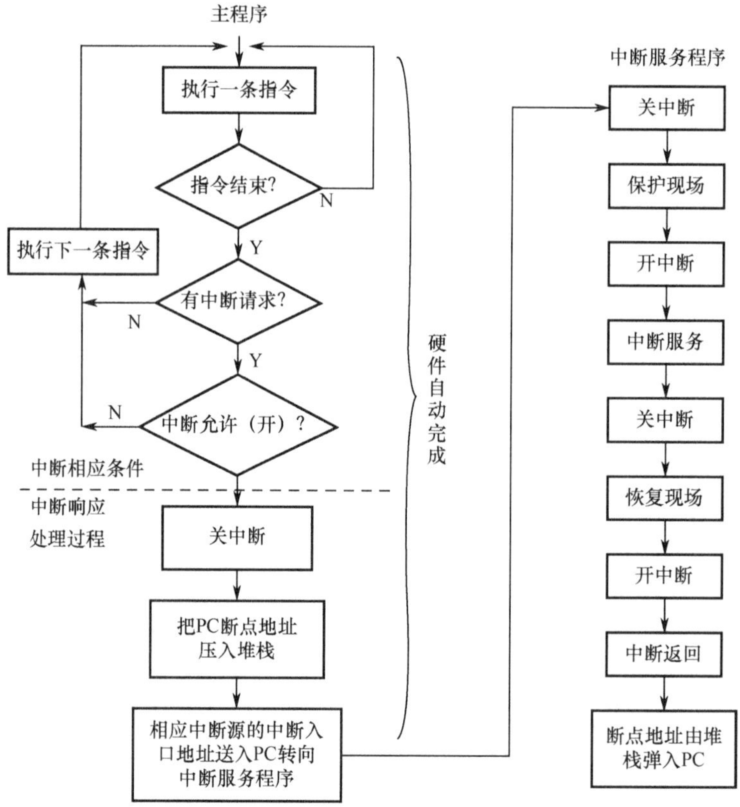

图 5-6　中断处理过程流程

中断服务程序前后的相应优先级状态触发器置位、复位及断点保护、恢复是由中断系统内部硬件自动完成的，而中断服务程序则要用户编写程序来完成。所以编写中断服务程序时应注意：首先用软件保护现场，在中断服务之后、中断返回之前恢复现场，以防止中断返回之后丢失寄存器的内容。

由于 80C51 系列单片机的两个相邻中断源服务程序入口地址相距只有 8 个单元，一般的中断服务程序是不够存放的，通常是在相应的中断服务程序入口地址单元放一条长转移指令 LJMP，这样可以使中断服务程序能灵活地安排在 64KB 程序存储器的任何地方。若在 2KB 范围内转移，则可用 AJMP 指令。

5.1.6　应用实例

5.1.6.1　单步工作方式示例

80C51 有一种单步工作方式，所谓单步执行就是由外来脉冲控制程序的执行，使之达到来一个脉冲就执行一条指令的目的。外来脉冲是通过按键产生的，实际上单步执行就是一次按键执行一条指令。单步执行是借助单片机的外部中断功能来实现的。

假定利用外部中断 0 来实现程序的单步执行，为此应事先做好两项准备工作：

◆ 建立单步执行的外部控制电路，以按键产生脉冲作为外部中断 0 的中断请求信号，经 $\overline{\text{INT0}}$ 端输入。并把电路设计成不按键为低电平，按一次键产生一个正脉冲。此外还需要在初始化程序中定义 $\overline{\text{INT0}}$ 低电平有效。

◆ 编写外部中断 0 的中断服务程序：

```
JNB     P3.2,$          ;INT0=0 则"原地踏步"
JB      P3.2,$          ;INT0=1 则"原地踏步"
RETI
```

这样，在没有按键的时候，$\overline{\text{INT0}}$=0 中断请求有效，单片机响应中断，但转入中断服务程序后，只能在它的第一条指令上“原地踏步”。只有按一次单步键，产生正脉冲使 $\overline{\text{INT0}}$=1，才能通过第一条指令而到第二条指令上去“原地踏步”。当正脉冲结束后，再结束第二条指令通过第三条指令返回主程序。这是因为 80C51 的中断机制有这样一个特点，即从中断服务程序返回主程序后，至少要执行一条指令，然后才能再响应新的中断。为此单片机从上述中断 0 的中断服务程序返回主程序后，能且只能执行一条指令。因为这时 $\overline{\text{INT0}}$ 已为低电平，外部中断 0 请求有效，单片机就再一次响应中断，并进入中断服务程序，从而实现了主程序的单步执行。

5.1.6.2　多外部中断源的扩展系统示例

设有 5 个外部中断源，中断优先级排队顺序为：XI0、XI1、XI2、XI3、XI4。试设计它们与 80C51 单片机的接口。

80C51 单片机仅提供了两个外部中断源（$\overline{\text{INT0}}$、$\overline{\text{INT1}}$），而在实际应用系统中可能有两个以上的外部中断源，这时必须对外部中断源进行扩展。扩展外部中断源的方法有：定时/计数器扩展法，采用中断和查询相结合的扩展法，采用硬件电路扩展法等。下面介绍采用中断和查询相结合的外部中断源扩展法。

系统有多个外部中断源时，可按它们的轻重缓急进行中断优先级排队，将最高优先级别的中断源接在 $\overline{\text{INT0}}$ 端；其余中断源用线或电路接到 $\overline{\text{INT1}}$ 端，同时分别将它们引向一个 I/O 接口，以便在 $\overline{\text{INT1}}$ 的中断服务程序中由软件按预先设定的优先级顺序查询中断的来源。这种方法，原则上可处理任意多个中断源。对于上述 5 个中断源，可将 XI0 直接经非门接到 $\overline{\text{INT0}}$，其余的 XI1～XI4 经集电极开路的非门构成或非电路接到 $\overline{\text{INT1}}$ 端并分别与 P1.0～P1.3 相连接，如图 5-7 所示。当 XI1～XI4 中有一个或几个有效（高电平）时，都会通过 $\overline{\text{INT1}}$ 引脚向 CPU 发出中断请求。在 $\overline{\text{INT1}}$ 的中断服务程序中依次查询 P1.0～P1.3，就可以确定究竟是哪个中断源提出中断请求。

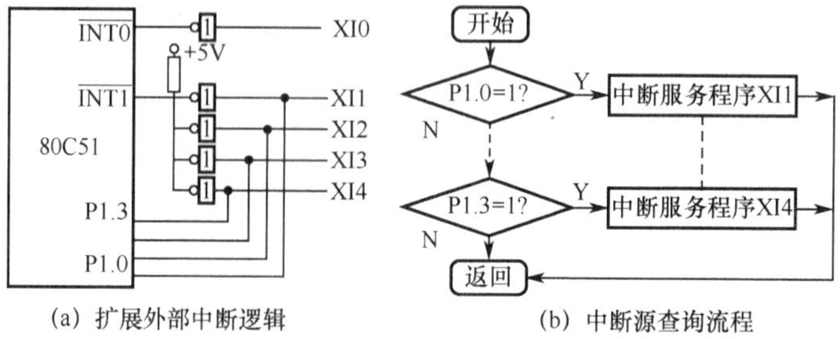

(a) 扩展外部中断逻辑　　(b) 中断源查询流程

图 5-7　多外部中断源的扩展

系统的中断应用程序段如下：

```
         ORG     0003H
         LJMP    INSE0               ;转外部中断 0 服务程序入口
         ORG     0013H
         LJMP    INSE1               ;转外部中断 1 服务程序入口
         …       …
INSE0:   PUSH    PSW                 ;XI0 中断服务程序
         PUSH    ACC
         …       …
         POP     ACC
         POP     PSW
         RETI
INSE1:   PUSH    PSW                 ;INT1 中断服务程序
         PUSH    ACC
         JB      P1.0,DV1            ;P1.0 为 1,转 XI1 中断服务程序
         JB      P1.1,DV2            ;P1.1 为 1,转 XI2 中断服务程序
         JB      P1.2,DV3            ;P1.2 为 1,转 XI3 中断服务程序
         JB      P1.3,DV4            ;P1.3 为 1,转 XI4 中断服务程序
INRET:   POP     ACC
         POP     PSW
         RETI
    DV1: …       …                   ;XI1 中断服务程序
         AJMP    INRET
    DV2: …       …                   ;XI2 中断服务程序
         AJMP    INRET
    DV3: …       …                   ;XI3 中断服务程序
         AJMP    INRET
    DV4: …       …                   ;XI4 中断服务程序
         AJMP    INRET
```

当所要处理的外部中断源的数目较多而其响应速度又要求很快时，采用软件查询的方法进行中断优先级排队常常满足不了时间上的要求，这是因为这种方法是按照从优先级最高到优先级最低的顺序，由软件逐个进行查询，需要一定的查询时间。此时，采用硬件对外部中断源进行优先级排队就可以避免这个问题。常用的硬件排队电路是 74LS148 优先权编码器。

5.2　80C51 单片机定时/计数器

5.2.1　定时/计数器的概念

在单片机应用系统中，常常会有定时控制需求，如定时输出、定时检测、定时扫描等；也经常要对外部事件进行计数。80C51 单片机为了使用方便并增加单片机的功能，就干脆把定时电路集成在芯片中，称为定时/计数器，且片内集成两个可编程的定时/计数器：T0 和 T1。它们既可以工作于定时模式，也可以工作于外部事件计数模式。此外，T1 还可以作为串行接口的波特率发生器。其实定时或计数是属于延时了的中断。

为实现定时功能，可供选择的定时方法如下。

◆ 软件定时：让 CPU 循环执行一段程序以进行时间延迟，延迟时间可通过选择指令和安排循环次数来实现。软件定时的特点是时间精确，且不需外加硬件电路。但要占用 CPU，增加 CPU 开销，因此软件定时的时间不宜太长。

◆ 硬件定时：对于时间较长的定时，常使用硬件定时电路来完成。硬件定时方法的特点是定时功能全部由硬件电路完成，不占 CPU 时间。可通过修改电路中的元件参数（电阻或电容值）来调节定时时间，但硬件连接好以后，定时值又不能由软件进行控制和修改，即不可编程，在使用上不够灵活方便。

◆ 可编程定时器：这种方法是通过对系统时钟脉冲的计数来实现的。计数值很容易用程序设定和修改，也就改变了定时时间，使用既灵活又方便。此外，由于采用计数方法实现定时，因此可编程定时器都兼有计数功能，可以对外来脉冲进行计数。

5.2.2　定时/计数器的结构和工作原理

5.2.2.1　结构

图 5-8 所示为定时/计数器的结构框图。

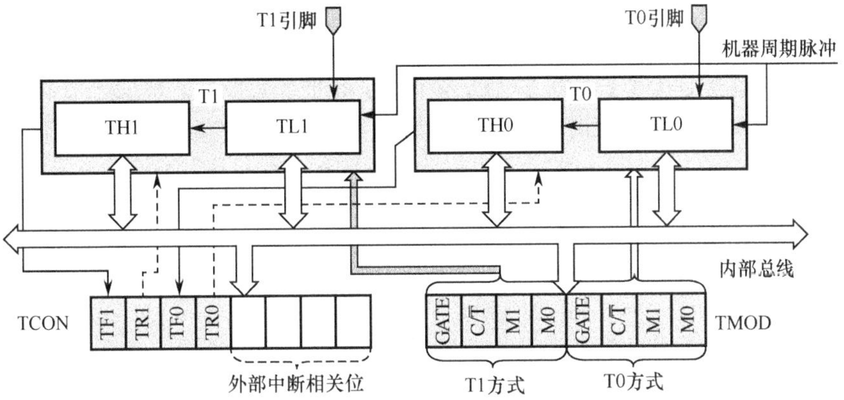

图 5-8　定时/计数器的结构框图

80C51 单片机中的 T0T1 都是 16 位加法（加 1）计数器结构，由高 8 位和低 8 位两个寄存器组成：T0 由 TH0（地址 8CH）和 TL0（地址 8AH）组成，T1 由 TH1（地址 8DH）和 TL1（地址 8BH）组成。这 4 个计数器均属于专用寄存器。TMOD 是定时/计数器的工作方式寄存器，由它确定定时/计数器的工作方式和功能；TCON 是定时/计数器的控制寄存器，用于控制 T0、T1 的启动、停止及设置溢出标志。

5.2.2.2　工作原理

80C51 的每个定时/计数器都具有定时和计数两种功能。定时/计数器的输入计数脉冲有两个来源，一个是由系统的时钟振荡器输出脉冲经 12 分频后送来；一个是 T0 或 T1 引脚输入的外部脉冲源。每来一个脉冲计数器加 1，当加到计数器为全“1”时，再输入一个脉冲就使计数器回零，且计数器的溢出使 TCON 中 TF0 或 TF1 置“1”，向 CPU 发出中断请求（定时/计数器中断允许时）。如果定时/计数器工作于定时模式，则表示定时时间已到；如果工作于计数模式，则表示计数值已满。可见，由溢出时计数器的值减去计数初值才是加 1 计数器的计数值。

◆ 设置计数功能时，是对外部事件进行计数。外部事件计数脉冲由 T0（P3.4）或 T1（P3.5）引脚输入到计数器。单片机在每个机器周期的 S5P2 期间对外部计数脉冲进行采样。如果前一个机器周期采样为高电平，后一个机器周期采样为低电平，即为一个有效的计数脉冲，则计数器加 1，更新的计数值在下一个机器周期的 S3P1 期间装入计数器。由于采样计数脉冲是 2 个机器周期进行的，因此要求被采样的电平至少要维持一个机器周期，即最高计数频率为晶振频率的 1/24。当晶振频率为 12MHz 时，最高计数频率不超过 1/2MHz，即计数脉冲的周期要大于 2μs。

◆ 设置定时功能时，也是通过计数器的计数来实现的，不过此时的计数脉冲来自单片机的内部机器周期（1 个机器周期=12 个振荡周期，即计数频率为晶振频率的 1/12）。也就是每个机器周期计数器加 1。计数值乘以机器周期就是定时时间。如晶振频率为 12MHz，则计数频率为 1MHz，即每微秒计数器加 1。这样不但可以根据计数值计算出定时时间，也可以反过来按定时时间的要求计算出计数器的预置值。

5.2.3 定时/计数器的控制

80C51 单片机定时/计数器的工作由两个特殊功能寄存器控制。TMOD 用于设置其工作方式，TCON 用于控制其启动和中断申请。

5.2.3.1 定时控制寄存器（TCON）

TCON 寄存器既参与中断控制又参与定时控制，在前面已讲过，此处只对其定时控制功能加以介绍。其中高 4 位是有关定时的控制位，其内容如下：

	位 序	D7	D6	D5	D4	D3	D2	D1	D0	
字节地址：88H	位地址	8FH	8EH	8DH	8CH	8BH	8AH	89H	88H	TCON
	位符号	TF1	TR1	TF0	TR0	IE1	IT1	IE0	IT0	

TF0（TCON.5）和 TF1（TCON.7）：分别是定时/计数器 T0 和 T1 计数溢出中断请求标志位。当计数器计数溢出（计满）时，由硬件自动置 TF0 或 TF1 为“1”。使用查询方式时，此 2 位作状态位供查询，但应注意查询有效后应以软件方法及时将该位清“0”；使用中断方式时，此位作中断标志位，在转向服务程序时由硬件自动清“0”。

TR0（TCON.4）和 TR1（TCON.6）：分别是定时/计数器 T0 和 T1 的运行控制位。当 TR0（TR1）=0 时，停止 T0（T1）定时/计数器的工作。当 TR0（TR1）=1 时，启动 T0（T1）定时/计数器的工作。此位由软件置“1”或清“0”，所以，用软件控制定时/计数器的启动与停止。

5.2.3.2 定时工作方式寄存器（TMOD）

TMOD 寄存器是一个专用寄存器，用于设定两个定时/计数器的工作方式。但 TMOD 不能位寻址，因此表中没有“位地址”，只能用字节传送指令设置其内容，CPU 复位时 TMOD 所有位清“0”，一般应重新设置其内容。低 4 位用于 T0，高 4 位用于 T1，其内容如下：

	位 序	D7	D6	D5	D4	D3	D2	D1	D0	
字节地址：89H	位符号	GATE	C/$\overline{T}$	M1	M0	GATE	C/$\overline{T}$	M1	M0	TMOD
		T1				T0				

4 位一组的结构使它不能位寻址，一定义就是 4 位。

GATE：门控位。GATE＝0 时，只要用软件使 TCON 中的 TR0 或 TR1 为“1”，就可以启动定时/计数器工作；GATA＝1 时，用软件使 TR0 或 TR1 为“1”，同时外部中断引脚 $\overline{INT0}$ 或 $\overline{INT1}$ 也为高电平时，才能启动定时/计数器工作，即启动加上了 $\overline{INT0}$ 或 $\overline{INT1}$ 引脚为高电平这一条件。$C/\overline{T}$：定时方式或计数方式选择位。$C/\overline{T}$ =0 为定时工作方式；$C/\overline{T}$ =1 为计数工作方式。

M1M0：工作方式选择位。

定时/计数器有四种工作方式，由 M1M0 进行设置，如表 5-2 所示。

表 5-2　定时/计数器工作方式设置

M1 M0	工作方式	说　明
0　0	方式 0	13 位定时/计数器
0　1	方式 1	16 位定时/计数器
1　0	方式 2	8 位自动重装定时/计数器
1　1	方式 3	T0 分成两个独立的 8 位定时/计数器；T1 此方式停止计数

5.2.3.3　中断允许控制寄存器（IE）

EA：中断允许总控制位。

ET0 和 ET1：定时/计数中断允许控制位。ET0（ET1）=0 时，禁止定时/计数中断；ET0（ET1）=1 时，允许定时/计数中断。

定时/计数器供用户使用的有：两个 8 位计数器 TH 和 TL，以及有关的控制位。这些内容只能以软件方法使用。

5.2.4　定时/计数器的工作方式

80C51 单片机定时/计数器 T0 有 4 种工作方式（方式 0、方式 1、方式 2、方式 3），T1 有 3 种工作方式（方式 0、方式 1、方式 2）。T1 和 T0 除了所使用的寄存器、有关控制位、标志位不同外，其工作方式的操作完全相同。下面以定时/计数器 T0 为例进行介绍。

5.2.4.1　方式 0

（1）电路逻辑结构

当 TMOD 的 M1M0 为 00 时，定时/计数器工作于方式 0。方式 0 为 13 位计数器，由 TL0 的低 5 位（高 3 位弃之不用）和 TH0 的 8 位组成。TL0 的低 5 位溢出时向 TH0 进位，而全部 13 位计数溢出时，则使 TCON 中的计数溢出标志位 TF0 置“1”，向 CPU 发出中断请求。如图 5-9 所示。

图 5-9 中 OSC 是 Oscillator（振荡器）的缩写。当 $C/\overline{T}$=0 时，多路开关接通振荡脉冲的 12 分频输出，13 位计数器从此进行计数，即定时工作方式。当 $C/\overline{T}$=1 时，多路开关接通计数引脚 T0，外部计数脉冲由引脚 T0 输入，发生负跳变时，计数器加 1，即计数工作方式。

门控位（GATE）的功能和作用：

◆ 当 GATE=0 时，封锁了或门，使引脚 $\overline{INT0}$ 信号无效。由于此时或门输出端的高电平状态却打开了与门，因此可以由 TR0 的状态来控制计数脉冲的接通与断开。这时如果 TR0=1，则接通模拟开关，使计数器进行加法计数，即 T0 工作。否则，T0 不能工作。故在单片机的定时或计数应用中要注意 GATE 位的清“0”。

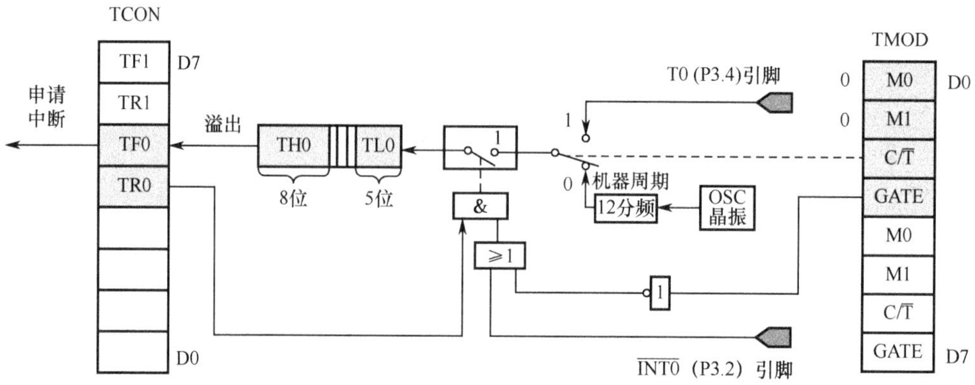

图 5-9　T0 方式 0 的逻辑结构

◆ 当 GATE=1 且 TR0=1 时，有关电路的或门和与门全部打开，计数脉冲的接通与断开由外引脚信号 $\overline{INT0}$ 控制，当该信号为高电平时，计数器工作；当该信号为低电平时，计数器停止工作。这可用来测量外信号的正脉冲宽度。

应说明的是：方式 0 采用 13 位计数器是为了与早期的产品兼容，计数初值的高 8 位和低 5 位的确定比较麻烦，所以在实际应用中常被 16 位的方式 1 取代。

（2）定时和计数应用

在方式 0 下，当为计数工作方式时，计数值的范围是 1～8192（2^{13}）。

当为定时工作方式时，定时时间（t）的计算公式为：

$$t=（2^{13}-计数初值 X）×晶振周期×12$$

或

$$t=（2^{13}-计数初值 X）×机器周期 T_{cy}$$

其时间单位与晶振周期或机器周期相同（μs）。如 12MHz 晶振最小和最大定时时间为：1×机器周期 T_{cy}=1μs 和 8192×机器周期 T_{cy}=8192μs。以上是对加法计数和溢出停止为前提的。计数个数 N 与计数初值 X 的关系为：

$$X=2^{13}-N$$

计数个数为 1 时，初值 X 为 8191；计数个数为 8192 时，初值 X 为 0，即初值在 8191～0 范围。另外，定时器的初值还可以采用计数个数直接取补法获得。

计数个数 N 与定时时间 t 的关系为：

$$N=t/T_{cy}$$

式中 T_{cy}——机器周期，T_{cy}=晶振周期×12。

因为经常在应用中要根据定时时间求出送入 TH、TL 中的计数初值，其计算公式为：

$$X=2^{13}-t/T_{cy}$$

例 5.1　设单片机晶振频率为 6MHz，使用定时器 T1，以方式 0 产生周期为 500μs 的等宽正方波连续脉冲，并由 P1.0 输出。以查询方式完成。

◆ 计算计数初值。欲产生 500μs 周期的等宽方波脉冲，只需在 P1.0 端以宽 250μs 交替输出高低电平即可实现。为此定时时间应为 250μs。使用 6MHz 晶振，则一个机器周期为 2μs。方式 0 为 13 位计数结构。则计数初值 X 为：$X=2^{13}-250/2=8192-125=8067$。

用 13 位二进制表示为 1111 1100 00011B。十六进制表示，高 8 位为 0FCH，低 5 位为 03H。其中高 8 位放入 TH1，即 TH1=0FCH；低 5 位放入 TL1，即 TL1=03H。

◆ TMOD 寄存器初始化。为把 T1 设定为方式 0，则 M1M0=00；为实现定时功能，应使 $C/\overline{T}$=0；为实现 T1 的运行控制，则 GATE=0。定时/计数器 T0 不用，有关位设定为 0。因此 TMOD 寄存器应初始化为 00H。

◆ 由 TCON 寄存器中的 TR1 位控制定时的启动和停止。TR1=1，启动 T1；TR1=0，停止 T1。

◆ 程序设计。

```
        MOV     TMOD,#00H       ;设置 T1 为方式 0
        MOV     TH1,#0FCH       ;设置计数初值
        MOV     TL1,#03H
        MOV     IE,#00H         ;禁止中断
LOOP:   SETB    TR1             ;启动定时
        JBC     TF1,LOOP1       ;查询计数溢出
        AJMP    LOOP
LOOP1:  MOV     TH1,#0FCH       ;重新设置计数初值
        MOV     TL1,#03H
        CLR     TF1             ;计数溢出标志位清"0"
        CPL     P1.0            ;输出取反
        AJMP    LOOP            ;重复循环
```

5.2.4.2　方式 1

当 M1M0 为 01 时，定时/计数器工作于方式 1，其逻辑电路和工作情况与方式 0 完全相同，所不同的只是组成计数器的位数。方式 1 的计数位数是 16 位，由 TL0 低 8 位和 TH0 高 8 位组成 16 位加 1 计数器，如图 5-10 所示。

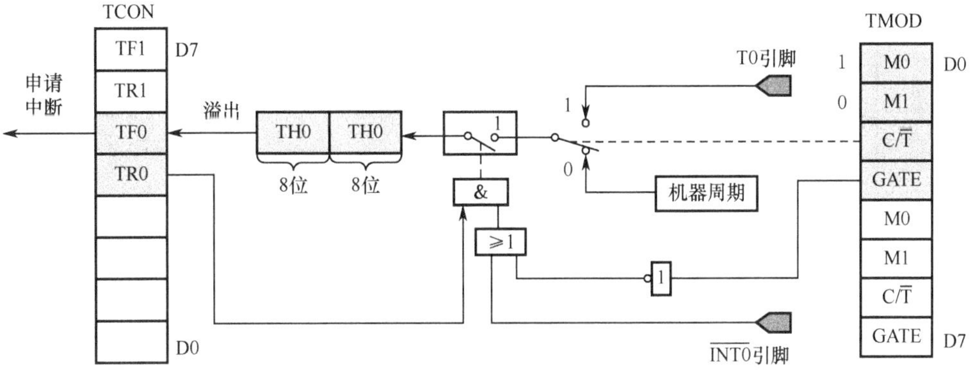

图 5-10　T0 方式 1 的逻辑结构

当为计数工作方式时，计数值 N 的范围是：1～65536（2^{16}）。

根据计数初值 X 与计数个数 N 的关系为：$X=2^{16}-N$。

由此可知，计数初值 X 的范围为 65535～0。

当为定时工作方式时，定时时间 t 计算公式为：

$$t=(2^{16}-N)\times \text{机器周期}\ T_{cy}$$

如用 6MHz 晶振，则最小和最大定时时间为：$1\times T_{cy}=2\mu s$ 和 $65536\times T_{cy}=131072\mu s\approx 131ms$。

例 5.2 设单片机晶振频率为 6MHz，使用定时器 T1，以方式 1 产生周期为 500μs 的等宽正方波连续脉冲，并由 P1.0 输出。以中断方式完成。

◆ 计算计数初值 X：$X=2^{16}-250/2=65411$。

二进制表示为 1111 1111 1000 0011B，十六进制表示为 0FF83H。即 TH1=0FFH，TL1=83H。

◆ TMOD 寄存器初始化：TMOD=10H。

◆ 程序设计。

主程序：

```
        MOV     TMOD,#10H           ;设置 T1 为方式 1
        MOV     TH1,#0FFH           ;设置计数初值
        MOV     TL1,#83H
        SETB    EA                  ;开中断
        SETB    ET1                 ;定时器 T1 允许中断
LOOP:   SETB    TR1                 ;启动定时
HERE:   SJMP    $                   ;等待中断
```

中断服务程序：

```
LOOP1:  MOV     TH1,#0FFH           ;重新设置计数初值
        MOV     TL1,#83H
        CPL     P1.0                ;输出取反
        RETI                        ;中断返回
```

5.2.4.3 方式 2

当 M1M0 为 10 时，定时/计数器工作于方式 2，它是具有自动重装初值的 8 位计数方式。解决了方式 0 和方式 1 计数溢出后，计数器为全“0”，在循环定时或循环计数应用时存在反复重装计数初值的问题。这既提高了定时精度，也给程序设计减少了麻烦。

图 5-11 是 T0 方式 2 的逻辑结构。

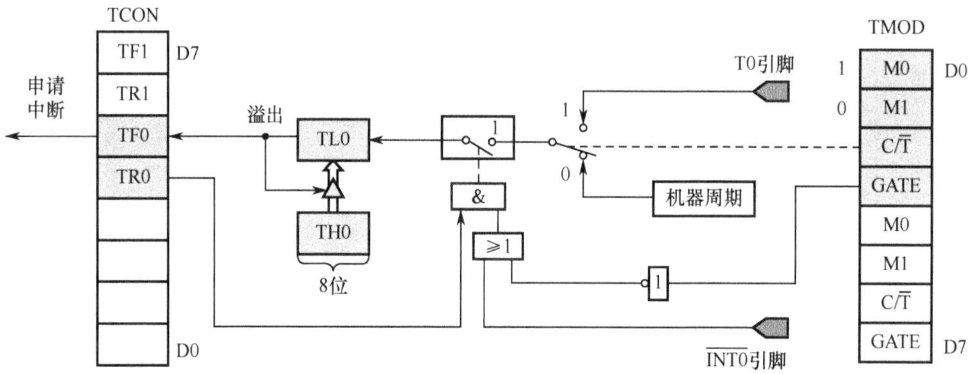

图 5-11 T0 方式 2 的逻辑结构

在这种工作方式下，把 16 位计数器分为两部分，即以 TL0 作计数器，以 TH0 作预置寄存器，初始化时 8 位计数初值同时装入 TL0 和 TH0 中。当 TL0 计满溢出后，不是像前两种工作方式那样通过软件方法，而是由预置寄存器 TH0 以硬件方法自动给计数器 TL0 重装初值，变软件重装为硬件重装。同时硬件置位 TF0 为“1”，向 CPU 发出中断请求。然后 TL0 重新计数，如此反复不止，TR0=0 才会停止。这种工作方式非常适用于循环定时或循环计数应用。例如用于产生固定脉宽的脉冲，此处还可以作串行数据通信的波特率发送器使用。但只有 8

位计数结构，计数值有限，在 0～255 之间。计数初值 X 与计数个数 N 的关系为：

$$X=2^8-N$$

例 5.3　使用定时器 T0 以工作方式 2 产生 100μs 定时，在 P1.0 输出周期为 200μs 的连续正方波脉冲。已知单片机晶振频率为 6MHz。

◆ 计算计数初值。在晶振频率为 6MHz 时，一个机器周期是 2μs，以 TH0 作重装载的预置寄存器，TL0 作 8 位计数器，假设计数初值为 X，则：

$$(2^8-X)\times 2\times 10^6=100\times 10^6$$

即：

$$X=206D=1100\ 1110B=0CEH$$

把 0CEH 分别装入 TH0 和 TL0 中：TH0=0CEH，TL0=0CEH。

◆ TMOD 寄存器初始化。定时/计数器 0 为方式 2，M1M0=10；为实现定时功能 $C/\overline{T}=0$；为实现定时/计数器 0 的运行 GATE=0；定时/计数器 1 不用，有关位设置为 0。综合以上情况 TMOD 寄存器的状态应为 02H。

◆ 程序设计（查询方式）。

```
MOV         IE,#00H                 ;禁止中断
MOV         TMOD,#02H               ;设置 T0 为方式 2
MOV         TH0,#0CEH               ;保存计数初值
MOV         TL0,#0CEH               ;设置计数初值
            SETB     TR0            ;启动定时
LOOP:       JBC      TF0,LOOP1      ;查询计数溢出
            AJMP     LOOP
LOOP1:      CPL      P1.0           ;输出方波
            AJMP     LOOP           ;重复循环
```

由于方式 2 具有自动重装载功能，因此计数初值只需设置一次，以后不再需要软件重置。

◆ 程序设计（中断方式）。

主程序：

```
        MOV     TMOD,#02H           ;设置 T0 为方式 2
        MOV     TH0,#0CEH           ;保存计数初值
        MOV     TL0,#0CEH           ;设置计数初值
        SETB    EA                  ;开中断
        SETB    ET0                 ;定时器 0 允许中断
LOOP:   SETB    TR0                 ;开始定时
HERE:   SJMP    $                   ;等待中断
```

中断服务程序：

```
CPL     P1.0            ;输出方波
RETI                    ;中断返回
```

例 5.4　用定时器 1 以工作方式 2 实现计数，每计 100 次进行累加器加 1 操作。

◆ 计算计数初值：

$2^8-100=156D=9CH$，则 TH1=TL1=9CH。

◆ TMOD 寄存器初始化：

M1M0=10，$C/\overline{T}=1$，GATE=0，则 TMOD=60H。

◆ 程序设计：

```
MOV     IE,#00H         ;禁止中断
MOV     TMOD,#60H       ;设置 T1 为工作方式 2
```

```
        MOV     TH1,#9CH        ;保存计数初值
        MOV     TL1,#9CEH       ;设置计数初值
        SETB    TR1             ;启动计数
LOOP:   JBC     TF1,LOOP1       ;查询计数溢出
        AJMP    LOOP
LOOP1:  INC     A               ;累加器加1
        AJMP    LOOP            ;重复循环
```

5.2.4.4 方式 3

方式 0、方式 1 及方式 2，两个定时/计数器的设置和使用是完全相同的；但在方式 3 下，两个定时计数器的设置和使用是不同的。方式 3 只适用于 T0，T1 处于方式 3 时相当于 TR1=0，停止计数。

（1）方式 3 下的 T0

当 T0 的方式字段中 M1M0=11 时，T0 被设置为方式 3，其逻辑结构如图 5-12 所示。

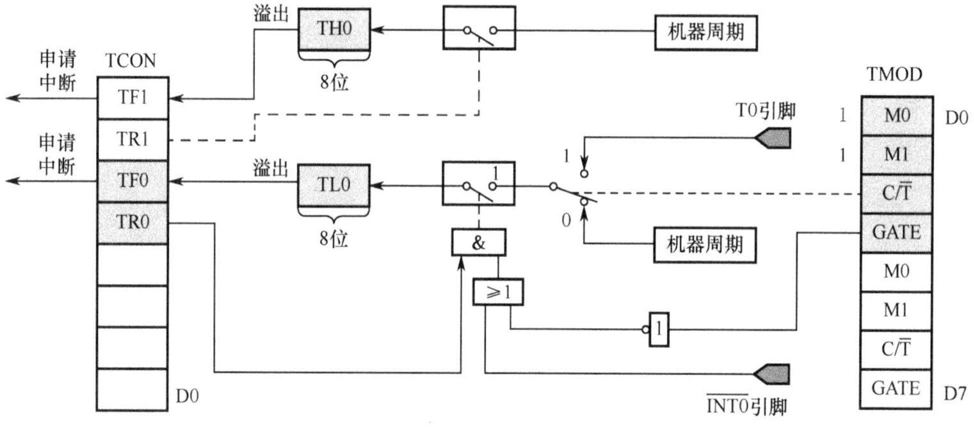

图 5-12　T0 方式 3 的逻辑结构

T0 被拆成两个独立的 8 位计数器 TL0 和 TH0，其中 TL0 既可以计数使用，又可以定时使用，T0 的各控制位和引脚信号全归 TL0 使用。其功能和操作与方式 0 或方式 1 基本相同，且电路结构也极其类似，只是计数位数不同，只有 8 位。而 T0 的另一半 TH0，则只能作为简单的定时器使用，不能进行外部计数。由于 T0 的相关位已被 TL0 独占，因此只好借用定时/计数器 T1 的控制位 TR1 和 TF1。即 TH0 的计数溢出去置位 TF1，而 TH0 定时的启动、停止受 TR1 控制。

由于 TL0 既能作定时使用也能作计数使用，而 TH0 只能作定时使用却不能作计数使用，因此在方式 3 下 T0 可以构成两个定时器或一个定时器和一个计数器。

（2）方式 3 下的 T1

T0 工作在方式 3 时，T1 只能工作在方式 0、方式 1、方式 2 下，但不能发出中断请求信号。因为它的运行控制位 TR1 及计数溢出标志位 TF1 已被 T0 借用，如图 5-13 所示。

在这种情况下，为了定时/计数器资源得到充分利用，T1 常作为串行口的波特率发生器使用，且工作于方式 2，以确定串行通信的速率。只需设置好工作方式，便可自动运行，计数溢出直接送给串行口。如要停止工作，只需把 T1 设置为方式 3 即可。因为 T1 不能在方式 3 下使用，如果硬把它设置为方式 3，就停止工作。

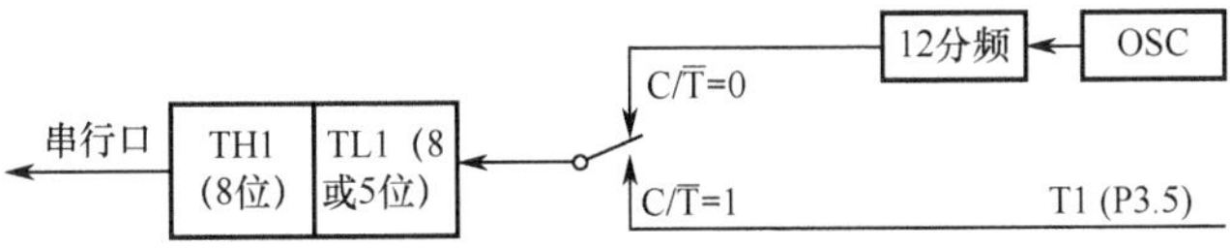

(a) T1方式1（或方式0）

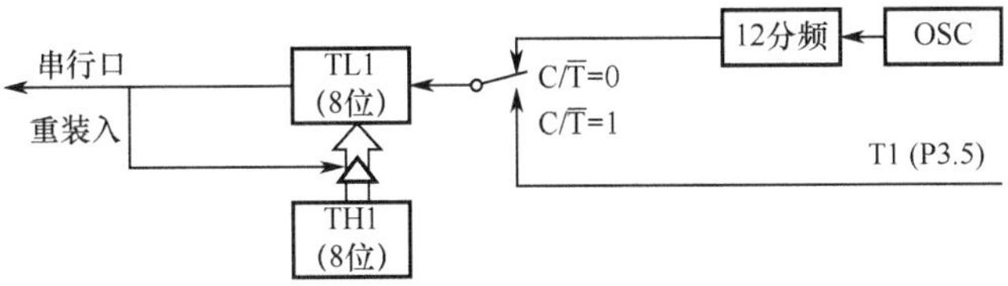

(b) T1方式2

图 5-13　定时/计数器 0 在工作方式 3 时定时/计数器 1 的使用

5.2.5　定时/计数器外部中断源的扩展

80C51 的外部中断源数目有限，在应用系统中常会出现外部中断不够用的情况，这时外部中断扩展的需求就提出来了。若片内定时/计数器未使用或尚有富余时，可利用定时/计数器来扩展外部中断源。这是因为定时或计数器是属于延缓了的中断，只要将延缓缩短到最小，便成为了即时中断。

扩展方法是：在计数工作方式下，计数初值设定为满程，即计数器为全“1”，则只要把计数输入端（T0 或 T1）与待扩展的外部中断源连接，输入一个下降沿信号，计数器加 1 后便产生计数溢出中断，这便是借“计数中断”之名行“外部中断服务”之实，实现定时/计数器外部中断扩展。具体为：

◆ 置定时/计数器为方式 2，即自动装载式 8 位计数，以便在一次中断响应后自动为下一次中断请求做好准备。

◆ 高低 8 位计数器（TH 和 TL）均置为 0FFH。

◆ 扩展的外部中断请求信号接计数输入端（T0 或 T1）。

◆ 把扩展外部中断服务程序按所用的定时/计数器中断入口地址存放。

例如以 T0 扩展一个外部中断，其初始化程序段为：

```
MOV     TMOD,#06H      ;置计数器 0 为方式 2
MOV     TH0,#0FFH      ;置计数初值
MOV     TL0,#0FFH
SETB    EA             ;开中断
SETB    ET0            ;计数器 0 允许中断
SETB    TR0            ;计数启动
```

5.2.6　应用实例

80C51 单片机的定时/计数器是可编程的。因此，在利用定时/计数器进行定时或计数之前，先要通过软件对它进行初始化。初始化程序应完成如下工作：

◆ 对 TMOD 赋值，以选择定时/计数器 T0 和 T1 的工作方式。

◆ 计算初值，并将其写入 TH 和 TL。

◆ 中断方式时，则对 IE 赋值，开放中断。

◆ 使 TR0 或 TR1 置位，启动定时/计数器开始定时或计数。

例 5.5　测量 $\overline{INT0}$ 引脚上出现的正脉冲宽度，并将结果（以机器周期的形式）存放在 30H

和 31H 两个单元中。

解：将 T0 设置为方式 1 的定时方式，且 GATE=1，计数器初值为 0，将 TR0 置“1”。当 $\overline{INT0}$ 引脚上出现高电平时，加 1 计数器开始对机器周期计数，当 $\overline{INT0}$ 引脚上信号变为低电平时，停止计数，然后读出 TH0、TL0 的值。程序如下：

```
        ORG     0000H
        AJMP    MAIN
        ORG     0200H
MAIN:   MOV     TMOD,#09H           ;设 T0 为定时器方式 1,GATE=1
        MOV     TH0,#00H            ;置计数初值
        MOV     TL0,#00H
        MOV     R0,#30H             ;置地址指针初值
L1:     JB      P3.2,L1             ;等待 INT0 变低
        SETB    TR0                 ;当 INT0 由高变低时,TR0=1
L2:     JNB     P3.2,L2             ;等待 INT0 变高,启动定时
L3:     JB      P3.2,L3             ;等待 INT0 变低
        CLR     TR0                 ;当 INT0 由高变低时,停止定时
        MOV     @R0,TL0             ;存结果
        INC     R0
        MOV     @R0,TH0
        SJMP    $
        END
```

运行上述程序后，只要将 31H、30H 两单元的内容转换为十进制数，再乘以机器周期就得到脉冲宽度。

5.3 80C51 单片机中断与定时/计数器的综合应用

定时/计数器与中断的综合应用，可用时钟计时程序为例说明。所谓时钟计时，就是以秒、分、时为单位进行的计时。该程序是定时/计数器与中断应用的典型代表。

5.3.1 实现时钟计时显示的基本方法

以 80C51 单片机来实现时钟计时显示有如下几个要点：

◆ 首先要计算计数初值。时钟计时的关键问题是秒的产生，因为秒是最小时钟单位，但使用 80C51 的定时/计数器进行定时，即使按工作方式 1，其最大定时时间也只能达到 131ms，离 1s 还差很远。因此，用硬件定时和软件计数相结合的方法实现秒计时，即：把定时器的定时时间定为 125ms，这样计数溢出 8 次就可以得到 1s，而 8 次计数可用软件方法实现。为得到 125ms 定时，可使用定时/计数器 0，以方式 1 进行，假定单片机为 6MHz 晶振，设计数初值为 X，则有：

$$(2^{16}-X)\times 2=125\times 10^{3}$$

计算得到计数初值 X=3036D=1011 1101 1100B=0BDCH。

◆ 定时器定时采用中断方式完成，以便于通过中断服务程序进行溢出次数（每次 125 ms）的累计，计满 8 次即得到秒计时。

◆ 通过在程序中的数值累加和数值比较来实现从秒到分到时的计时。

◆ 设置时钟显示及显示缓冲区。假定时钟时间在 6 位 LED 数码管上进行显示（时、分、秒各占两位）。为此，要在内部 RAM 中设置显示缓冲区，共 6 个单元，与数码管的对应关系如图 5-14 所示。显示缓冲区从左向右依次存放时、分、秒的数值。

LED5	LED4	LED3	LED2	LED1	LED0
7EH	7DH	7CH	7BH	7AH	79H

图 5-14　LED 显示管的缓冲单元

◆ 假定已有 LED 显示程序为 SMXS 可供调用。

5.3.2　程序流程

◆ 主程序（MAIN）。主程序的主要功能是进行定时/计数器的初始化编程，然后通过反复调用显示子程序的方法，等待 125ms 定时中断的到来。其流程如图 5-15 所示。

◆ 中断服务程序（PITO）。中断服务程序的主要功能是进行计时操作。程序开始先判断计数溢出是否满了 8 次，不满 8 次表明还没达到最小计时单位，中断返回；如满 8 次则表明已经达到最小计时单位秒，程序继续向下执行，进行计时操作。中断服务程序流程如图 5-16 所示。

◆ 加 1 子程序（DAAD1）。加 1 子程序用于完成秒、分、时的加 1 操作，中断服务程序中在秒、分、时加 1 共有三处调用此子程序。加 1 操作共包含字数、十进制调整及分数三项内容。

合数：由于每位 LED 显示器对应一个 8 位的缓冲单元，因此由两位 BCD 码表示的时间值各占用一个缓冲单元，且只占其低 4 位。为此在加 1 运算之前需要把两个缓冲单元中存放的数值合并起来，构成一个字节，然后才能进行加 1 运算。“合字”之说由此而来。

十进制调整：加 1 并进行十进制调整。

分数：把加 1 后的时间值再拆分成两个字节，送回各自的缓冲单元中。该程序流程如图 5-17 所示。

5.3.3　程序清单

整个程序清单如下：

```
        ORG     8000H
START:  AJMP    MAIN
        ORG     000BH
        AJMP    PITO
        ORG     8100H
MAIN:   MOV     SP,#60H             ;设置堆栈区
        MOV     R0,#79H             ;显示缓冲区首地址
        MOV R   7,#06H              ;显示位数
ML1:    MOV     @R0,#00H            ;显示缓冲区清“0”
        INC     R0
        DJNZ    R7,ML1
        MOV     TMOD,#01H           ;设置 T0 为工作方式 1
        MOV     TL0,#0DCH           ;装载计数器初值
        MOV     TH0,#0CH
        SETB    TR0                 ;TR0 置“1”,定时开始
        SETB    EA                  ;开中断总允许
        SETB    ET0                 ;定时器 0 中断允许
```

```
        MOV     30H,#08H        ;设置循环次数,即计数溢出次数
ML0:    LCALL   SMXS            ;调用显示子程序
        SJMP    ML0
PITO:   PUSH    PSW             ;中断服务程序,现场保护
        PUSH    ACC
        SETB    PSW.3           ;RS1RS0=01,选 1 组通用寄存器
        MOV     TL0,#0DCH       ;计数器重新加载
        MOV     TH0,#0CH
        MOV     A,30H           ;循环次数减 1
        DEC     A
        MOV     30H,A
        JNZ     RET0            ;不满 8 次,转 RET0 返回
        MOV     30H,#08H        ;满 8 次开始计时操作
        MOV     R0,#7AH         ;秒显示缓冲单元地址
        ACALL   DAAD1           ;秒加 1
        MOV     A,R2            ;加 1 后秒值在 R2 中
        XRL     A,#60H          ;判断是否到 60 秒
        JNZ     RET0            ;不到,转 RET0 返回
        ACALL   CLR0            ;到 60s 显示缓冲单元清"0"
        MOV     R0,#7CH         ;分显示缓冲单元地址
        ACALL   DAAD1           ;分加 1
        MOV     A,R2
        XRL     A,#60H          ;判断是否到 60 分
        JNZ     RET0
        ACALL   CLR0            ;到 60 分显示缓冲单元清"0"
        MOV     R0,#7EH         ;时显示缓冲单元地址
        ACALL   DAAD1           ;时加 1
        MOV     A,R2
        XRL     A,#24H          ;判断是否到 24 时
        JNZ     RET0
        ACALL   CLR0            ;到 24 时,时显示缓冲单元清"0"
RET0:   POP     ACC             ;现场恢复
        POP     PSW
        RETI                    ;中断返回
DAAD1:  MOV     A,@R0           ;加 1 子程序,十位数送 A
        DEC     R0
        SWAP    A               ;十位数占高 4 位
        ORL     A,@R0           ;个位数占低 4 位
        ADD     A,#01H          ;加 1
        DA      A               ;十进制调整
        MOV     R2,A            ;全值暂存放 R2 中
        ANL     A,#0FH          ;屏蔽十位数,取出个位数
        MOV     @R0,A           ;个位数送显示缓冲单元
        MOV     A,R2
        INC     R0
        ANL     A,#0F0H         ;屏蔽个位数,取出十位数
        SWAP    A               ;使十位数占低 4 位
        MOV     @R0,A           ;十位数送显示缓冲单元
```

```
          RET                         ;返回
CLR0:     CLR      A                  ;清缓冲单元子程序
          MOV      @R0,A              ;十位数缓冲单元清"0"
          DEC      R0
          MOV      @R0,A              ;个位数缓冲单元清"0"
          RET                         ;返回
```

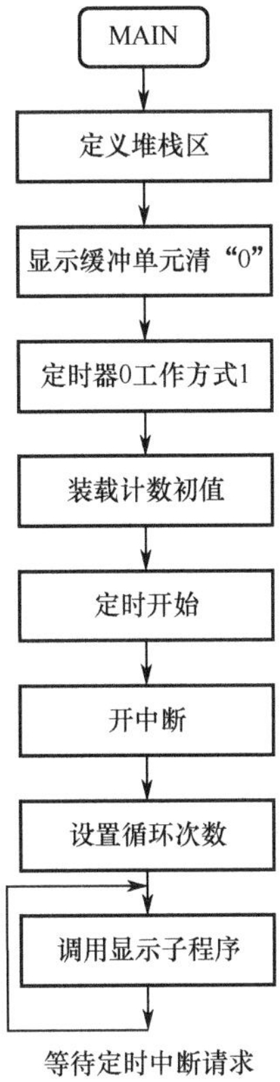

图 5-15　时钟计时程序流程

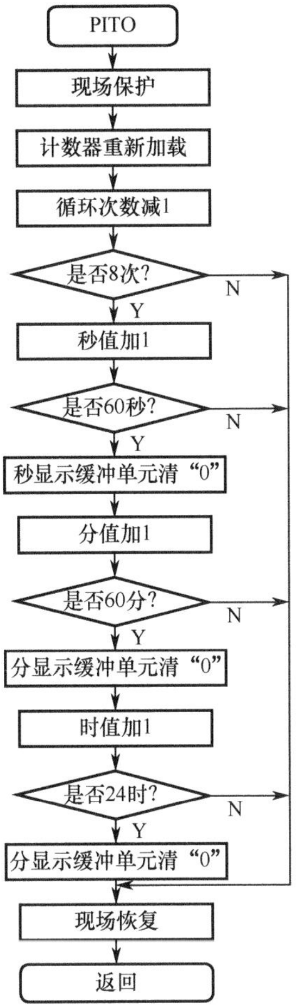

图 5-16　中断服务程序流程

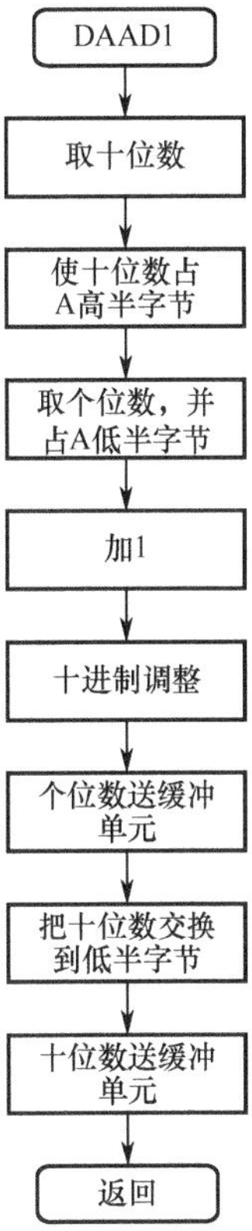

图 5-17　加 1 子程序流程

本 章 小 结

本章讲述了 80C51 系列单片机的中断系统，定时/计数器的工作原理、编程方法及其应用，主要涉及以下内容：

◆ 中断是指机器在执行程序的过程中遇到某些情况或特殊请求时，暂停正在执行的程序，转入必要的处理（中断服务子程序），处理完毕后，再返回到原来被停止程序的间断处继续执行。引起中断的事件称为中断源。80C51 单片机提供了 5 个中断源：$\overline{INT0}$、$\overline{INT1}$、TF0、TF1 和串行中断。这 5 个中断源又可分为 2 个优先级，由用户编程和内部自然优先级共同确定。中断编程包括中断入口地址设置、中断源优先级的设置、中断开放或关闭、中断服务子程序等。中断请求是借用定时/计数器的控制寄存器 TCON 和串行控制寄存器 SCON 中的有关位作为标志，某一中断源申请中断有效时，系统硬件将自动置位 TCON 中的相应标志位。两个外部中断源的触发方式可由 TCON 中的 ITx 位设定为电平触发或边沿触发方式。

◆ 80C51 单片机内部至少有两个可编程定时/计数器 T0 和 T1，每个定时/计数器有 4 种工作方式：

方式 0——13 位计数器；

方式 1——16 位计数器；

方式 2——具有自动重装初值功能的 8 位计数器；

方式 3——只适用于 T0，将 T0 分为两个独立的 8 位计数器，T1 停止工作。此时 T1 要使用，只能作为串行接口的波特率发生器，但不能工作在方式 3，不同位数的定时/计数器，其最大计数值也不同。每个定时/计数器都可以通过 TMOD 中的 $C/\overline{T}$ 位设定为定时或计数模式。编程设置定时/计数器包括设置方式寄存器、初值及控制寄存器（可位寻址）。初值由定时时间及定时/计数器的位数决定。定时/计数器的启动、停止由 TMOD 中的 GATE 位和 TCON 中的 TR1、TR0 位控制（软件控制），或由 $\overline{\text{INT0}}$、$\overline{\text{INT1}}$ 引脚输入的外部信号控制（硬件控制）。

习题 5

一. 单选题

1. 下列关于 80C51 中断优先级控制的叙述中，错误的是（　　）。

A 低优先级不能中断高优先级，但高优先级能中断低优先级

B 同级中断不能嵌套

C 同级中断请求按时间的先后顺序响应

D 同时同级的多中断请求，将形成阻塞，系统无法响应

2. 外中断初始化的内容不包括（　　）。

A 设置中断响应方式　B 设置外中断允许　C 设置中断总允许　D 设置中断方式

3. 执行中断返回指令，要从堆栈弹出断点地址，以便去执行被中断了的主程序，从堆栈弹出的断点地址送给（　　）。

A A　　B CY　　C PC　　D DPTR

4. 在 80C51 中，需外加电路实现中断撤除的是（　　）。

A 定时中断　　B 脉冲方式的外部中断

C 串行中断　　D 电平方式的外部中断

5. 中断查询，查询的是（　　）。

A 中断请求信号　　B 中断标志位

C 外中断方式控制位　　D 中断允许控制位

6. 在中断流程中有“关中断”的操作，对于外部中断 0，要关中断应复位中断允许寄存器的（　　）。

A EA 位和 ET0 位　　B EA 位与 EX0 位

C EA 位和 ES 位　　D EA 位和 EX1 位

7. 在下列寄存器中，与定时/计数无关的是（　　）。

A TCON　　B TMOD　　C SCON　　D IE

8. 下列定时/计数硬件资源中，不是供用户使用的是（　　）。

A　高 8 位计数器 TH　　B　低 8 位计数器 TL

C　定时/计数器控制逻辑　　D　用于定时/计数控制的相关寄存器

9. 在工作方式 0 下，计数器是由 TH 的全部 8 位和 TL 的 5 位组成，因此其计数范围是（　　）。

A　1～8192　　B　0～8191　　C　0～8192　　D　1～4096

10. 如果以查询方式进行定时应用，则应用程序中的初始化内容应包括（　　）。

A　系统复位、设置工作方式、设置计数初值

B　设置计数初值、设置中断方式、启动定时

C　设置工作方式、设置计数初值、打开中断

D　设置工作方式、设置计数初值、禁止中断

11. 与定时工作方式 1 和 0 比较，定时工作方式 2 不具备的特点是（　　）。

A　计数溢出后能自动重新加载计数初值　　B　增加计数器位数

C　提高定时精度　　D　适于循环定时和循环计数应用

12. 对于由 8031 构成的单片机应用系统，中断响应并自动生成长调用指令 LCALL 后，应（　　）。

A　转向外部程序存储器去执行中断服务程序

B　转向内部程序存储器去执行中断服务程序

C　转向外部数据存储器去执行中断服务程序

D　转向内部数据存储器去执行中断服务程序

13. 中断查询确认后，在下列各种单片机运行情况中，能立即进行响应的是（　　）。

A　当前正在进行 1 优先级中断处理　　B　当前正在执行 RETI 指令

C　当前指令是 DIV 指令，且正处于取指令机器周期　　D　当前指令是 MOV　A,R 指令

二．填空题

1．中断技术是解决资源竞争的有效方法，因此可以说中断技术实质上是一个资源______共享技术。

2．中断采样用于判断是否有中断请求信号，但 80C51 中只有_______才有中断采样的问题。

3．响应中断后，产生长调用指令 LCALL，执行该指令的过程包括：首先把__________的内容压入堆栈，以进行断点保护，然后把长调用指令的 16 位地址送_________，使程序执行转向_________中的中断地址区。

4．当计数器产生计数溢出时，把定时/控制器的 TF0（TF1）位置“1”。对计数溢出的处理，在中断方式时，该位作为_______位使用；在查寻方式时，该位作________位使用。

5．在定时器工作方式 0 下，计数器的宽度为 13 位，如果系统晶振频率为 3MHz，则最大定时时间为_________。

三．简答题和编程题

1．80C51 系列单片机定时/计数器的定时功能和计数功能有什么不同？各应用在什么场合？

2．80C51 单片机有几个中断源？分成几个优先级？怎样利用定时器扩充外部中断源？

3．子程序和中断服务程序有何异同？为什么子程序返回指令 RET 和中断返回指令 RETI 不能相互替代？

4．以定时/计数器 1 进行外部事件计数。每计数 1000 个脉冲后，定时器/计数器 1 转为定时工作方式，定时 10ms 后，又转为计数方式，如此循环不止。假定单片机晶振频率为 6MHz，请使用工作方式 1 编程实现。

5．以中断方法设计单片机秒、分脉冲发生器。假定 P1.0 每秒钟产生一个机器周期的正脉冲，P1.1 每分钟产生一个机器周期的正脉冲。

技能设计 5　数码管显示 00 ~ 59 秒表

一．实训目的

◆ 练习定时器中断和外部中断的使用。

◆ 掌握定时器中断的编程和外部中断的编程。

◆ 掌握动态显示原理来实现 00～59 的计时。

二．功能要求

开机数码管显示“00”（在无外部按键按下时数码管显示“00”），当有外部按键按下后，数码管从“00”到“59”计时。按键 K1 利用外部中断 0 来检测。开启计时后，当记满“59”时数码管回零显示“00”。开始重新循环计时。

三．电路连线

电路连线如图 1 所示。

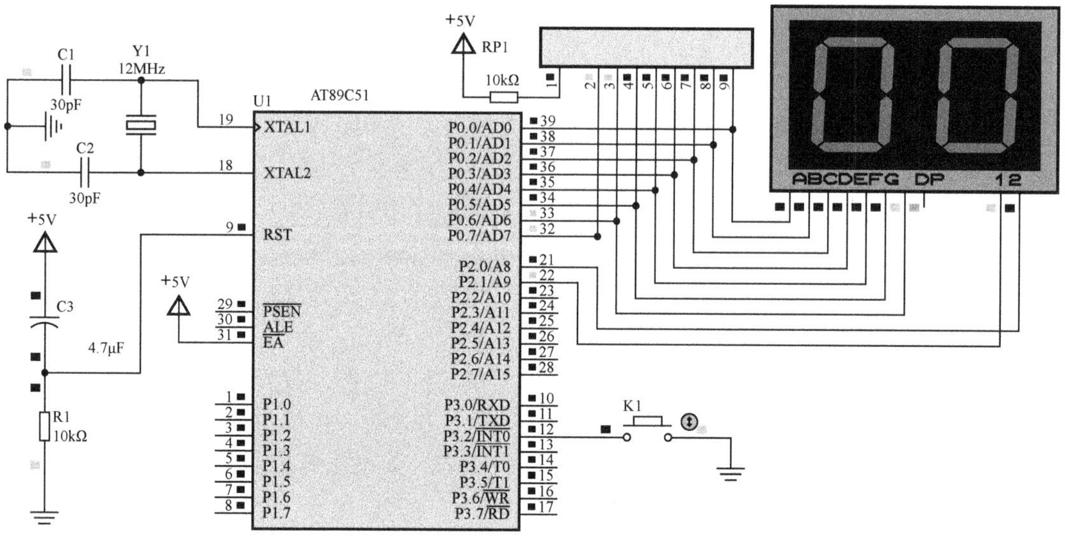

图 1　00～59 秒表电路连线

四．程序说明

利用定时中断 0 实现秒的定时，外部中断 0 来实现按键的判断。主程序中开启外部中断，当外部中断程序中有按键按下时，对定时中断 0 进行初始化并开启，实现秒的计时；无外部中断（按键没有按下）时，不开启计时。P0 口控制数码管的段码，P2.0 和 P2.1 口分别控制数码管的位码，实现动态显示的控制。秒计数到了 59 之后又从 00 开始重新循环计时。

五．汇编程序清单

```
;*************************************************
;定义变量
;*************************************************
        SECOND      EQU     30H
        COUNT       EQU     33H
        DISP_BUFF   EQU     34H
        ORG         0000H                   ;主程序从 0000H 单元开始
        LJMP        MAIN
        ORG         000BH                   ;定时器 0 中断入口地址
        LJMP        INTT0
        ORG         0003H                   ;外中断 0 入口地址
        LJMP        INTOO
        ORG         0030H
;*************************************************
;主程序
;*************************************************
MAIN:   MOV         TCON, #01H              ;设置外部中断 0 的触发方式
        MOV         IE, #81H                ;开外部中断 0 和总中断
        MOV         SP, #60H                ;设置堆栈指针
LOOP1:  MOV         A, SECOND               ;把秒送到 A 中去
        MOV         B, #10
        DIV         AB                      ;拆分个、十位
        CALL        TOLED                   ;调取显示码子程序十位
        MOV         DISP_BUFF+1, A          ;结果送缓冲区
        MOV         A, B
        CALL        TOLED                   ;调取显示码子程序个位
        MOV         DISP_BUFF, A
        CALL        DISPLAY                 ;调用显示
        LJMP        LOOP1
INTOO:  PUSH        ACC                     ;按 K1 启动计时,相关数据进栈保护
        PUSH        PSW
        MOV         TMOD, #01H              ;设置定时器 0 为工作方式 1
        MOV         TH0, #44H               ;装 50ms 的定时器初值
        MOV         TL0, #80H
        MOV         IE, #82H                ;开总中断和定时中断 0
        SETB        TR0                     ;开启定时器 0
        POP         PSW
        POP         ACC
        RETI
;*************************************************
;中断子程序
;*************************************************
INTT0:  PUSH        ACC                     ;50ms 计数到中断,保护数据
        PUSH        PSW
```

```
        MOV     TH0,  #44H           ;重装 50ms 的定时器值
        MOV     TL0,  #80H
        INC     COUNT
        MOV     A,  COUNT
        CJNE    A,  #20,  EXIT       ;判断中断是否满 20 次,不满跳到 EXIT
        MOV     COUNT,  #0           ;满 20 次清"0"
        INC     SECOND               ;秒加 1
        MOV     A,  SECOND
        CJNE    A,  #60,  EXIT       ;判断秒是否满 60,不满跳到 EXIT
        MOV     SECOND,  #0          ;满 60 清"0"
EXIT:   POP     PSW                  ;出栈
        POP     ACC
        RETI                         ;中断返回
;**************************************************
; 取显示码子程序
;**************************************************
TOLED:  MOV     DPTR,  #DISP_TAB;送表首地址
        MOVC    A,  @A+DPTR          ;查表
        RET
;**************************************************
;显示子程序
;**************************************************
DISPLAY: MOV    R0,  #DISP_BUFF
         MOV    R1,  #2
         MOV    R2,  #11111110B
LOOP:    MOV    A,  #0FFH            ;关显示
         MOV    P2,  A
         MOV    A,  @R0              ;显示缓冲区的内容送到 A
         MOV    P0,  A
         MOV    A,  R2
         MOV    P2,  A
         CALL   DELAY5MS
         MOV    A,  R2
         RL     A                    ;循环左移 A,A=11111101
         MOV    R2,  A               ;
         INC    R0
         DJNZ   R1,  LOOP
         RET
;**************************************************
;显示字符表
;**************************************************
DISP_TAB: DB  3FH,06H,5BH,4FH,66H   ;显示字符表 0,1,2,3,4
          DB  6DH,7DH,07H,7FH,6FH   ;显示字符表 5,6,7,8,9
;**************************************************
;显示 5ms 延时子程序
;**************************************************
DELAY5MS: MOV    R6,  #5
D1:       MOV    R7,  #248
```

```
        DJNZ      R7,   $
        DJNZ      R6,   D1
        RET
        END
```

六. 程序流程

程序流程如图 2 所示。

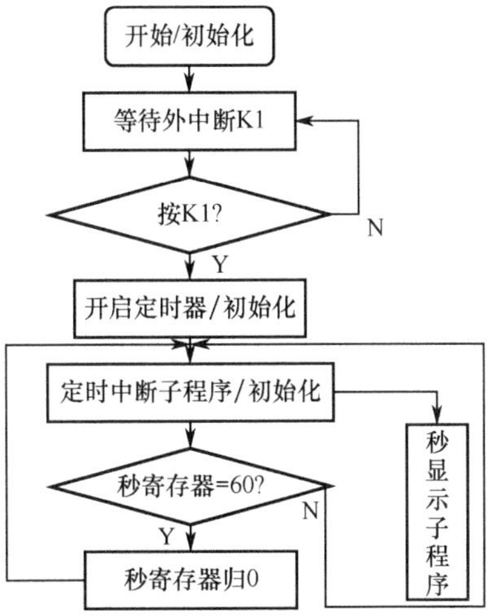

图 2　00～59 秒表程序流程

七. 练习

1. 设计一个能显示时、分、秒的时钟程序。
2. 在上一题的基础上，设计一个可调时、分大小的时钟程序。

第 6 章　单片机监控系统扩展

本章基本要求：了解单片机的最小应用系统、总线扩展逻辑；掌握单片机存储器和并行 I/O 的编址技术及扩展实现方法，单片机键盘和显示器扩展方法，8255A、8155、8279 结构原理及与单片机接口扩展的应用实现。

6.1　单片机最小系统

80C51 系列单片机芯片内部集成了计算机的基本功能部件，一块单片机就是一个最小微机系统。在实际应用时，对于小型的测控系统已经够了，但对于较大的应用系统，光靠片内资源是不够的，还需要扩展一些外围芯片，以构成一个功能更强的单片机应用系统。

80C51 系列单片机具有很强的系统扩展能力，可以扩展 64KB 的程序存储器和 64KB 的数据存储器或输入输出口，如图 6-1 所示。扩展系统是以单片机为核心进行的。扩展是指通过系统总线把各扩展部件连接起来进行数据、地址和控制信号的传输。在进行各种扩展时还必须了解单片机的最小系统。最小系统是指一个真正可用的单片机最小配置系统。对于单片机内部资源已能满足系统需要的，可直接采用最小系统。单片机根据片内有无程序存储器最小系统又可分两种情况。

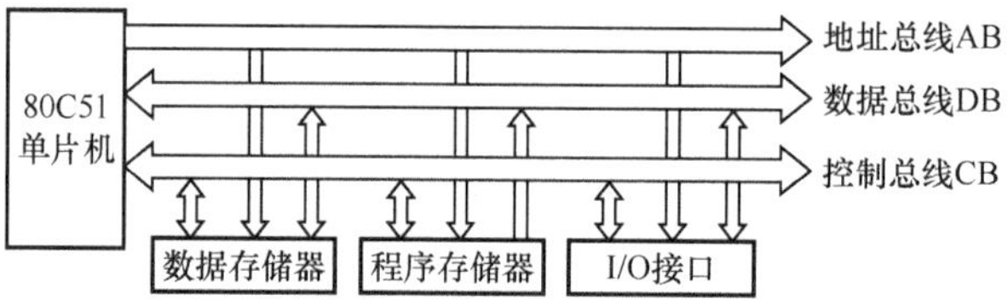

图 6-1　单片机扩展系统结构

6.1.1　8051/8751 的最小系统

8051/8751 片内有 4K 的 ROM/EPROM，因此只需要外接晶体振荡器和复位电路就可构成最小系统，如图 6-2 所示。

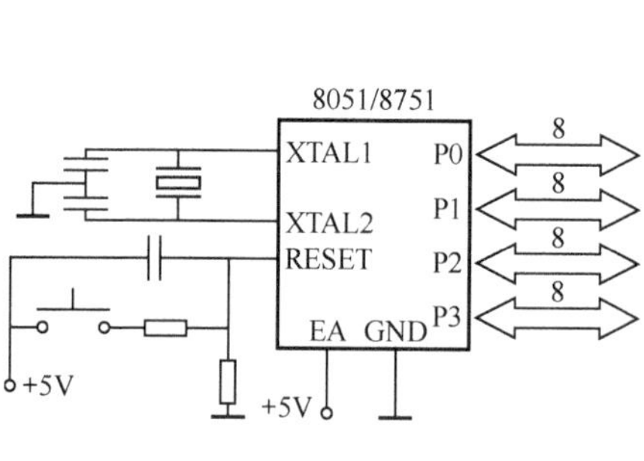

图 6-2　8051/8751 的最小系统结构

该最小系统的特点如下：

◆ 片外没有扩展存储器和外设，P0、P1、P2、P3 都可以作为用户 I/O 口使用。

◆ 片内数据存储器 RAM 有 128B，地址空间 00H～7FH，没有片外数据存储器。

◆ 内部有 4KB 的 ROM，地址空间 0000H～0FFFH，没有片外程序存储器，EA 应接高电平。

◆ 可以使用两个定时/计数器 T0 和 T1、一个全双工的串行通信接口及 5 个中断源。

6.1.2　8031 最小系统

8031 片内无程序存储器 ROM，因此，在构成最小应用系统不仅要外接晶体振荡器和复位电路，还应外扩展程序存储器。由于地址总线为 16 位，可寻址范围达 2^{16}（64K）。低 8 位 A7～A0 由 P0 口经地址锁存器提供，高 8 位 A15～A8 由 P2 口提供。实际应用中，高位地址线并不固定为 8 位，而是根据需要用几位就从 P2 口中引出几条口线；当扩展存储器容量小于 256 单元时，则根本不需要高位地址。由于 P0 口是数据、地址分时复用的，因此 P0 口输出的低 8 位地址必须用外部地址锁存器锁存。

6.1.2.1　外部地址锁存器

常用的地址锁存器芯片有 74LS373、8282 及 74LS573 等。下面以 74LS373 作为典型芯片进行说明。它是一个带有三态门的 8D 锁存器，其逻辑功能和信号引脚如图 6-3 所示。

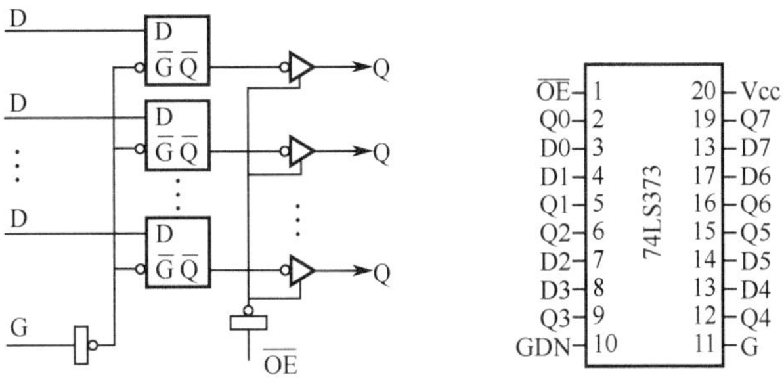

图 6-3　74LS373 逻辑功能和信号引脚图

D7～D0—8 位数据输入线；G—数据输入锁存选通信号（使能端）；

Q7～Q0—8 位数据输出线；$\overline{OE}$ —数据输出允许信号

当 G=1 时，锁存器的输出端 Q 的状态随输入端 D 的状态而变化；当 G=0 时，输入端的状态就被锁存在锁存器中，输入端 D 的变化不再影响输出端 Q 的输出。

6.1.2.2　8031 最小应用系统

8031 的最小系统结构如图 6-4 所示，其特点如下：

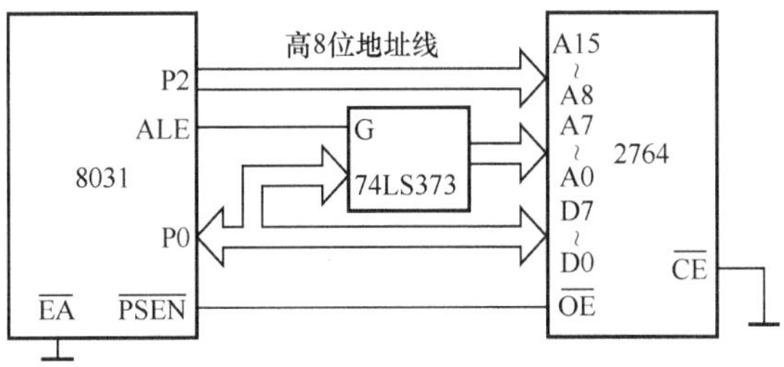

图 6-4　8031 的最小系统结构

◆ 由于 P0 口、P2 口在扩展程序存储器时作为地址线和数据线，不能作为 I/O 口线，因此只有 P1 口、P3 口作为用户 I/O 口使用。

◆ 片内数据存储器同样有 128B，地址空间 00H～7FH；没有片外数据存储器。

◆ 内部无程序存储器，但片外扩展了程序存储器，其地址空间随芯片容量不同而不同。图 6-4 中使用的是 2764 芯片，容量为 8KB，地址空间为 0000H～1FFFH。片内没有程序存储器，只能使用片外程序存储器，$\overline{EA}$ 只能接低电平。

6.2　存储器扩展

6.2.1　存储器扩展概述

6.2.1.1　80C51 单片机的存储器扩展能力

80C51 单片机地址总线宽度为 16 位，片外可扩展的存储器最大容量为 64KB，地址为 0000H～FFFFH。因为程序存储器和数据存储器是通过不同的控制信号和指令（CPU 对 ROM 的读操作由 $\overline{PSEN}$ 控制，指令用 MOVC；而对 RAM 读操作用 $\overline{RD}$ 控制，指令用 MOVX）进行访问，允许两者的地址空间重叠（物理地址是独立的），所以片外可扩展的程序存储器与数据存储器均为 64KB。80C51 对片内和片外 ROM 的访问使用相同的指令，ROM 的选择是由硬件实现的：当 $\overline{EA}$=0 时，选择片外 ROM；当 $\overline{EA}$=1 时，选择内部 ROM。

6.2.1.2　存储器扩展的一般方法

不论何种存储器芯片，其引脚都呈三总线结构，与单片机连接都是三总线对接。但由于 80C51 系列单片机受引脚的限制，数据线与地址线是复用的，因此为将它们分离开来，必须在单片机外部增加地址锁存器，构成与一般 CPU 类似的三总线结构，这样才能与存储芯片连接。另外，电源线接电源线，地线接地线。

◆ 控制线（control bus，CB）。控制总线实际上就是一组控制线，包括单片机发出的及从其他部件传送给单片机的指令。对于一根具体的控制信号线来说，其传送方向是单向的，但是由不同方向的控制信号线组合的控制总线则表示为双向。由于采用总线结构形式，因此大大减少了单片机系统中传输线的数目，提高了系统的可靠性。同时也使扩展更容易实现。一般来说，对于程序存储器，具有输出允许控制线 $\overline{OE}$，它与单片机的 $\overline{PSEN}$ 信号线相连；对于数据存储器，一般都有输出允许控制线 $\overline{OE}$ 和写控制线 $\overline{WE}$，它们分别与单片机的读信号线 $\overline{RD}$ 和写信号线 $\overline{WR}$ 相连。ALE 信号线作地址锁存的选通，以实现低 8 位地址的锁存；$\overline{EA}$ 信号线作为内外 ROM 的选择信号（$\overline{EA}$=0 为外部 ROM）。

◆ 数据线（data bus，DB）。数据总线用于在单片机与存储器之间或单片机与 I/O 端口之间传送数据。单片机系统数据总线的位数与单片机处理数据的字长一致，如 80C51 单片机是 8 位字长，数据总线的位数也是 8 位。数据总线是双向的，可进行双向数据传输。连接时，存储器芯片的数据线与单片机的数据总线（P0.0～P0.7）按由低位到高位的顺序顺次相接。

◆ 地址线（address bus，AB）。在地址总线上传送的是地址信号，用于存储单元和 I/O 端口的选择。地址总线是单向的，地址信号只能由单片机向外送出。存储器芯片的地址线的数目由芯片的容量决定。容量（Q）与地址线数目（N）满足关系式：$Q=2^N$。存储器芯片的地址线与单片机的地址总线按由低位到高位的顺序顺次相接。一般来说，存储器芯片的地址线数目总是少于单片机地址总线的数目，因此连接后单片机的高位地址线总有剩余。剩余地址线一般作为译码线，译码输出与存储器芯片的片选信号线相接。片选信号线与单片机系统的译码输出相接后，就决定了存储器芯片的地址范围。简单来说，存储器在存储空间中占据的地址范围，实际上就是根据地址线连接情况确定其最低地址和最高地址，在下面的例子中会详细说明。

6.2.1.3　存储器系统

芯片内的固有存储器和外扩展的存储器构成了单片机的整个存储器系统，80C51 存储器的结构和存储空间分配如图 6-5 所示。整个存储器系统包括程序存储器（ROM）和数据存储器（RAM）两部分。扩展 ROM 的地址与芯片内是否有片内 ROM 有关。若没有片内 ROM，扩展 ROM 的地址从 0000H 开始；若有片内 ROM，则扩展 ROM 的地址从 1000H 开始。$\overline{EA}=1$ 时，由于 0000H～0FFFH 空间已被片内 ROM 占用，片外 ROM 不能再用，因此相当于片外 ROM 损失了 4KB 的空间。而扩展 RAM 的地址，不管容量大小，都是从 0000H 开始。

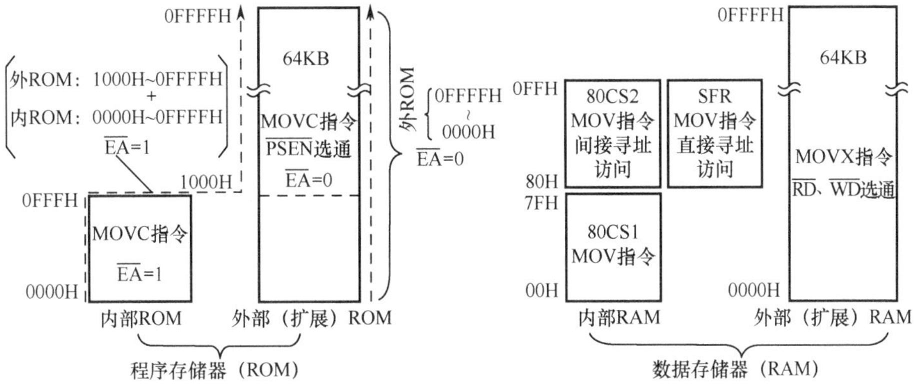

图 6-5　80C51 存储器系统结构和空间分配

6.2.1.4　存储器扩展编址方法

（1）存储器扩展编址

所谓编址方式，就是使用系统提供的地址线，通过适当的连接，最终达到系统的一个存储单元只有唯一个地址对应的要求。芯片内存储单元已经编址，只有扩展存储器才存在编址问题。

许多扩展存储器是由多片存储芯片所组成的，而一个存储芯片又有许多存储单元，因此存储器编址应分为两个层次：存储芯片的选择和芯片内部存储单元的编址。

芯片内部存储单元的编址是由芯片内的译码电路完成。芯片的选择则要由设计者完成，较为复杂。所以，存储器编址问题实际就是芯片选择问题。为了芯片选择需要，存储芯片都有片选信号引脚，因此芯片选择的实质就是如何产生芯片的片选信号。

一般来说，单片机系统的低地址用来芯片内部存储单元地址译码，剩下的高地址作为芯片选择使用。

（2）存储器扩展编址方法

进行存储器扩展时，可供使用的编址的方法有线选法和译码法两种。

◆ 线选法就是直接以系统的地址线作为存储器芯片的片选信号，即存储芯片的地址线与单片机系统的地址线顺次相接。线选法编址的特点是简单明了，不需要另外增加电路。但这种方法对存储空间的使用是断续的，不能有效地利用存储空间，扩充存储容量受限，此方法只适用于小规模单片机系统的存储器扩展。

外扩 8KB EPROM（2 片 2732）4KB RAM（2 片 6116）如图 6-6 所示，各芯片的地址范

围为：2732: 4KB ROM，12 根地址线 A0～A11，1 根片选线。6116: 2KB RAM，11 根地址线 A0～A10，1 根片选线。片选端低电平有效。

图 6-6 中 2732（1）芯片的地址范围如表 6-1 所示。

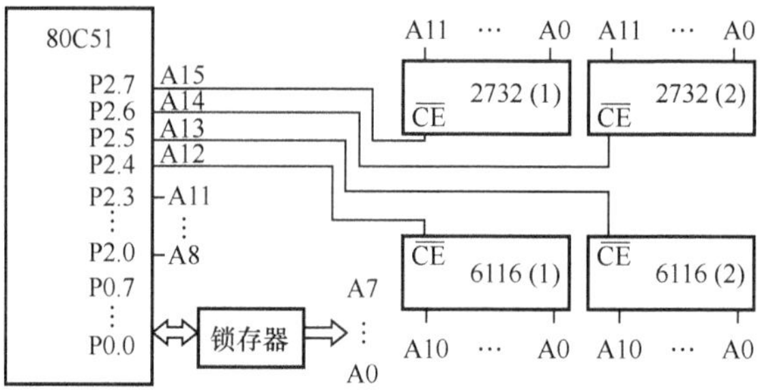

图 6-6　线选法多片存储芯片扩展连接图

表 6-1　2732（1）芯片的地址范围

地址线	P2.7	P2.6	P2.5	P2.4	P2.3	P2.2	P2.1	P2.0	P0.7	P0.6	P0.5	P0.4	P0.3	P0.2	P0.1	P0.0
	A15	A14	A13	A12	A11	A10	A9	A8	A7	A6	A5	A4	A3	A2	A1	A0
最低地址	0	1	1	1	0	0	0	0	0	0	0	0	0	0	0	0
最高地址	0	1	1	1	1	1	1	1	1	1	1	1	1	1	1	1

其他的芯片地址范围也是一样。所以各芯片地址范围是：2732（1）的地址范围为 7000H～7FFFH；2732（2）的地址范围为 B000H～BFFFH；6116（1）的地址范围为 E800H～EFFFH；6116（2）的地址范围为 D800H～DFFFH。

◆ 译码法。所谓译码法就是利用译码器对系统的高地址进行译码，经过译码器输出产生作为多片存储芯片（外扩存储器通常由多片一定容量的存储芯片组成）的片选信号。这种方法每次只能选中一个存储单元。同类存储器间不会产生地址重叠的问题。这种方法是存储器扩展最常用的方法，适用大容量存储器的扩展。译码法中的译码电路可以使用译码器芯片。常用的译码器芯片有 74LS139 和 74LS138 等。74LS139 是双 2-4 线译码器，其引脚如图 6-7 所示。74LS139 对两个输入信号译码后得到 4 个输出状态，其输入输出真值表如表 6-2 所示。

表 6-2　74LS139 输入输出真值表

输入端			输出端			
使能端	选择端		$\overline{Y0}$	$\overline{Y1}$	$\overline{Y2}$	$\overline{Y3}$
$\overline{G}$	B	A				
1	×	×	1	1	1	1
0	0	0	0	1	1	1
0	0	1	1	0	1	1
0	1	0	1	1	0	1
0	1	1	1	1	1	0

74LS138 是 3-8 线译码器，其引脚如图 6-8 所示。74LS138 的输入输出真值表如表 6-3 所示。

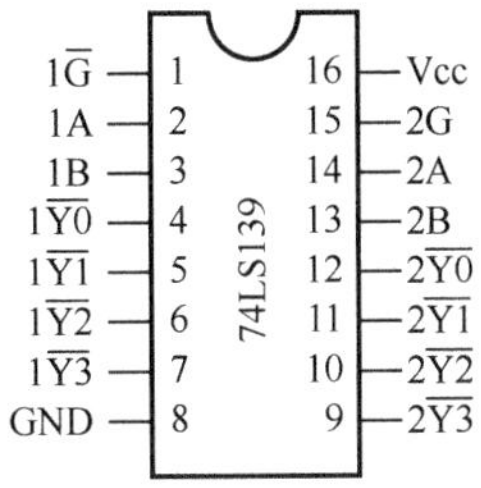

图 6-7　74LS139 外部引脚图

$\overline{G}$ —使能端，低电平有效；

A、B—选择端，即译码器输入端；

$\overline{Y0}$ ～ $\overline{Y3}$ —译码器输出端

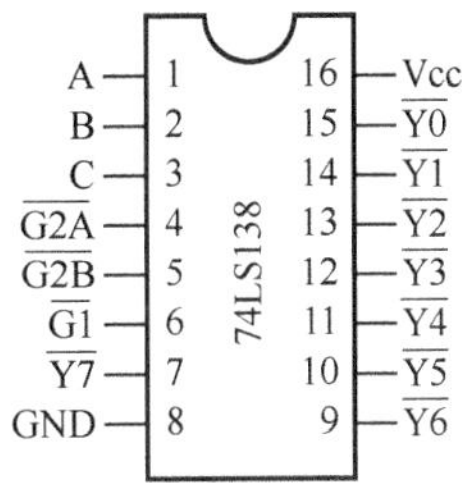

图 6-8　74LS138 外部引脚图

G1、$\overline{G2A}$ 、$\overline{G2B}$ —使能端，用于引入控制信号；

A、B、C—选择端，即译码器输入端；

$\overline{Y0}$ ～ $\overline{Y7}$ —译码器输出端

表 6-3　74LS138 输入输出真值表

输入端						输出端							
使能端			选择端			$\overline{Y0}$	$\overline{Y1}$	$\overline{Y2}$	$\overline{Y3}$	$\overline{Y4}$	$\overline{Y5}$	$\overline{Y6}$	$\overline{Y7}$
G1	$\overline{G2A}$	$\overline{G2B}$	C	B	A								
0	×	×	×	×	1	1	1	1	1	1	1	1	1
×	1	×	×	×	1	1	1	1	1	1	1	1	1
×	×	1	×	×	1	1	1	1	1	1	1	1	1
1	0	0	0	0	0	0	1	1	1	1	1	1	1
1	0	0	0	0	1	1	0	1	1	1	1	1	1
1	0	0	0	1	0	1	1	0	1	1	1	1	1
1	0	0	0	1	1	1	1	1	0	1	1	1	1
1	0	0	1	0	0	1	1	1	1	0	1	1	1
1	0	0	1	0	1	1	1	1	1	1	0	1	1
1	0	0	1	1	0	1	1	1	1	1	1	0	1
1	0	0	1	1	1	1	1	1	1	1	1	1	0

要扩展 8 片 8KB 的 RAM 6264，可通过 74LS138 把 64KB 空间分配给各个芯片，如图 6-9 所示。

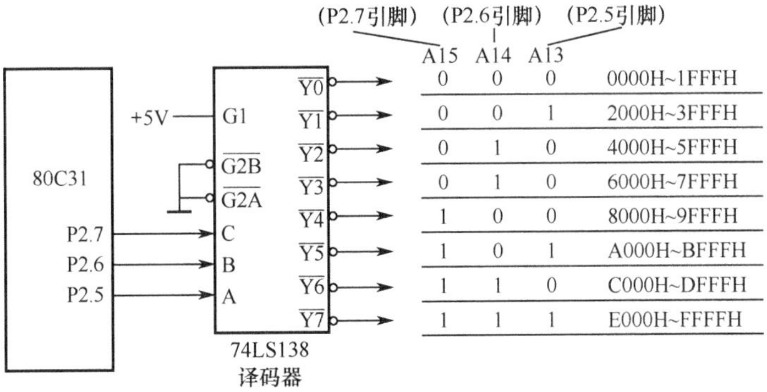

图 6-9　译码法多片存储芯片扩展连接图

6.2.1.5 扩展存储器所需芯片数目的确定

若所选存储器芯片字长与单片机字长一致，则只需扩展容量。所需芯片数目按下式确定：

$$芯片数目=\frac{系统扩展容量}{存储器芯片容量}$$

若所选存储器芯片字长与单片机字长不一致，则不仅需扩展容量，还需字扩展。

6.2.2 程序存储器扩展

6.2.2.1 只读存储器

在 80C51 单片机中，程序存储器的扩展使用只读存储器（ROM）芯片。ROM 中的信息一旦写入之后就不能随意更改，特别是不能在程序运行过程中写入新的内容，而只能读存储单元内容。根据编程方式不同，ROM 共分为 5 种。

◆ 掩膜 ROM（简称 ROM）：由半导体制造厂家在生产过程中编程，掩膜 ROM 制造完成后，用户不能更改其内容。这种 ROM 芯片存储结构简单，集成度高，但掩膜工艺成本较高，故只适合于大批量生产。因为编程是以掩膜工艺实现的，所以称为掩膜 ROM（或 maskROM）。

◆ 可编程 ROM（PROM）：PROM 芯片出厂时没有任何程序信息，其程序是用户在开发现场写入的，且只能写入一次（一旦写入就不能再进行修改），即一次性编程（one time programble），故又可写为 OTP ROM。

◆ 可擦除改写 ROM：程序同样由用户写入，但可反复擦除重新写入。按擦除信息的方法不同，又可分为两种：用紫外线擦除的称为 EPROM，用电擦除的称为 E^2PROM 或 EPROM。EPROM 是用电信号编程而用紫外线擦除的只读存储器芯片。在芯片外壳上方的中央有一个圆形窗口，通过这个窗口照射紫外线就可以擦除原有信息。由于阳光中有紫外线的成分，因此程序写好后要用不透明的标签贴封窗口，以避免因阳光照射而破坏程序。E^2PROM 是一种用电信号编程也用电信号擦除的 ROM 芯片，它可以通过读写操作进行逐个存储单元的读出和写入，且读写操作与 RAM 存储几乎没有什么差别，但断电后却能保存信息。典型 EEPROM 芯片有：28C16、28C17、2817A 等。E^2PROM 虽然具有既可读又可写的特点，但写入的速度较慢，使用起不不太方便。

◆ 快擦写 ROM（Flash ROM）：Flash ROM 是在 EPROM 和 E^2PROM 的基础上发展起来的一种只读存储器，读写速度都很快，存取时间可达 70ns，存储容量可达 2KB～16KB，近期甚至有 16MB～64MB 的芯片出现。故又称闪烁存储器，简称闪存。这种芯片的可改写次数可从 1 万次到 100 万次。典型 Flash ROM 芯片有 28F256、28F516、AT89 等。

6.2.2.2 片外程序存储器 ROM 的操作时序

访问片外 ROM 的时序如图 6-10 所示。

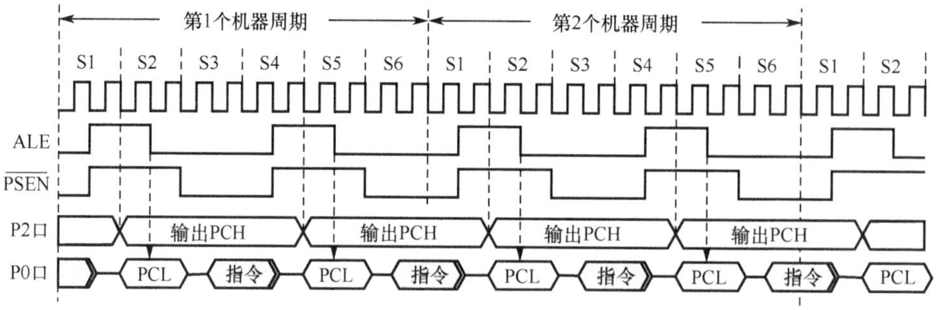

图 6-10 片外 ROM 的操作时序

由图 6-10 可知，地址锁存器允许信号 ALE 上升为高电平后，P2 口输出高 8 位地址 PCH，P0 口输出低 8 位地址 PCL；ALE 下降为低电平后，P2 口信息保持不变，而 P0 口将用来读取片外 ROM 中的指令码，因此低 8 位地址要在 ALE 降为低电平之前由外部地址锁存器锁存起来。在 $\overline{PSEN}$ 输出负跳变选通片外 ROM 后，P0 口转为输入状态，读入片外 ROM 的指令字节。

从图 6-10 中还可以看出，80C51 系列单片机的 CPU 在访问片外 ROM 的一个机器周期内，信号 ALE 出现两次（正脉冲），ROM 选通信号 $\overline{PSEN}$ 也两次有效，这说明在一个机器周期内，CPU 可以访问片外 ROM 两次，即在一个机器周期内可以处理两个字节的指令代码，所以在 80C51 系列单片机指令系统中有很多单周期双字节指令。

6.2.2.3　程序存储器扩展用的典型芯片

（1）功能引脚

在程序存储器扩展使用 ROM 芯片中，主要使用的是 EPROM 和 E^2PROM。下面以 EPROM 型的芯片进行说明。EPROM 的典型芯片是 INTEI 公司的 27 系列产品，按存储容量不同有 2716（2KB×8）、2732（4KB×8）、2764（8KB×8）、27128（16KB×8）、27256（32KB×8）、27512（64KB×8）等多种型号，型号名称后面的数字表示其“位”存储容量。芯片的容量不同，引脚也不同，但使用方法相近。图 6-11 所示为几种 EPROM 芯片的引脚。

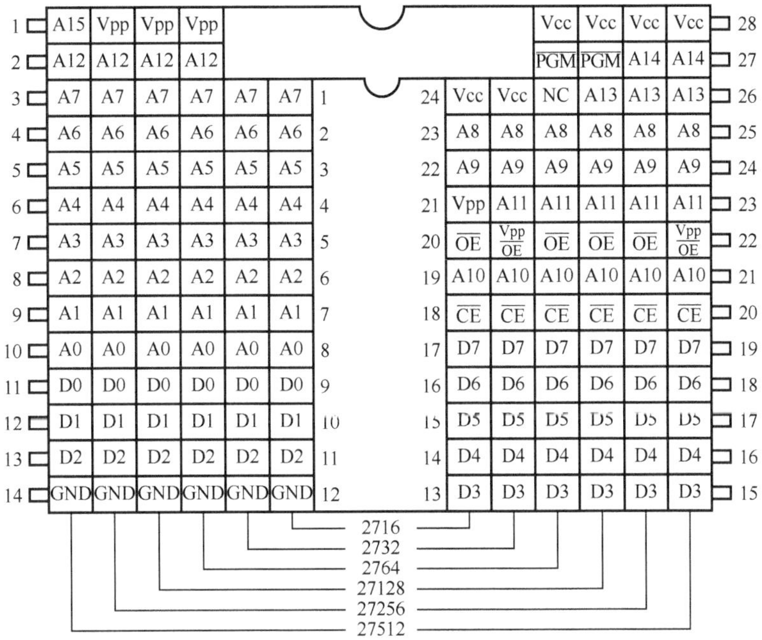

图 6-11　几种 EPROM 芯片的引脚

各引脚功能如下。

◆ A0～A15：地址线引脚，数目决定存储容量。

◆ D7～D0：数据读出引脚。

◆ $\overline{CE}$：片选输入端。

◆ $\overline{OE}$：输出允许控制端。

◆ Vcc：+5V，芯片的工作电压。

◆ NC：无用端。

◆ Vpp：编程电压输入端，编程电压（+12V 或+25V）。

◆ GND：数字地。

◆ $\overline{PGM}$：编程控制信号输入端，用于编程时引入编程脉冲。

（2）EPROM 工作方式

EPROM 的各种工作方式及引脚状态如表 6-4 所示。

表 6-4　EPROM 工作方式

方式＼引脚	$\overline{CE}$	$\overline{OE}$	$\overline{PGM}$	Vpp（+25V）	Vcc	D7～D0
读	低	低	高	Vcc	5V	程序输出
输出禁止	低	高	高	Vcc	5V	高阻
编　程	低	高	负脉冲	Vpp	5V	程序输入
编程校验	低	低	高	Vpp	5V	程序输出
编程禁止	高	×	×	Vpp	5V	高阻

◆ 读方式。当$\overline{CE}$及$\overline{OE}$均为低电平、$\overline{PGM}$为高电平且 Vpp=+5V 时，芯片被选中并处于读出工作方式。这时被寻址单元的内容经数据线 D7～D0 读出。

◆ 未选中式。当$\overline{CE}$为高电平时，芯片不被选中，其数据线输出为高阻抗状态。这时芯片处于低功耗维持状态，其功耗从读出方式的 525mW 降到 132mW。

◆ 编程方式。当 Vpp 端加+25V 高电压、$\overline{CE}$为低电平、$\overline{OE}$加 TTL 高电平时，芯片处于编程工作方式，进行信息的重新写入。这时编程地址和写入数据分别由 A15～A0 和 D7～D0 引入。地址和数据稳定后，每当一个脉宽 50ms 的负脉冲在$\overline{PGM}$端出现，就进行一个存储单元的信息写入。芯片允许按个别的、连续的或随机的方式对其存储单元进行编程。不仅能单片编程，而且还能多片同时编程，即把同样信息并行写入多芯片中。将多片的同名信号端连接在一起，即可同时进行编程。

◆ 程序检验方式。程序检验是检查写入的信息是否正确，因此程序检验通常总是紧跟编程之后。这时 Vpp 端加+25V 高电压、$\overline{CE}$及$\overline{OE}$均为低电平、$\overline{PGM}$为高电平。

◆ 编程禁止。编程禁止方式是为向多芯片写入不同程序而设置的。这时可把除$\overline{PGM}$以外的所有信号引线都并联起来。当 Vpp 加 25V 高压时，就对$\overline{PGM}$信号端加编程脉冲的那些芯片进行编程，而$\overline{PGM}$信号端加高电平的那些芯片就处于编程禁止状态，不写入程序。

6.2.2.4　程序存储器扩展举例

程序存储器扩展常见有单片 ROM 的扩展和多片 ROM 的扩展。

（1）单片 ROM 的扩展

图 6-12 所示为单片程序存储器扩展的接口电路。

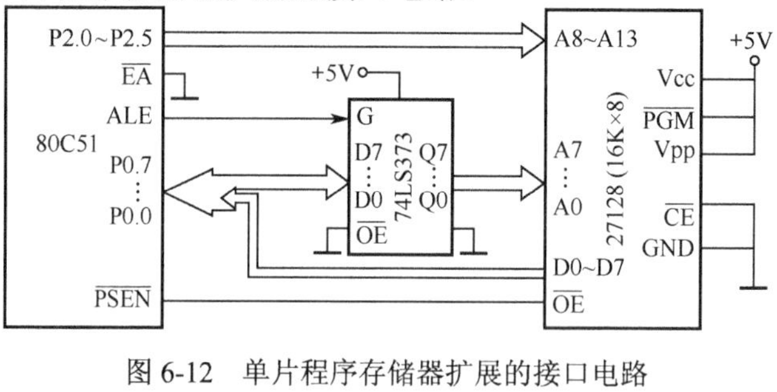

图 6-12　单片程序存储器扩展的接口电路

扩展的主要工作是地址线、数据线和控制线的连接。地址线的连接与外扩存储芯片的容量有关。27128 容量为 16KB，需 14 位地址线（A0～A13）进行存储单元的选择。80C51 的地址锁存允许信号线 ALE 接锁存器控制端 G，当 ALE 发生负跳变时，将低 8 位地址锁存于 74LS373 中，这时 PO 接口就可作为数据总线使用了。27128 的高位地址线有 6 条：A8～A13，直接接到 P2 口的 P2.0～P2.5 即可，27128 的输出允许信号 $\overline{OE}$ 由 80C51 的片外 ROM 读选通信号 $\overline{PSEN}$ 控制。由于是单片 EPROM 扩展，故无需考虑片选问题，片选端 $\overline{CE}$ 可直接接地。

27128 芯片的地址范围：最低地址为 0000H（A15～A0=0000 0000 0000 0000B），最高地址为 3FFFH（A15～A0=0011 1111 1111 1111B）。P2.6 和 P2.7 的状态与 27128 芯片的寻址无关，可为任意状态。

（2）多片 ROM 的扩展

图 6-13 所示为多片程序存储器扩展的接口电路。

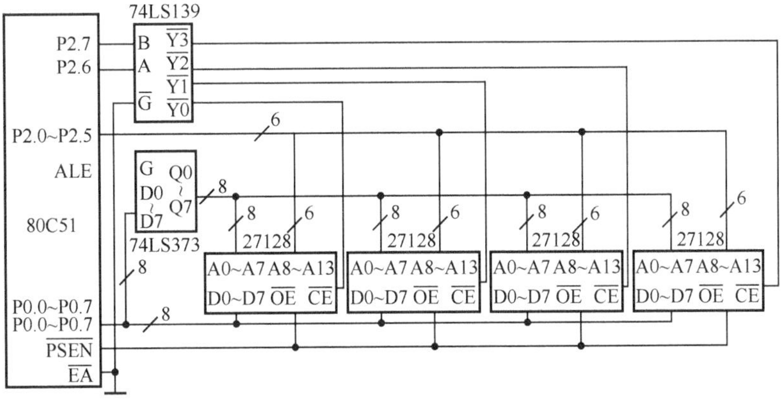

图 6-13　多片程序存储器扩展的接口电路

在图 6-13 中三总线连接与扩展一片基本一致，区别是每个芯片片选信号引脚连接不同，在本例中采用 74LS139 译码器进行编址。

多片程序存储器的扩展有以下几个特点：

◆ 各芯片的数据线并行连接。

◆ 各芯片的低位地址线并行连接。

◆ 各芯片的控制信号 $\overline{PSEN}$ 并行连接。

◆ 各芯片的片选信号是不同的，需分别产生。

6.2.3 数据存储器扩展

6.2.3.1 随机存储器

在 80C51 单片机中，数据存储器的扩展使用随机存储器（RAM）芯片，与 ROM 不同，对 RAM 可以进行读写操作。但 RAM 是易失性存储器，断电后所存信息立即消失。

RAM 又分为静态（SRAM）和动态（DRAM）两种。只要 SRAM 加上电源，所存信息就能保存；而 DRAM 需要不断刷新以便周期再生，才能保存信息。

6.2.3.2 片外 RAM 的读写操作时序

如图 6-14 所示，P2 口输出片外 RAM 的高 8 位地址（DPH 内容），P0 口输出低 8 位地址（DPL 内容）并由 ALE 的下降沿锁存在地址锁存器中。若接下来是读操作，则 P0 口变为数据输入方式，在读信号$\overline{RD}$有效时，外 RAM 中相应单元的内容出现在 P0 口上，由 CPU 读入到累加器 A 中；若接下来是写操作，则 P0 口变为数据输出方式，在写信号$\overline{WD}$有效时，将 P0 口线上出现的 A 中内容写入到相应的外 RAM 单元中。

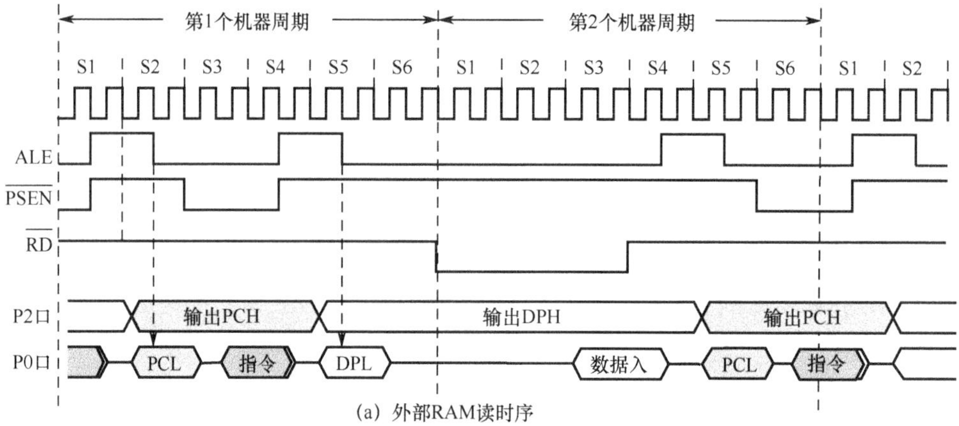

(a) 外部RAM读时序

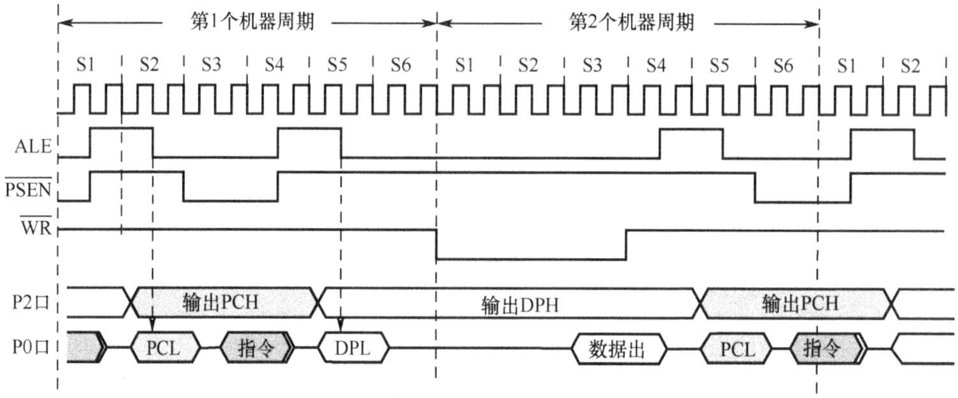

(b) 外部RAM写时序

图 6-14　片外 RAM 的读写操作时序

80C51 的 16 根地址线可分别对片外 64KB 的 ROM 和 64KB 的 RAM 进行寻址。对外 ROM 操作的整个取指令周期里，$\overline{PSEN}$=0 以选通外 ROM，而$\overline{RD}$或$\overline{WD}$始终为高电平，此时对外 RAM 不能进行读写操作；对外 RAM 操作的整个取指令周期里，$\overline{RD}$或$\overline{WD}$为低电平，$\overline{PSEN}$=1，此时对外 ROM 不能进行读操作，只能对外 RAM 进行读或写操作。所以 RAM 与 ROM 地址重叠，但不会发生混乱。

6.2.3.3　数据存储器扩展用典型芯片

（1）功能引脚

在一般单片机数据存储器扩展中，常用的是 SRAM。常用的 SRAM 芯片典型型号有：6116（2KB×8）、6264（8KB×8）、62256（32KB×8）。芯片的容量不同，引脚也不同，但使用方法相近。注意，EEPROM 除可作为程序存储器扩展外，还可作为数据存储器扩展。图 6-15 所示为几种 SRAM 芯片的引脚。各引脚功能如下：

◆ A0～A14：地址输入线。

◆ D0～D7：双向三态数据线。

- $\overline{OE}$：读选通信号输入线。
- $\overline{WE}$：写允许信号输入线，低电平有效。
- $\overline{CE}$：片选信号输入。对于 6264 芯片，当 CS=1 且 $\overline{CE}$ 为低电平时，才选中该片。
- Vcc：工作电源+5V。
- GND：地。

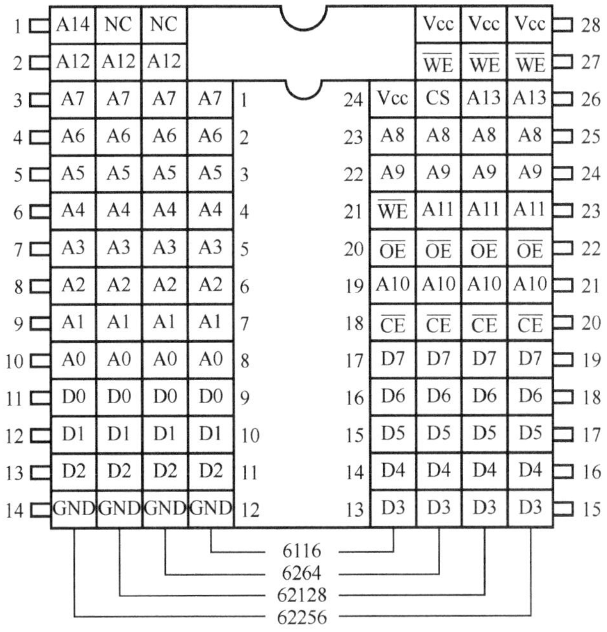

图 6-15 几种 SRAM 芯片的引脚

（2）SRAM 工作方式

SRAM 工作方式如表 6-5 所示。

表 6-5 常用 SRAM 的工作方式

芯片型号	工作方式	信号引脚				
		$\overline{CE}$	CS	$\overline{OE}$	$\overline{WE}$	D0～D7
6264	读	0	1	0	1	数据输出
	写	0	1	1	0	数据输入
	维持（未选中）	1	×	×	×	高阻态
	维持（未选中）	×	0	×	×	高阻态
6116 6264 62256	读	0	无	0	1	数据输出
	写	0		1	0	数据输入
	维持（未选中）	1		×	×	高阻态

6.2.3.4 数据存储器扩展举例

数据存储器扩展与程序存储器扩展在数据线、地址线的连接上是完全相同的。所不同的是控制信号，程序存储器使用 $\overline{PSEN}$ 作为读选通信号，而数据存储器则使用 $\overline{RD}$ 和 $\overline{WR}$ 分别作为读、写选通信号。

（1）线选法数据存储器扩展

线选法数据存储器扩展的接口电路如图 6-16 所示。地址线为 A0～A12，故剩余地址线为三根。用线选法可扩展 3 片 6264。片选线 CS 接高电平，保持有效状态，并可进行断电保护。3 片 6264 对应的地址空间如表 6-6 所示。

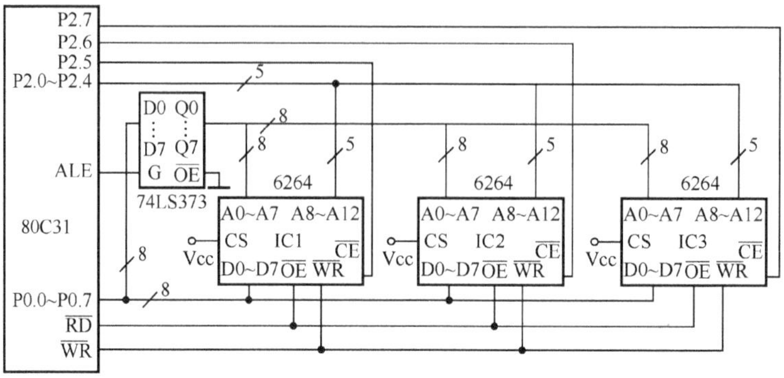

图 6-16　线选法数据存储器扩展的接口电路

表 6-6　各片 6264 对应的地址空间

P2.7	P2.6	P2.5	选中芯片	地址范围	容　量
1	1	0	IC1	C000H~DFFFH	8KB
1	0	1	IC2	A000H~BFFFH	8KB
0	1	1	IC3	6000H~7FFFH	8KB

（2）译码法数据存储器扩展

译码法数据存储器扩展的接口电路如图 6-17 所示。

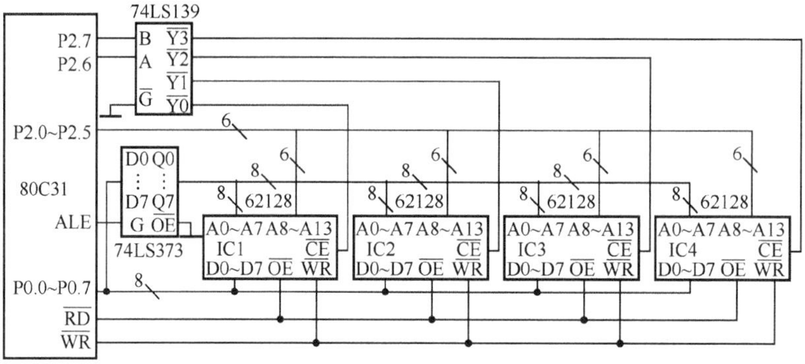

图 6-17　译码法数据存储器扩展的接口电路

4 片 62128 对应的地址空间如表 6-7 所示。

表 6-7　4 片 62128 对应的地址空间

P2.7	P2.6	译码输出	选中芯片	地址范围	容　量
0	0	$\overline{Y0}$	IC1	0000H～3FFFH	16KB
0	1	$\overline{Y1}$	IC2	4000H～7FFFH	16KB
1	0	$\overline{Y2}$	IC3	8000H～BFFFH	16KB
1	1	$\overline{Y3}$	IC4	C000H～FFFFH	16KB

6.2.4 ROM 和 RAM 综合扩展

前面分别讲述了程序存储器和数据存储器的扩展，但在实际应用中见到最多的还是两种存储器综合扩展。

例 6.1　采用线选法扩展 2 片 8KB 的 RAM 和 2 片 8KB 的 EPROM，RAM 选 6264，EPROM 选 2764，如图 6-18 所示。IC2 和 IC4 占用地址空间为 2000H～3FFFH 共 8KB（P2.5=1、P2.6=0、P2.7=0）。同理 IC1、IC3 地址范围 4000H～5FFFH（P2.5=0、P2.6=1、P2.7=0）。线选法地址不连续，地址空间利用不充分。

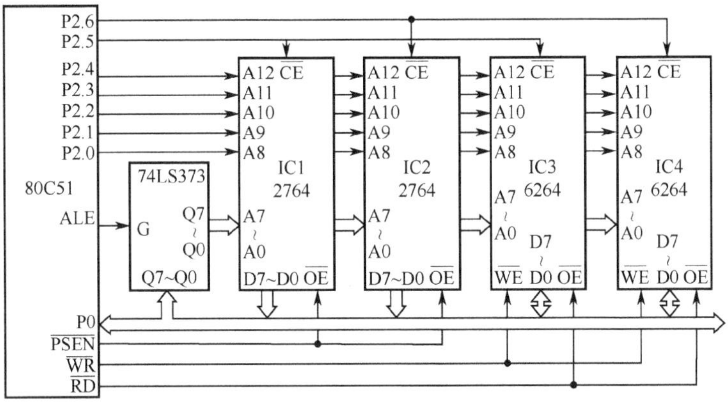

图 6-18　线选法 EPROM 和 RAM 综合扩展连接图

例 6.2　采用译码器法扩展 2 片 8KB EPROM、2 片 8KB RAM。EPROM 选用 2764，RAM 选用 6264。共扩展 4 片芯片，如图 6-19 所示。

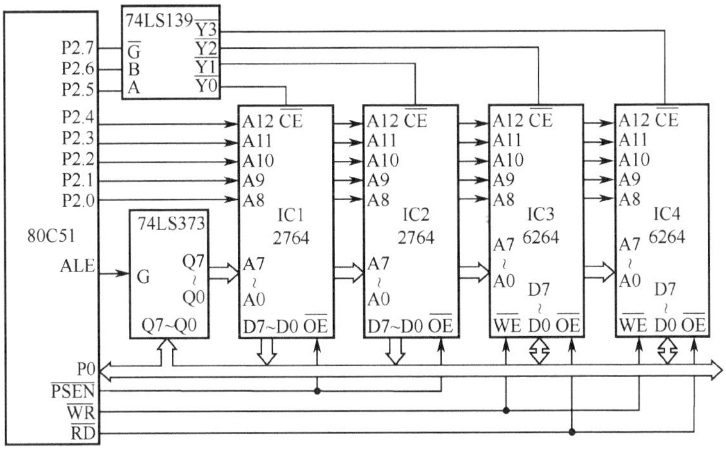

图 6-19　译码法 EPROM 和 RAM 综合扩展连接图

IC1、IC2、IC3 和 IC4 芯片的地址范围分别为：0000H～1FFFH、2000H～3FFFH、4000H～5FFFH 和 6000H～7FFFH。

6.3 I/O 接口扩展

与存储器扩展一样，I/O 接口扩展也属于系统扩展的一部分。I/O 接口是 80C51 与外设交换信息的桥梁。单片机通常通过 P0 口和 P2 口构成数据、地址总线，扩展 EPROM、RAM 或其他功能芯片。这样一来，只有剩下 P1 口和部分 P3 口可作为 I/O 口。因此，在大部分的 80C51 单片机应用系统设计中都需要进行 I/O 口的扩展。

6.3.1 I/O 接口功能

在单片机应用系统中，I/O 接口电路应满足以下要求：

◆ 实现与不同外设的速度匹配。大多数的外设的速度很慢，无法与微秒量级的单片机速度相比。单片机只有在确认外设已为数据传送做好准备的前提下才能进行 I/O 操作（异步方式）。单片机通过需 I/O 接口电路与外设之间传送状态信息来实现单片机与外设的速度协调。

◆ 输出数据锁存。由于单片机工作速度快，数据在数据总线上保留的时间十分短暂，无法满足慢速外设的数据接收。I/O 电路应具有数据锁存器，以保证接收设备正确接收。

◆ 输入数据三态缓冲。输入设备向单片机输入数据时，但数据总线上面可能“挂”有多个数据源，为不发生冲突，只允许当前正在进行数据传送的数据源使用数据总线，其余的应处于隔离状态（采用三态缓冲高阻态即对总线为隔离状态，可参考有关数字电路的文献资料）。

◆ 数据格式转换。单片机只能输入和输出数字信号，但是有些设备所提供或所需要的并不是数字信号形式，因此需要使用接口电路进行数据信号的转换（包括数模转换）。

6.3.2 I/O 端口编址

在讲述 I/O 端口的编址之前，首先要清楚 I/O 接口（Interface）和 I/O 端口（Port）的概念。

I/O 端口是指具有端口地址的寄存器或缓冲器，简称 I/O 口。

I/O 接口是指单片机与外设间的 I/O 接口芯片。

一个 I/O 接口芯片可以有多个 I/O 端口，如数据口、命令口、状态口等。

在计算机中，凡需进行读写操作的设备都存在编址的问题。在单片机中有两个需要编址的子系统，即：存储器和接口电路。

存储器是对存储单元进行编址，而接口电路则是对其中的寄存器进行编址。对端口编址是为 I/O 操作而进行的，因此也称为 I/O 编址。I/O 端口编址分为独立编址方式和统一编址方式两种。

◆ 独立编址方式：I/O 寄存器地址空间和存储器地址空间分开编址，这样在一个单片机系统中就形成了两个独立的地址空间，即：存储器地址空间和 I/O 地址空间。在独立编址方式的计算机指令系统中，除存储器读写指令之外，还需专门读写 I/O 的指令和控制信号。

◆ 统一编址方式：I/O 寄存器与数据存储器单元同等对待，统一编址。不需要专门的 I/O 指令，直接使用访问数据存储器的指令进行 I/O 操作，简单、方便且功能强。

在 80C51 系列单片机中使用统一编址的方式，每个接口芯片中的一个功能寄存器（端口）的地址就相当于一个 RAM 单元。

6.3.3 I/O 数据传送方式

为实现和不同的外设的速度匹配，I/O 接口必须根据不同外设选择恰当的 I/O 数据传送方式。I/O 数据传送的方式包括无条件传送、查询传送、中断传送。

◆ 无条件传送（同步传送方式）。这种方式不测试 I/O 设备的状态，单片机在规定的时间用输入或输出指令来进行数据的输入或输出。当外设速度和单片机的速度相比拟时，常采用同步传送方式。最典型的同步传送就是单片机和外部数据存储器之间的数据传送。

◆ 查询传送方式（条件传送，异步式传送）。采用查询传送方式传送数据，首先要查询（单片机是主动）外设是否已“准备好”，再进行数据传送。其优点是通用性好，硬件连线和查询程序十分简单；缺点是这种方式花费时间多，效率不高。为提高效率，通常采用中断传送方式。

◆ 中断传送方式（条件传送，异步式传送）。外设准备好后，发中断请求（单片机是被动），单片机进入与外设数据传送的中断服务程序，进行数据的传送。中断服务完成后又返回主程序继续执行。其优点是工作效率高。

6.3.4　I/O 接口电路芯片

Intel 公司的配套可编程 I/O 接口芯片的种类齐全，为扩展 I/O 接口提供了很大的方便。

常用的外围 I/O 接口芯片有：

◆ 8255A。可编程的通用并行接口电路（3 个 8 位 I/O 口）。

◆ 8155。可编程的 IO/RAM 扩展接口电路（2 个 8 位 I/O 口，1 个 6 位 I/O 口，256 个 RAM 字节单元，1 个 14 位的减法定时/计数器）。

◆ 8279。可编程键盘/显示器接口芯片。

此外，74LS 系列的 TTL 电路也可以作为 80C51 的扩展 I/O 口，如 74LS244、74LS273、74LS373 等。

6.3.5　简单 I/O 口扩展

通常可以通过数据缓冲器、锁存器来扩展简单 I/O 接口。例如，74LS373、74LS244、74LS273、74LS245 等芯片都可以作简单 I/O 扩展。实际上，只要具有输入三态、输出锁存的电路，都可以用作 I/O 口扩展。图 6-20 所示为利用 74LS373 和 74LS244 扩展的简单 I/O 口。

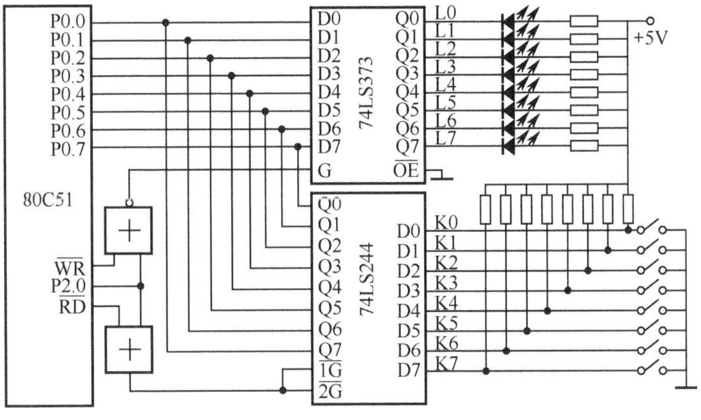

图 6-20　利用 74LS373 和 74LS244 扩展的简单 I/O 口

其中 74LS373 扩展并行输出口，74LS244 扩展并行输入口。74LS373 是一个带输出三态门的 8 位锁存器，8 个输入端 D0～D7，8 个输出端 Q0～Q7。G 为数据锁存控制端，G 为高电平时，可把输入端的数据锁存于内部的锁存器；$\overline{\text{OE}}$ 为输出允许端，低电平时把锁存器中的内容通过输出端输出。74LS244 是单向数据缓冲器，带两个控制端 $\overline{\text{1G}}$ 和 $\overline{\text{2G}}$，当它们为低电平时，输入端 D0～D7 的数据输出到 Q0～Q7。

图 6-20 中，扩展的输入口接 K0～K7 8 个开关，扩展的输出口接 L0～L7 8 个发光二极管。如要实现 K0～K7 开关的状态通过 L0～L7 发光二极管显示，相应的汇编程序如下：

```
LOOP:    MOV     DPTR,#0FEFFH        ;设置输入端口的指针
         MOVX    A,@DPTR             ;把 74LS244 的开关状态输入到 A
         MOVX    @DPTR,A             ;将 A 中的状态输出到 74LS373 显示
         SJMP    LOOP
```

6.4 8255A 可编程并行接口芯片

6.4.1 8255A 芯片介绍

8255A 是 Intel 公司生产的可编程并行 I/O 接口芯片，它具有 3 个 8 位的并行 I/O 口，3 种工作方式，可通过编程改变其功能，因而使用灵活方便、通用性强。它的特点是工作方式的确定和改变要由程序以软件方法实现，故称为可编程接口芯片（8155 同样）。

8255A 共 40 引脚，采用双列直插式封装，如图 6-21 所示，各引脚信号功能如下。

◆ D7～D0：三态双向数据线，与单片机的数据总线相连，用来传送数据信息。

◆ $\overline{RD}$：读信号线，低电平有效，用于控制从 8255A 端口寄存器读出信息。

◆ $\overline{WR}$：写信号线，低电平有效，用于控制向 8255A 端口寄存器写入信息。

◆ PA7～PA0、PB7~PB0、PC7~PC0：A 口、B 口、C 口的 8 根输入/输出信号线，用于与外部设备连接。

◆ A1、A0：地址线，用来选择 8255A 内部的 4 个端口。

◆ RESET：复位信号线。

◆ Vcc：+5V 电源线。

◆ GND：地信号线。

◆ $\overline{CS}$：片选信号线，低电平有效，用于选中 8255A 芯片。

8255A 的内部由 4 个逻辑结构组成，如图 6-22 所示。

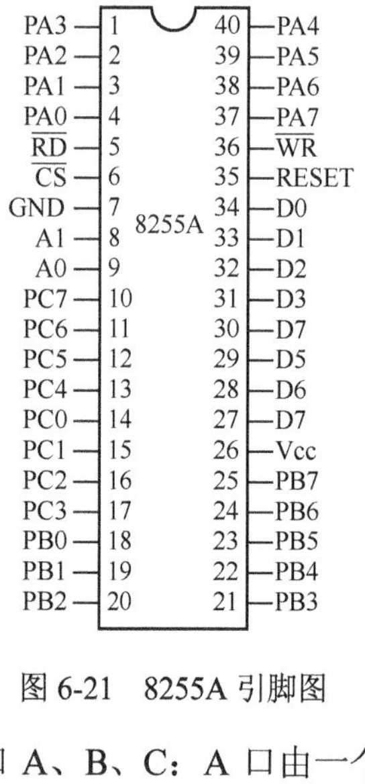

图 6-21　8255A 引脚图

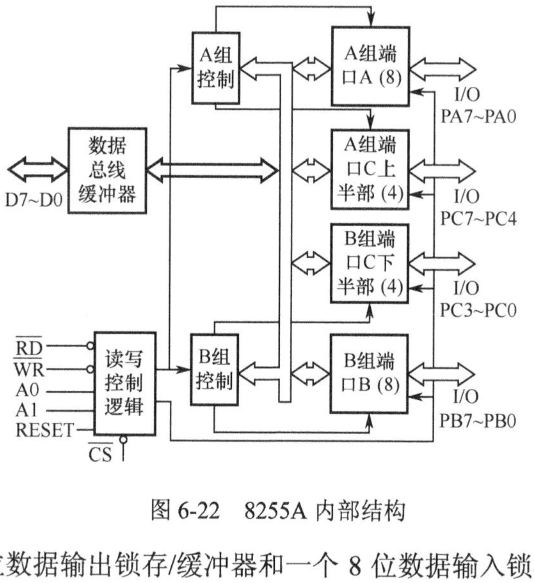

图 6-22　8255A 内部结构

◆ 端口 A、B、C：A 口由一个 8 位数据输出锁存/缓冲器和一个 8 位数据输入锁存/缓冲器组成，可设定为 8 位输入或输出或双向输入/输出方式。B 口由一个 8 位数据输出锁存/缓冲器和一个 8 位数据输入缓冲器（输入不锁存，不可工作在方式 2）组成，可设定为 8 位输入或

输出方式，但不能设定为双向输入/输出方式。C 口由一个 8 位数据输出锁存/缓冲器和一个 8 位数据输入缓冲器（输入不锁存）组成，在方式 1 和方式 2 下，分为两个 4 位口使用：高四位属于 A 口，传送 A 口上外设的控制/状态信息；低四位属于 B 口，传送 B 口上所需的控制/状态信息。

◆ A 组和 B 组控制电路：这是两组根据 CPU 的命令字控制 8255A 工作方式的电路。A 组控制 PA 口和 PC 口的上半部（PC7～PC4）；B 组控制 PB 口和 PC 口的下半部（PC3～PC0），可根据“命令字”对 PC 口按位置“1”或清“0”。

◆ 数据总线缓冲器：这是一个三态双向 8 位的驱动口，作为 8255A 与单片机数据线之间接口，用来传送数据、指令、控制命令及外部状态信息。

◆ 读/写控制逻辑电路线：该电路接收 CPU 发来的控制信号，RESET 信号，地址信号 A1、A0 等；对端口进行读写。

◆ 8255A 有 4 个端口寄存器：A 寄存器、B 寄存器、C 寄存器和控制口寄存器，通过控制信号和地址信号对这 4 个端口寄存器的操作如表 6-8 所示。

表 6-8　8255A 读/写控制

$\overline{CS}$	A1	A0	$\overline{RD}$	$\overline{WR}$	所选端口	操　作
0	0	0	0	1	A 口	读端口 A
0	0	1	0	1	B 口	读端口 B
0	1	0	0	1	C 口	读端口 C
0	0	0	1	0	A 口	写端口 A
0	0	1	1	0	B 口	写端口 B
0	1	0	1	0	C 口	写端口 C
0	1	1	1	0	控制寄存器	写控制器
1	×	×	×	×	/	数据总线缓冲输出高阻抗

6.4.2　8255A 工作方式

8255A 有三种工作方式：方式 0、方式 1、方式 2。方式的选择是通过写控制字的方法来完成的。

6.4.2.1　方式 0

方式 0 是一种基本的输入/输出方式。在这种方式下，三个端口都可以由程序设置为输入或输出，没有固定的应答信号，通常用于无条件传送。方式 0 特点如下：

◆ 具有两个 8 位端口（A、B）和两个 4 位端口（C 口的高 4 位和 C 口的低 4 位）。

◆ 任何一个端口都可以设定为输入或输出。

◆ 每一个端口输出时是锁存的，输入是不锁存的。

6.4.2.2　方式 1

方式 1 是一种选通输入/输出方式。在这种工作方式下，端口 A 和 B 作为数据输入输出口，端口 C 用作输入/输出的应答信号。A 口和 B 口既可以作输入，也可作输出，输入和输出都具有锁存能力。

（1）方式 1 输入

无论是 A 口输入还是 B 口输入，都用 C 口的三位作应答信号，一位作中断允许控制位。如图 6-23 所示。

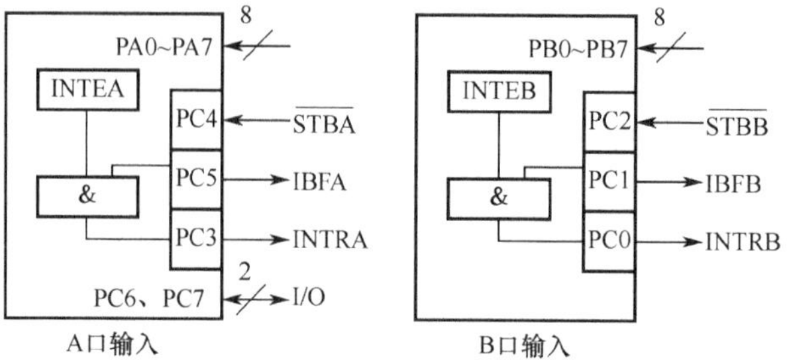

图 6-23　方式 1 选通输入方式

各应答信号含义如下。

◆ $\overline{STB}$：外设送给 8255A 的“输入选通”信号，低电平有效。

◆ IBF：8255A 送给外设的“输入缓冲器满”信号，高电平有效。

◆ INTR：8255A 送给 CPU 的“中断请求”信号，高电平有效。

◆ INTE：8255A 内部为控制中断而设置的“中断允许”信号。INTE 由软件通过对 PC4（A 口）或 PC2（B 口）的置位（=1）/复位（=0）来允许/禁止 8255A 给 CPU 发送“中断请求”信号。

（2）方式 1 输出

无论是 A 口输出还是 B 口输出，也都用 C 口的三位作应答信号，一位作中断允许控制位，如图 6-24 所示。

各应答信号含义如下。

◆ $\overline{OBF}$：8255A 送给外设的“输出缓冲器满”信号，低电平有效。

◆ $\overline{ACK}$：外设送给 8255A 的“应答”信号，低电平有效。

◆ INTR：8255A 送给 CPU 的“中断请求”信号，高电平有效。

◆ INTE：8255A 内部为控制中断而设置的“中断允许”信号，含义与输入相同，只是对应 C 口的位线与输入不同，它是通过对 PC4（A 口）和 PC2（B 口）的置位/复位来允许/禁止。

6.4.2.3　方式 2

方式 2 是一种双向选通输入/输出方式。只适合于端口 A。这种方式能实现外设与 8255A 的 A 口双向数据传送，并且输入和输出都是锁存的。它使用 C 口的 5 位作应答信号，两位作中断允许控制位，如图 6-25 所示。

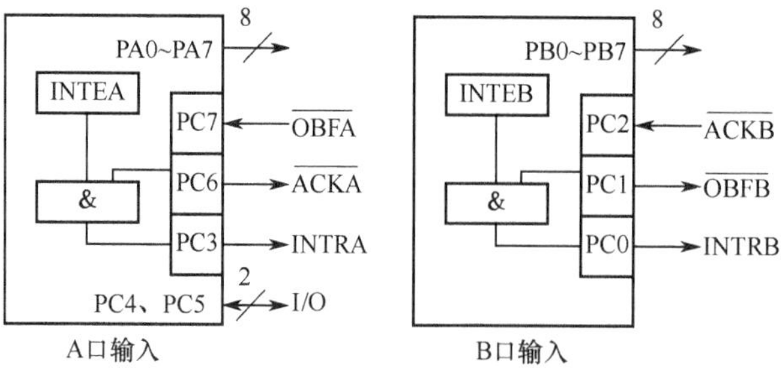

图 6-24　方式 1 选通输出方式

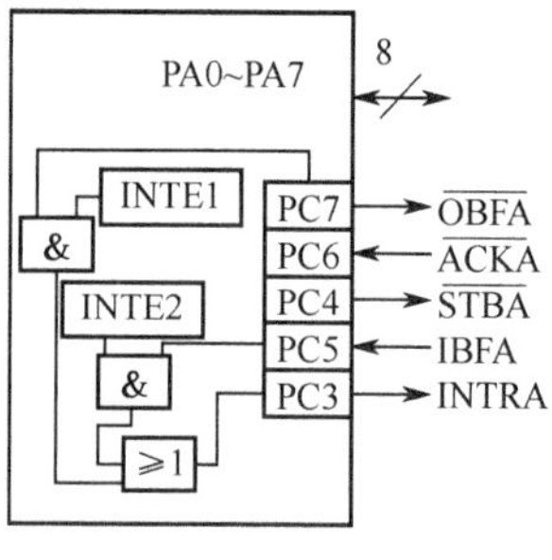

图 6-25　8255A 工作方式 2

6.4.3　8255A 控制字

8255A 的三个端口具体工作在什么方式下，是通过 CPU 对控制口的写入控制字来决定的。8255A 有两个控制字：工作方式控制字和 C 口位置位/复位控制字。用户通过程序把这两个控制字送到 8255A 的控制寄存器（A1A0=11），这两个控制字以 D7 来作为标志。

8255A 工作方式控制字格式和定义如图 6-26 所示。

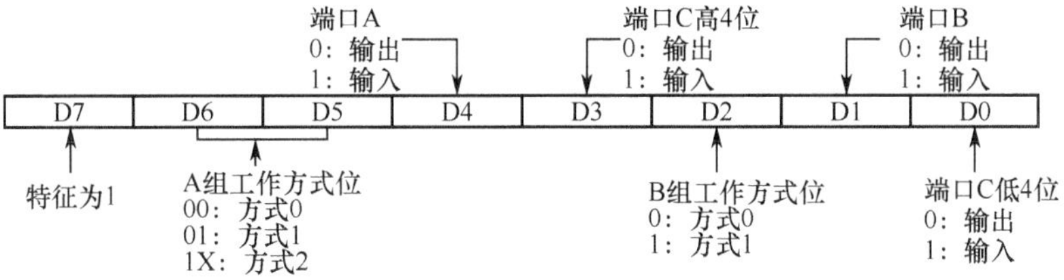

图 6-26　8255A 工作方式控制字格式和定义

◆ D7 位为特征位，D7=1 表示为工作方式控制字。

◆ D6、D5 用于设定 A 组的工作方式。

◆ D4、D3 用于设定 A 口和 C 口的高 4 位是输入还是输出。

◆ D2 用于设定 B 组的工作方式。

◆ D1、D0 用于设定 B 口和 C 口的低 4 位是输入还是输出。

◆ C 口上半部分（PC7～PC4）随 A 口称为 A 组，C 口下半部分（PC3～PC0）随 B 口称为 B 组。其中 A 口可工作于方式 0、方式 1 和方式 2，而 B 口只能工作在方式 0 和方式 1。

例如，95H 写入工作方式控制字，可将 8255A 编程为：A 口方式 0 输入，B 口方式 1 输出，C 口的上半部分（PC7～PC4）输出，C 口的下半部分（PC3～PC0）输入。

C 口位置位/复位控制字可对 C 口 8 位中的任一位置“1”或清“0”，用于位控，其格式和定义如图 6-27 所示。

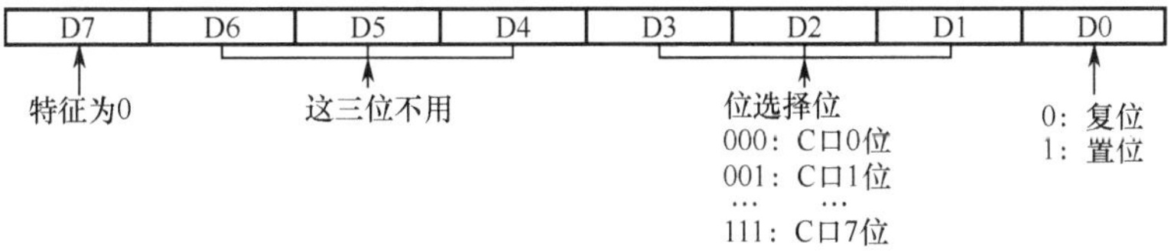

图 6-27　8255A C 口位置位/复位控制字格式和定义

◆ D7 位为特征位。D7=0 表示为 C 口位置位/复位控制字。

◆ D6、D5、D4 这三位不用。

◆ D3、D2、D1 这三位用于选择 C 口当中的某一位。

◆ D0 用于置位/复位设置，D0=0 则复位，D0=1 则置位。

例如，07H 写入位控制字，则 PC3 置“1”；08H 写入位控制字，则 PC4 清“0”。

6.4.4　8255A 与 80C51 单片机接口

8255A 和单片机接口十分简单，只需一个 8 位的地址锁存器即可。

图 6-28 所示为 80C31 扩展 1 片 8255A 的电路图。74LS373 是地址锁存器，P0.1、P0.0 经 74LS373 与 8255A 的地址线 A1、A0 连接，P0.7 经 74LS373 与片选端相连，其他地址线悬空。

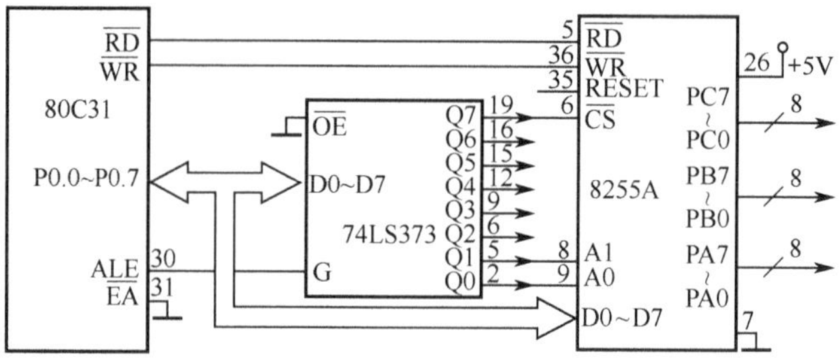

图 6-28　80C31 与 8255A 的接口电路

8255A 各端口寄存器的地址如下：

80C31	P2.7	P2.6	P2.5	P2.4	P2.3	P2.2	P2.1	P2.0	P0.7	P0.6	P0.5	P0.4	P0.3	P0.2	P0.1	P0.0
	A15	A14	A13	A12	A11	A10	A9	A8	A7	A6	A5	A4	A3	A2	A1	A0
8255A									$\overline{CS}$						A1	A0
A 口	×	×	×	×	×	×	×	×	0	×	×	×	×	×	0	0
B 口	×	×	×	×	×	×	×	×	0	×	×	×	×	×	0	1
C 口	×	×	×	×	×	×	×	×	0	×	×	×	×	×	1	0
控制口	×	×	×		×	×	×	×	0	×	×	×		×	1	1

假定无关位都取 1，则 8255A 的 A、B、C 和控制口地址分别为 0FF7CH、0FF7DH、0FF7EH 和 0FF7FH。

例 6.3　要求 8255A 工作在方式 0，且 A 口作为输入，B 口、C 口作为输出，程序如下：

```
MOV     A,#90H          ;A 口方式 0 输入,B 口、C 口输出
MOV     DPTR,#0FF7FH    ;控制寄存器地址→DPTR
MOVX    @DPTR,A         ;方式控制字→控制寄存器
MOV     DPTR,#0FF7CH    ;A 口地址→DPTR
MOVX    A,@DPTR         ;从 A 口读数据
MOV     DPTR,#0FF7DH    ;B 口地址→DPTR
MOV     A,#DATA1        ;要输出的数据 DATA1→A
MOVX    @DPTR,A         ;将 DATA1 送 B 口输出
MOV     DPTR,#0FF7EH    ;C 口地址→DPTR
MOV     A,#DATA2        ;DATA2→A
MOVX    @DPTR,A         ;将数据 DATA2 送 C 口输出
```

例 6.4　对端口 C 的置位/复位。

把 PC5 置位，控制字为 0BH。

```
MOV     R1,#7FH     ;控制口地址→R1
MOV     A,#0BH      ;控制字→A
MOVX    @R1,A       ;控制字→控制口,PC5=1
```

把 PC5 复位，控制字为 0AH。

```
MOV     R1,#7FH     ;控制口地址→R1
MOV     A,#0AH      ;控制字→A
MOVX    @R1,A       ;控制字→控制口,PC5=0
```

6.5　8155 可编程并行接口芯片

与 8255A 相比，8155 具有更强的功能，它除能提供并行口所需的各种电路之外，还包括

RAM 存储器和定时器。

6.5.1　8155 芯片介绍

6.5.1.1　8155 的引脚信号

8155 芯片为 40 脚引脚双直插封装，单一的+5V 电源，其引脚排列如图 6-29 所示。在与单片机接口的方向，8155 提供如下信号。

- AD7～AD0：地址数据复用线。
- RESET：复位输入线。
- $\overline{CE}$：片选信号。
- IO/$\overline{M}$：I/O 与 RAM 选择信号。IO/$\overline{M}$=1 时，对 I/O 口读写；IO/$\overline{M}$=0，对 RAM 读写。
- $\overline{RD}$：读选通信号。
- $\overline{WR}$：写选通信号。
- Vcc：+5V 电源。
- ALE：地址锁存允许信号。
- Vss：地。

6.5.1.2　8155 的逻辑结构

8155 具有 3 个可编程 I/O 口，其中 2 个口（A 和 B）为 8 位口，1 个口（C）为 6 位口。此外还有 256 单元的 RAM 和 1 个 14 位计数结构的定时器/计数器。其 8155 的逻辑结构如图 6-30 所示。

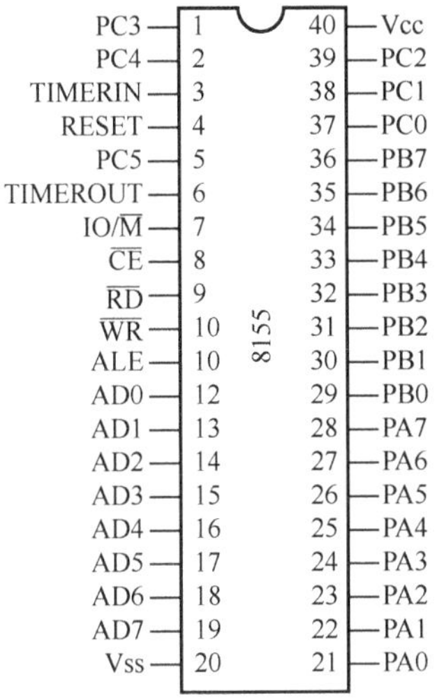

图 6-29　8155 引脚图

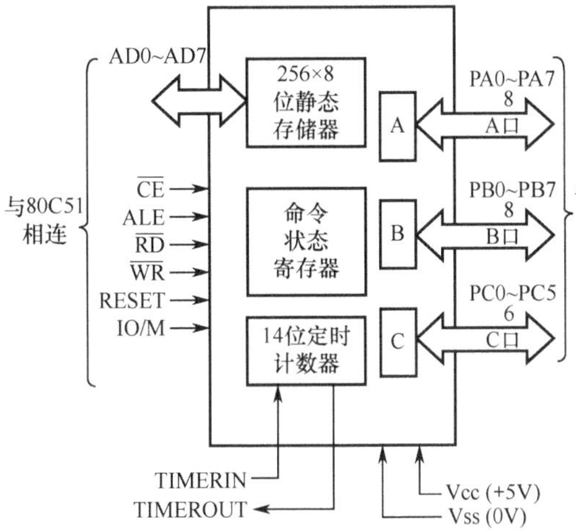

图 6-30　8155 逻辑结构

6.5.1.3　CPU 对 8155 I/O 端口的控制

（1）8155 各端口地址分配

8155 各端口地址如表 6-9 所示。

表 6-9　8155 各端口地址分配

$\overline{CE}$	IO/$\overline{M}$	AD7	AD6	AD5	AD4	AD3	AD2	AD1	AD0	所选端口
0	1	×	×	×	×	×	0	0	0	命令/状态寄存器
0	1	×	×	×	×	×	0	0	1	A 口
0	1	×	×	×	×	×	0	1	0	B 口
0	1	×	×	×	×	×	0	1	1	C 口
0	1	×	×	×	×	×	1	0	0	计数器低 8 位
0	1	×	×	×	×	×	1	0	1	计数器高 6 位
0	0	×	×	×	×	×	×	×	×	RAM 单元

（2）8155 的工作方式设置

8155 的工作方式设置通过将命令字写入命令寄存器实现。命令寄存器由 8 位锁存器组成，各位定义如下：

位	D7	D6	D5	D4	D3	D2	D1	D0
地址：000	TM2	TM1	IEB	IEA	PC2	PC1	PB	PA

◆ PA、PB：A 口、B 口数据传送方向设置位，0 为输入，1 为输出。

◆ PC1、PC2：C 口工作方式设置位，如表 6-10 所示。

表 6-10　C 口工作方式

PC2PC1	工作方式	说　明
00	ALT1	A、B 口为基本 I/O，C 口方向为输入
11	ALT2	A、B 口为基本 I/O，C 口方向为输出
01	ALT3	A 口为选通 I/O，PC0～PC2 作为 A 口的选通应答 B 口为基本 I/O，PC3～PC5 方向为输出
10	ALT4	A 口为选通 I/O，PC0～PC2 作为 A 口的选通应答 B 口为选通 I/O，PC3～PC5 作为 B 口的选通应答

◆ IEA、IEB：A 口、B 口的中断允许设置位，0 为禁止，1 为允许。

◆ TM2、TM1：计数器工作方式设置位，如表 6-11 所示。

表 6-11　定时/计数命令字

TM2TM1	工作方式	说　明
00	方式 0	空操作，对计数器无影响
01	方式 1	使计数器停止计数
10	方式 2	减 1 计数器回 0 后停止工作
11	方式 3	未计数时，送完初值及方式后立即启动计数；正在计数时，重置初值后，减 1 计数器回 0 则按新计数初值计数

（3）状态字格式

8155 的状态寄存器由 8 位锁存器组成，其最高位为任意值。通过读 C/S（命令/状态）寄存器的操作，读出的是状态寄存器的内容。8155 的状态字格式如下。

位	D7	D6	D5	D4	D3	D2	D1	D0
地址：000		TIMER	INTEB	BFB	INTRB	INTEA	BFA	INTRA

◆ INTRX（此处“X”表示 A 或 B）：中断请求标志。INTRX=1，表示有中断请求；INTRX=0，表示无中断请求。

◆ BFX：口缓冲器空/满标志。BFX=1，表示口缓冲器已装满数据，可由外设或单片机取走；BFX=0，表示口缓冲器为空，可以接受外设或单片机发送数据。

◆ INTEX：口中断允许/禁止标志。INTEX=1，表示允许口中断；INTEX=0，表示禁止口中断。

以上的 6 个状态中，表明 A 和 B 口处于选通工作方式时才具有的工作状态。

◆ TIMER：计数器计满标志。TIMER=1，表示计数器的原计数初值已计满回零；TIMER=0 表示计数器尚未计满。

（4）计数器输出模式

8155 计数器是一个 14 位的减法计数器，它能对输入的脉冲进行计数，在到达最后一个计数值时，输出一个矩形波或脉冲。

要对计数的过程进行控制，必须首先装入计数长度。由于计数长度为 14 位，而每次装入的长度只能是 8 位，故必须分两次装入。装入计数长度寄存器的值为 2H～3FFFH。15、14 两位用于规定计数器的输出方式。计数器寄存器的格式如下：

位	D15	D14	D13	D12	D11	D10	D9	D8	D7	D6	D5	D4	D3	D2	D1	D0
	M2	M1	T13	T12	T11	T10	T9	T8	T7	T6	T5	T4	T3	T2	T1	T0

最高两位（M2、M1）定义计数器输出方式，如表 6-12 所示。

表 6-12　计数器输出方式

M2M1	输出方式	说　明
00	方式 0	单方波输出。计数期间为低电平，计数器回 0 后输出高电平
01	方式 1	连续方波输出。计数前半部分输出高电平，后半部分输出低电平
10	方式 2	单脉冲输出。计数器回 0 后输出一个单脉冲
11	方式 3	连续脉冲输出（计数值自动重装）。计数器回 0 后输出单脉冲，又自动向计数器重装原计数值，回 0 后又输出单脉冲，如此循环

需要指出得是，硬件复位信号 RESET 的到达，会使计数器停止工作，直至由 C/S 寄存器再发出启动计数器命令。

（5）选通 I/O 的组态

对 8155 命令字的 PC2、PC1 位编程，使 A 口或 B 口工作在选通方式时，C 口的 PC0～PC5 就被定义为 A 或 B 口选通 I/O 方式的应答和控制线。C 口的控制分配如表 6-13 所示。选通方式的组态逻辑如图 6-31 所示。

表 6-13　C 口的控制分配

工作方式	PC5	PC4	PC3	PC2	PC1	PC0
ALT1	输入					
ALT2	输出					
ALT3	输出			$\overline{STBA}$	BFA	INTRA
ALT4	$\overline{STBB}$	BFB	INTRB	$\overline{STBA}$	BFA	INTRA

6.5.2 8155 与 80C51 单片机接口

80C51 单片机可以与 8155 直接连接而不需要附加任何电路，使系统增加 256 字节的 RAM，22 位 I/O 口线及一个计数器。80C31 与 8155 的接口方法如图 6-32 所示。

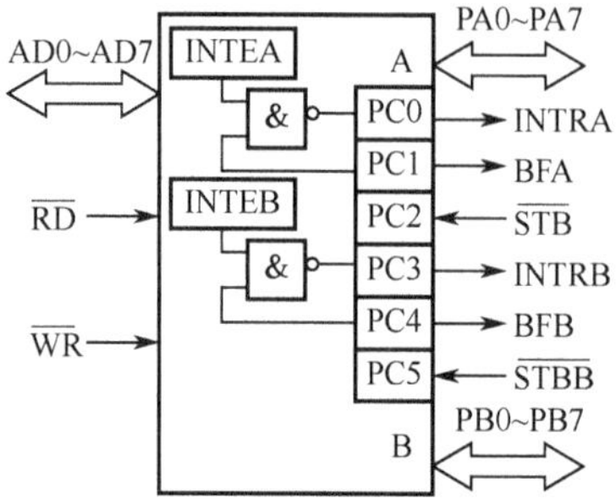

图 6-31 8155 选通方式的组态

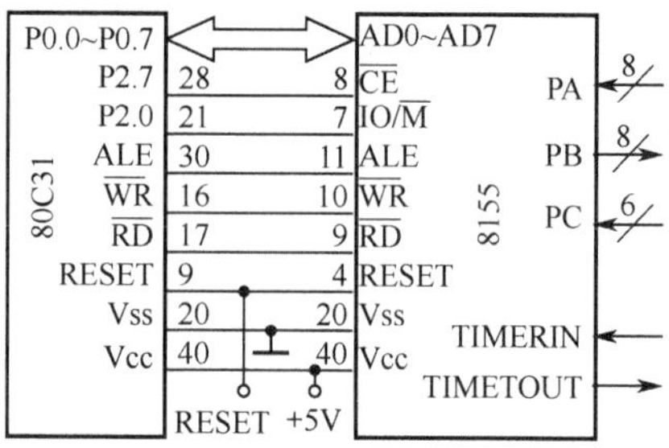

图 6-32 8155 与 80C31 的连接图

8155 中 RAM 地址因为 P2.7（A15）=0 及 P2.0（A8）=0，故可选为 0111 1110 0000 0000B（7E00H）～0111 1110 1111 1111B（7EFFH）。I/O 端口的地址由表 6-14 得：7F00H～7F05H。

表 6-14 地址分配

A15	A14	A13	A12	A11	A10	A9	A8	A7	A6	A5	A4	A3	A2	A1	A0	I/O 口
0	×	×	×	×	×	×	1	×	×	×	×	×	0	0	0	命令/状态口
0	×	×	×	×	×	×	1	×	×	×	×	×	0	0	1	A 口
0	×	×	×	×	×	×	1	×	×	×	×	×	0	1	0	B 口
0	×	×	×	×	×	×	1	×	×	×	×	×	0	1	1	C 口
0	×	×	×	×	×	×	1	×	×	×	×	×	1	0	0	计数器低 8 位
0	×	×	×	×	×	×	1	×	×	×	×	×	1	0	1	计数器高 6 位及方式

若 A 口/B 口定义为基本输入/输出方式，计数器作为方波发生器，对 80C31 输入脉冲进行 24 分频（但需要注意 8155 的计数最高频率约为 4MHz），则 8155 I/O 口初始化程序如下：

```
START:    MOV     DPTR,#7F04H     ;计数寄存器低 8 位
          MOV     A,#18H          ;计数器初值#18H(24D)
          MOVX    @DPTR,A         ;计数器寄存器低 8 位赋值
          INC     DPTR            ;指向计数器寄存器高 6 位及方式位
          MOV     A,#40H          ;计数器为连续方波方式
          MOVX    @DPTR,A         ;计数寄存器高 6 位赋值
          MOV     DPTR,#7F00H     ;指向命令寄存器
          MOV     A,#0C2H         ;设命令字
          MOVX    @DPTR,A         ;送命令字
```

6.6 8279 接口芯片

8255A 和 8155 是通用接口芯片，而 8279 则是专用接口芯片，它是 Intel 公司为 8 位微处理器设计的通用键盘/显示器接口芯片，其功能是：接收来自键盘的输入数据并作预处理；完成数据显示的管理和数据显示器的控制。单片机应用系统采用 8279 管理键盘和显示器，软件

编程极为简单，显示稳定，且减少了主机的负担。

6.6.1　8279 的内部逻辑结构

8279 的内部逻辑结构如图 6-33 所示。

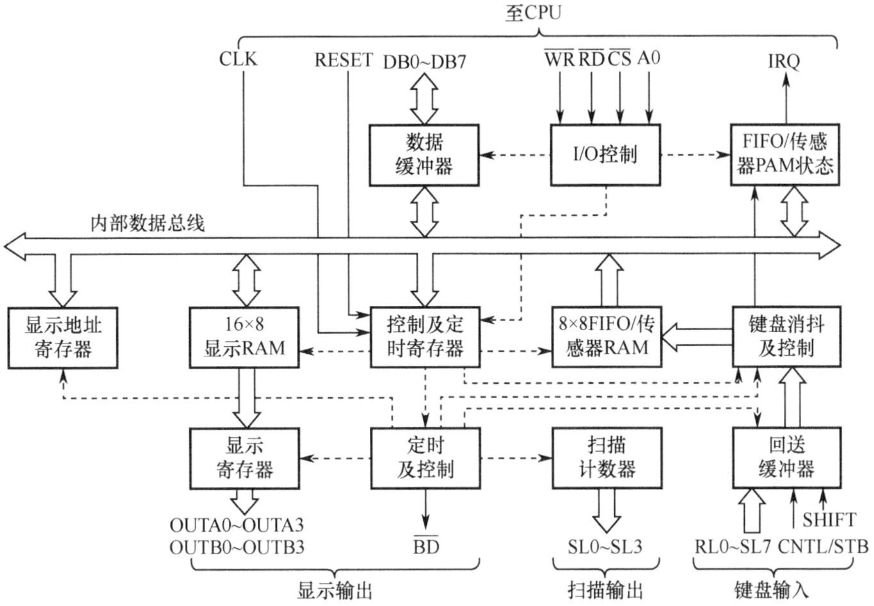

图 6-33　8279 的逻辑结构

8279 主要由以下部件组成：

◆ 数据缓冲器。数据缓冲器将双向三态 8 位内部数据总线与系统总线相连，用于传送 CPU 与 8279 之间的命令和状态。

◆ 控制和定时寄存器。控制和定时寄存器用于寄存键盘和显示器的工作方式，锁存操作命令，通过译码器产生相应的控制信号，使 8279 的各个部件完成相应的控制功能。

◆ 定时器。定时器包含一些计数器，其中有一个可编程的 5 位计数器（计数值在 2～31 间），对 CLK 输入的时钟信号进行分频，产生 100kHz 的内部定时信号（此时扫描时间为 5.1ms，消抖时间为 10.3ms）。外部输入时钟信号周期不小于 500ns。

◆ 扫描计数器。扫描计数器有两种输出方式：一种是编码方式，计数器以二进制方式计数，4 位计数状态从扫描线 SL3～SL0 输出，经外部译码器可以产生 16 位的键盘和显示器扫描信号；另一种是译码方式，扫描计数器的低两位经内部译码后从 SL3～SL0 输出，直接作为键盘和显示器的扫描信号。

◆ 回送缓冲器。回送缓冲器用来完成对键盘的自动扫描以搜索闭合键，锁存 RL7～RL0 的键输入信息，消除键的抖动，将键输入数据写入内部先进先出存储器（FIFO RAM）。RL7～RL0 为回送信号线作为键盘的检测输入线，由回送缓冲器缓冲并锁存，当某一键闭合时，附加的移位状态 SHIFT、控制状态 CNTL 及扫描码和回送信号拼装成一个字节的“键盘数据”送入 8279 内部的 FIFO RAM。键盘的数据格式为：

位	D7	D6	D5	D4	D3	D2	D1	D0
	CNTL	SHIFT	扫描（闭合键行号）			回送（闭合键列号）		

在传感器矩阵方式和选通方式时，回送线 RL7～RL0 的内容被直接送往相应的 FIFO RAM。输入数据即为 RL7～RL0。数据格式为：

位	D7	D6	D5	D4	D3	D2	D1	D0
	RL7	RL6	RL5	RL4	RL3	RL2	RL1	RL0

◆ FIFO/传感器 RAM。它是具有双功能的 8×8 RAM。在键盘或选通方式时，它作为 FIFO RAM，依先进先出的规则输入或读出，其状态存放在 FIFO/传感器 RAM 状态寄存器中。只要 FIFO RAM 不空，状态逻辑将置中断请求 IRQ=1；在传感器矩阵方式，作为传感器 RAM，当检测出传感器矩阵的开关状态发生变化时，置中断请求信号 IRQ=1。外部译码和内部译码扫描方式，可分别对 8×8 矩阵开关和 4×8 矩阵开关的状态进行扫描。

◆ 显示 RAM。它用来存储显示数据，容量是 16×8 位。在显示过程中，存储的显示数据轮流从显示寄存器输出。显示寄存器输出分成两组，即 OUTA0～OUTA3 和 OUTB0～OUTB3，两组可以单独送数，也可以组成一个 8 位的字节输出，该输出与位选扫描线 SL0～SL3 配合就可以实现动态扫描显示。显示地址寄存器用来寄存 CPU 读/写显示 RAM 的地址，可以设置为每次读出或写入后自动递增。

6.6.2 8279 的引脚定义

8279 的引脚定义如图 6-34 所示。

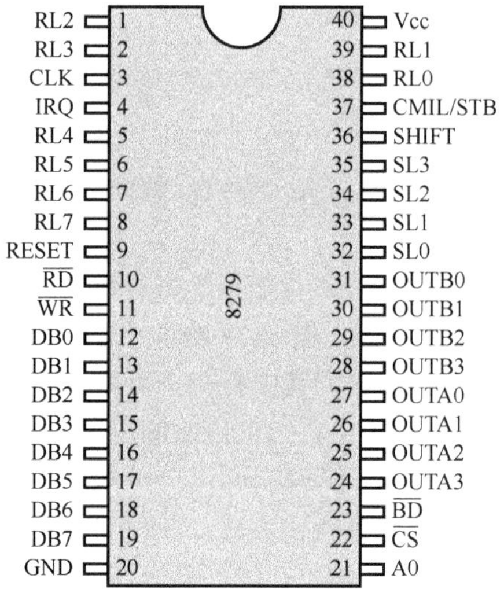

图 6-34 8279 的引脚图

6.6.2.1 与 CPU 的连接引脚

◆ DB0～DB7：数据总线、双向、三态，与单片机数据总线相连，在 CPU 和 8279 之间传送命令或数据。

◆ CLK：系统时钟，用于 8279 内部定时，以产生其工作所需的时序。

◆ RESET：高电平时，8279 被复位，复位后的状态为：16 个字符左边输入显示，编码扫描键盘、双键锁定，时钟分频系数为 31。

◆ $\overline{CS}$：片选信号线，低电平有效。

◆ A0：用来区分信息的特征位。当 A0=1 时，CPU 写入 8279 的信息为命令，CPU 从 8279 读出的信息为 8279 的状态；当 A0=0 时，传送的信息是数据。

◆ $\overline{RD}$ 和 $\overline{WR}$：读和写选通信号线。

◆ IRQ：中断请求线。在键盘方式，当键盘 RAM（先进先出）中存有按下键的数据时，IRQ 为高电平，向 CPU 提出中断申请。CPU 每次从键盘 RAM 中读出一个字节数据时，IRQ 就变为低电平。如果键盘 RAM 中还有未读完的数据，IRQ 将再次变为高电平，再次提出中断请求。

6.6.2.2　扫描信号输出引脚

SL0～SL3：扫描输出。用来扫描键盘和显示器。既可编程设定为编码输出，即 SL0～SL3 需外接 4～16 译码器，输出 16 取 1 的扫描信号；也可编程设定为译码输出，即由 SL0～SL3 直接输出 4 取 1 的扫描信号。

6.6.2.3　与键盘连接的引脚

◆ RL0～RL7：键盘矩阵的行信号输入。

◆ SHIFT：输入线，通常用作键盘上、下档功能的控制。

◆ CNTL/STB：输入线，高电平有效。在键盘方式时，通常用来作为键盘控制功能键使用。

6.6.2.4　与显示器连接的引脚

◆ OUTA0～OUTA3（A 组显示数据）、OUTB0～OUTB3（B 组显示数据）：向 LED 显示器输出的段码，与扫描信号线 SL0～SL3 同步。两组可独立使用，也可合并使用。

◆ $\overline{BD}$：显示器消隐控制线，用于数字切换过程中或执行消隐命令时使显示器消隐。

6.6.3　8279 的操作命令

CPU 通过对 8279 编程来选择其工作方式并进行控制。其命令汇总如表 6-15 所示。

6.6.3.1　显示器和键盘方式设置命令

D7D6D5=000 是键盘/显示方式命令特征字，D4D3=DD 为显示器方式设置位，D2D1D0=KKK 为键盘工作方式设置位。8279 可外接 8 位或 16 位 LED 显示器，显示器的每一位对应一个 8 位的显示器缓冲单元。左端输入方式较为简单，显示缓冲器 RAM 地址 0～15 分别对应于显示器的 0 位（左）～15 位（右）。CPU 依次从 0 地址或某一地址开始将段数据写入显示缓冲器。右端输入方式是移位，输入数据总是写入右端的显示缓冲器，数据写入显示缓冲器后，原来缓冲器的内容左移一个字节，原来最左端显示缓冲器的内容被移出。

◆ 内部译码的扫描方式时：扫描信号由 SL3～SL0 输出，仅能提供 4 选 1 扫描线。

◆ 外部译码工作方式时：内部计数器作二进制计数，4 位二进制计数器的计数状态从扫描线 SL3～SL0 输出，并在外部进行译码，可为键盘/显示器提供 16 选 1 扫描线。

◆ 双键互锁工作方式时：键盘中同时有两个以上的键被按下，任何一个键的编码信息均不能进入 FIFO RAM，直至仅剩下一个键闭合时，该键的编码信息方能进入 FIFO RAM。

◆ N 键轮回工作方式时：如有多个键按下，键盘扫描能够根据发现它们的顺序，依次将它们的状态送入 FIFO RAM。

◆ 传感器矩阵工作方式时：片内的去抖动逻辑被禁止，传感器的开关状态直接输入到

FIFO RAM 中。因此传感器开关的闭合或断开均可使 IRQ 马上为 1，向 CPU 快速申请中断。

表 6-15　8279 命令总汇

<table>
<tr><th colspan="3">命令特征位</th><th colspan="5">功能特征位</th></tr>
<tr><th>D7</th><th>D6</th><th>D5</th><th>D4</th><th>D3</th><th>D2</th><th>D1</th><th>D0</th></tr>
<tr><td>0</td><td>0</td><td>0
（键盘和显示方式）</td><td>0：左输入
1：右输入</td><td>0：8 字符
1：16 字符</td><td colspan="2">00：双键互锁　01：N 键轮回
10：传感器矩阵　11：选通输入</td><td>0：编码
1：译码</td></tr>
<tr><td>0</td><td>0</td><td>1
（分频系数设置）</td><td colspan="5">2～31</td></tr>
<tr><td>0</td><td>1</td><td>0
（读 FIFO/传感器 RAM）</td><td rowspan="3">0：仅读 1 个单元
1：每次读后地址加 1</td><td>×</td><td colspan="3">3 位传感器 RAM 起始地址</td></tr>
<tr><td>0</td><td>1</td><td>1
（读显示 RAM）</td><td colspan="4" rowspan="2">4 位显示 RAM 起始地址</td></tr>
<tr><td>1</td><td>0</td><td>0
（写显示 RAM）</td></tr>
<tr><td>1</td><td>0</td><td>1
（显示器写禁止/消隐）</td><td>×</td><td>1：A 组不变
0：A 组可变</td><td>1：B 组不变
0：B 组可变</td><td>1：A 组消隐
0：恢复</td><td>1：A 组消隐
0：恢复</td></tr>
<tr><td>1</td><td>1</td><td>0
（消显示及 FIFORAM）</td><td>0：不清除（CA=0）
1：允许清除</td><td>00：全清为 0
10：清为 20H</td><td>01：全清为 0
11：清为全 1</td><td>CF：清 FIFO 使之为空，且 IRQ=0
读出地址 0</td><td>CA：总清
清显示
清 FIFO</td></tr>
<tr><td>1</td><td>1</td><td>1
（结束中断/特定错误方式）</td><td>E</td><td>×</td><td>×</td><td>×</td><td>×</td></tr>
</table>

6.6.3.2　时钟编程命令

D7D6D5=001 为时钟编程命令特征位。8279 的内部定时信号是由外部输入时钟经分频后产生的，分频系数由时钟编程命令确定。D4～D0 用来设定对 CLK 端输入时钟的分频次数 N（N=2～31）。利用这条命令，可以将来自 CLK 引脚的外部输入时钟分频，以取得 100kHz 的内部时钟信号。例如 CLK 输入时钟频率为 2MHz，获得 100kHz 的内部时钟信号，则需要 20 分频。

6.6.3.3　读 FIFO/传感器 RAM 命令

D7D6D5=010 为该命令的特征位。D2～D0（AAA）为起始地址。D4（AI）为多次读出时的地址自动增量标志，D3 无用。在键扫描方式中，AI、AAA 均被忽略，CPU 总是按先进先出的规律读键输入数据，直至输入键全部读出为止。在传感器矩阵方式中，若 AI=1，则 CPU 从起始地址开始依次读出，每读出一个数据地址自动加 1；AI=0，CPU 仅读出一个单元的内容。

6.6.3.4　读显示 RAM 命令

D7D6D5=011 为该命令的特征位。D3～D0（AAAA）用来寻址显示 RAM 的 16 个存储单元，AI 为自动增量标志，若 AI=1，则每次读出后地址自动加 1。

6.6.3.5　写显示 RAM 命令

D7D6D5=100 为该命令的特征位。D4（AI）为自动增量标志，D3～D0（AAAA）为起始地址，数据写入按左端输入或右端输入方式操作。若 AI=1，则每次写入后地址自动加 1，直至所有显示 RAM 全部写完。

6.6.3.6　显示器写禁止/消隐命令

D7D6D5=101 为该命令的特征位。该命令用于禁止写 A 组和 B 组显示 RAM。在双 4 位显示器使用时，即 OUTA3～OUTA0 和 OUTB3～OUTB0 独立地作为两个半字节输出时，可改写显示RAM中的低半字节而不影响高半字节的状态，反之也可改写高半字节而不影响低半字节。D1、D0 位是消隐显示器特征位，要消隐两组显示器，必须使之同时为 1，为 0 时则恢复显示。

6.6.3.7　清除命令

◆ D7D6D5=110 为该命令的特征位。CPU 将清除命令写入 8279，使显示缓冲器呈初态（暗码），该命令同时也能清除输入标志和中断请求标志。

◆ D4D3D2（CDCDCD）用来设定清除显示 RAM 的方式。

◆ D1（CF）=1 为清除 FIFO RAM 的状态标志，FIFO RAM 被置成空状态（无数据），并复位中断请求线 IRQ 时，传感器 RAM 的读出地址也被置成 0。

◆ D0（CA）是总清的特征位，它兼有 CD 和 CF 的联合效用。当 CA=1 时，对显示 RAM 的清除方式仍由 D3、D2 编码确定。

6.6.3.8　结束中断/错误方式设置命令

D7D6D5=101 为该命令的特征位。此命令用来结束传感器 RAM 的中断请求。

◆ D4（E）=0 为结束中断命令，在传感器工作方式中使用。当传感器状态出现变化时，扫描检测电路就将其状态写入传感器 RAM，并启动中断逻辑使 IRQ 变高，向 CPU 请求中断，并且禁止写入传感器 RAM。此时，若传感器 RAM 读出地址的自动增量特征位未设置（AI=0），则中断请求 IRQ 在 CPU 第一次从传感器 RAM 读出数据时就被清除。若 AI=1，则 CPU 对传感器 RAM 读出但不能清除 IRQ，须通过给 8279 写入结束中断/设置出错方式命令才能使 IRQ 变低。

◆ D4（E）=1 为特定错误方式命令。在 8279 已被设定为键盘扫描 N 键轮回方式后，如果 CPU 给 8279 又写入结束中断/错误方式命令（E=1），则 8279 将以一种特定的错误方式工作。这种方式的特点是：在 8279 消抖周期内，如果发现多个按键同时按下，则 FIFO 状态字中的错误特征位 S/E 将置“1”，并产生中断请求信号和阻止写入 FIFO RAM。

6.6.4　8279 的状态字

在键输入和选通输入方式中，8279 的状态字节用于指出 FIFO RAM 中的字符个数和是否出错。状态字节的格式如下：

位号	7	6	5	4	3	2	1	0
	DU	S/E	0	U	F	N	N	N

◆ D2～D0（NNN）：表示 FIFO RAM 中数据的个数。

◆ D3（F）=1 时：表示 FIFO RAM 已满。

◆ D4（U）：在 FIFO RAM 中没有输入字符时，CPU 读 FIFO RAM 时则置 U 为 1。

◆ D5（O）：当 FIFO RAM 已满，又输入一个字符而发出溢出时置“1”。

◆ D6（S/E）：用于传感器矩阵输入方式，至少有一个传感器闭合时置“1”；当 8279 工作在特殊错误方式，多键同时按下时置“1”。

◆ D7（DU）：在清除命令执行期间为 1，表示对显示 RAM 写操作无效。

6.7　键盘及接口

键盘是微机系统中最常用的输入设备。按其结构形式可分两类：一类是编码键盘，即键盘上闭合键的识别由专用的硬件来实现；另一类是非编码键盘，即键盘上闭合键的识别由软件来识别。单片机系统中普遍使用非编码键盘。

6.7.1　键盘的输入特点

键盘实际上是一组按键开关的集合，平时按键开关总是处于断开状态，当按下键时它才闭合。它的结构和产生的波形如图 6-35 所示。

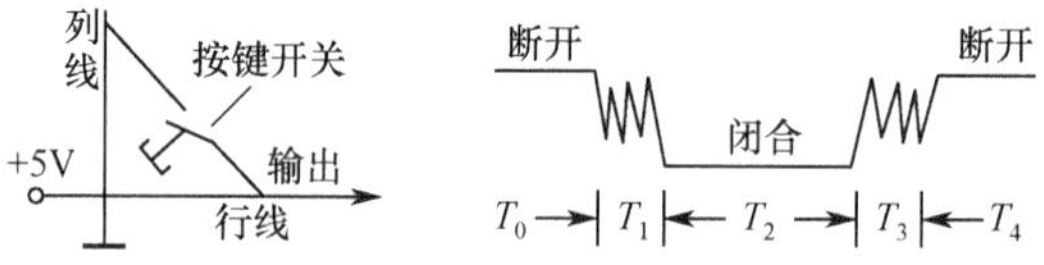

(a) 按键开关　　(b) 键闭合时行线输出电压波形

图 6-35　按键结构及产生的波形

从按下一个键到键的功能的实现这个过程称为键盘的处理，此过程包括两项工作：一是键的识别，二是键功能的实现。前者是使用接口电路来实现的，后者则是通过执行中断服务程序来完成的。此只讨论前者键盘接口问题。具体来说，这项工作主要涉及三个方面：

◆ 按键的识别。判断有没有键按下，可先使键盘所有列线输出低电平，然后检测行线电平，如果行线为高电平表示按键断开；反之为低电平表示闭合。

◆ 抖动的消除。如图 6-35（b）所示，在按键（T_1 和 T_3 间）时触点有抖动现象，这使系统不能确定按键是否按下（识别会错误）。为保证键扫描的正确，需要进行去抖动处理。消除按键盘抖动通常有两种方法：硬件消抖和软件消抖。硬件消抖是通过在按键输出电路上加一定的硬件线路来消除抖动，一般采用 R-S 触发器或单稳态电路，如图 6-36 所示。软件消抖是利用延时来跳过抖动过程。其基本思想：检测到有键按下，键对应的行线为低，软件延时 10ms 后，行线如仍为低，则确认该行有键按下。当键松开时，行线变高，软件延时 10ms 后，行线仍为高，说明按键已松开。

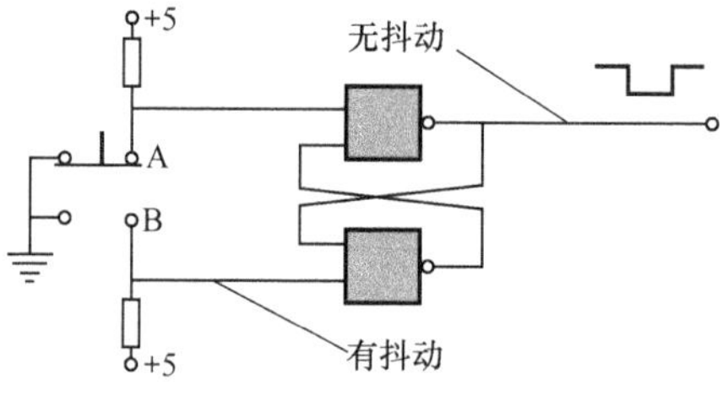

图 6-36　硬件消抖电路

◆ 键位的编码。被按键确定下来之后，接下来是得到闭合键的键码（键位的编码），通常有两种方法编码。

用连接键盘的 I/O 口线的二进制数组合进行编码：如图 6-37（a）所示，例如 84H 按键，它所在列行线为 1。则其他列行线为 0，所以把列行线两者二进制组合就得到了 1000 0100=84H。

顺序排列编码：如图 6-37（b）所示，处理方法如下：如各行的首号依次是 00H、04H、08H、0CH，如列号按 0～3 顺序，则编码的计算公式为：

编码值=行首号+列号

例如，“9”号键在第 2 行第 3 列，其编码值为 06H（=04H+2）。

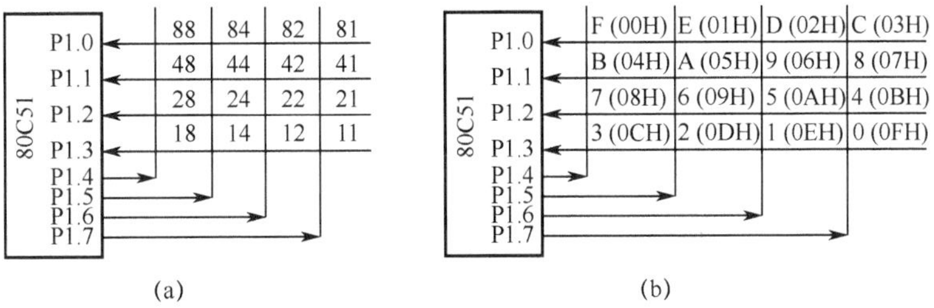

图 6-37　键位编码

6.7.2　键盘的工作原理

键盘按结构形式可分两种：独立式键盘与矩阵式键盘。

6.7.2.1　独立式键盘接口

所谓独立式键盘接口，各键相互独立，每个按键各接一根输入线，通过检测输入线的电平状态可很容易判断哪个键被按下。此键盘接口识别和编程简单，适用键数较少或操作速度较高的场合。独立式键盘可分两种：中断方式独立式键盘和查询方式独立式键盘。图 6-38（a）为中断方式的独立式键盘工作电路，图 6-38（b）为查询方式的独立式键盘工作电路。

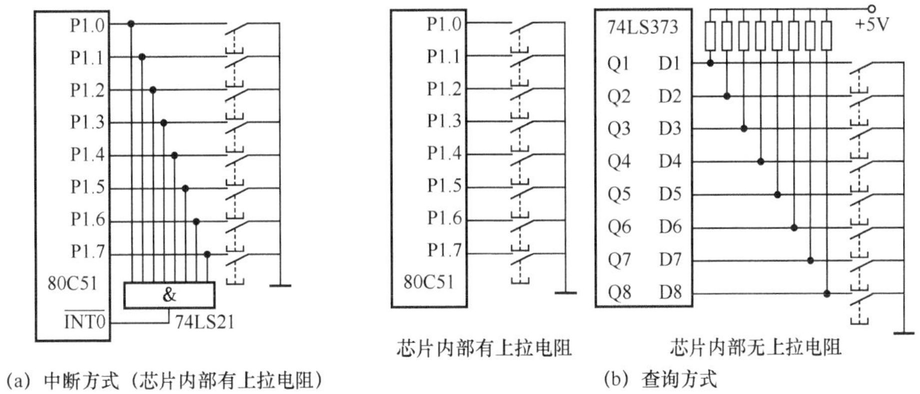

图 6-38　独立式键盘工作电路

下面是针对图 6-38（b）查询方式的汇编语言形式的键盘程序。总共有 8 个键位，KEY0～KEY7 为 8 个键的功能程序。

```
START:      MOV  A,#0FFH          ;
            MOV  P1,A             ;置 P1 口为输入状态
            MOV  A,P1             ;键状态输入
            CPL  A
```

```
            JZ   START              ;没有键按下,则转开始
            JB   ACC.0,K0           ;检测 0 号键是否按下,按下转
            JB   ACC.1,K1           ;检测 1 号键是否按下,按下转
            …  …
            JB   ACC.7,K7           ;检测 7 号键是否按下,按下转
            JMP  START              ;无键按下返回,再顺次检测
K0:         AJMP  KEY0              ;转 0 号键功能程序
K1:         AJMP  KEY1              ;转 1 号键功能程序
            …  …
K7:         AJIMP  KEY7             ;转 7 号键功能程序
KEY0:       …  …                    ;执行 0 号键功能程序
            JMP  START              ;0 号键功能程序执行完返回
KEY1:       … …                     ;执行 1 号键功能程序
            JMP  START              ;1 号键功能程序执行完返回
            …  …
KEY7:       … …                     ;执行 7 号键功能程序
            JMP  START              ;7 号键功能程序执行完返回
```

6.7.2.2 行列（矩阵）式键盘接口

行列（矩阵）式键盘接口，用 I/O 口线组成行、列结构，键位设置在行列的交点上，如图 6-39 所示。例如 4×4 的行、列结构可组成 16 个键的键盘，比一个键位用一根 I/O 口线的独立式键盘少了一半的 I/O 口线。这种键盘接口主要用于按键数目较多的场合。

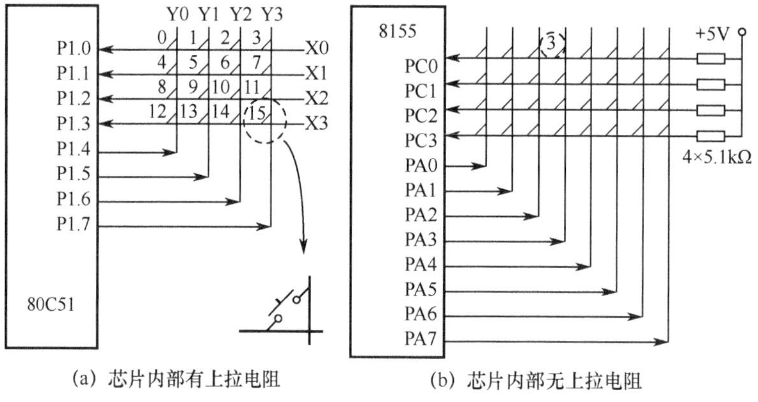

图 6-39 行列（矩阵）式键盘

（1）行列式键盘工作原理

无键按下时，行线为高电平；有键按下时，行线电平由列线的电平来决定。由于行、列线为多键共用，各按键彼此将相互发生影响，必须将行、列线信号配合起来并作适当的处理，才能确定闭合键的位置。

（2）按键的识别方法

所谓按键的识别，就是查找出闭合键的位置，通常有两种方法：扫描法和线反转法。

◆ 扫描法。下面以上图 6-39（b）中 3 号键被按下为例，来说明此键时如何被识别出来的。识别键盘有无键被按下的方法，分两步进行。

第 1 步：识别键盘有无键按下。

第 2 步：如有键被按下，识别出具体的按键。

检测键盘上是否有键按下处理方法是：读入行线的状态来判别。其具体过程如下：PA 口输出 00H，即所有列线置成低电平，然后将行线电平状态读入累加器 A 中。如果有键按下，总会有一根行线电平被拉至低电平，从而使行输入状态不全为“1”。

识别键盘中哪一个键按下处理方法是：将列线逐列置低电平，检查行输入状态，称为逐列扫描。其具体过程如下：从 PA0 开始，依次输出“0”，置对应的列线为低电平，然后从 PC 口读入行线状态，如果全为“1”，则按下的键不在此列；如果不全为“1”，则按下的键必在此列，而且是该列与“0”电平行线相交的交点上的那个键。为求取编码，在逐列扫描时，可用计数器记录下当前扫描列的列号，检测到第几行有键按下，就用该行的首键码加列号得到当前按键的编码。即编码值=行首号+列号=00H+3=03H。

◆ 线反转法。线反转法的原理如图 6-40 所示。只需两步便能获得此按键所在的行列值：

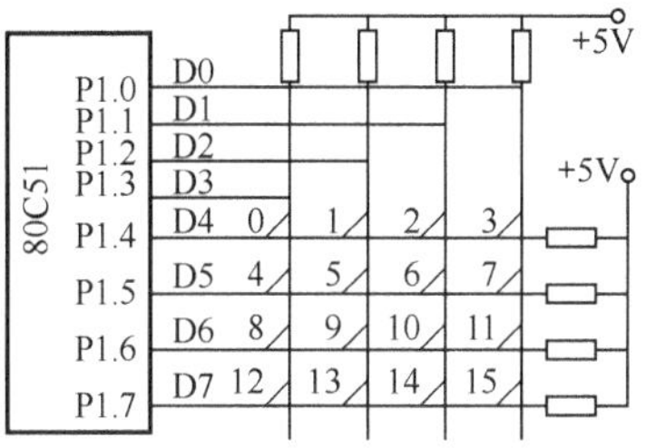

图 6-40　线反转法的原理

第 1 步：列线输出为全低电平，则行线中电平由高变低所在行为按键所在行。

第 2 步：行线输出为全低电平，则列线中电平由高变低所在列为按键所在列。

结合上述两步，可确定按键所在行和列。

6.7.3　键盘的工作方式

单片机在忙于各项工作任务时，如何兼顾键盘的输入，取决于键盘的工作方式。其原则是：既要保证能及时响应按键操作，又不要过多占用 CPU 的工作时间。

键盘工作方式有编程扫描、定时扫描和中断扫描三种。

6.7.3.1　编程扫描

只有当单片机空闲时，才调用键盘扫描子程序，扫描键盘。工作过程如下：

◆ 在键盘扫描子程序中，先判断有无键按下。方法：如图 6-39（b）所示，PA 口 8 位输出全 0，读 PC 口低 4 位状态，若 PC0～PC3 为全 1，则说明键盘无键按下；若不全为 1，则说明键盘可能有键按下，则进行下一步。

◆ 如有键按下，用软件来消除按键抖动的影响。

◆ 求按下键的键号。

◆ 再进行按键功能的处理操作。

6.7.3.2　定时扫描

利用单片机内的定时器，产生 10ms 的定时中断，对键盘进行扫描。

6.7.3.3　中断扫描

只有在键盘有键按下时，才执行键盘扫描程序，如无键按下，单片机将不理睬键盘。键盘所做的工作分为三个层次，如图 6-41 所示。

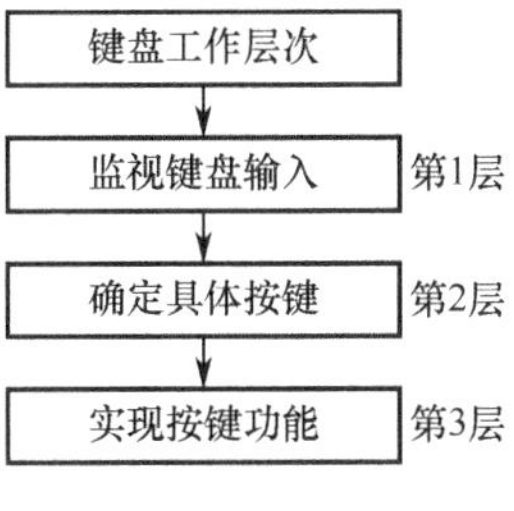

图 6-41　键盘工作层次

第 1 层：单片机监视键盘的输入方式：编程扫描、定时扫描、中断扫描。

第 2 层：确定具体按键的键号，体现在按键的识别方法上就是扫描法和线反转法。

第 3 层：执行键处理程序。

6.8 LED 显示器及其接口

6.8.1 LED 显示器的结构与原理

LED（light emitting diode）是发光二极管的缩写。LED 显示器由若干个发光二极管组成。当发光二极管导通时，相应的一个笔画或一个点就发光。控制相应的二极管导通，就能显示出对应字符。在单片机应用系统中 LED 数码管显示器通常使用的是 7 个发光管构成 7 段字形“8”，还有 1 个发光管显示小数点“.”，共计 8 段（正好 1 个字节）。它有共阳极和共阴极两种，如图 6-42 所示。

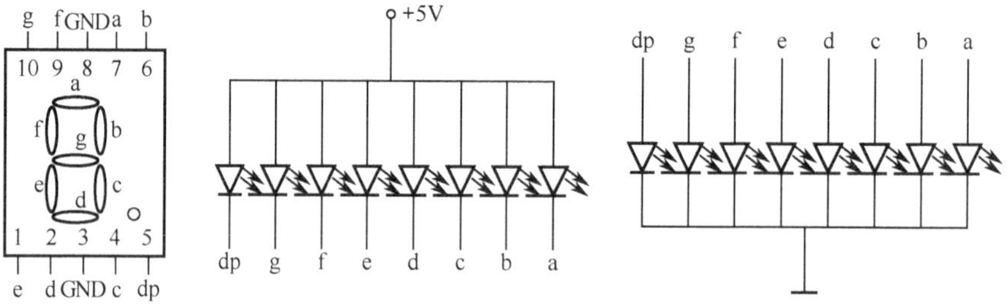

(a) 外形及引脚　(b) 为共阳极结构　(c) 为共阴极结构

图 6-42　LED 结构

从 a～g 和 dp 引脚输入不同的 8 位二进制编码，可显示不同的数字或字符。共阳极和共阴极的字段码互为反码。为使 LED 显示不同的符号或数字，要为 LED 提供段码（或称字形码）。8 段 LED 的段码如表 6-16 所示。

表 6-16　8 段 LED 的段码表

显示字符	共阴极字形段码	共阳极字形段码	显示字符	共阴极字形段码	共阳极字形段码
0	3FH	C0H	A	77H	88H
1	06H	F9H	B	7CH	83H
2	5BH	A4H	C	39H	C6H
3	4FH	B0H	D	5EH	A1H
4	66H	99H	E	79H	86H
5	6DH	92H	F	71H	8EH
6	7DH	82H	P	73H	8CH
7	07H	F8H	U	3EH	C1H
8	7FH	80H	L	38H	C7H
9	6FH	90H	“灭”	00H	FFH
8.	FFH	00H	……	……	……

6.8.2 LED 数码管显示器的译码方式

所谓译码方式是指由显示字符转换得到对应的字形段码的方式。LED 数码管显示器的译码方式有硬件译码方式和软件译码方式两种。

硬件译码方式是指利用专门的硬件电路来实现显示字符到字段码的转换，这样的硬件电路有很多，例如 MOTOTOLA 公司生产的 MC14495 芯片就是其中的一种。MC14495 是共阴极（一位 LED 显示）十六进制数字段码转换芯片，能够输出用四位二进制表示形式的一位十六进制数的七位字段码，不带小数点。它的内部结构如图 6-43 所示。

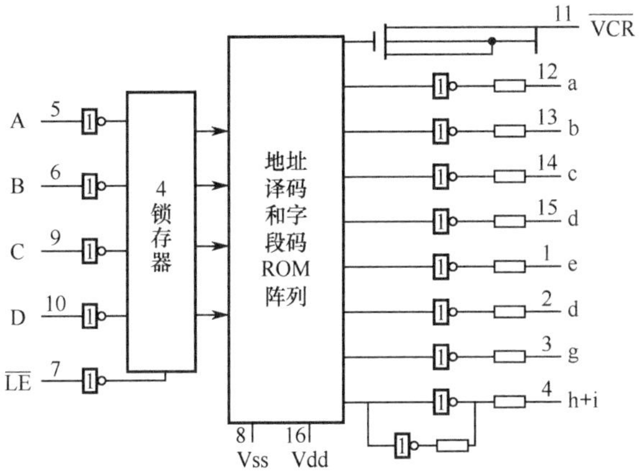

图 6-43　MC14495 内部逻辑结构

各引脚功能如下。

◆ A、B、C、D：BCD 码或十六进制码输入。

◆ a、b、c、…、g：七段代码输出。

◆ h+i：输入大于或等于 10 指示位。当输入的数大于或等于 10 时 h+i 为高电平，否则为低电平。

◆ $\overline{\text{VCR}}$：输入等于 15 指示位。当输入的数等于 15 时，$\overline{\text{VCR}}$ 输出高电平，否则为高阻态。

◆ $\overline{\text{LE}}$：锁存控制信号。当 $\overline{\text{LE}}$ 为低电平时输入数据，为高电平时将数据锁存。

软件译码方式就是编写软件（译码程序），通过译码程序来得到要显示字符的字形段码。

6.8.3　LED 数码管的显示方式

◆ LED 静态显示。LED 静态显示时，其公共端直接接地（共阴极）或接电源（共阳极），各段选线分别与 I/O 口线相连。要显示字符，直接在 I/O 口线送相应的字形段码，如图 6-44 所示。

◆ LED 动态显示方式。LED 动态显示是将所有的数码管的段选线并接在一起，用一个 I/O 口控制。公共端不是直接接地（共阴极）或电源（共阳极），而是通过另外相应的 I/O 口线控制，如图 6-45 所示。

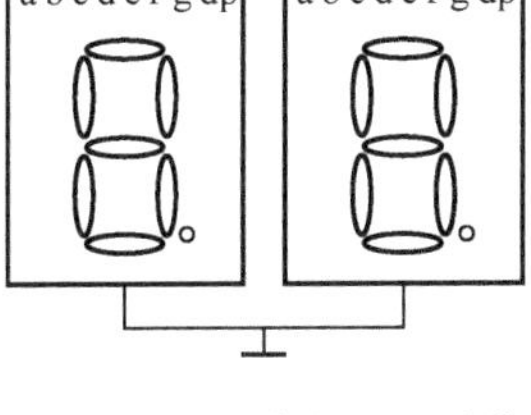

图 6-44　LED 静态显示连接图

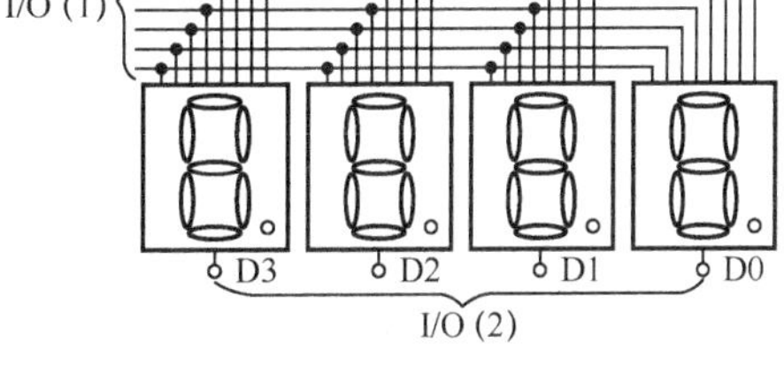

图 6-45　LED 动态显示连接图

设数码管为共阳极，它的工作过程为：第一步使右边第一个数码管的公共（位选信号）端D0为1，其余的数码管的公共（位选信号）端为0，同时在I/O（1）上送右边第一个数码管的字段码，这时只有右边第一个数码管显示，其余不显示；第二步使右边第二个数码管的公共（位选信号）端D1为1，其余的数码管的公共端为0，同时在I/O（1）上送右边第二个数码管的字段码，这时只有右边第二个数码管显示，其余不显示；依此类推，直到最后一个，这样四个数码管轮流显示相应的信息，一个循环完后，下一循环又这样轮流显示，从计算机的角度看是一个一个的显示，但由于人的视觉滞留，只要循环的周期足够快（<500ms），看起来所有的数码管都是一起显示的了。这就是动态显示的原理。而这个循环周期对于计算机来说很容易实现（计算机速度为微秒级）。所以在单片机中经常用到动态显示。

6.8.4 LED显示器与单片机的接口

LED 显示器从译码方式上有硬件译码方式和软件译码方式。从显示方式上有静态显示方式和动态显示方式。在使用时可以把它们组合起来。在实际应用时，如果数码管个数较少时，通常用硬件译码静态显示；如果数码管个数较多时，则通常用软件译码动态显示。

6.8.4.1 硬件译码静态显示

图6-46是一个两位数码管硬件译码静态显示的接口电路。

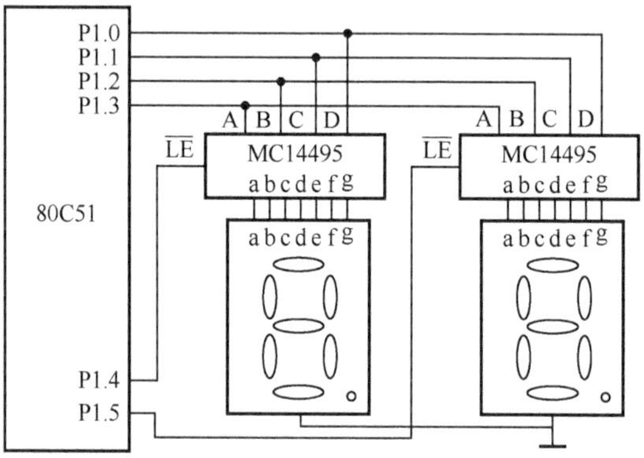

图6-46　硬件译码静态显示的接口电路

6.8.4.2 软件译码动态显示

图6-47是一个8位软件译码动态显示的接口电路。图6-47中用8255A扩展并行I/O口接数码管，数码管采用动态显示方式，8位数码管的段选线与8255A的B口通过74LS373并联，8位数码管的公共端（位选信号）通过74LS373分别与8255A的A口相连。即8255A的A口输出位选码，选择要显示的数码管。8255A的B口输出字段码使数码管显示相应的字符。8255A的A口和B口都工作于方式0输出。A口、B口、C口和控制口的地址分别为7F00H、7F01H、7F02H和7F03H。

软件译码动态显示汇编语言程序（设8个数码管的显示缓冲区为片内RAM的57H～50H单元）如下：

```
DISPLAY:    MOV  A,#10000000B          ;8255A初始化
            MOV  DPTR,#7F03H           ;使DPTR指向8255控制寄存器端口
            MOVX @DPTR,A
            MOV  R0,#57H               ;动态显示初始化，使R0指向缓冲区首址
```

```
        MOV  R3,#7FH              ;首位位选字送 R3
        MOV  A,R3
LD0:    MOV  DPTR,#7F00H          ;使 DPTR 指向 PA 口
        MOVX @DPTR,A              ;选通显示器低位(最右端一位)
        INC  DPTR                 ;使 DPTR 指向 PB 口
        MOV  A,@R0                ;读要显示数
        ADD  A,#0DH               ;调整距段选码表首地址的偏移量
        MOVC A,@A+PC              ;查表取得段选码
        MOVX @DPTR,A              ;段选码从 PB 口输出
        ACALL DL1                 ;调用 1ms 延时子程序
        DEC  R0                   ;指向缓冲区下一单元
        MOV  A,R3                 ;位选码送累加器 A
        JNB  ACC.0,LD1            ;判断 8 位是否显示完毕,显示完返回
        RR   A                    ;未显示完,把位选字变为下一位选字
        MOV  R3,A                 ;修改后的位选字送 R3
        AJMP LD0                  ;循环实现按位序依次显示
LD1:    RET
TAB:    DB   3FH,06H,5BH,4FH,66H,6DH,7DH,07H     ;字符段码表
        DB   7FH,6FH,77H,7CH,39H,5EH,79H,71H
DL1:    MOV  R7,#02H                              ;延时子程序
DL:     MOV  R6,#0FFH
DL0:    DJNZ R6,DL0
        DJNZ R7,DL
        RET
```

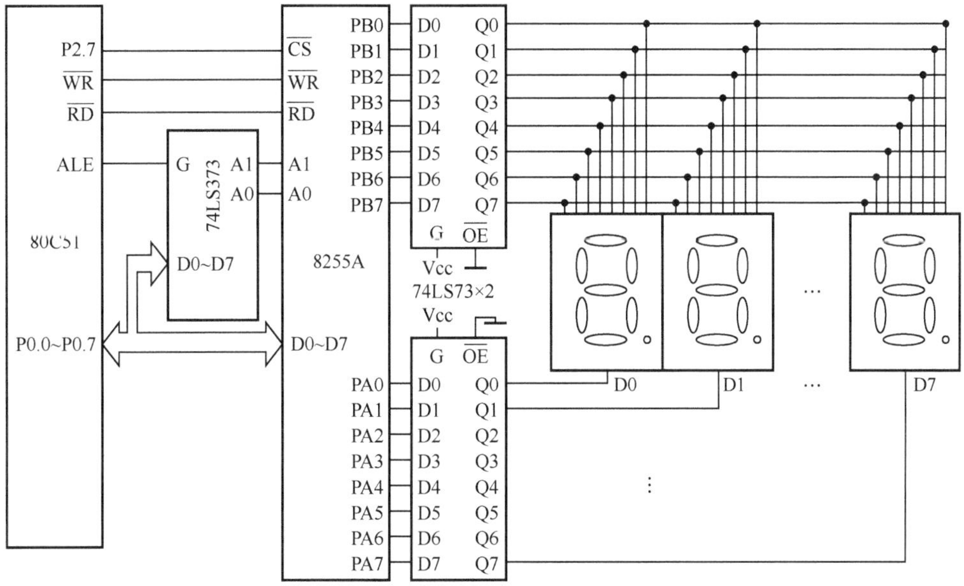

图 6-47　软件译码动态显示的接口电路

6.9　键盘/显示器接口设计实例

在单片机应用系统中，一般把键盘和显示器放在一起考虑，使芯片的利用率提高及系统设

计简化。常用的键盘和显示接口电路有以下几种：

◆ 利用并行接口芯片 8155 构成键盘和显示接口电路。

◆ 利用专用接口芯片 8279 构成键盘和显示接口电路。

◆ 利用单片机的串行口构成键盘和显示接口电路。

6.9.1 利用并行接口芯片 8155 构成键盘和显示接口电路

由于 8155 接口芯片含有单片机应用系统扩展常用的资源，所以可以方便地利用 8155 构成的键盘和显示接口电路，如图 6-48 所示。图 6-48 中 6 个显示器采用共阴极的 LED，段数据由 8155 的 B 口提供，位选信号由 A 口提供。键盘的列扫描输出也由 A 口提供，键盘的行输入由 C 口提供。

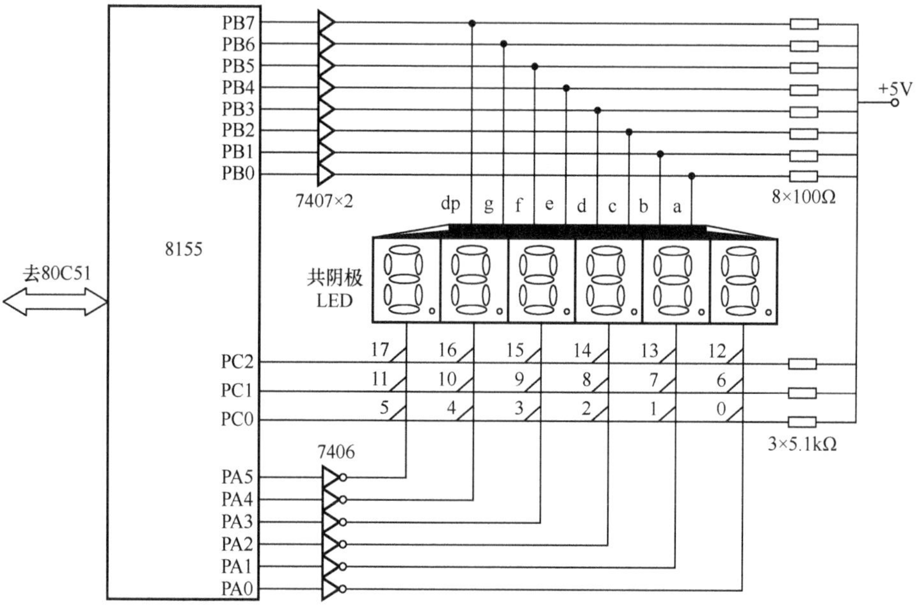

图 6-48　利用 8155 构成的键盘和显示接口电路

实现程序如下：

```
KD1:    MOV     A,#00000011B        ;8155 初始化:PA、PB 为基本输出,PC 为输入
        MOV     DPTR,#7F00H
        MOVX    @DPTR,A
KEY1:   ACALL   KS1                 ;查有无键按下
        JNZ     LK1                 ;有,转键扫描
        ACALL   DIS                 ;调显示子程序
        AJMP    KEY1
LK1:    ACALL   DIS                 ;键扫描
        ACALL   DIS                 ;两次调显示子程序,延时 12ms
        ACALL   KS1
        JNZ     LK2
        ACALL   DIS                 ;调显示子程序
        AJMP    KEY1
LK2:    MOV     R2,#0FEH            ;从首列开始
        MOV     R4,#00H             ;首列号送 R4
```

```
LK4:    MOV     DPTR,#7F01H
        MOV     A,R2
        MOVX    @DPTR,A
        INC     DPTR
        INC     DPTR                ;指向 C 口
        MOVX    A,@DPTR
        JB      ACC.0,LONE          ;第 0 行无键按下,转查第 1 行
        MOV     A,#00H              ;第 0 行有键按下,该行首键号送 A
        AJMP    LKP                 ;转求键号
LONE:   JB      ACC.1,LTWO          ;第 1 行无键按下,转查第 2 行
        MOV     A,#08H              ;第 1 行有键按下,该行首键号送 A
        AJMP    LKP                 ;转求键号
LTWO:   JB      ACC.2,NEXT          ;第 2 行无键按下,转查下一列
        MOV     A,#10H              ;第 2 行有键按下,该行首键号送 A
LKP:    ADD     A,R4                ;求键号。键号=行首键号+列号
        PUSH    ACC                 ;保护键号
LK3:    ACALL   DIS                 ;等待键释放
        ACALL   KS1
        JNZ     LK3
        POP     ACC
        RET                         ;键扫描结束。此时 A 的内容为按下键的键号
NEXT:   INC     R4                  ;指向下一列
        MOV     A,R2
        JNB     ACC.5,KND           ;判 6 列扫描完没有。
        RL      A                   ;未完,扫描字对应下一列
        MOV     R2,A
        AJMP    LK4                 ;转下一列扫描
KND:    AJMP    KEY1                ;扫完,转入新一轮扫描
KS1:    MOV     DPTR,#7F01H         ;查有无键按下子程序。先指向 A 口
        MOV     A,#00H
        MOVX    @DPTR,A             ;送扫描字"00H"
        INC     DPTR
        INC     DPTR                ;指向 C 口
        MOVX    A,@DPTR
        CPL     A                   ;变正逻辑
        ANL     A,#0FH              ;屏蔽高位
        RET                         ;子程序出口,A 的内容非 0 则有键按下
```

6.9.2 利用专用接口芯片 8279 构成键盘和显示接口电路

8279 作为键盘/显示的专用接口芯片，在键盘/显示接口电路的设计中具有明显的优势。图 6-49 所示为 8279 的典型用法。

初始化程序如下：

```
INIT:   MOV     DPTR,#7FFFH         ;置 8279 命令/状态口地址
        MOV     A,#0D1H             ;置清显示命令字
        MOVX    @DPTR,A             ;送清显示命令
WEIT:   MOVX    A,@DPTR             ;读状态
        JB      ACC.7,WEIT          ;等待清显示 RAM 结束
```

```
        MOV     A,#34H                  ;置分频系数,晶振 12MHz
        MOVX    @DPTR,A                 ;送分频系数
        MOV     A,#00H                  ;置键盘/显示命令
        MOVX    @DPTR,A                 ;送键盘/显示命令
        MOV     IE,#84H                 ;允许 8279 中断
        RET
```

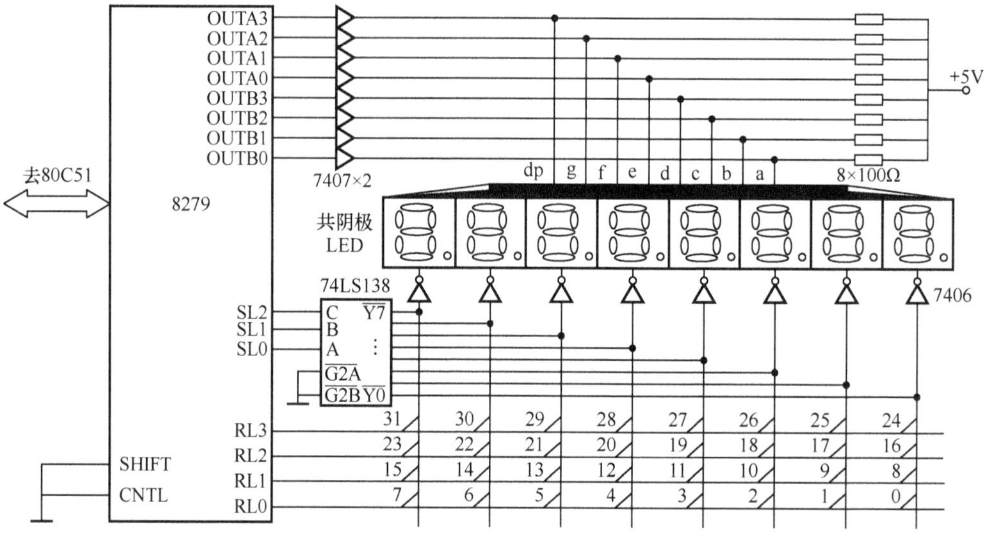

图 6-49　利用 8279 构成的键盘和显示接口电路

显示子程序如下：

```
DIS:    MOV     DPTR,#7FFFH             ;置 8279 命令/状态口地址
        MOV     R0,#30H                 ;字段码首地址
        MOV     R7,#08H                 ;8 位显示
        MOV     A,#90H                  ;置显示命令字
        MOVX    @DPTR,A                 ;送显示命令
        MOV     DPTR,#7FFEH             ;置数据口地址
LP:     MOV     A,@R0                   ;取显示数据
        ADD     A,#6                    ;加偏移量
        MOVC    A,@A+PC                 ;查表,取得数据的段码
        MOVX    @DPTR,A                 ;送段码显示
        INC     R0                      ;调整数据指针
        DJNZ    R7,LP                   ;
        RET
SEG:    DB 3FH,06H,5BH,4FH,66H,6DH      ;字符 0、1、2、3、4、5 段码
        DB 7DH,07H,7EH,6FH,77H,7CH      ;字符 6、7、8、9、A、b 段码
        DB 39H,5EH,79H,71H,73H,3EH      ;字符 C、d、E、F、P、U 段码
        DB 76H,38H,40H,6EH,FFH,00H      ;字符 H、L、-、Y、日、“空”段码
```

键盘中断子程序如下：

```
KEY:    PUSH    PSW
        PUSH    DPL
        PUSH    DPH
        PUSH    ACC
        PUSH    B
```

```
        SETB    PSW.3
        MOV     DPTR,#7FFFH     ;置状态口地址
        MOVX    A,@DPTR         ;读 FIFO 状态
        ANL     A,#0FH          ;
        JZ      PKYR            ;
        MOV     A,#40H          ;置读 FIFO 命令
        MOVX    @DPTR,A         ;送读 FIFO 命令
        MOV     DPTR,#7FFEH     ;置数据口地址
        MOVX    A,@DPTR         ;读数据
        LJMP    KEY1            ;转键值处理程序
PKYR:   POP     B
        POP     ACC
        POP     DPH
        POP     DPL
        POP     PSW
        RETI
KEY1:   …       …               ;键值处理程序
```

6.9.3　利用单片机串行口构成键盘和显示接口电路

当单片机的串行口未用于串行通信时，可以将其用于键盘/显示器的接口扩展。这里仅给出接口电路，如图 6-50 所示。

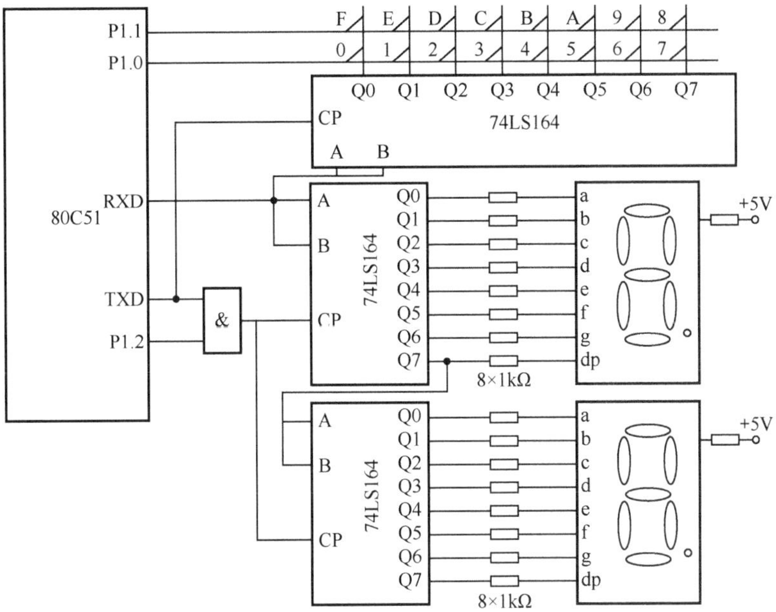

图 6-50　利用单片机的串行口构成键盘和显示接口电路

本 章 小 结

本章讲述了 80C51 单片机的系统扩展，主要涉及以下主要内容：

◆ 虽然单片机内部集成了计算机的基本功能部件，但对于一些监控系统，往往还需要扩

展一些外围芯片，来满足需要。

◆ 单片机监控系统的存储器扩展中，通常要用到ROM的扩展。单片机的地址线为16位，所以，外扩片外存储器的最大容量为64KB。虽然ROM与RAM的地址重叠，但由于使用的控制信号不同，所以不会出错。外扩片外RAM的最大容量为64KB。由于超大规模集成电路制造工艺的发展，芯片集成度越来越高，使用ROM越来越少，所以芯片多采用线选法。

◆ 8255A是Intel公司生产的可编程并行I/O接口芯片，具有3个8位的并行I/O口，3种工作方式，可通过编程改变其功能，因而使用灵活方便，通用性强。

◆ 8155具有3个可编程I/O口，其中A口和B口为8位口，C口为6位口。此外还有256单元的RAM和1个14位计数结构的定时/计数器。8155是单片机监控系统中广泛使用的芯片之一。

◆ 8279是Intel公司为8位微处理器设计的通用键盘/显示器接口芯片，其功能是：接收来自键盘的输入数据并作预处理；完成数据显示的管理和数据显示器的控制。单片机监控系统采用8279管理键盘和显示器，软件编程极为简单，显示稳定，且减少了主机的负担。

习题6

一．单选题

1．在80C51中，需双向传递信号的是（　　）。

A　地址线　　B　数据线　　C　控制信号线　　D　电源线

2．下列功能中不是由I/O接口实现的是（　　）。

A　速度协调　　B　数据缓冲和锁存　　C　数据转换　　D　数据暂存

3．在80C51中，为实现P0口线的数据和低位地址复用，应使用（　　）。

A　地址锁存器　　B　地址寄存器　　C　地址缓冲器　　D　地址译码器

4．如系统中只扩展一片Intel2732（4K×8），除应使用P0口的8条口线外，至少还应使用P2口的口线（　　）条。

A　5　　B　6　　C　7　　D　8

5．在接口电路中“口“一定是一个（　　）。

A　已赋值的寄存器　　B　数据寄存器

C　可编址寄存器　　D　既可读又可写的寄存器

6．8155定时器/计数器是一个（　　）位的减法计数器。

A　16　　B　14　　C　12　　D　20

7．8279是Intel公司为（　　）位微处理器设计的通用键盘/显示器接口芯片。

A　8　　B　16　　C　32　　D　64

二．填空题

1．80C51单片机地址总线宽度为16位，片外可扩展的存储器最大容量为____________。

2．进行存储器扩展时，可供使用的编址的方法有两种：____________和____________。

3．在80C51单片机系统中，端口采用的编址方式是____________。

4．I/O数据的传送方式有__________、__________和__________。

5．8255A 能为数据 I/O 操作提供 A、B、C3 个 8 位口，其中 A 口和 B 口只能作为数据口使用，而 C 口则既可作为________口使用，又可作为________口使用。

6. 与 8255A 相比，8155 的功能有所增强，主要表现在 8155 具有________单元的_______和一个________位的_________。

7．按键的识别方法有_________和_________。

8．键盘工作方式有___________、___________和___________。

9．LED 数码管按其内部电路连接方式可分为___________和___________两种结构。

10．消除按键抖动的方法有____________________和______________________。

三．问答题和编程题

1．在 80C51 单片机系统中，外接程序存储器和数据存储器共用 16 位地址线和 8 位数据线，为什么不会发生冲突？

2．试以 80C31 为主机，用两片 2764 扩展 16KBROM，画出硬件连线。

3．已知 2 片 6264（8KB）存储器芯片，P2.5、P2.6 用线选法对其片选，画出连接电路。当 P2.7=1 时，分析存储器芯片的地址范围。

4．试以一片 2716 和一片 6116 组成一个既有程序存储器又有数据存储器的存储器扩展系统，请画出逻辑连接图，并说明各芯片的地址范围。

5．用 80C51 单片机 P1 口经驱动电路后分别接 8 个发光二极管，画出电路；编写程序，使每个发光二极管亮 1s 后灭，下一个再亮，不断循环。

技能设计 6　可编程接口芯片 8255A 的应用

一．实训目的

◆ 掌握可编程接口芯片 8255A 的引脚功能与编程方法。

◆ 学习 8255A 和 89C51 连接方式及扩展端口的编程方法。

二．功能要求

利用 89C51 的 P0 端口与 8255A 的端口进行扩展，读取 8255A PA 口的开关量，将读取值控制 8255A PB 口的发光二极管的亮灭，开关闭合表示输入为低电平，开关断开为高电平，PB 口的发光二极管送低电平点亮。

三．电路连线

电路连线如图 1 所示。

四．程序说明

利用 89C51 控制可编程扩展接口芯片 8255A 来实现端口的扩展，利用程序读取 8255A PA 口的开关量，然后将读取的开关量送到 8255A 的 PB 口，低电平点亮 LED（拨码开关拨向“ON”状态，读取到的为低电平）。

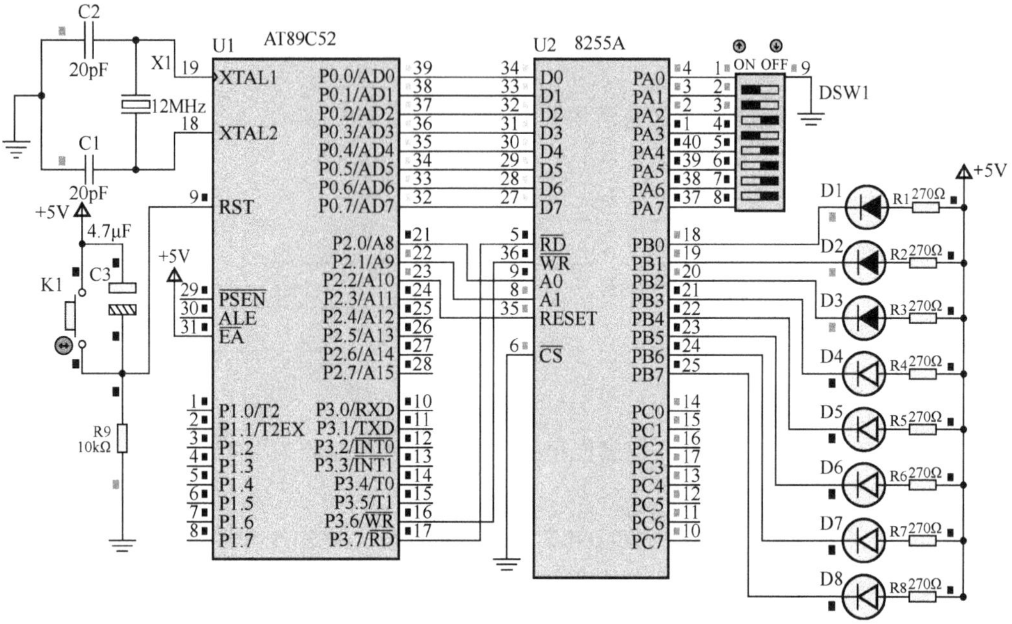

图 1 8255 扩展电路连线

五. 汇编程序清单

```
            ORG     0000H
            AJMP    MAIN                    ;跳到主程序执行
            ORG     0030H
;**************************************************************
; 8255 芯片初始化
;**************************************************************
MAIN:       CLR     P2.2                    ;置 P2.2 为 0
            NOP                             ;加空操作指令在本程序中作用为延时
            SETB    P2.2                    ;置 P2.2 为 1
            NOP
            CLR     P2.2                    ;置 P2.2 为 0
            NOP                             ;以上时序为复位 8255A
            SETB    P2.0                    ;置 P2.0 为 1
            NOP
            SETB    P2.1                    ;置 P2.1 为 1
            NOP                             ;以上时序为选中 8255A 的控制寄存器
            MOV     A,   #90H
            MOVX    @R0,  A                 ;送控制字给 8255A 为方式 0,PA 入 PB 出
;**************************************************************
;读取 8255 的 PA 口的开关量送到 8255 的 PB 口控制 LED 发光管
;**************************************************************
LOOP:       CLR     P2.0
            NOP
            CLR     P2.1
            NOP                             ;选中 8255A 的 PA 端口
            MOV     A,#0FFH
            MOVX    @R0,A                   ;将 0FFH 送入 PA 口
```

```
        NOP
        MOVX    A,  @R0              ;将 PA 口的值读入 89C51 内
        SETB    P2.0
        NOP
        CLR     P2.1
        NOP                          ;选中 8255A 的 PB 端口
        MOVX    @R0,A                ;将读取的 PA 端口的值送 PB 端口控制 LED
        JMP     LOOP                 ;跳转到 LOOP 处,反复读取和输出
        END
```

六. 程序流程

程序流程如图 2 所示。

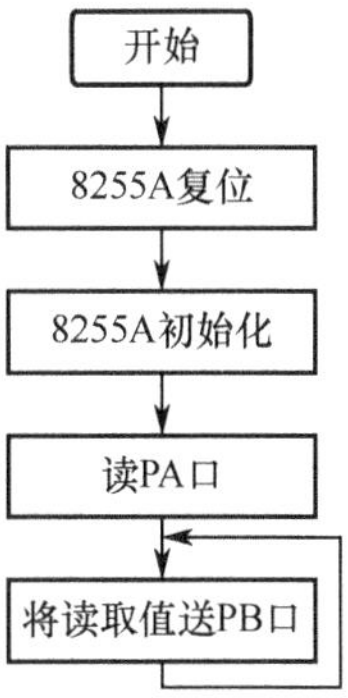

图 2　8255 扩展程序流程

七. 练习

1. 利用 8255A 实现八位数码管的动态扫描。
2. 根据 8255A 的使用方法来练习 8155 芯片的使用。

第 7 章　单片机监控串行通信

本章基本要求：了解 80C51 单片机串行接口结构，掌握 80C51 单片机串行接口的使用方法，理解 80C51 单片机串行口接收和发送数据的实现方法，熟悉 80C51 单片机串行通信的格式规定及程序设计思路。

7.1　串行通信基础

计算机通信是指计算机技术与通信技术相结合，完成计算机与其外界的数据传送。随着多外设备、多机系统的广泛应用和计算机网络的普及，通信功能显得越来越重要。通信有串行通信和并行通信两种方式。

串行通信是将数据字节分成一位一位的形式在一条传输线上逐个地传送(故也称串行数据传送)，如图 7-1 所示。串行通信时，数据发送设备先将数据代码由并行形式转换成串行形式，然后一位一位地放在传输线上进行传送;数据接收设备将接收到的串行形式数据转换成并行形式进行存储或处理。

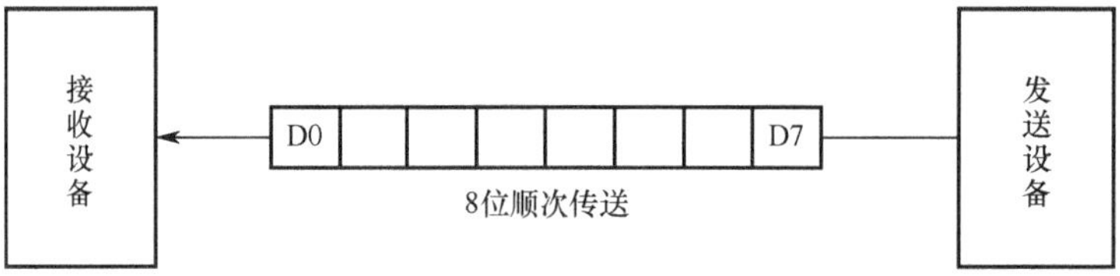

图 7-1　串行通信示意图

串行通信的特点是：数据传送按位顺序进行，传输线少（最少只需 1 根即可完成传输），成本低，速度慢，易远距离传送，还可以利用电话网等现成的设备，但数据的传送控制比并行通信复杂。计算机与外界的数据传送大多数是串行的，其传送的距离可以从几米到几千千米。

并行通信是将数据字节的各位用多条数据线同时进行传送（也称为并行数据传送），如图 7-2 所示。并行通信除了数据线外，还要有通信联络控制线。数据发送方在发送数据前，要询问数据接收方是否“准备就绪”。数据接收方收到数据后，要向数据发送方回送数据已经接收到的“应答”信号。

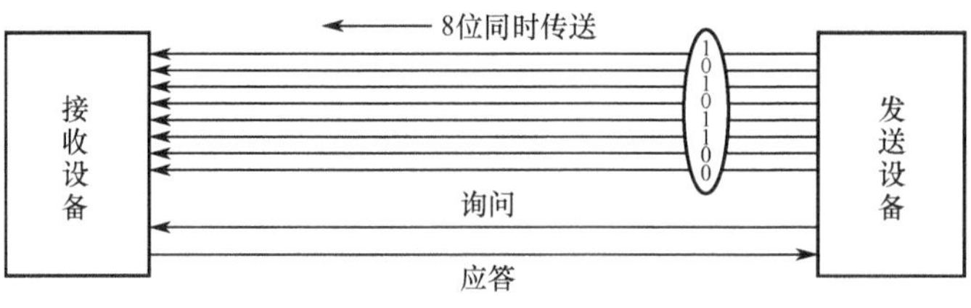

图 7-2　并行通信示意图

并行通信的特点是：各数据位同时传送，传送速度快，效率高，控制简单。由于传输线较多（并行数据传送有多少数据位就要多少根数据线），因此远距离传送成本高。并行数据传送的距离通常小于 30m，计算机内部的数据传送都是并行的。

通常所提到的计算机通信都是指计算机与外界间通信，即串行通信。

7.1.1　串行通信的基本原理

串行通信的数据信息和控制信息要按位在一条线上依次传送，为了能识别数据和控制信息，实现正确传送，收发双方要事先约定共同遵守的通信协议，通信协议约定的内容包括数据格式、同步方式、传送速率、校验方式等。按收发双方的时钟配置情况，串行通信又分为异步和同步两种方式。在单片机中使用的串行通信都是异步方式，因此本节重点介绍异步通信。

7.1.1.1　串行通信的数据通信形式

串行通信根据数据传输方向及时间关系可分为单工、半双工和全双工三种形式。

◆ 单工（simplex）形式。如图 7-3（a）所示，单工是指数据传输仅能沿一个方向，不能实现反向传输。通信双方中一方固定为发送端，另一方则固定为接收端。只需一条数据线传输，例如计算机与打印机之间的串行通信就是单工形式，因为只能有计算机向打印机传送数据，而不可能有相反方向的数据传送。

◆ 半双工（half-duplex）形式。如图 7-3（b）所示，半双工是指数据传输可以沿两个方向，但需要分时进行。任何时刻只能由其中的一方发送数据，另一方接收数据。因此半双工形式既可以使用一条数据线，也可以使用两条数据线。

◆ 全双工（full-duplex）形式。如图 7-3（c）所示，全双工是指数据可以同时进行双向传输。可以同时发送和接收数据，因此全双工形式的串行通信需要两条数据线。

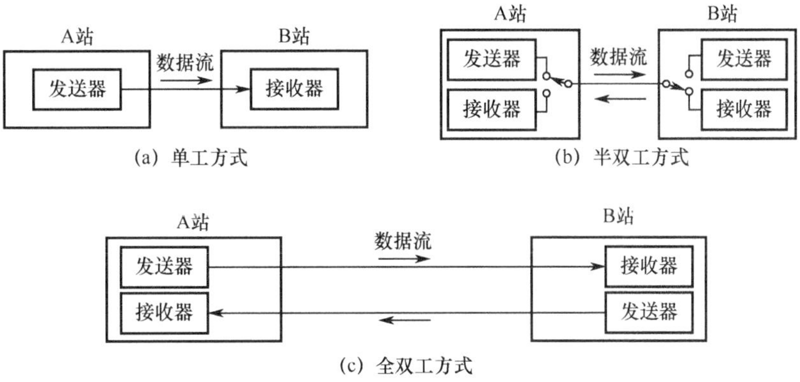

图 7-3　串行通信中三种通信方式

7.1.1.2　串行通信的传送速率

数据的传输速率可以用比特率表示。比特率是指每秒传输二进制代码的位数，单位是 bps（位/秒）。如每秒传送 240 个字符，而帧字符格式包含 10 位（1 个起始位、1 个停止位、8 个数据位），这时的比特率为：

$$10\text{位}\times 240\text{个/秒}=2400\text{bps}$$

应注意的是，在数据通信中常用波特率表示每秒钟调制信号变化的次数，单位是波特（baud）。波特率和比特率不总是相同的，如每个信号（码元）携带 1 个比特的信息，比特率和波特率就相同。如 1 个信号（码元）携带 2 个比特的信息，则比特率就是波特率的 2 倍。对于将数字信号 1 或 0 直接用两种不同电压表示的基带传输，比特率和波特率是相同的。所以，也经常用波特率表示数据的传输速率。在串行通信中，格式位的发送和接收分别由发送时钟脉冲和接收时钟脉冲进行定时控制。时钟频率高，则波特率也高，通信速度就快；反之，时钟频率低，则波特率也低，通信速度就慢。串行通信可以使用的标准波特率在 RS-232C 标准中已有规定，使用时应根据速度需要、线路质量及设备情况等因素选定。波特率选定之后，对设计者来说，就是如何得到满足波特率要求的发送时钟脉冲和接收时钟脉冲。

另外，串行接口或终端直接传送串行信息位流的最大距离与传输速率及传输线的电气特性有关。当传输线使用每 1ft（0.3048m）有 50pF 电容的非平衡屏蔽双绞线时，传输距离随传输速率的增加而减小。当比特率超过 1000bps 时，最大传输距离迅速下降，如 9600bps 时最大距离下降到只有 76m。

7.1.1.3 串行通信的错误校验

在通信过程中往往要对数据传送的正确与否进行校验。校验是保证准确无误传输数据的关键。在串行通信中可能出现的错误包括奇偶错和帧错等。常用的校验方法有奇偶校验，代码和校验，以及循环冗余校验。

◆ 奇偶校验。在发送数据时，数据位尾随的 1 位为奇偶校验位（1 或 0）。当约定为奇校验时，数据中“1”的个数与校验位“1”的个数之和应为奇数；当约定为偶校验时，数据中“1”的个数与校验位“1”的个数之和应为偶数。接收方与发送方的校验方式应一致。接收字符时，对“1”的个数进行校验，若发现不一致，则说明传输数据过程中出现了差错。

◆ 代码和校验。代码和校验是发送方将所发数据块求和（或各字节异或），产生一个字节的校验字符（校验和）附加到数据块末尾。接收方接收数据同时对数据块（除校验字节外）求和（或各字节异或），将所得的结果与发送方的“校验和”进行比较，相符则无差错，不相符则认为传送过程中出现了差错。

◆ 循环冗余校验。循环冗余校验是通过某种数学运算实现有效信息与校验位之间的循环校验，常用于对磁盘信息的传输、存储区的完整性校验等。这种校验方法纠错能力强，广泛应用于同步通信中。

7.1.1.4 串行通信的分类

（1）异步串行通信

① 异步串行通信的帧格式

异步通信是指通信的发送与接收设备使用各自的时钟控制数据的发送和接收过程。要求发送和接收设备的时钟尽可能一致，使双方收发协调。异步通信示意图如图 7-4 所示。

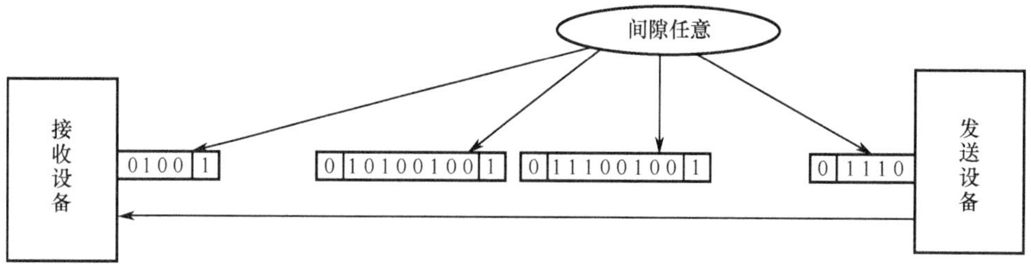

图 7-4 异步通信示意图

异步通信是以字符（帧）为单位进行传输，即一个字符一个字符地传送。图 7-5 所示为一个字符的异步串行通信格式。

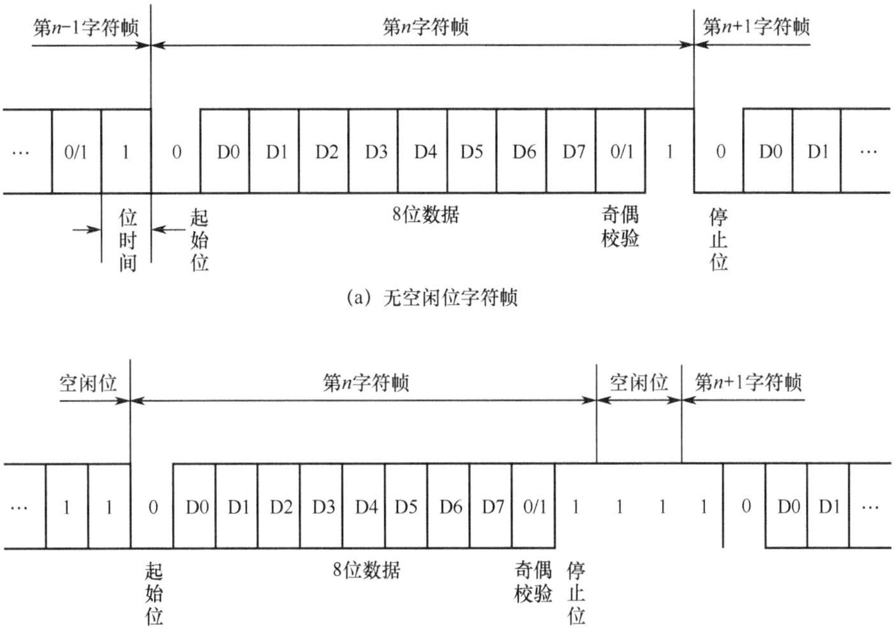

(a) 无空闲位字符帧

(b) 有空闲位字符帧

图 7-5　异步通信的字符帧格式

位时间是指格式中位的时间宽度。

帧是指从起始位开始到停止位结束的全部内容，帧是一个字符的完整通信格式，因此也就是把串行通信的字符格式称为帧格式。

异步串行通信是一帧接一帧进行的，传送可以是连续的，也可以是不连续的。连续的异步串行通信是指在一个字符格式的停止位之后立即发送下一个字符的起始位，开始下一个新的字符传送，即帧与帧之间是连续的。而断续的异步串行通信是指一帧结束之后并不一定接着传送下一个字符，不传送时维持数据线“1”的空闲状态。其后，新的字符传送可在任意时刻开始，并不要求整数倍的位时间。即字符间的时间间隙是任意的（字符是异步的），但字符中的各位是以固定的时间传送的，各位间的距离均为“位时间”的整数倍（位是同步的）。

为了实现异步传输字符的同步，采用的办法是使传送的每一个字符都以起始位“0”开始，以停止位“1”结束。这样，传送的每一个字符都用起始位来进行收发双方的同步。停止位和间隙作为时钟频率偏差的缓冲，即使双方时钟频率略有偏差，总的数据流也不会因偏差的积累而导致数据错位。

异步通信的每帧数据由 4 部分组成。

◆ 起始位：发送器通过发送起始位而开始一个字符的传送。起始位占 1 位。

◆ 数据位：起始位之后就是传送数据位。在数据位中，低位在前（左），高位在后（右）。字符编码方式的不同，数据位可占 5～8 位。

◆ 奇偶校验位：用于检查字符传送的正确性，因此奇偶校验位是可选择的，共有 3 种可能，即奇校验、偶校验和无校验。由用户根据需要选定，占 0 位或 1 位。

◆ 停止位：停止位在最后，用以标志一个字符传送的结束。占 1 位、1.5 位或 2 位。在应用中根据需要确定。

图 7-4 中给出的是 8 位数据位、1 位奇偶校验位和 1 位停止位，加上固定的 1 位起始位（起始位“0”作为联络信号，告诉收方传送开始），共 11 位组成一个传输字符帧。强调字符间允许有不定长的空闲位，这便是异步通信的由来。

异步串行通信过程：传送开始后，接收设备不断检测传输线，看是否有起始位到来。当收到一系列的“1”（空闲位或停止位）之后，检测到一个“0”，说明起始位出现，就开始接收所规定的数据位、奇偶校验位和停止位；经处理，将停止位去掉，把数据位拼成一个并行字节，并经校验无误才算正确地接收到一个字符。一个字符接收完毕后，接收设备又继续测试传输线，监视“0”电平的出现（下个字符开始），直到全部数据接收完毕。

② 异步串行通信的信号形式

近程的串行通信和远程的串行通信在信号形式上有所不同。

近程通信又称本地通信，采用数字信号直接传送形式，在传送过程中不改变原数据代码的波形和频率。这种数据传送方式称为基带传送方式。图 7-6 所示就是两台计算机近程串行通信的连接和代码波形图。可以看出，计算机内部的数据信号是 TTL 电平标准，而通信线上的数据信号却是 RS-232C 电平标准。然而，尽管电平标准（电平高低）不同，但数据信号的波形和频率并没有改变。近程串行通信只需用传输线把两端的接口电路直接连起来即可实现，方便又经济。

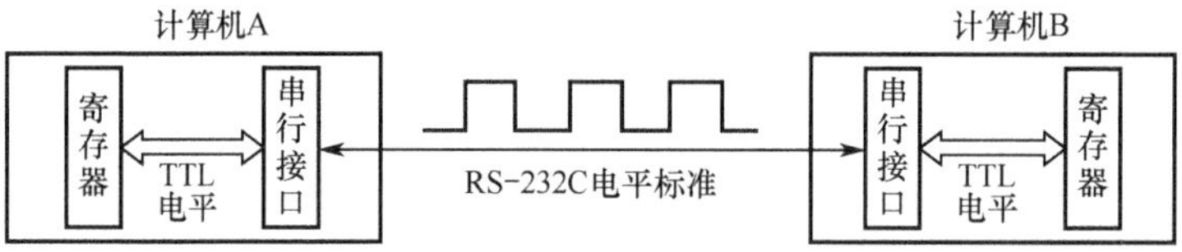

图 7-6　近程串行通信

远程串行通信应使用专用的通信电缆，但出于经济考虑通常也借用现存的公用电话网作为传输线。由于电话线是音频模拟信号，对计算机通信的二进制数字信号传输是不合适的，因此在传送时需对二进制数据进行调制，使之转为模拟信号适合在电话网上传输。在接收时，需进行解调以将模拟信号还原成数字信号。信号形式的转变通常使用频率调制法，以不同频率的载波信号代表数字信号的两种不同电平状态，称为频带传送方式。

在串行通信的发送端应该有调制器（modulator）把电平信号调制为频率信号，而在接收端则应有解调器（demodulator）把频率信号解调为电平信号。由于远程串行通信多采用双工方式，即通信双方都有发送和接收功能。因此通信端都应设置调制器和解调器。并把两者合在一起称为调制解调器（modem）。利用调制解调器通信如图 7-7 所示。

图 7-7　利用调制解调器通信

在图 7-7 中，调制器和解调器是进行数据通信所需的设备，因此把它叫做数据通信设备（DCE）。计算机是终端设备（DTE）。电话线本来是用于传送声音（模拟信号）的，人讲话的声音频率范围为 300～3400Hz。因此使用电话线进行串行数据传送，其调频信号的频率也应在此范围之内。通常以 1270Hz 或 2225Hz 的频率信号代表 RS-232C 标准的 mark（=1）电平，以 1070Hz 或 2025Hz 的频率信号代表 space（=0）电平。对于半双工方式，即用一条传输线完成两个方向的数据传送。发送端串行接口输出的是 RS-232C 标准电平信号，由调制器把电平信号分别调制成 1270Hz 和 1070Hz 的调频信号后再送上电话线进行远程传输。在接收端，由解调器把调频信号解调为 RS-232C 标准的电平信号，再经串行接口电路调制为 TTL 电平信号。另一个方向的数据传输，其过程完全相同，所不同的只是调频信号的频率分别为 2225Hz 和 2025Hz。

异步串行通信的特点是：不要求收发双方时钟的严格一致，实现容易，设备开销较少，但每个字符要附加 2～3 位用于起止位，各帧之间还有间隔，因此传输效率不高。

（2）同步串行通信

同步通信是按数据块传送的。把传送的字符顺序地连接起来，组成数据块，在数据块前面加上特殊的同步字符，作为数据块的起始符号，由收/发一致的同步时钟在发送端发出，接收端接收到同步字符后，开始接收数据块，使收/发双方同步，同步通信中的字符格式如图 7-8 所示。在数据块后面加上校验字符，用于校验通信中的错误。

图 7-8　同步通信中的字符格式

要求发送时钟和接收时钟必须保持严格同步。发送时先发同步字符，接收端接收到同步字符后，开始接收串行数据字符。发送端在发送数据流过程中，若出现没有准备好数据的情况，使用同步字符来填充，一直到下一字符准备好为止。同步字符是一个或两个 8 位二进制码，可以采用统一标准格式，也可以由用户自行约定。同步通信的收/发双方必须采用相同的同步字符。

在同步通信中，一次通信可以传送若干个数据字符，每个数据字符可选 5～8 个数据位和一个奇偶校验位。每个字符之间不包含起始位和停止位，因而传送数据容量大，传送速率高，通常可达 56000bps 或更高。

同步串行通信的特点是传输的速率高，但实现的硬件设备比异步通信复杂。

7.1.2　串行通信的接口标准

在单片机应用系统中，数据通信主要采用异步串行通信。在设计通信接口时，必须根据需要选择标准接口，并考虑传输介质、电平转换等问题。采用标准接口后，能够方便地把单片机和外设、测量仪器等有机地连接起来，从而构成一个测控系统。例如当需要单片机和计算机通信时，通常采用 RS-232 标准进行电平转换。

异步串行通信接口主要有四类：RS-232C 接口、RS-422A 接口、RS-485 接口及 20mA 电流环。

7.1.2.1 RS-232C 接口

RS-232 是 EIA（美国电子工业协会）于 1962 年制定的标准。RS 表示 EIA 的“推荐标准”，232 为标准编号。1969 年修订为 RS-232C，1987 年修订为 EIA-232D，1991 年修订为 EIA-232E，1997 年又修订为 EIA-232F。人们习惯于早期的名字——RS-232C。RS-232C 实际上是串行通信的总线标准。现已在全世界范围内广泛应用。

RS-232C 定义了数据终端设备（DTE）与数据通信设备（DCE）之间的物理接口标准，如图 7-7 所示。接口标准包括机械特性、功能特性和电气特性等几个方面的内容。

（1）机械特性

RS-232C 接口规定使用 25 针连接器，连接器的尺寸及每个插针的排列位置都有明确的定义。在一般的应用中并不一定用到 RS-232C 标准的全部信号线，所以在实际应用中常常使用 9 针连接器替代 25 针连接器。连接器引脚定义如图 7-9 所示。图 7-9 中所示为阳头定义，通常用于计算机侧，其对应的阴头用于连接线侧。

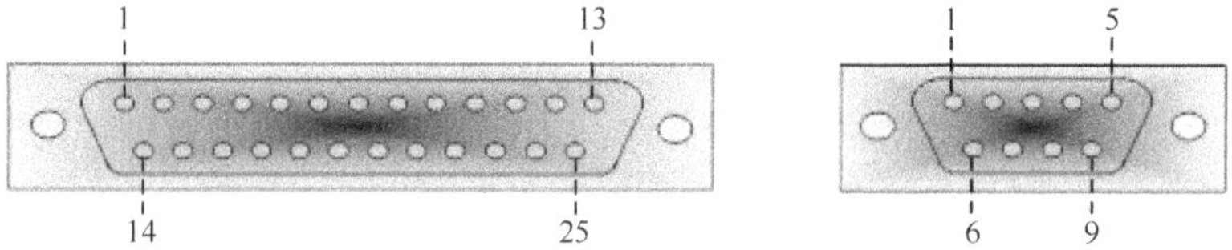

图 7-9　DB-25（阳头）和 DB-9（阳头）连接器定义

（2）功能特性

RS-232C 标准定义了 25 条信号线，各信号线（引脚）功能定义如表 7-1 所示。

表 7-1　RS-232C 接口标准信号引脚定义

引脚序号	功能定义（缩写符）	信号方向	引脚序号	功能定义（缩写符）	信号方向
1	屏蔽（保护）接地（PGND）		14	辅助通道发送数据（TXD）	DTE←DCE
2（3）	发送数据-串行输出（TXD）	DTE→DCE	15	发送时钟（TXC）	DTE←DCE
3（2）	接收数据-串行输入（RXD）	DTE←DCE	16	辅助通道接收数据（RXD）	DTE←DCE
4（7）	请求发送（RTS）	DTE→DCE	17	接收时钟（RXC）	DTE←DCE
5（8）	允许发送（CTS）	DTE←DCE	18	未定义	
6（6）	DCE 已数据准备就绪（DSR）	DTE←DCE	19	辅助通道请求发送（RTS）	DTE→DCE
7（5）	信号接地（SGND）		20（4）	DTE 数据准备就绪（DTR）	DTE→DCE
8（1）	载波检测（DCD）	DTE←DCE	21	信号质量检测	DTE←DCE
9	接收线路建立检测		22（9）	振铃指示（RI）	DTE←DCE
10	线路建立检测		23	数据信号速率选择器	DTE→DCE
11	未定义		24	发送时钟	DTE→DCE
12	辅助通道收线信号检测（DCD）	DTE←DCE	25	未定义	
13	辅助通道清除发送（CTS）	DTE←DCE			

注：引脚序号（ ）内为 9 针非标准连接器的引脚号，也就是 25 脚中 9 个主要引脚。

DTE—数据终端设备（个人计算机）；DCE—数据通信设备（如调制解调器）。

（3）电气特性

RS-232C 是一种电压型总线标准，采用负逻辑电平。规定 DC（-15～-3V）为逻辑 1，DC

（+3～+15V）为逻辑 0。−3～+3V 为过渡区，不作定义。RS-232C 通信电平如图 7-10 所示。

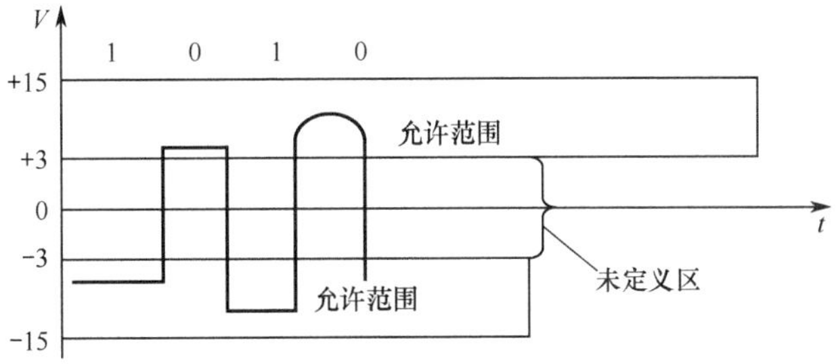

图 7-10　RS-232C 通信电平

应注意，RS-232C 的逻辑电平与通常的 TTL 和 MOS 电平不兼容，为了实现与 TTL 或 MOS 电路的连接，要外加电平转换电路。

RS-232C 发送方和接收方之间的信号线采用多芯信号线，要求多芯信号线的总负载电容不能超过 2500pF。

（4）RS-232C 电平与 TTL 电平转换驱动电路

80C51 单片机串行接口与计算机的 RS-232C 接口不能直接对接，必须进行电平转换。常见的 TTL 到 RS-232C 的电平转换器有 MC1488、MC1489 和 MAXM232 等芯片。MC1488 芯片输入为 TTL 电平，输出为 RS-232C 电平；MC1489 芯片输入为 RS-232C 电平，输出为 TTL 电平。MC1488 芯片的供电电压为±12V，MC1489 芯片的供电电压为+5V。

MC1488 芯片和 MC1489 芯片的逻辑功能如图 7-11 所示。

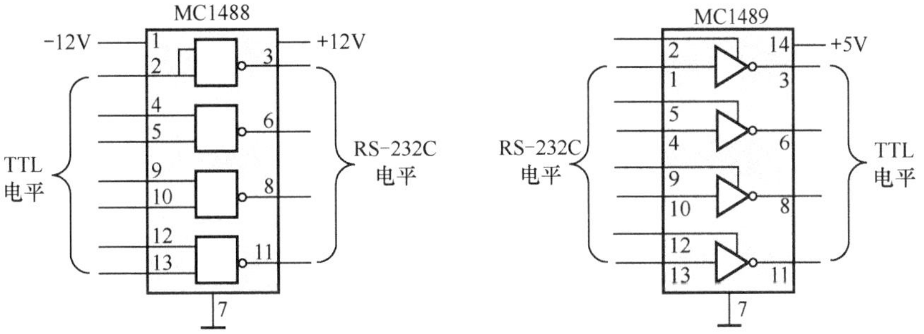

图 7-11　MC1488 芯片和 MC1489 芯片的逻辑功能

MC1488 芯片、MC1489 芯片与 RS-232C 电平转换如图 7-12 所示。

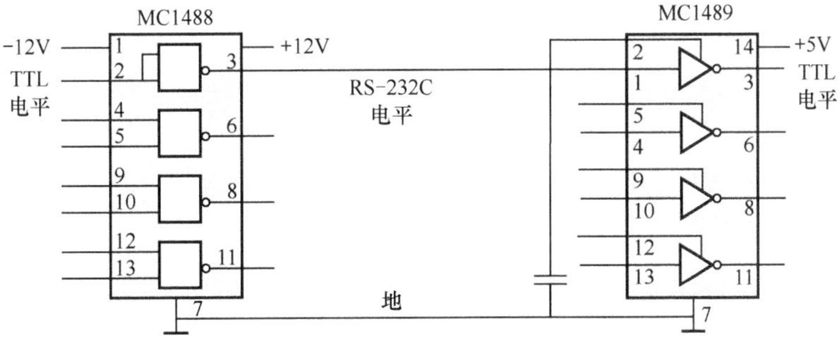

图 7-12　TTL 与 RS-232C 电平转换电路

近年来，一些系统中越来越多地采用了自升压电平转换器。各厂商生产的此类芯片虽然不同，但原理类似，并可代换。其主要功能是在单+5V 电源下，有 TTL 信号输入到 RS-232C 输出的功能，也有 RS-232C 输入到 TTL 输出的功能。如 RS-232C 双工发送器/接收器接口电路 MAXM232，它能满足 RS-232C 的电气规范。且仅需要+5V 电源，内置电子泵电压转换器将+5V 转换成-10～+10V。该芯片与 TTL/CMOS 电平兼容，片内有 2 个发送器，2 个接收器，使用比较方便。

（5）采用 RS-232C 接口存在的问题

◆ 传输距离短，传输速率低。RS-232C 总线标准受电容允许值的约束，使用时传输距离一般不要超过 15m（线路条件好时也不超过几十米），最高传送速率为 20kbps（不能满足同步通信要求，所以 RS-232C 主要用于异步通信）。

◆ 有电平偏移。RS-232C 总线标准要求收发双方共地（见图 7-12）。通信距离较大时，收发双方的地电位差别较大，在信号地上将有比较大的地电流并产生压降。这样一方输出的逻辑电平到达对方时，其逻辑电平若偏移较大，将发生逻辑错误。

◆ 抗干扰能力差。RS-232C 在电平转换时采用单端输入输出，传输过程中干扰和噪声混在正常的信号中。为了提高信噪比，RS-232C 总线标准不得不采用比较大的电压摆幅。

7.1.2.2 RS-422A 接口

针对 RS-232C 总线标准存在的问题，EIA 协会制定了新的串行通信标准 RS-422A，它是平衡型电压数字接口电路的电气标准。RS-422A 平衡驱动差分接收电路如图 7-13 所示。

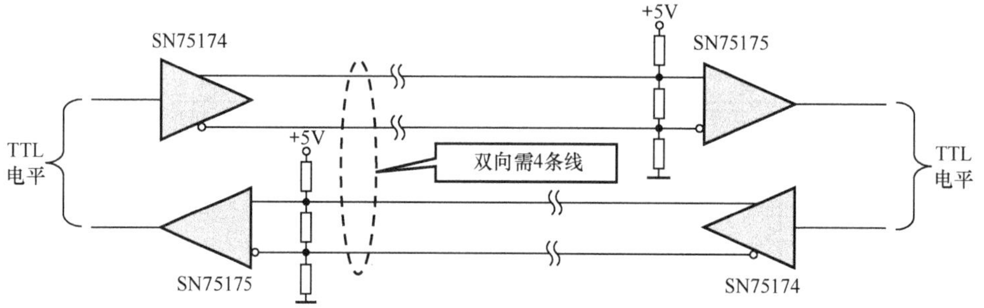

图 7-13 RS-422A 平衡驱动差分接收电路

RS-422A 电路由发送器、平衡连接电缆、电缆终端负载、接收器等部分组成。电路中规定只许有一个发送器，可有多个接收器。RS-422A 与 RS-232C 的主要区别是，收发双方的信号地不再共用。另外，每个方向用于传输数据的是两条平衡导线。所谓“平衡”是指输出驱动器为双端平衡驱动器，如果其中一条线为逻辑“1”状态，另一条线就为逻辑“0”状态。比采用单端不平衡驱动对电压的放大倍数大一倍，驱动器输出允许范围是±2～±6V。

差分电路能从地线干扰中拾取有效信号，差分接收器可以分辨 200mV 以上电位差。若传输过程中混入了干扰和噪声，由于差分放大器的作用可使干扰和噪声相互抵消，因此可以避免或大大减弱地线干扰和电磁干扰的影响。

RS-422A 与 RS-232C 相比信号传输距离远、速度快。传输距离为 120m 时，传输速率可达到 10Mbps；降低传输速率（90kbps）时，传输距离可达 1200m。

RS-422A 与 TTL 电平转换常用的芯片为传输线驱动器 SN75174（或 MC3487）和传输线接收器 SN75175（或 MC3486）。

7.1.2.3　RS-485 接口

RS-485 是 RS-422A 的变型：RS-422A 用于全双工，而 RS-485 则用于半双工。RS-485 是一种多发送器标准，在通信线路上最多可以使用 32 对差分驱动器/接收器。如果在一个网络中连接的设备超过 32 个，还可以使用中继器。RS-485 接口如图 7-14 所示。

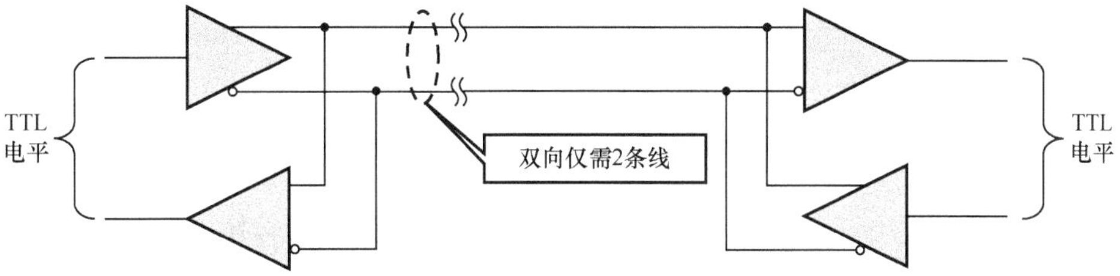

图 7-14　RS-485 接口示意图

RS-485 的信号传输采用两线间的电压来表示逻辑 1 和逻辑 0。由于发送方需要两根传输线，接收方也需要两根传输线。传输线采用差动信道，所以它的干扰抑制性极好，又因为它的阻抗低，无接地问题，所以传输距离可达 1200m，传输速率可达 1Mbps。

RS-485 是一点对多点的通信接口，一般采用双绞线的结构。普通的计算机一般不带 RS-485 接口，因此要使用 RS-232C/RS-485 转换器。对于单片机可以通过芯片 MAX485 来完成 TTL/RS-485 的电平转换。在计算机和单片机组成的 RS-485 通信系统中，下位机由单片机系统组成，上位机为普通的计算机，负责监视下位机的运行状态，并对其状态信息进行集中处理，以图文方式显示下位机的工作状态以及工业现场被控设备的工作状况。系统中各节点（包括上位机）的识别是通过设置不同的站地址来实现的。

7.1.2.4　20mA 电流环路串行接口

20mA 电流环是目前串行通信中广泛使用的一种接口电路。电流环串行通信接口的最大优点是低阻传输线对电气噪声不敏感，而且易实现光电隔离，因此在长距离通信时要比 RS-232C 优越得多。图 7-15 是一个实用的 20mA 电流环接口电路。它是一个加上光电隔离的电流环传送和接收电路。在发送端，将 TTL 电平转换为环路电流信号，在接收端又转换成 TTL 电平。

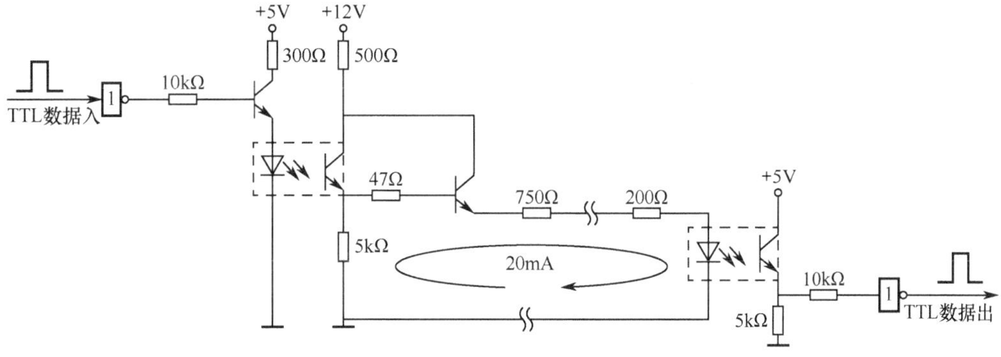

图 7-15　20mA 电流环接口电路

上面介绍了三类接口，在计算机进行串行通信时，选择接口标准，必须注意以下两点：

◆ 通信速度和通信距离。通常的标准串行接口，都要满足可靠传输时的最大通信速率和传送距离指标，但这两个指标具有相关性，适当降低传输速度，可以增大通信距离，反之亦然。

◆ 抗干扰能力。通常选择的标准接口，在保证不超过其使用范围时都有一定的抗干扰能力，以保证可靠的信号传输。但在一些工业测控系统中，通信环境恶劣，因此在通信介质选择、接口标准选择时，要充分考虑抗干扰能力，并采取必要的抗干扰措施。例如，在长距离传输时，使用 RS-422A 标准，能有效地抑制共模信号干扰；使用 20mA 电流环技术，能大大降低对噪声的敏感程度。在高噪声污染的环境中，通过使用光纤介质可减少噪声的干扰，通过光电隔离可以提高通信系统的安全性。

7.2 80C51 单片机串行接口

串行数据通信主要有两个技术问题：一是数据传送，二是数据转换。数据传送主要解决传送标准、格式及工作方式等问题。而数据转换是指数据的串并转换，由于在计算机中使用的数据都是并行数据，因此在发送端要把并行数据转换成串行数据，而在接收端要把接收到的串行数据转换成并行数据。

数据转换由串行接口电路实现，这种电路也称为通用异步接收发送器（UART）。它应包括发送器电路、接收器电路和控制电路等。其主要功能如下：

◆ 数据的串行化/反串行化。所谓串行化处理就是把并行数据格式变换为串行数据格式，即按帧格式要求把格式信息（起始位、奇偶位和停止位）插入，和数据位一起构成串行数据的位串，然后进行串行数据传送。在 UART 中，完成数据串行化的电路属发送器。所谓反串行化就是把串行数据格式变换为并行数据格式，即把帧中的格式信息滤除而保留数据位。在 UART 中，实现数据反串行化处理的电路属接收器。

◆ 错误检验。错误检验的目的在于检验数据通信过程是否正确。在串行通信中可能出现的错误包括奇偶错和帧错等。

应注意，要完成串行数据通信，光有硬件电路还不够，还需要有软件的配合。

在 80C51 单片机中已集成了 UART，作为其组成部分，构成一个可编程的全双工串行通信口，可用于网络通信、串行异步通信。也可作为同步移位寄存器使用。其帧格式可以为 8 位、10 位或 11 位，并可设置多种不同的波特率。通过引脚 RXD（P3.0 串行数据接收引脚）和引脚 TXD（P3.1 串行数据发送引脚）与外界进行通信。串行口中可供用户使用的是其寄存器，了解其结构是十分重要的。

7.2.1 串行接口的结构

80C51 串行接口的基本结构如图 7-16 所示。

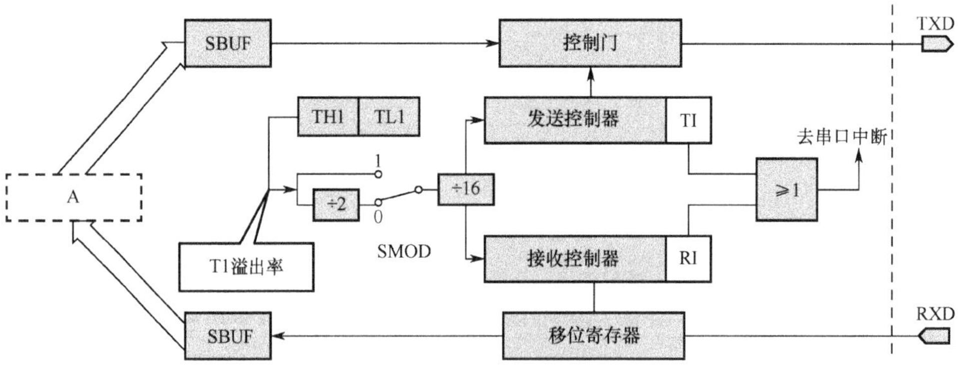

图 7-16 串行接口的基本结构

图 7-16 中有两个物理上独立的接收、发送缓冲器 SBUF，可以全双工方式进行通信。它们占用同一地址 99H，这是因为发送缓冲器只能写入不能读出，接收缓冲器只能读出不能写入。串行传送与接收的速率与移位时钟同步，定时器 T1 作为串行通信的波特率发生器，T1 溢出率经 2 分频（或不分频）再经 16 分频作为串行发送或接收的移位时钟，移位时钟的速率即波特率。

在接收时，串行数据通过引脚 RXD（P3.0）进入。经移位寄存器，再从接收 SBUF 向片内总线读出数据，从而构成了串行接收的双缓冲结构，以避免在数据接收过程中出现在下一帧数据来时，前一帧数据还没有读走而丢失，即帧重叠错误。串行接口的发送和接收都是以特殊功能寄存器 SBUF 的名称进行读或写的，当向 SBUF 发“写”命令时（执行“MOV SBUF，A”指令）即向发送缓冲器 SBUF 装载并开始由 TXD 引脚向外发送一帧数据，发送完后便发送中断标志 TI=1；在串行接口接收中断标志 RI（SCON.0）=0 的条件下，置允许接收位 REN（SCON.4）=1 启动接收过程，一帧数据进入输入移位寄存器，并装载到接收 SBUF 中，同时使 RI=1。执行读 SBUF 的命令（执行“MOV A,SBUF”指令），则可以由接收缓冲器 SBUF 取出信息并通过内部总线送 CPU。

在发送时，从片内总线向发送 SBUF 写入数据，串行数据再通过引脚 TXD（P3.1）送出。与接收数据情况不同，发送数据时 CPU 是主动的，不会发生帧重叠错误，因此发送电路不需双重缓冲结构，这样可以提高数据发送速度。

7.2.2　串行接口的控制寄存器

与串行通信有关的控制寄存器共有 3 个，即：串行控制寄存器 SCON、电源控制寄存器 PCON 及中断允许寄存器 IE。

7.2.2.1　串行控制寄存器 SCON

SCON 是一个可位寻址的专用寄存器，用于串行数据通信的控制。单元地址 98H，位地址 9FH～98H。其内部及位地址如下：

	位序	D7	D6	D5	D4	D3	D2	D1	D0	
字节地址：98H	位地址	9FH	9EH	9DH	9CH	9BH	9AH	99H	98H	SCON
	位符号	SM0	SM1	SM2	REN	TB8	RB8	TI	RI	

各位功能说明如下。

◆ SM0、SM1：串行口工作方式选择位，可有 4 种工作方式选择，如表 7-2 所示。

表 7-2　串行接口的工作方式

SM0	SM1	方式	说　明	波特率
0	0	0	8 位同步移位寄存器	*fosc*/12
0	1	1	10 位异步收发器（8 位数据）	可变
1	0	2	11 位异步收发器（9 位数据）	*fosc*/64 或 *fosc*/32
1	1	3	11 位异步收发器（9 位数据）	可变

◆ SM2：多机通信控制位。由于多机通信是在方式 2 和方式 3 下进行，因此 SM2 主要用于方式 2 和方式 3。当串行口以方式 2 或方式 3 接收，且 SM2=1 时，则只有当接收到的第 9 位数据（RB8）为“1”，才将接收到的前 8 位数据送入 SBUF，并置位 RI 产生中断请求，否则将接收到的前 8 位数据丢弃；而当 SM2=0 时，则不论第 9 位数据为“0”还有为“1”，都将前 8 位

数据装入 SBUF 中，并产生中断请求。当串行口以方式 0 和方式工作 1 时，SM2 置为“0”。

◆ REN：允许接收位。REN=0，禁止接收；REN=1，允许接收，该位由软件置位或复位。

◆ TB8：发送数据位 8。在方式 2 和方式 3 时，TB8 的内容是要发送的第 9 位数据，其值由用户通过软件设置，在双机通信时，TB8 一般作为奇偶校验位使用；在多机通信中，常以 TB8 位的状态表示主机发送的是地址帧还是数据帧，且一般约定：TB8=0 为数据帧，TB8=1 为地址帧。在方式 0 和方式 1 时，该位未用。

◆ RB8：接收数据位 8。在方式 2 或方式 3 时，RB8 存放接收到的第 9 位数据，代表着接收数据的某种特征（与 TB8 功能类似），故应根据其状态对接收数据进行操作。在方式 0 时不用 RB8（置 SM2=0），在方式 1 时也不用 RB8（进入 RB8 的是停止位，置 SM2=0）。

◆ TI：发送中断标志。在方式 0 时，当串行口发送完第 8 位数据后或在其他方式下，于发送停止位之前该位由硬件置位。因此 TI=1，表示帧发送结束，其状态既可供软件查询使用，也可作中断请求。TI 位由软件清“0”。

◆ RI：接收中断标志。在方式 0 时，当串行口接收完第 8 位数据后或在其他方式下，当接收到停止位时，该位由硬件置位。因此 RI=1，表示帧接收结束。其状态既可供软件查询使用，也可作中断请求。RI 位由软件清“0”。

7.2.2.2 电源控制寄存器 PCON

PCON 主要是为 80C51 单片机（CHMOS 型）的电源控制而设置的专用寄存器（在 HMOS 型单片机中，该寄存器中除最高位 SMOD 之外，其他位都没有定义）。PCON 寄存器不能进行位寻址，因此表中没有“位地址”。单元地址为 87H。其内容如下：

	位序	D7	D6	D5	D4	D3	D2	D1	D0	
字节地址:87H	位符号	SMOD	/	/	/	GF1	GF0	PD	ID	PCON

PCON 中只有最高位 SMOD 与串行接口工作有关，SMOD 是串行口波特率的倍增位。在串行接口方式 1、方式 2 或方式 3 时，波特率与 SMOD 有关，当 SMOD=1 时，串行口波特率提高一倍。系统复位时，SMOD=0。

7.2.2.3 中断允许寄存器 IE

中断允许寄存器 IE 在前面已介绍过，其地址 0A8H，位地址 0AFH～0A8H，内容及位地址如下：

	位序	D7	D6	D5	D4	D3	D2	D1	D0	
字节地址：0A8H	位地址	OAFH	OAEH	OADH	OACH	OABH	OAAH	OA9H	OA8H	IE
	位符号	EA	/	/	ES	ET1	EX1	ET0	EX0	

其中，ES 为串行中断允许位。ES=0，禁止串行中断；ES=1，允许串行中断。

7.2.3 串行接口的工作方式

80C51 串行接口共有 4 种工作方式，由 SCON 中的 SM0 和 SM1 进行设置。方式 0 和方式 2 的波特率是固定的，而方式 1 和方式 3 的波特率是可变的，其值由定时器 T1 的溢出率控制。

7.2.3.1 串行工作方式 0

在方式 0 下，将串行口作为同步移位寄存器使用，主要用于扩展并行输入或输出接口。数据由 RXD（P3.0）引脚输入或输出，同步移位脉冲由 TXD（P3.1）引脚输出提供。移位数据的发送和接收以 8 位为一组，低位在前高位在后。其格式为：

……	D0	D1	D2	D3	D4	D5	D6	D7	……

使用方式 0 实现数据的移位输入或输出时，实际上是把串行口变为并行口使用。

◆ 方式 0 输出（发送）。串行口作为并行输出口使用时，要有“串入并出”的移位寄存器（如 CD4094、74LS164 或 74HC164 等）配合，其电路连接如图 7-17 所示。

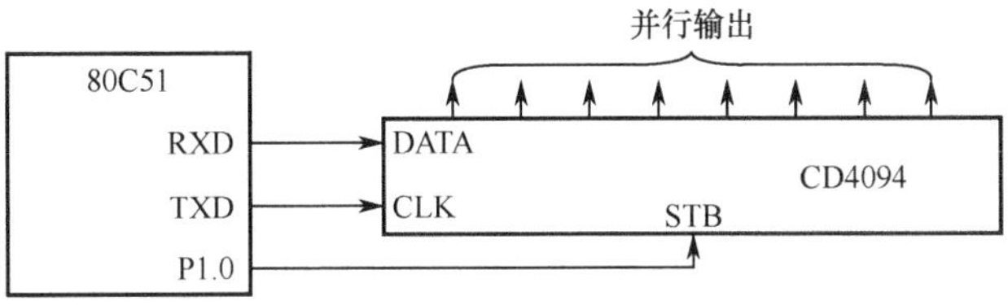

图 7-17　串行口与 CD4094 配合

数据预先写入串行口数据缓冲寄存器，然后从串行口 RXD 端在移位时钟脉冲（TXD）的控制下逐位移入 CD4094。当 8 位数据全部移出后，SCON 寄存器的发送中断标志 TI 被自动置“1”。其后主程序就可以中断或查询的方法，通过设置 STB 状态的控制，把 CD4094 的内容并行输出。输出时序如图 7-18 所示。

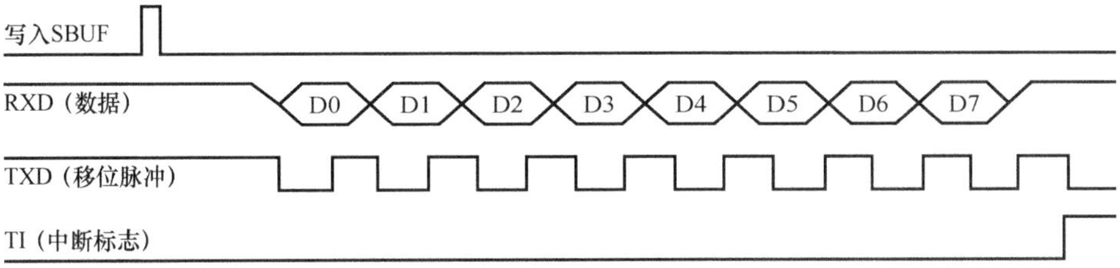

图 7-18　方式 0 输出时序

◆ 方式 0 输入（接收）。把能实现“并入串出”功能的移位寄存器（例如 CD4014、74LS165 或 74HC165 等）与串行口配合使用，就可以把串行口变为并行输入口使用，如图 7-19 所示。

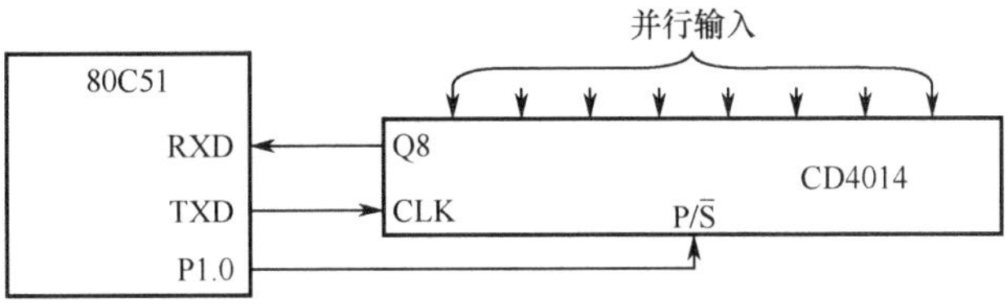

图 7-19　串行口与 CD4014 配合

CD4014 移出的串行数据同样经 RXD 端串行输入，还是由 TXD 端提供移位时钟脉冲。8 位数据串行接收需要有允许接收的控制。具体由 SCON 寄存器的 REN 位实现。REN=0，禁止接收；REN=1，允许接收。当软件置 REN=1 时，即开始从 RXD 端输入数据（低位在前），当接收到 8 位数据时，置位接收中断标志 RI。输入时序如图 7-20 所示。

方式 0 时，移位操作（串入或串出）的波特率是固定的，为单片机晶振频率的 1/12，如晶振频率以 *fosc* 表示，则波特率=*fosc*/12。按此波特率也就是一个机器周期进行一次移位，如 *fosc*=12MHz，则波特率为 1Mbps，即 1μs 移位一次；如 *fosc*=6MHz，则波特率为 0.5Mbps，即

2μs 移位一次。

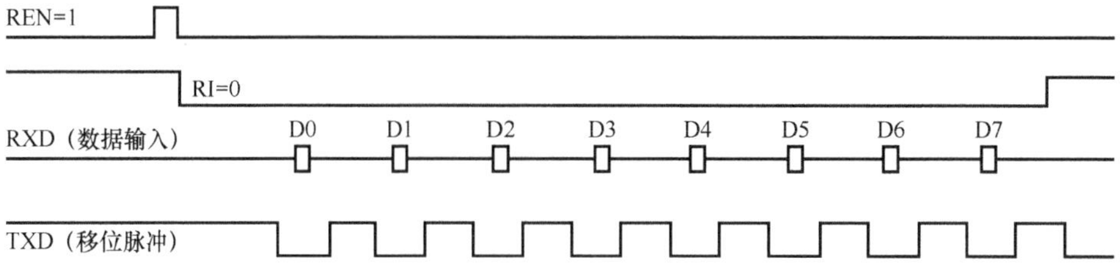

图 7-20　方式 0 输入时序

例 7.1　根据图 7-21 的线路连接，请编出发光二极管自左向右以一定速度轮流显示的程序。设发光二极管为共阴极接法。

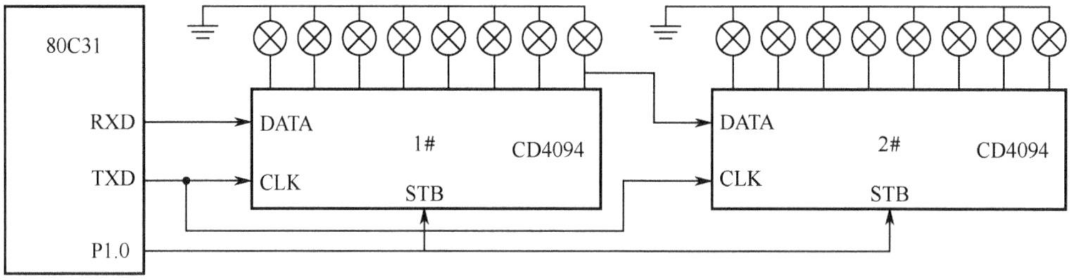

图 7-21　单片机串行口扩张成 LED 并行口

解: CD4094 是一种 8 位串行输入（DATA 端）并行输出的同步移位寄存器，采用 CMOS 工艺制成。CLK 为同步脉冲输入端。STB 为控制端：若 STB=0，则 8 位并行数据输出端关闭，但允许串行数据从 DATA 输入；反之 STB=1，则 DATA 输入端关闭，但允许 8 位数据并行输出。设串行口采用中断方式发送，发光二极管的显示时间依靠延时程序 DELAY 实现。整个程序由主程序和中断服务程序两部分组成。

主程序：

```
ORG     2000H
MOV     SCON,#00H              ;串行口初始化为方式 0
CLR     P1.0                   ;禁止 CD4094 并行输出
MOV     A,#80H                 ;起始显示码送 A
MOV     SBUF,A                 ;8031 串行输出
LOOP:   SJMP  LOOP             ;等待串行口输出完
```

中断服务程序：

```
        ORG   0023H
        AJMP  SBV                    ;转 SBV
        ORG   0100H
SBV:    SETB  P1.0                   ;点亮发光管
        ACALL DELAY                  ;点亮一段时间
        CLR   TI                     ;清发送中断标志
        RR    A                      ;准备点亮下一位
        CLR   P1.0                   ;灭显示
        MOV   SBUF,A                 ;串行口输出
        RETI                         ;中断返回
```

```
DELAY:                              ;延时程序
            ⋮
            END
```

7.2.3.2　串行工作方式 1

方式 1 是以 10 位为一帧的异步通信方式，即 1 位起始位、8 位数据位和 1 位停止位。TXD 为数据发送引脚，RXD 为数据接收引脚，其帧格式如图 7-22 所示。

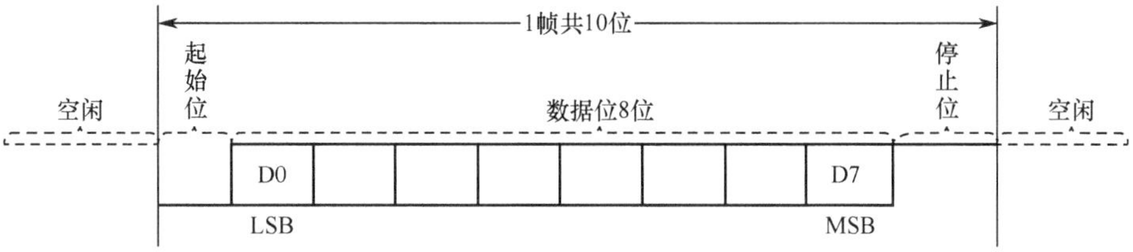

图 7-22　串行接口方式 1 的数据格式

◆ 方式 1 发送（输出）。由一条写发送寄存器（SBUF）的指令开始，随后在串行口由硬件自动加入起始位和停止位，构成一个完整的帧格式，然后在移位脉冲的作用下，由 TXD 端串行输出。一个字符帧发送完后，使 TXD 输出线维持在“1”状态下，并将 SCON 寄存器的 TI 置“1”，通知 CPU 可以接着发送下一个字符。其发送时序如图 7-23 所示。

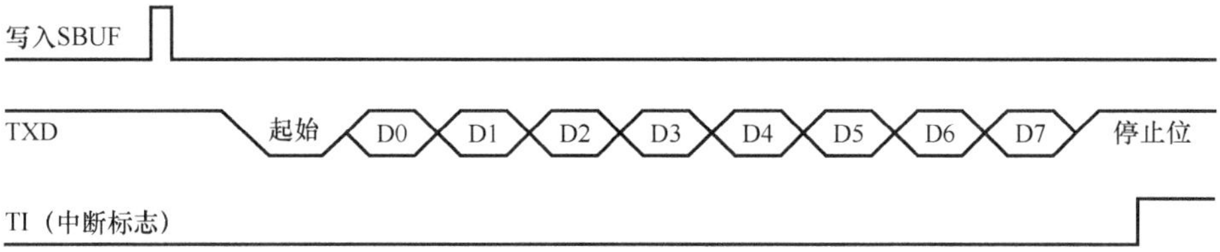

图 7-23　方式 1 发送时序

◆ 方式 1 接收（输入）。接收数据时，SCON 的 REN 位应处于允许接收状态（软件置 REN=1）。在此前提下，串行口以 16 倍波特率的速率采样 RXD 端，当采样到从“1”向“0”状态跳变时，就认定是接收到起始位。随后在移位脉冲的控制下，把接收到的数据位移入接收寄存器中。直到停止位到来之后置位中断标志 RI，通知 CPU 从 SBUF 取走接收到的一个字符。接收时序如图 7-24 所示。

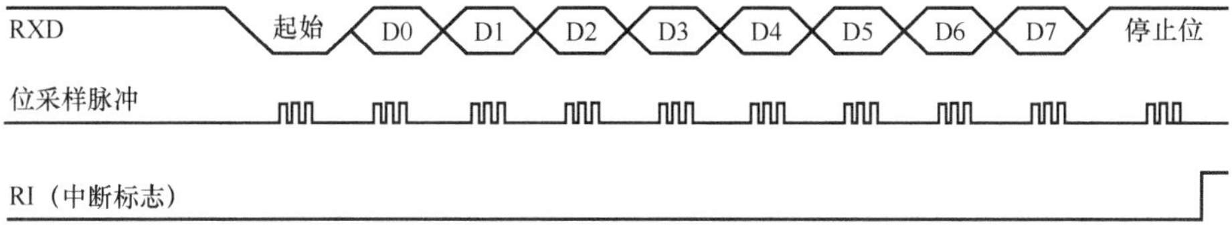

图 7-24　方式 1 接收时序

7.2.3.3　串行工作方式 2

方式 2 是以 11 位为一帧的串行通信方式，即 1 个起始位、9 个数据位和 1 个停止位。其帧格式如图 7-25 所示。

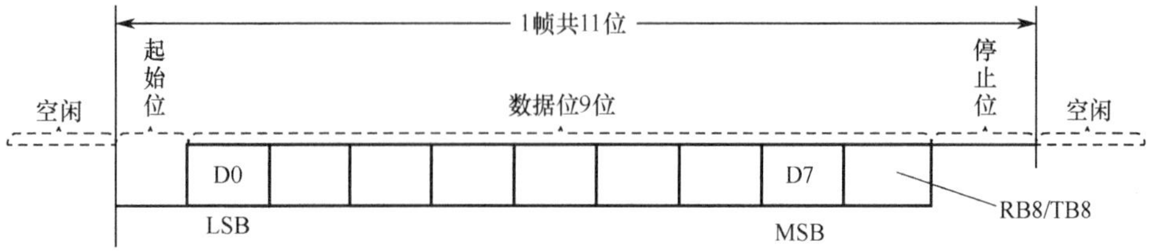

图 7-25　串行接口方式 2 的数据格式

字符还是 8 个数据位，只不过增加了一个第 9 个数据位（D8），而且其功能由用户确定，是一个可编程位。

◆ 方式 2 发送（输出）。发送数据时，应预先在 SCON 的 TB8 位中把第 9 个数据位的内容准备好，可使用如下指令完成：

```
SETB        TB8              ;TB8 位置“1”
CLR         TB8              ;TB8 位置“0”
```

发送数据（D0～D7）由 MOV 指令向 SBUF 写入，而 D8 位的内容则由硬件电路从 TB8 中直接送到发送移位寄存器的第 9 位，并以此来启动串行发送。一个字符帧发送完毕后，将 TI 位置“1”，其他过程与方式 1 相同。发送时序如图 7-26 所示。

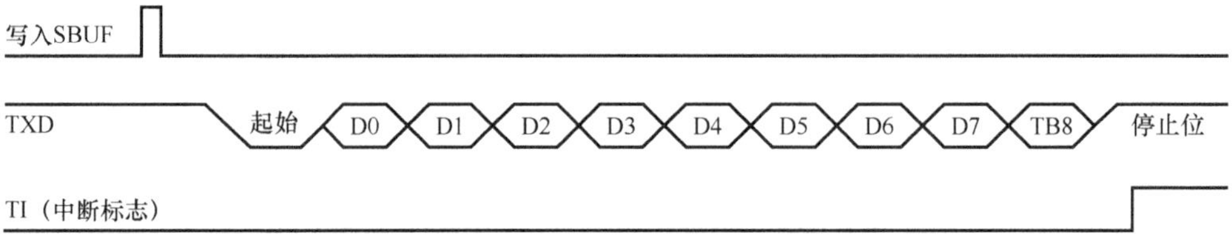

图 7-26　方式 2 的发送时序

◆ 方式 2 接收（输入）。接收过程与方式 1 相似，所不同的只在第 9 数据位上，串行口把接收到的前 8 个数据位送入 SBUF，而把第 9 数据位送入 RB8。接收时序如图 7-27 所示。

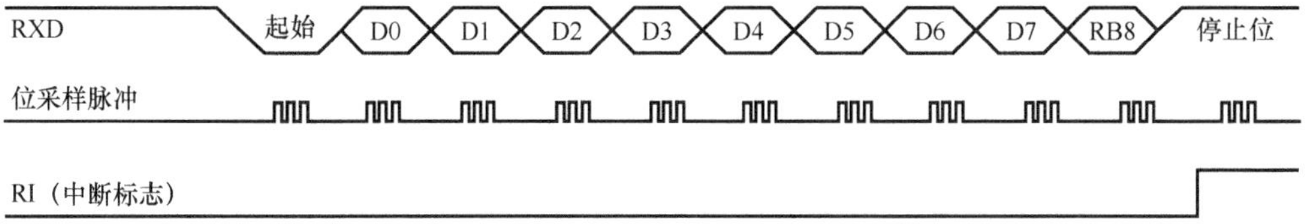

图 7-27　方式 2 接收时序

方式 2 的波特率是固定的，分为两种：一种是晶振频率的 1/32（*fosc*/32），另一种是晶振频率的 1/64（*fosc*/64）。用公式表示则为：

$$波特率=\frac{2^{SMOD}}{64}\cdot fosc$$

即与 PCON 寄存器中 SMOD 位的值有关。当 SMOD=0 时，波特率为 *fosc* 的 1/64；当 SMOD=1 时，波特率为 *fosc* 的 1/32。

7.2.3.4　串行工作方式 3

方式 3 同样是以 11 位为一帧的串行通信方式，其通信过程与方式 2 完全相同，所不同的仅在于波特率。方式 2 的波特率只有固定两种，而方式 3 的波特率则可由用户根据需要设定。

其设定方式与方式 1 相同，即通过设置定时器 1 的初值来设定波特率。

7.2.3.5　串行口波特率的设定

在串行通信中，收发双方对发送或接收数据的速率要有约定。通过软件可对单片机串行口编程为四种工作方式，其中方式 0 和方式 2 的波特率是固定的，而方式 1 和方式 3 的波特率是可变的，由定时器 T1 的溢出率来决定。

串行口的四种工作方式对应三种波特率。由于输入的移位时钟的来源不同，因此各种方式的波特率计算公式也不相同。

方式 0 的波特率=*fosc*/12

方式 2 的波特率=（2SMOD/64）• *fosc*

方式 1（方式 3）的波特率=（2SMOD/32）•（T1 溢出率）

当 T1 作为波特率发生器时，最典型的用法是使 T1 工作在自动重装入的 8 位定时器方式（方式 2，且 TCON 的 TR1=1，以启动定时器）。这时溢出率取决于 TH1 中的计数值。

T1 溢出率=*fosc*/[12×（256－TH1）]

在单片机的应用中，常用的晶振频率为：12MHz 和 11.0592MHz。所以，选用的波特率也相对固定。常用的串行接口波特率以及各参数的关系如表 7-3 所示。

表 7-3　常用波特率与定时器 T1 的参数关系

串口工作方式	波特率（bps）	*fosc*（MHz）	SMOD	定时器 T1		
				$C/\overline{T}$	工作方式	初值
方式 1、3	62.5K	12	1	0	2	FFH
	19.2K	11.0592	1	0	2	FDH
	9600	11.0592	0	0	2	FDH
	4800	11.0592	0	0	2	FAH
	2400	11.0592	0	0	2	F4H
	1200	11.0592	0	0	2	E8H

串行口工作之前，应对其进行初始化，主要是设置产生波特率的定时器 T1、串行口控制和中断控制。具体步骤如下：

- ◆ 确定 T1 的工作方式（编程 TMOD 寄存器）。
- ◆ 计算 T1 的初值，装载 TH1、TL1。
- ◆ 启动 T1（编程 TCON 中的 TR1 位）。
- ◆ 确定串行口控制（编程 SCON 寄存器）。
- ◆ 串行口在中断方式工作时，要进行中断设置（编程 IE、IP 寄存器）。

7.3　单片机串行接口监控应用

在计算机分布式监控系统中，经常要利用串行通信方式进行数据传输。80C51 单片机的串行接口为计算机间的通信提供了极为便利的条件。这里仅介绍单片机串行接口在通信方面的应用。

7.3.1 单片机与单片机通信

7.3.1.1 双机通信

双机通信也称点对点通信，用于单片机与单片机之间交换信息，也常用于单片机与通用微机间的信息交换。

（1）硬件连接

两个单片机间采用 TTL 电平直接传输信息，其距离一般不应超过 5m。所以实际应用中通常采用 RS-232C 标准电平进行点对点通信连接。图 7-28 所示为两个单片机间的通信连接方法，电平转换芯片采用 MAX232A 芯片。

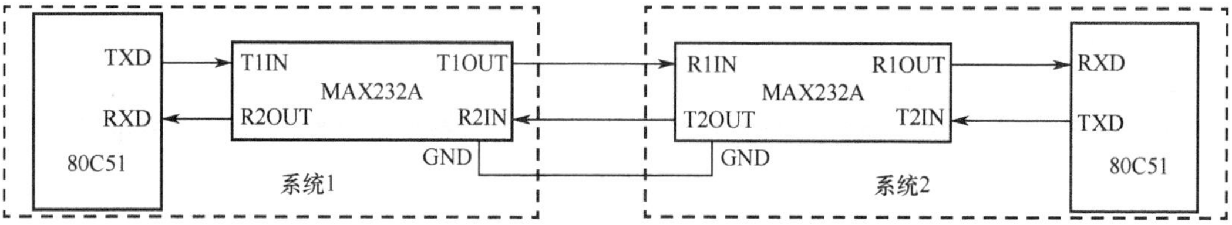

图 7-28　点对点通信接口电路

（2）应用程序

程序流程如图 7-29 所示。

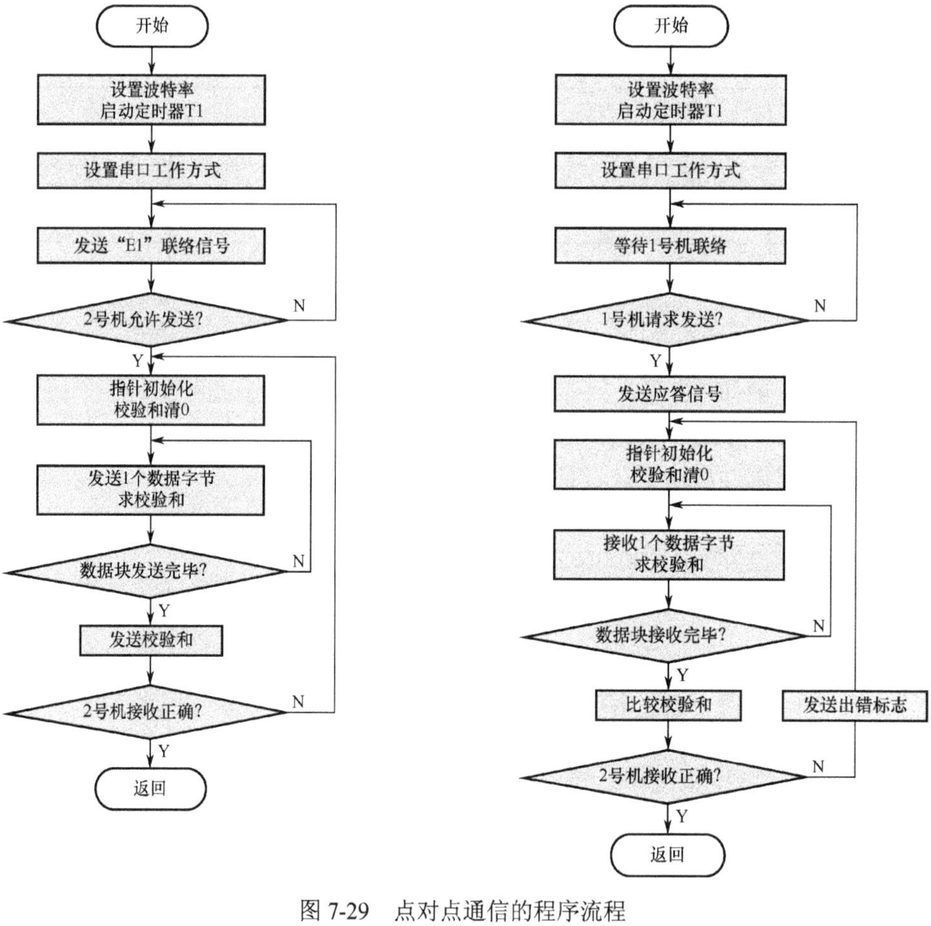

图 7-29　点对点通信的程序流程

假设 1 号机是发送方，2 号机是接收方。当 1 号机发送时，先发送一个“E1”联络信号，2 号机收到后回答一个“E2”应答信号，表示同意接收。当 1 号机收到“E2”应答信号后，开始发送数据，每发送一个数据字节都要计算“校验和”，假定数据块长度为 16 个字节，起始地址为 40H，一个数据块发送完毕后立即发送“校验和”。2 号机接收数据并转存到数据缓冲区，起始地址也为 40H，每接收到一个数据字节便计算一次“校验和”，当收到一个数据块后，再接收 1 号机发来的“校验和”，并将它与 2 号机求出的校验和进行比较。若两者相等，说明接收正确，2 号机回答 00H；若两者不相等，说明接收不正确，2 号机回答 0FFH，请求重发。1 号机接到 00H 后结束发送；若收到的答复非零，则重新发送数据一次。双方约定采用串行口方式 1 进行通信，一帧信息为 10 位，其中有 1 个起始位、8 个数据位和一个停止位；波特率为 2400 波特，T1 工作在定时器方式 2，振荡频率选用 11.0592MHz，查表可得 TH1=TL1=0F4H，PCON 寄存器的 SMOD 位为 0。

发送数据程序清单如下：

```
ASTART:     CLR  EA
            MOV   TMOD,#20H         ;定时器 1 置为方式 2
            MOV   TH1,#0F4H         ;装载定时器初值,波特率 2400
            MOV   TL1,#0F4H
            MOV   PCON,#00H
            SETB  TR1               ;启动定时器
            MOV   SCON,#50H         ;设定串口方式 1,且准备接收应答信号
ALOOP1:     MOV   SBUF,#0E1H        ;发联络信号
            JNB   TI,$              ;等待一帧发送完毕
            CLR   TI                ;允许再发送
            JNB   RI,$              ;等待 2 号机的应答信号
            CLR   RI                ;允许再接收
            MOV   A,SBUF            ;2 号机应答后,读至 A
            XRL   A,#0E2H           ;判断 2 号机是否准备完毕
            JNZ   ALOOP1            ;2 号机未准备好,继续联络
ALOOP2:     MOV   R0,#40H           ;2 号机准备好,设定数据块地址指针初值
            MOV   R7,#10H           ;设定数据块长度初值
            MOV   R6,#00H           ;清校验和单元
ALOOP3:     MOV   SBUF,@R0          ;发送一个数据字节
            MOV   A,R6
            ADD   A,@R0             ;求校验和
            MOV   R6,A              ;保存校验和
            INC   R0
            JNB   TI,$
            CLR   TI
            DJNZ  R7,ALOOP3         ;整个数据块是否发送完毕
            MOV   SBUF,R6           ;发送校验和
            JNB   TI,$
            CLR   TI
            JNB   RI,$              ;等待 2 号机的应答信号
            CLR   RI
            MOV   A,SBUF            ;2 号机应答,读至 A
            JNZ   ALOOP2            ;2 号机应答"错误",转重新发送
```

```
        RET                         ;2 号机应答"正确",返回
```

接收数据程序清单如下:

```
BSTART:     CLR   EA
            MOV   TMOD,#20H
            MOV   TH1,#0F4H
            MOV   TL1,#0F4H
            MOV   PCON,#00H
            SETB  TR1
            MOV   SCON,#50H         ;设定串口方式 1,且准备接收
BLOOP1:     JNB   RI,$              ;等待 1 号机的联络信号
            CLR   RI
            MOV   A,SBUF            ;收到 1 号机信号
            XRL   A,#0E1H           ;判是否为 1 号机联络信号
            JNZ   BLOOP1            ;不是 1 号机联络信号,再等待
            MOV   SBUF,#0E2H        ;是 1 号机联络信号,发应答信号
            JNB   TI,$
            CLR   TI
            MOV   R0,#40H           ;设定数据块地址指针初值
            MOV   R7,#10H           ;设定数据块长度初值
            MOV   R6,#00H           ;清校验和单元
BLOOP2:     JNB   RI,$
            CLR   RI
            MOV   A,SBUF
            MOV   @R0,A             ;接收数据转储
            INC   R0
            ADD   A,R6              ;求校验和
            MOV   R6,A
            DJNZ  R7,BLOOP2         ;判断数据块是否接收完毕
            JNB   RI,$              ;完毕,接收 1 号机发来的校验和
            CLR   RI
            MOV   A,SBUF
            XRL   A,R6              ;比较校验和
            JZ    END1              ;校验和相等,跳至发正确标志
            MOV   SBUF,#0FFH        ;校验和不相等,发错误标志
            JNB   TI,$              ;转重新接收
            CLR   TI
            SJMP  BLOOP1
END1:       MOV   SBUF,#00H
            RET
```

上述程序中收发数据采用的是查询方式，也可以采用中断方式完成，请读者自己编制。

7.3.1.2 多机通信

这里简要介绍多机通信的硬件连接和通信协议。

（1）硬件连接

单片机构成的多机系统常采用总线型主从式结构。所谓主从式，即在数个单片机中，有一个是主机，其余的是从机，从机要服从主机的调度和支配，如图 7-30 所示。80C31 单片机的

串行口方式 2 和方式 3 适于这种主从式的通信结构。当然采用不同的通信标准时，还需进行相应的电平转换，有时还要对信号进行光电隔离。在实际的多机应用系统中，常采用 RS-485 串行标准总线进行数据传输。

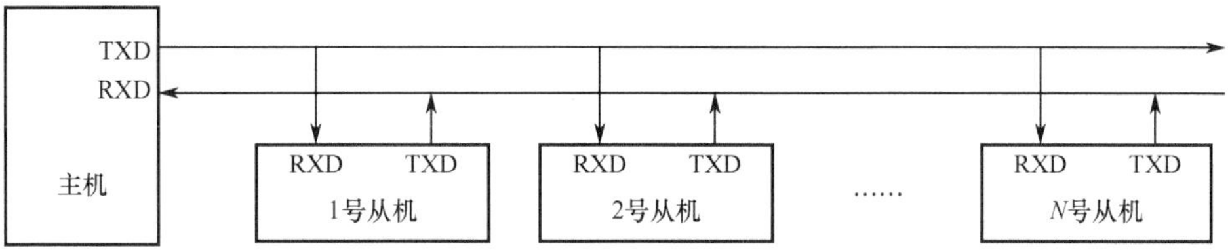

图 7-30　多机通信系统的硬件连接

（2）通信协议

根据 80C51 串行口的多机通信能力，多机通信可以按照以下协议进行：

◆ 所有从机的 SM2 位置“1”，处于接收地址帧状态。

◆ 主机发送一地址帧，其中 8 位是地址，第 9 位为地址/数据的区分标志，该位置“1”表示该帧为地址帧。

◆ 所有从机收到地址帧后，都将接收的地址与本机的地址比较。对于地址相符的从机，使自己的 SM2 位置“0”（以接收主机随后发来的数据帧），并把本站地址发回主机作为应答；对于地址不符的从机，仍保持 SM2=1，对主机随后发来的数据帧不予理睬。

◆ 从机发送数据结束后，要发送一帧校验和，并置第 9 位（TB8）为 1，作为从机数据传送结束的标志。

◆ 主机接收数据时先判断数据接收标志（RB8）。若 RB8=1，表示数据传送结束，并比较此帧校验和，若正确则回送正确信号 00H，此信号命令该从机复位（重新等待地址帧）；若校验和出错，则发送 0FFH，命令该从机重发数据。若接收帧的 RB8=0，则存数据到缓冲区，并准备接收下帧信息。

◆ 主机收到从机应答地址后，确认地址是否相符，如果地址不符，发复位信号（数据帧中 TB8=1）；如果地址相符，则清 TB8，开始发送数据。

◆ 从机收到复位命令后回到监听地址状态（SM2=1），否则开始接收数据和命令。

7.3.2　单片机与计算机通信

在工控系统（尤其是多点现场工控系统）设计实践中，单片机与计算机组合构成分布式监控系统是一个重要的发展方向。分布式系统主从管理，层层控制。主控计算机监督管理各子系统分机的运行状况。子系统与子系统可以平等信息交换，也可以有主从关系。分布式系统最明显的特点是可靠性高，某个子系统的故障不会影响其他子系统的正常工作。分布式监控系统结构如图 7-31 所示。

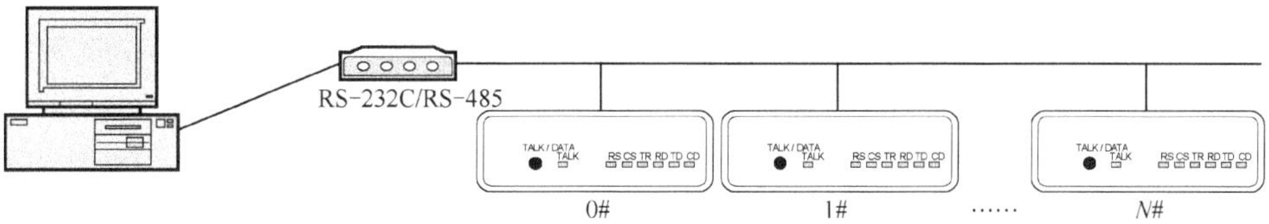

图 7-31　分布式监控系统结构

在分布式系统的各子系统中，控制器可完全由计算机代替。子系统中的计算机结构必须紧凑或直接装备在设备上，才能适应较恶劣的环境，所以单片机是分布式监控系统的优选机型。这样计算机与单片机的通信就显得越来越重要，利用计算机配置的异步通信适配器，可以方便地完成计算机与 80C51 单片机的数据通信。

1 台计算机即可以与 1 个 80C51 单片机应用系统通信，也可以与多个 80C51 单片机应用系统通信；可以近距离通信，也可以远距离通信。单片机与计算机通信时，其硬件接口技术主要是电平转换、控制接口设计和远近通信接口的不同处理技术。

近年来，随着单片机及计算机技术的不断发展，特别是网络技术的应用，采用微机与多台单片机构成的小型监控系统越来越多。它既利用了单片机的价格低、功能强、抗干扰能力强、温限宽和面向监控等优点，又利用了操作系统 Windows 的高级用户界面、多任务、自动内存管理等特点。在这种系统中，单片机主要进行实时数据采集和预处理，然后通过串口将数据传给计算机，计算机对这些数据进行进一步处理，例如，求方差、均值、动态曲线与计算给定、打印输出各种参数等。

本 章 小 结

本章讲述了 80C51 系列单片机的串行通信技术，其主要涉及以下内容：

◆ 串行通信有异步和同步两种通信方式。异步通信比同步通信硬件实现更容易，但传送速率低些。串行通信接口主要有 RS-232C、RS-422A、RS-485、20mA 电流环路串行接口等，其中 RS-232C 是一种广泛使用的标准异步通信串行接口，信号线根数少，有多种可供选择的信息传送速率，但信号传输距离仅为几十米。

◆ 串行通信有全双工、半双工和单工三种传送模式，80C51 单片机内部具有一个全双工的异步串行通信 I/O 口，该串行口的波特率和帧格式可以编程设定。帧格式有 10 位、11 位。串行口有 4 种工作方式：方式 0、方式 1、方式 2、方式 3。方式 0 和方式 2 的传送波特率是固定的，方式 1 和方式 3 波特率是可变的，由定时器的溢出率决定。

◆ 单片机之间的双机、多机通信及单片机与计算机的通信都可通过串行口实现串行异步通信，其通信程序常采用查询法或中断法。在工控（尤其是多点现场工控）系统设计实践中，单片机与计算机组合构成分布式监控系统是一个重要的发展方向。

习题 7

一．单选题

1. 调制解调器（modem）的功能是（　　）。

A　数字信号与模拟信号的转换　　　B　电平信号与频率信号的转换

C　串行数据与并行数据转换　　　　D　基带传送方式与频带传送方式的转换

2. 串行通信的传送速率单位是波特，而波特单位是（　　）。

A　字符/秒　　B　位/秒　　C　帧/秒　　D　帧/分

3. 80C51 有一个全双工的串行口，下列功能中该串行口不能完成的是（　　）。

A　网络通信　　B　异步串行通信　　C　作为同步移位寄存器　　D　位地址寄存器

4. 帧格式为 1 位起始位、8 个数据位和 1 个停止位的异步串行通信方式是（　　）。

A　方式 0　　B　方式 1　　C　方式 2　　D　方式 3

5. 通过串行口发送或接收数据时，在程序中应使用（　　）。

A　MOV 指令　　B MOVX 指令　　C　MOVC 指令　　D　SWAP 指令

6. 以下所列特点中，不属于串行工作方式 2 的是（　　）。

A　11 位帧格式　　B　有第 9 数据位

C　使用一种固定波特率　　D　使用两种固定波特率

7. 以下有关第 9 数据位的说明中，错误的是（　　）。

A　第 9 数据位的功能可由用户定义

B　发送数据的第 9 数据位内容在 SCON 寄存器的 TB8 位中预先准备好

C　帧发送时使用指令把 TB8 位的状态送入发送 SBUF 中

D　接收到的第 9 数据位送 SCON 寄存器的 RB8 中保存

8. 串行工作方式 1 的波特率是（　　）。

A　固定的，为时钟频率的 1/12　　B　固定的，为时钟频率的 1/32

C　固定的，为时钟频率的 1/64　　D　可变的，通过定时器/计数器 1 的溢出率设定

二. 填空题

1. 计算机的数据传送有两种方式，即：__________方式和_________方式，其中具有成本低特点的是________数据传送。

2. 异步串行通信的帧格式由_______位、_______位、_______位和_______位组成。

3. 异步串行数据通信有________、_________和_________共三种数据通路形式。

4. 串行接口电路的主要功能是_________化和_________化，把帧格式信息滤除而保留数据位的操作是_______化。

5. 专用寄存器“串行数据缓冲寄存器”，实际上是_______寄存器和________寄存器总称。

6. 80C51 的串行口在工作方式 0 下，是把串行口作为_________寄存器来使用。这样，在串入并出移位寄存器的配合下，就可以把串行口作为__________口使用，在并入串出移位寄存器的配合下，就可以把串行口作为__________口使用。

7. 在串行通信中，收发双方对波特率的设定应该是________的。

8. 使用定时器/计数器 1 设置串行通信的波特率时，应把定时器/计数器 1 设定为工作方式 ________，即________方式。

三. 简答题和编程题

1. 串行异步通信方式和同步通信方式的主要区别是什么？

2. 定时器 1 作串行口波特率发生器时，为什么采用方式 2？若 *fosc*=6MHz，试求出 T1 在方式 2 下可能产生的波特率的变化范围。

3. 在串行通信中通信速率与传输距离之间的关系如何？

4. 80C51 单片机串行口有几种工作方式？如何选择？其特点是什么？

5. 试设计一个单片机的双机通信系统，编写通信程序，将甲机内部 RAM 30H～3FH 存储区的数据块通过串行口传送到乙机内部 RAM 40H～4FH 存储区中去。

技能设计 7　单片机间监控串行通信

一. 实训目的

◆ 掌握单片机串行通信的工作原理及编程方法。
◆ 掌握单片机间的串行通信的连线方法。
◆ 利用所学知识实现单片机之间的单工串行通信。

二. 功能要求

利用两片 80C51 来实现主机 U1 接收开关量，然后通过串口发送数据；从机 U2 通过串口接收数据，然后通过 P2 口控制 LED 发光管，模拟串口接收到的数据状态。从发送端的开关信号控制接收端的 LED 发光管亮灭，开关闭合（0V）点亮 LED 发光管。

三. 电路连线

电路连线如图 1 所示。

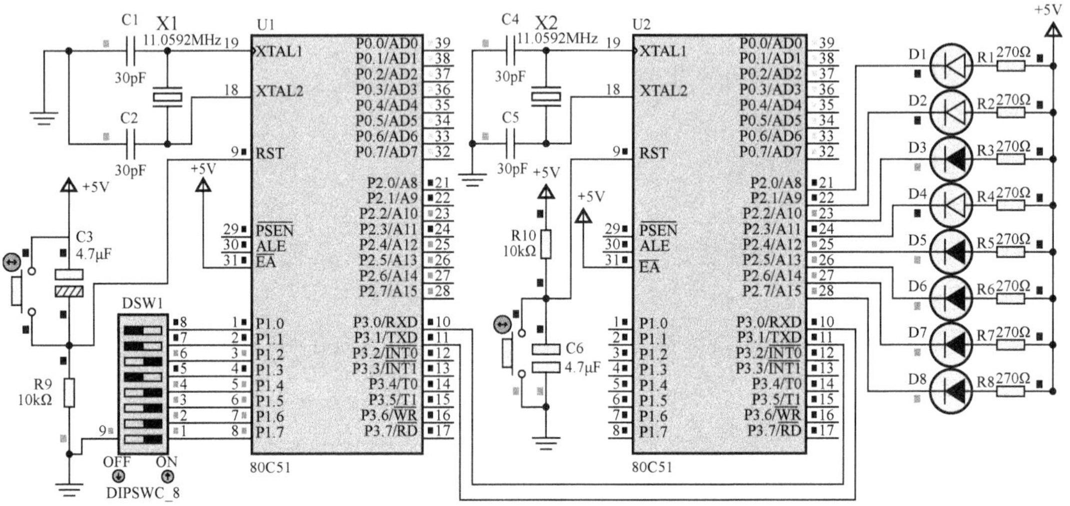

图 1　单片机间的单工串行通信连线

四. 程序说明

利用单片机的单工串行通信，来实现单片机 U1（发送机）检测 P1 口的开关量（由 DSW1 开关组控制产生），将监测到的开关量通过串行口送到接收机 U2 内，U2 将接收的数据送到 P2 端口，控制 P2 口的发光二极管的亮灭，开关闭合对应的 LED 点亮。

五. 汇编程序清单

```
;************************************************************
;80C51 主机程序,负责接收开关信号,将该信号发送给从机源程序
;************************************************************
        ORG     0000H
        AJMP    MAIN1                ;执行主程序
        ORG     0030H
```

```
MAIN1:  MOV     SCON,  #50H           ;串口初始化
        MOV     TMOD,  #20H           ;定时器初始化工作方式 2
        MOV     TH1,  #0E6H           ;波特率初值装入
        MOV     TL1,  #0E6H
        SETB    TR1                   ;开启 T1
        MOV     30H,  #0FFH           ;送判断初值
SCAN1:  MOV     A,   P1               ;读取 P1 口
        CJNE    A,30H,  KEY           ;比较有开关闭合否
        AJMP    SCAN1                 ;无开关闭合,一直判断
KEY:    MOV     30H,  A
        MOV     SBUF,  A              ;开关有闭合,P1 口的状态送入 SBUF 发送
WAIT1:  JBC     TI, SCAN1             ;判断发送完否,发送完重新检测 P1 口
        JMP     WAIT1                 ;没发送完,等待
        END
;************************************************************
;89C51 从机接收程序,将接收到的数据送给 P2 端口,控制 LED 显示
;************************************************************
        ORG     0000H
        AJMP    MAIN2                 ;执行主程序
        ORG     0030H
MAIN2:  MOV     SCON,    #50H         ;串口初始化
        MOV     TMOD,    #20H         ;定时器初始化
        MOV     TH1,     #0E6H        ;波特率初值装入
        MOV     TL1,     #0E6H
        SETB    TR1                   ;开启 T1
SCAN2:  JB      RI, UART              ;判断是否接收一个字节,满字节调 UART
        JMP     SCAN2                 ;不满一字节,继续接收
UART:   MOV     A,  SBUF              ;将缓冲区接收数据的送入 A
        MOV     P2, A                 ;再将接收的数据送到 P2 口控制 LED 亮灭
        CLR     RI                    ;清除接收标志,为下一次接收做准备
        AJMP    SCAN2                 ;返回继续接收数据
        END
```

六. 程序流程

接收程序和发送程序流程分别如图 2 和图 3 所示。

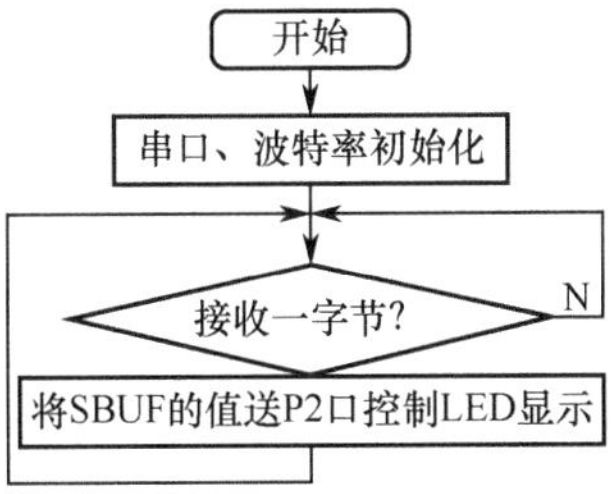

图 2　接收程序流程

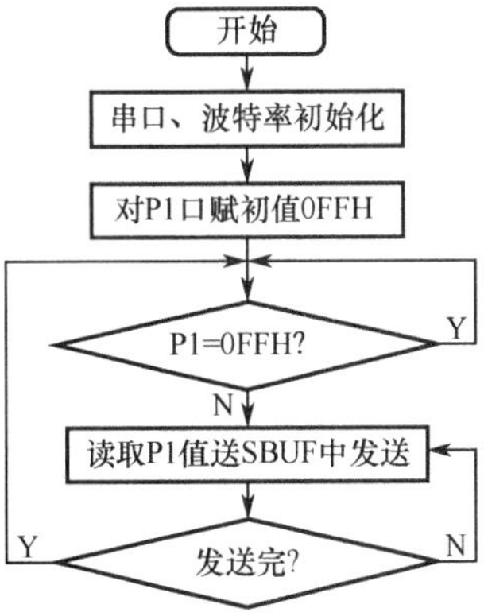

图 3　发送程序流程

七．练习

1. 编写 80C51 单片机双工方式下的接收和发送程序。
2. 编写 80C51 单片机和计算机的通信程序。

第 8 章　单片机监控接口

本章基本要求：了解 80C51 单片机与常用 D/A、A/D 转换器的接口方法和开关量接口方法，掌握 A/D、D/A 转换器技术指标，A/D、D/A 转换器与单片机的信号连接，单片机开关量 I/O 的驱动接口。

在智能仪表及监控系统等自动控制领域中，常用单片机进行实时数据处理和控制，而被测、被控对象的参量通常是一些连续变化的模拟物理量，如温度、速度、电压、电流、压力、位移、流量等。虽然这些模拟量已经由传感器、变送器变换成标准的电压或电流信号，但单片机只能加工和处理数字量，因此被测到的模拟量只能通过模拟量/数字量（A/D）转换器，将其转换成相应的数字量送往单片机进行处理。同样，单片机输出的数字量控制信号，要经过数字量/模拟量（D/A）转换器将其转换成相应的模拟信号去控制外设（被控对象）。这就是单片机的监控接口（A/D 和 D/A 转换）问题。含有模拟量输入输出的 80C51 监控系统如图 8-1 所示。

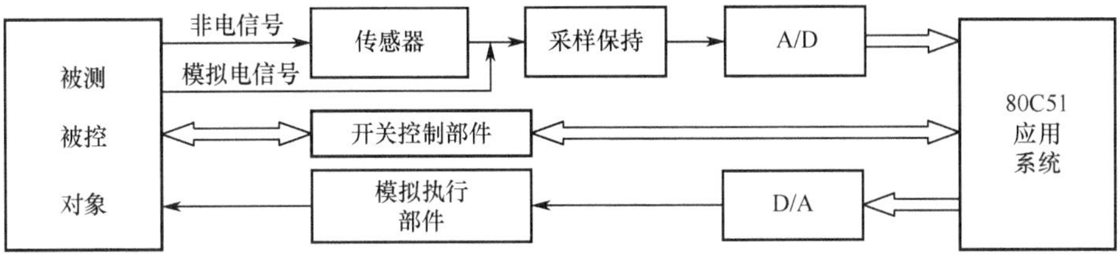

图 8-1　含有模拟量输入输出的 80C51 监控系统

常见的信号还有开关信号，它们用来监控开关类器件，如拨盘开关、拨键开关、继电器的触点等。当单片机测控的对象是具有开关状态的设备时，单片机输入输出就应为开关量。一个开关只需一位二进制数（0 或 1）就可以表示其两个状态（开或关），所以 8 位字长的单片机一次就可以读入或输出 8 个开关量。

现在这些 A/D 和 D/A 转换器都已经集成化，并具有体积小、功能强、可靠性高、误差小及功耗低等特点，能很方便地与单片机进行接口。

8.1　D/A 转换器及其与单片机接口

D/A 转换器输入的是数字量，经转换后输出的是模拟量，为单片机在模拟环境中的应用提供了一种数据转换接口。

8.1.1　D/A 转换器

为把数字量转换成模拟量，在 D/A 转换芯片中要有解码网络，常用的主要为二进制权电阻解码网络和 T 型电阻解码网络。转换过程是先将各位数码按其权的大小转换为相应的模拟分量，然后再以叠加方法把各模拟分量相加，其和就是 D/A 转换的结果。

8.1.1.1 D/A 转换器的基本原理

计算机输出的数字信号首先传送到数据锁存器（或寄存器）中，然后由模拟电子开关把数字信号的高低电平变成对应的电子开关状态。当数字量某位为 1 时，电子开关就将基准电压源 *V*ref 接入电阻网络的相应支路；若为 0 时，则将该支路接地。各支路的电流信号经过电阻网络加权后，由运算放大器求和并变换成电压信号，作为 D/A 转换器的输出。目前常用的数/模转换器是由 T 型电阻网络构成的，一般称为 T 型电阻网络 D/A 转换器。D/A 转换的原理如图 8-2 所示。

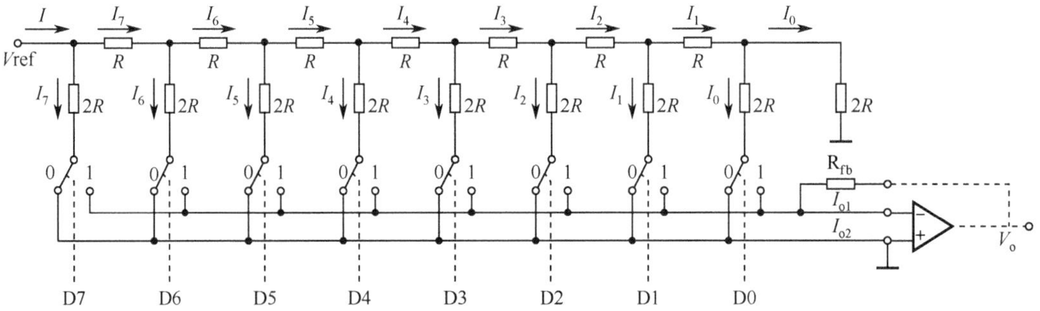

图 8-2　D/A 转换的原理

该电路是一个 8 位 D/A 转换器。*V*ref 是外加基准电源，R_{fb} 为外接运算放大器的反馈电阻。D7～D0 为控制电流开关的数据（数字量）。由图 8-2 可得：

$I=V\text{ref}/R$

$I_7=I/2^1, I_6=I/2^2, I_5=I/2^3, I_4=I/2^4, I_3=I/2^5, I_2=I/2^6, I_1=I/2^7, I_0=I/2^8$

当输入数据 D7～D0 为 1111 1111B 时，有：

$I_{o1}=I_7+I_6+I_5+I_4+I_3+I_2+I_1+I_0=(I/2^8)\times(2^7+2^6+2^5+2^4+2^3+2^2+2^1+2^0)$

$I_{o2}=0$

若 $R_{fb}=R$，则 $V_o=-I_{o1}\times R_{fb}=-I_{o1}\times R$

$=-[(V\text{ref}/R)/2^8]\times(2^7+2^6+2^5+2^4+2^3+2^2+2^1+2^0)R$

$=-(V\text{ref}/2^8)\times(2^7+2^6+2^5+2^4+2^3+2^2+2^1+2^0)$

由此可见，输出电压 V_o 的大小与数字量具有对应的关系。这样就完成了数字量到模拟量的转换。

8.1.1.2 D/A 转换器的分类

D/A 转换器的分类方式有：

◆ 按数字量的位数分为：8 位、10 位、12 位、16 位 D/A 转换器。

◆ 按数字量的数码形式分为：二进制码和 BCD 码 D/A 转换器。

◆ 按数字量的传送方式分为：并行和串行 D/A 转换器。

◆ 按 D/A 转换器的输出方式分为：电流输出型和电压输出型 D/A 转换器。在实际应用中如需要电压模拟量的话，对于电流输出的 D/A 转换器，可在其输出端加运算放大器，通过运算放大器构成电流-电压转换电路，将转换器的电流输出变为电压输出。

◆ 按有无锁存器分为：内部有锁存器和内部无锁存器 D/A 转换器。由于实现模拟量转换需要一定的时间，在这段时间内 D/A 转换器输入端的数字量应保持稳定，为此应在 D/A 转换器数字量输入端的前面设置锁存器，以提供数据锁存功能。

早期的 D/A 转换芯片只有电流输出型且不带锁存器，内部结构简单，应用时必须外加锁存器、基准电压源及输出电压转换电路。它们可与 80C51 的 P1、P2 口直接接口，因为 P1 口和 P2 口的输出有锁存功能，但是当与 P0 口接口时，由于 P0 口的特殊性，还是需要在转换器芯片的前面增加锁存器。这类 D/A 转换器芯片有 DAC800（8 位）、AD7520（10 位）、AD7521（12 位）等。

中期的 D/A 转换芯片在芯片内增加了一些与计算机接口相关电路及控制引脚，不但具有锁存器，而且还包括地址译码电路，有的还具有双重或多重的数据缓冲电路，采用与 CPU 相同的+5V 电源供电。这类芯片有 DAC0830 系列、AD7542 等，特别适用于单片机应用系统的 D/A 转换接口。它们多是 8 位以上的 D/A 转换器，最好使用 80C51 的 P0 口直接接口。

近期的 D/A 转换器将一些 D/A 转换外围器件集成到了芯片的内部，简化了接口逻辑，提高了芯片的可靠性及稳定性。AD558、DAC82、DAC811 等芯片内部集成有基准电压源、输出放大器，可实现模拟电压的单极性或双极性输出等。

8.1.1.3　D/A 转换器的主要性能指标

D/A 转换器的技术性能指标很多，如绝对精度、相对精度、线性度、输出电压范围、温度系数、输入数字代码种类（二进制或 BCD 码）等。对这些技术性能，不作全面的详细说明，此处只介绍分辨率和建立时间。

分辨率是 D/A 转换器对输入量变化敏感程度的描述，与输入数字量的位数有关，可以表示成 $FS/2^n$（FS 为满量程输入值，n 为数字量的位数）。对于 5V 的满量程，采用 8 位的 D/A 时，分辨率为 $5V/2^8$=19.5mV；当采用 12 位的 D/A 时，分辨率则为 $5V/2^{12}$=1.22mV。由此可见，数字量位数越多分辨率也就越高，即转换器对输入量变化的敏感程度也就越高。使用时，应根据分辨率的要求选定转换器的位数。

建立时间是描述 D/A 转换速度快慢的一个参数。其值为从输入数字量到输出达到终值误差±0.5LSB（最低有效位）时所需要的时间。输出形式为电流的转换器建立时间较短；而输出形式为电压的转换器，由于需加上运算放大器的延迟时间，因此建立时间较长。但总的来说，D/A 转换速度远高于 A/D 转换。根据建立时间的长短，可以将 D/A 分成超高速（＜1μs）、高速（1～10μs）、中速（10～100μs）、低速（≥100μs）四种。

8.1.2　DAC0832 芯片及其与单片机接口应用

DAC0832 芯片是典型的 8 位 D/A 转换器，由于其片内有输入数据寄存器，因此可以直接与单片机接口。

8.1.2.1　DAC0832 芯片

DAC0832 芯片以电流形式输出，属于该系列的芯片还有 DAC0830、DAC0831，它们可以相互替换。其主要特性：单电源供电，从+5～+15V 均可正常工作，基准电压的范围为±10V，电流建立时间为 1μs，CMOS 工艺，低功耗（20mW），数据输入可采用双缓冲、单缓冲或直通方式，逻辑电平输入与 TTL 电平兼容，D/A 转换电路是 R-2RT 型电阻网络，芯片为 20 引脚，双列直插式封装。DAC0832 芯片内部逻辑框图如图 8-3 所示。

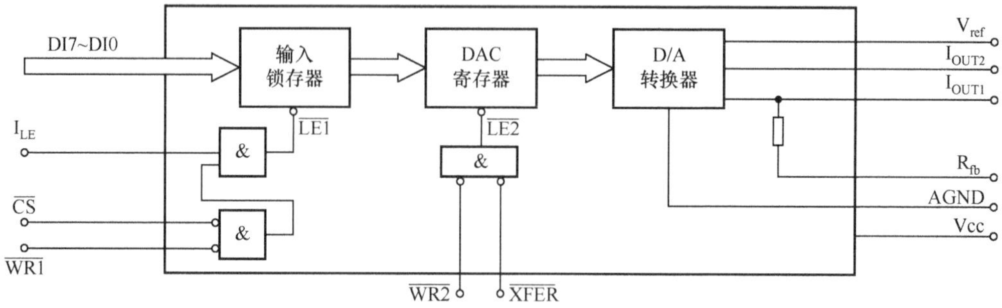

图 8-3　DAC0832 芯片的内部逻辑框图

数据输入通道由输入寄存器和 DAC 寄存器构成两级数据输入锁存，由 3 个与门电路组成控制逻辑，产生$\overline{LE1}$和$\overline{LE2}$信号，分别对两个输入寄存器进行控制。当$\overline{LE1}$（$\overline{LE2}$）=0 时，数据进入寄存器被锁存；当$\overline{LE1}$（$\overline{LE2}$）=1 时，锁存器的输出跟随输入。使用时，可根据需要对数据输入采用两级锁存（双锁存）形式、单级锁存（一级锁存一级直通）形式及直接输入（两级直通）形式。两级输入锁存可使 D/A 转换器在转换前一个数据的同时，就可以将下一个待转换数据预先送到输入寄存器，以提高转换速度。此外，在使用多个 D/A 转换器分时输入数据的情况下，两级缓冲可以保证同时输出模拟电压，即实现多通道同步转换输出。

DAC0832 芯片的引脚排列如图 8-4 所示。

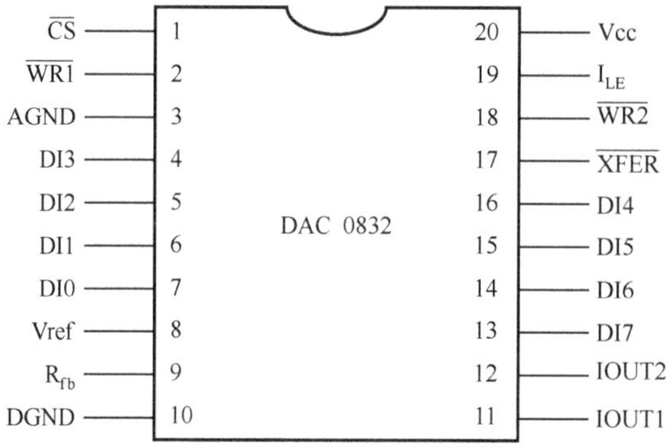

图 8-4　DAC0832 芯片的引脚排列

DAC0832 芯片各引脚功能如下。

- ◆ $\overline{CS}$：片选信号（输入），低电平有效。
- ◆ DI7～DI0：转换数据输入。
- ◆ I_{LE}：数据锁存允许信号（输入），高电平有效。
- ◆ $\overline{WR1}$：第 1 写信号（输入），低电平有效。该信号与 I_{LE} 信号共同控制输入寄存器是数据直通方式还是数据锁存方式：当 I_{LE}=1 和$\overline{WR1}$=0 时，$\overline{LE1}$=1，为输入寄存器直通方式；当 I_{LE}=1 和$\overline{WR1}$=1 时，$\overline{LE1}$=0，为输入寄存器锁存方式。
- ◆ $\overline{XFER}$：数据传送控制信号（输入），低电平有效，类似 I_{LE} 引脚功能。
- ◆ $\overline{WR2}$：第 2 写信号（输入），低电平有效。该信号与$\overline{XFER}$信号合在一起，控制 DAC 寄存器是数据直通方式还是数据锁存方式：当$\overline{WR2}$=0 和$\overline{XFER}$=0 时$\overline{LE2}$=1，DAC 寄存器为直通方式；当$\overline{WR2}$=1 和$\overline{XFER}$=0 时，$\overline{LE2}$=0，DAC 寄存器为锁存方式。$\overline{WR2}$引脚与$\overline{WR1}$引脚功能类似。

◆ IOUT1 和 IOUT2：电流输出引脚 1 和 2。当输入数据为全“1”时，输出电流最大；为全“0”时，输出电流最小。DAC 转换器的特性之一是：IOUT1+IOUT2=常数。

◆ R_{fb}：DAC0832 芯片内部反馈电阻引脚。即运算放大器的反馈电阻端，电阻（15kΩ）已固化在芯片中。因为 DAC0832 芯片是电流输出型 D/A 转换器，为得到电压的转换输出，使用时需在两个电流输出端接运算放大器。R_{fb} 即为运算放大器的反馈电阻，运算放大器的接法如图 8-5 所示。

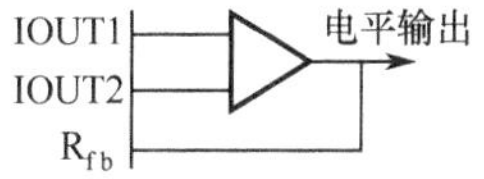

图 8-5　运算放大器接法

◆ Vref：基准电压（输入），是外加高精度电压源，与芯片内的电阻网络相连接，该电压可在-10～+10V 范围内调节。

◆ DGND 和 AGND：分别为数字信号地和模拟信号地。

8.1.2.2　DAC0832 芯片与单片机接口应用

DAC0832 芯片可工作于单缓冲、双缓冲和直通 3 种方式。

（1）单缓冲方式的接口与应用

所谓单缓冲方式就是使 DAC0832 芯片的两个输入寄存器中有一个（多为 DAC 寄存器）处于直通方式而另一个处于受控的锁存方式，或 2 级寄存器并接变为 1 级寄存器使用。在实际应用中，如果只有一路模拟量输出或虽是多路模拟量输出但并不要求输出同步的情况下，就可采用单缓冲方式。一种使 DAC 寄存器处于直通方式，应使 $\overline{WR2}$=0 和 $\overline{XFER}$=0。为此可把这两个信号固定接地；另一种情况是把 $\overline{WR2}$ 和 $\overline{WR1}$ 相连，把 $\overline{XFER}$ 和 $\overline{CS}$ 相连。变 2 级寄存器为 1 级寄存器使用，即输入寄存器的输入端和 DAC 寄存器的输出端相当于单缓冲寄存器的输入输出端。单缓冲方式连接如图 8-6 所示。为使 DAC0832 芯片处于单缓冲受控锁存方式，应把 $\overline{WR1}$ 和 $\overline{WR2}$ 接 80C51 的 $\overline{WR}$，I_{LE} 接高电平。此外，还应把 $\overline{CS}$ 接高位地址线或地址译码输出，以便对 DAC0832 芯片进行选择。由于 DAC0832 芯片具有数字量的输入锁存功能，故数字量可以直接从 80C51 的 P0 口送入。

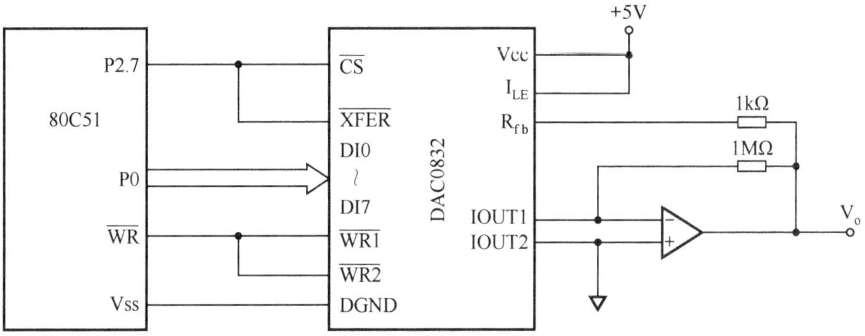

图 8-6　DAC0832 芯片单缓冲方式接口

在一些控制应用中，需要有一个线性增长的电压（锯齿波）来控制检测过程、移动记录笔和移动电子束等。对此可通过在 DAC0832 芯片的输出端接运算放大器，由运算放大器产生锯齿波来实现，其电路连接如图 8-7 所示。

图 8-7 中的 DAC0832 芯片工作于单缓冲方式，其中输入寄存器受控，而 DAC 寄存器直通。假定输入寄存器地址为 5000H，产生锯齿波的程序清单如下：

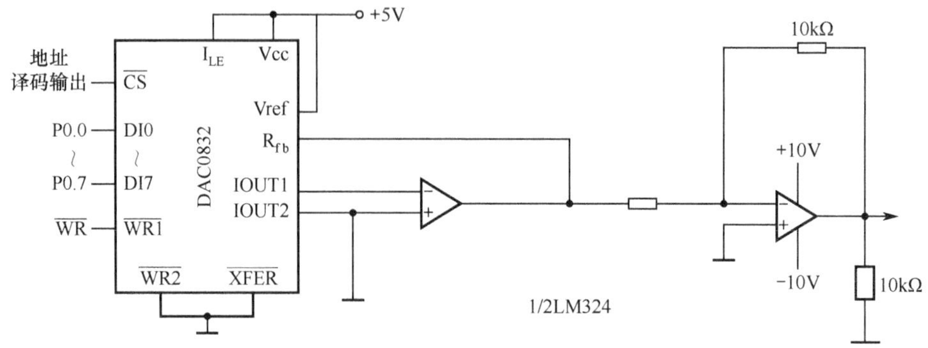

图 8-7　用 DAC0832 芯片产生锯齿波电路

```
            ORG         8000H
            AJMP        DASAW
            ORG         8200H
   DASAW:   MOV         DPTR,#5000H          ;输入寄存器地址
            MOV         R0,#00H              ;转换初值
      WW:   MOV         A,R0
            MOVX        @DPTR,A              ;D/A 转换
            INC         R0                   ;转换值增量
            NOP                              ;延时
            NOP
            NOP
            AJMP    WW
```

执行上述程序，在运算放大器的输出端就能得到如图 8-8 所示的锯齿波。

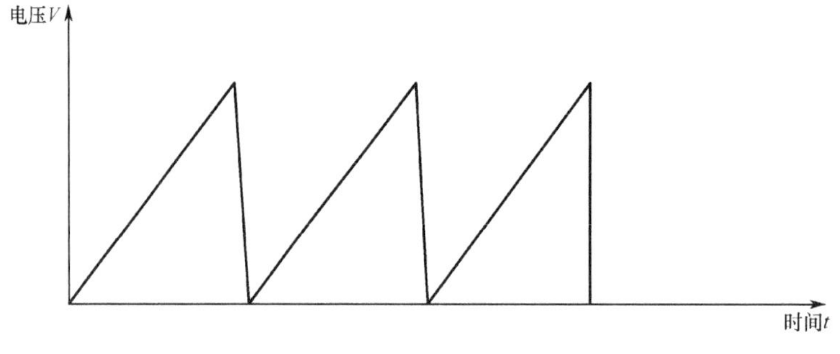

图 8-8　D/A 转换产生的锯齿波

对锯齿波的产生作如下几点说明：

◆ 程序每循环一次，R0 加 1，因此实际上锯齿波的上升边是由 256 个小阶梯构成的。但由于阶梯很小，所以宏观上看就如图中所画的线性增长锯齿波。

◆ 可通过循环程序段的机器周期数，计算出锯齿波的周期。还可根据需要，通过延时的办法来改变波形周期。对此，当延迟时间较短时，可用 NOP 指令来实现（本例就是如此）；当需要延迟时间较长时，可以使用一个延时子程序。延迟时间不同，波形周期不同，锯齿波的斜率就不同。

◆ 通过 A 加 1，可得到正向锯齿波；如要得到负向的锯齿波，改为减 1 指令即可实现。

◆ 程序中 A 的变化范围是从 0～255，因此得到的锯齿波是满幅度的。如要求得到非满幅的锯齿波，可通过计算求得数字量的初值和终值，然后在程序中通过置初值判终值的办法即可实现。

（2）双缓冲方式的接口与应用

对于多路 D/A 转换输出，如果要求同步进行，则应采用双缓冲器同步方式。DAC0832 芯片工作于双缓冲工作方式时，数字量的输入锁存和 D/A 转换是分两步完成的。首先 CPU 的数据总线分时地向各路 D/A 转换器输入要转换的数字量并锁存在各自的输入锁存器中，然后 CPU 对所有的 D/A 转换器发出控制信号，使各个 D/A 转换器输入锁存器中的数据打入 DAC 寄存器，实现同步转换输出。图 8-9 所示为一个二路同步输出的 D/A 转换接口电路。80C51 的 P2.5 和 P2.6 分别选择两路 D/A 转换器的输入锁存器，P2.7 连接到两路 D/A 转换器的 $\overline{\text{XFER}}$ 端控制同步转换输出。

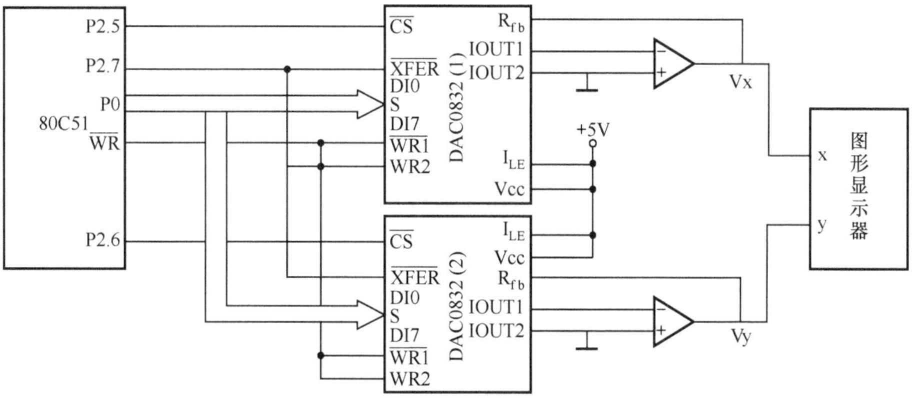

图 8-9 DAC0832 芯片双缓冲方式接口

双缓冲方式用于多路 D/A 转换系统，以实现多路模拟信号的同步输出，例如使用单片机控制 *X-Y* 绘图仪。*X-Y* 绘图仪由 *X*、*Y* 两个方向的步进电机驱动，其中一个电机控制绘笔沿 *X* 方向运动，另一个电机控制绘笔沿 *Y* 方向运动。对 *X-Y* 绘图仪的控制有两点基本要求：一是需要两路 D/A 转换器分别给 *X* 通道和 *Y* 通道提供模拟信号，使绘图笔能沿 *X-Y* 轴做平面运动；二是两路模拟信号要同步输出，以使绘制的曲线光滑，否则绘制出的曲线就是台阶状的，如图 8-10 所示。

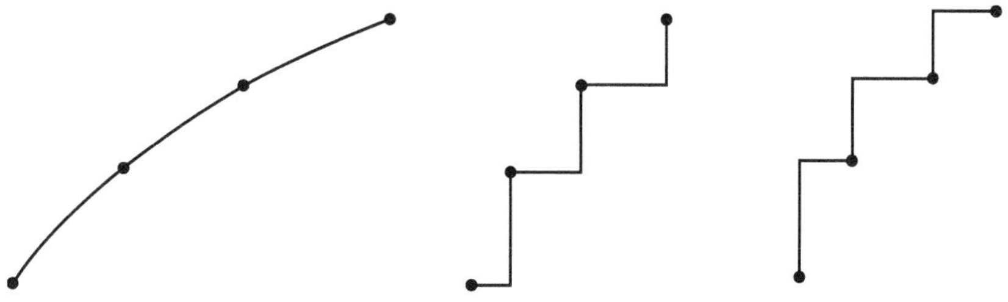

(a) 同步输出 (b) 先*X*后*Y* (c) 先*Y*后*X*

图 8-10 单片机控制 *X-Y* 绘图仪

为此就要使用两片 DAC0832 芯片，并采用双缓冲方式连接，如图 8-9 所示。电路中以译码法产生地址。两片 DAC0832 芯片共占据 3 个单元地址，其中两个输入寄存器各占一个地址，而两个 DAC 寄存器则合用一个地址。编程时，先用一条传送指令把 *X* 坐标数据送到 *X* 向转换器的输入寄存器，再用一条传送指令把 *Y* 坐标数据送到 *Y* 向转换器的输入寄存器。最后再用一条传送指令打开两个转换器的 DAC 寄存器，进行数据转换，即可实现 *X*、*Y* 两个方向坐标量的同步输出。

假定 *X* 方向 DAC0832 芯片输入寄存器地址为 0DFFFH，*Y* 方向的 DAC0832 芯片输入寄存器地址为 0BFFFH，两个 DAC 寄存器公用地址为 7FFFH。*X* 坐标数据存于 data1 单元中，*Y* 坐标数据存于 data2 单元中，则绘图仪的驱动程序为：

```
MOV     DPTR,#0DFFFH        ;指向 DAC0832 芯片(1)输入锁存器
MOV     A,#data1
MOVX    @DPTR,A             ;数据 data1 送入 DAC0832 芯片(1)输入锁存器
MOV     DPTR,#0BFFFH        ;指向 DAC0832 芯片(2)输入锁存器
MOV     A,#data2
MOVX    @DPTR,A             ;数据 data2 送入 DAC0832 芯片(2)输入锁存器
MOV     DPTR,#7FFFH         ;同时启动 DAC0832 芯片(1)和 DAC0832 芯片(2)
MOVX    @DPTR,A             ;完成 X、Y 数据 D/A 转换同步输出
```

在需要多路 D/A 转换输出的场合，除了采用上述方法外，还可以采用多通道 DAC 芯片。这种 DAC 芯片在同一个封装里有两个以上相同的 DAC，它们可以各自独立工作，例如 AD7528 是双通道 8 位 DAC 芯片，可以同时输出两路模拟量；AD7526 是四通道 8 位 DAC 芯片，可以同时输出四路模拟量。

（3）直通方式的接口与应用

当 DAC0832 芯片的片选信号 $\overline{CS}$，写信号 $\overline{WR1}$、$\overline{WR2}$，以及传送控制信号 $\overline{XFER}$ 的引脚全部接地，允许输入锁存信号 I_{LE} 引脚接+5V 时，DAC0832 芯片就处于直通工作方式，数字量一旦输入，就直接进入 DAC 寄存器，进行 D/A 转换。由于直通方式简单，相关接口和应用省略，可参考前两种方式。

8.2 A/D 转换器及其与单片机接口

A/D 转换器为单片机处理被测对象送来的模拟量信息提供了 A/D 转换接口。

8.2.1 A/D 转换器

A/D 转换器用于实现由模拟量到数字量的转换，按转换原理可分为 4 种，即：计数式 A/D 转换器、双积分式 A/D 转换器、逐次逼近式 A/D 转换器和并行式 A/D 转换器。目前最常用的是双积分式和逐次逼近式，双积分式 A/D 转换器的主要优点是转换精度高、抗干扰性能好、价格便宜，但转换速度较慢，因此主要用于对速度要求不高的场合。逐次逼近式 A/D 转换器是一种速度较快且精度较高的转换器，其转换时间为几微秒到几百微秒。

8.2.1.1 逐次逼近式 A/D 转换原理

图 8-11 所示为逐次逼近式 ADC 的工作原理。由图 8-11 可见，ADC 由比较器、D/A 转换器、逐次逼近寄存器和控制逻辑组成。

在时钟脉冲的同步下，控制逻辑先使 N 位寄存器的 D7 位置“1”（其余位置“0”），此时该寄存器输出的内容为 80H，此值经 DAC 转换为模拟量输出 V_N，与待转换的模拟输入信号 V_{IN} 相比较，若 V_{IN} 大于等于 V_N，则比较器输出为 1。于是在时钟脉冲的同步下，保留 D7=1，并使下一位 D6=1，所得新值（C0H）再经 DAC 转换得到新的 V_N，再与 V_N 相比较，重复前

述过程；反之，若使 D7=1 后，经比较若 V_{IN} 小于 V_N，则使 D7=0，D6=1，所得新值 V_N 再与 V_{IN} 比较，重复前述过程。依次类推，从 D7 到 D0 都比较完毕，转换便结束。转换结束时，控制逻辑使 EOC 变为高电平，表示 A/D 转换结束，此时的 D7～D0 即为对应于模拟输入信号 V_{IN} 的数字量。

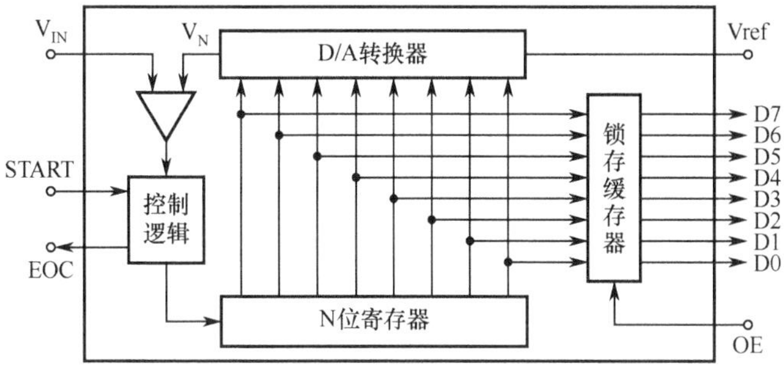

图 8-11　逐次逼近式 ADC 的原理

8.2.1.2　A/D 转换器的主要性能指标

同 D/A 转换器一样，A/D 转换器的技术性能指标也较多，此处只介绍与接口有关的两个技术性能指标，即：分辨率、转换速率。

ADC 的分辨率是指使输出数字量变化一个相邻数码所需输入模拟电压的变化量。常用二进制的位数表示。例如 12 位 ADC 的分辨率就是 12 位，或者说分辨率为满刻度的 $1/2^{12}$。一个 10V 满刻度的 12 位 ADC 能分辨输入电压变化最小值是 $10V\times1/2^{12}=2.44mV$。

ADC 的转换速率是指能够重复进行数据转换的速度，即每秒转换的次数。而完成一次 A/D 转换所需的时间（包括稳定时间），则是转换速率的倒数。

8.2.2　ADC0809 芯片及其与单片机接口应用

8.2.2.1　ADC0809 芯片

ADC0809 芯片是典型的 8 位 8 通道逐次逼近式 A/D 转换器，CMOS 工艺，主要性能有：分辨率为 8 位；单+5V 供电，模拟输入电压范围为 0～+5V；具有锁存控制的 8 路输入模拟开关；可锁存三态输出，输出为 TTL 电平兼容；功能为 15mW；不必进行零点和满度调整；转换速度取决于芯片外接的时钟频率，时钟频率范围为 10～1280kHz，典型值时钟频率 500kHz，转换时间约为 100μs。

ADC0809 芯片的内部结构如图 8-12 所示。图 8-12 中多路开关可选通 8 个模拟通道，允许 8 路模拟量分时输入，共用一个 A/D 转换器进行转换。地址锁存与译码电路完成对 A、B、C 3 个地址位进行锁存和译码，其译码输出用于通道选择。输出锁存器用于存放和输出转换得到的数字量。

ADC0809 芯片为 28 引脚双列直插式封装，其引脚排列如图 8-13 所示。

ADC0809 芯片各引脚功能如下。

◆ IN7～IN0：8 路模拟量输入端。ADC0809 芯片对输入模拟量的要求主要有：信号单极性，电压范围 0～5V，若信号过小还需进行放大。另外，模拟量输入在 A/D 转换过程中其值不应变化，因此对变化速度快的模拟量，在输入前应增加采样保持电路。

◆ A、B、C：地址输入端，用于选通 8 路模拟开关之一。A 为低位地址，C 为高位地址，

3 个输入端有 8 个地址信号为 000～111，对应接通 IN0～IN7 模拟通路。

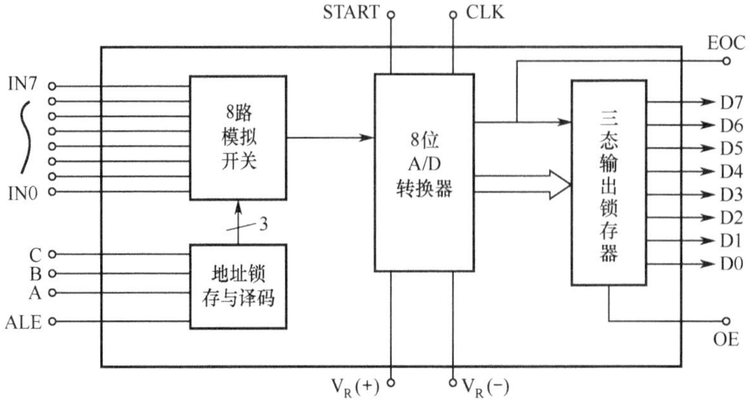

图 8-12　ADC0809 芯片的内部结构

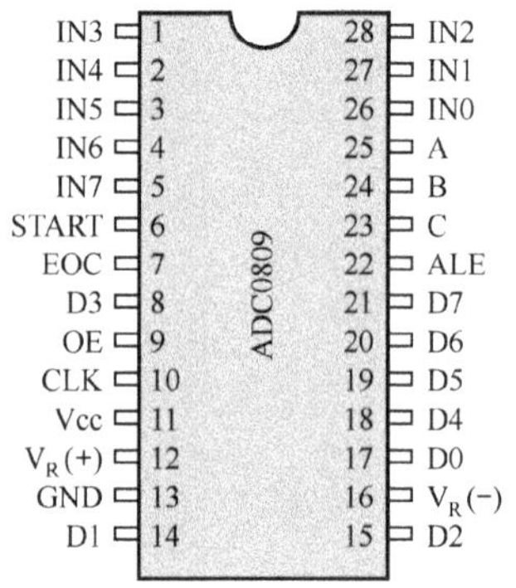

图 8-13　ADC0809 芯片的引脚排列

◆ D7～D0：8 位数字量输出端，为三态缓冲输出形式，可以和单片机的数据输入线直接相连。D0 为最低位，D7 为最高位。

◆ ALE：地址锁存允许信号输入端。此引脚输入一个正脉冲时，A、B、C 地址状态送入地址锁存器中并进行译码，选通相应的模拟输入通道。

◆ START：A/D 转换启动控制信号输入端。输入一个正脉冲时，上升沿复位（清“0”），内部逐次逼近寄存器；下降沿时，开始 A/D 转换，在 A/D 转换期间，此脚应保持低电平。本信号端有时简写为 ST。

◆ OE：输出允许控制端，用于控制三态输出锁存器向单片机输出转换得到的数据。OE=0，输出数据线呈高阻态（断开）；OE=1，输出转换得到的数据（接通）。

◆ CLK：时钟信号输入端。芯片内部没有时钟电路，所需时钟信号由外界提供，从时钟信号引脚输入，通常使用频率为 500kHz 的时钟信号。

◆ EOC：转换结束信号输出端。EOC=0，正在转换；EOC=1，转换结束。在使用中，该端信号状态即可作为查询的状态标志，又可作为中断请求信号使用。

◆ Vcc：电源供给输入端（+5V）。

◆ Vref（±）：参考基准电源的正负输入端。参考电压用来与输入的模拟信号进行比较，作为逐次逼近的基准。其典型值为+5V（Vref（+）=+5V，Vref（-）=0V）。

8.2.2.2　ADC0809 芯片与单片机接口应用

ADC0809 芯片与 80C31 单片机的连接如图 8-14 所示。电路连接主要涉及两个问题：一是 8 路模拟信号通道选择；二是 A/D 转换完成后转换数据的传送。

（1）8 路模拟通道选择

如图 8-15 所示，模拟通道选择信号 A、B、C 分别接最低三位地址 Q0、Q1、Q2（P0.0、P0.1、P0.2），而地址锁存允许信号 ALE 由 P2.0 控制，则 8 路模拟通道的地址为 0FEF8H～0FEFFH。此外，通道地址选择以 $\overline{WR}$ 为写选通信号。

从图 8-15 中可以看到，把 ALE 信号和 START 信号连接在一起，这样连接可在信号的前沿写入（锁存）通道地址，紧接着在其后沿就启动转换，图 8-16 所示为信号的时间配合示意图。

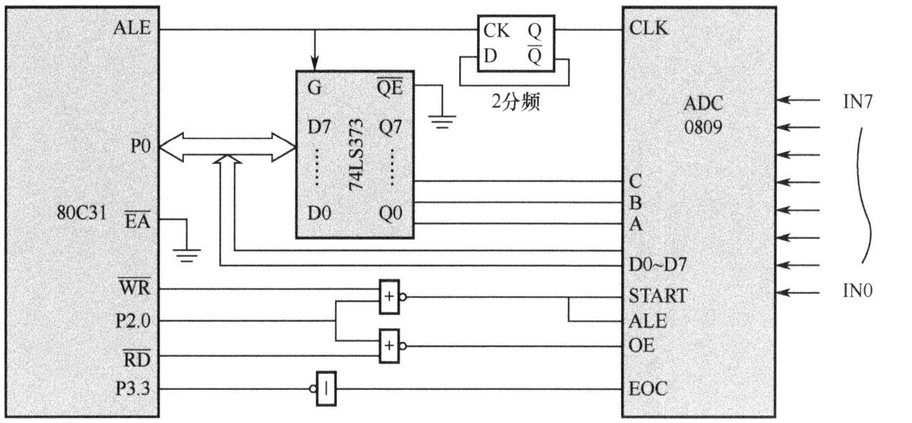

图 8-14　ADC0809 芯片与 80C31 单片机的连接

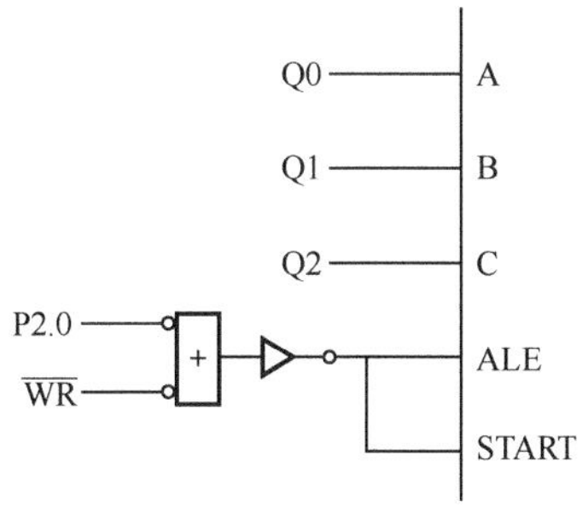

图 8-15　ADC0809 芯片的部分信号连接

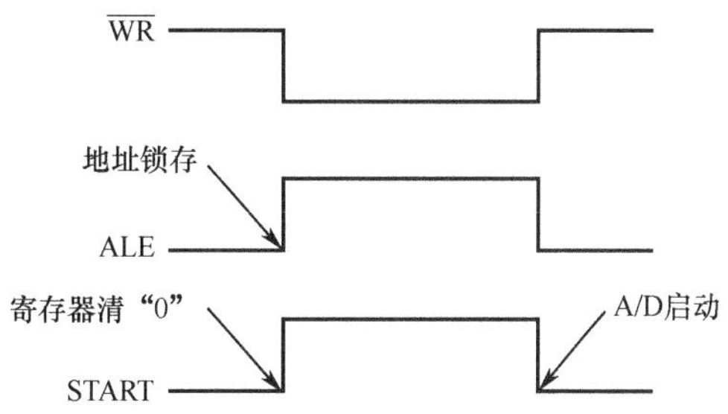

图 8-16　信号的时间配合

（2）转换数据的传送

A/D 转换后得到的数字量数据应及时传送给单片机进行处理。数据传送的关键问题是如何确认 A/D 转换的完成，因为只有确认数据转换完成后，才能进行传送。可采用下述 3 种方式。

◆ 定时传送方式。对于一种 A/D 转换器来说，转换时间作为一项技术指标是已知的和固定的。例如 ADC0809 芯片转换时间为 128μs，相当于 6MHz 的 MCS-51 单片机的 64 个机器周期，可据此设计一个延时子程序，A/D 转换启动后即调用这个延时子程序，延迟时间一到，转换肯定已经完成了，接着就可以进行数据传送。

◆ 查询方式。A/D 转换芯片有表明转换完成的状态信号，例如 ADC0809 芯片的 EOC 端。因此可以用查询方式，测试 EOC 的状态，即可确知转换是否完成。转换完成即可进行数据传送。

◆ 中断方式。把表明转换完成的状态信号（EOC）作为中断请求信号，以中断方式进行数据传送。中断方式可大大节省 CPU 的时间。

不管使用上述哪种方式，只要一旦确认转换完成，即可通过指令进行数据传送。首先送出口地址并以 $\overline{RD}$ 作选通信号，当 $\overline{RD}$ 信号有效时，OE 信号即有效，把转换数据送上数据总线，供单片机接收。

例 8.1　设有一个 8 路模拟量输入的巡回检测系统，采样数据依次存放在外部 RAM 0A0H～0A7H 单元中，按图 8-14 的接口电路，ADC0809 芯片的 8 个通道地址为 0FEF8H～0FEFFH，其数据采样的初始化程序和中断服务程序（假设只采样一次）如下。

初始化程序：

```
        MOV     R0,#0A0H        ;数据存储区首址
```

```
          MOV     R2,#08H         ;8路计数值
          SETB    IT1             ;边沿触发方式
          SETB    EA              ;中断允许
          SETB    EX1             ;允许外部中断1中断
          MOV     DPTR,#0FEF8H    ;D/A转换器地址
LOOP:     MOVX    @DPTR,A         ;启动A/D转换器地址
HERE:     SJMP    HERE            ;等待中断
```

中断服务程序：

```
          DJNZ    R2,ADEND
          MOVX    A,@DPTR         ;数据采样
          MOVX    @R0,A           ;存数
          INC     DPTR            ;指向下一个模拟通道
          INC     R0              ;指向数据存储区下一单元
          MOVX    @DPTR,A
ADEND:    RETI
```

8.3 监控开关量接口

开关量的输入和输出，从原理上讲十分简单。CPU 只要通过对输入信息分析是 1 还是 0，即可知开关是合上还是断开。如果控制某个执行器的工作状态，只需送出 0 或 1，即可由操作机构执行。但是由于工业现场存在电、磁、震动、温度等各种干扰及各类执行器所要求的开关电压量级及功率不同，所以在接口电路中除根据需要选用不同的元器件外，还需要采用各种缓冲、隔离和驱动措施。

8.3.1 开关量输入接口

扳键开关（或钮子开关类器件）可将高电平或低电平经单片机的 I/O 引脚置入单片机，以实现操作分档、参数设定等人机联系的功能。

图 8-17 和后面的程序是扳键类开关应用的示例。根据 8 个开关中哪一个开关闭合并使相应口线为低电平，进而转去执行相应的工作程序。各开关通过扩展接入口 74LS244 与 80C51 的 P0 接口连接：开关合上时将向 P0 口的相应引脚送低电平；反之，开关打开时送高电平。

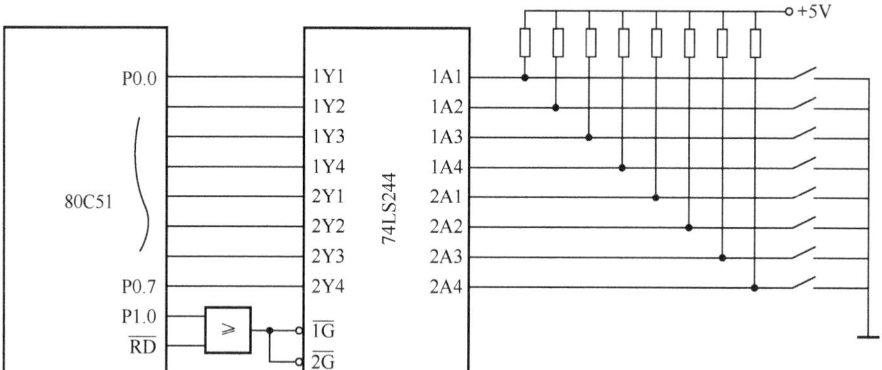

图 8-17　扳键开关与 80C51 的接口

读扳键开关状态程序段：

```
        CLR     P1.0        ;准备选通和读入开关状态
        MOVX    A,@R0       ;读 P0 口,需要的只是读信号,(R0)可为随机值
        RRC     A
        JC      KS1         ;如 P0.0 为高电平,转 KS1
        LJMP    KF1         ;P0.0 为低电平,执行 KF1 程序
KS1:    RRC     A
        JC      KS2         ;如 P0.1 为高电平,转 KS2
        LJMP    KF2         ;P0.1 为低电平,执行 KF2 程序
        …       …
KS7:    RRC     A
        JC      ELSE        ;如 P0.7 为高电平,转 ELSE
        LJMP    KF8         ;P0.7 为低电平,执行 KF8 程序
ELSE:   …       …
```

8.3.2 开关量输出接口

8.3.2.1 输出口的隔离

在单片机应用系统中，为防止现场强电磁的干扰或工频电压通过输出通道反串到监控系统，一般采用通道隔离技术。输出信道的隔离最常采用的组件是光耦合器，简称光耦。

光耦合器是以光为媒介传输信号的器件，它把一个发光二极管和一个光敏三极管封装在一个管壳内，发光二极管加上正向输入电压信号（大于 1.1V）就会发光，光信号作用在光敏三极管基极产生基极光电流使三极管导通，输出电信号，如图 8-18 所示。

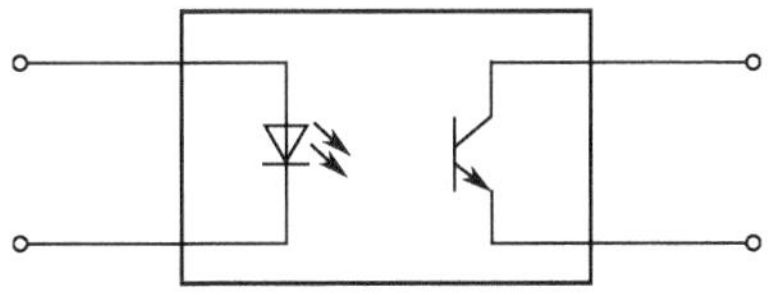

图 8-18 光耦合器

光耦合器的输入电路和输出电路是绝缘的，一个光耦合器可以完成一路开关量的隔离，如果将光耦合器 8 个或 16 个一起使用，就能实现 8 位数据或 16 位数据的隔离。

光电耦合器的输入侧都是发光二极管，但是输出侧则有多种结构，如光敏晶体管、达林顿型晶体管、TTL 逻辑电路以及光敏可控硅等。光耦合器的具体参数可查阅有关的产品手册，其主要特性参数有以下几个方面。

◆ 导电电流和截止电流：对于开关量输出场合，光电隔离主要用其非线性输出特性。当发光二极管两端通一定电流时，光耦合器输出端处于导通状态；当流过发光二极管的电流小于某一值时，光耦合器输出端截止。不同的光耦合器通常有不同的导通电流，一般典型值为 10mA。

◆ 频率响应：由于受发光二极管和光敏三极管响应时间的影响，开关信号传输速度和频率受光耦合器频率特性的影响。因此，在高频信号传输中要考虑其频率特性。在开关量输出通道中，输出开关信号频率一般较低，不会受光耦合器频率特性影响。

◆ 输出端工作电流：光耦合器导通时流过光敏三极管的额定电流。该值表示了光耦合器的驱动能力，一般为毫安量级。

◆ 输出端暗电流：光耦合器处于截止状态时输出端流过的电流。对光耦合器来说，此值越小越好，以防止输出端的误触发。

◆ 输入输出压降：分别指发光二极管和光敏三极管的导通压降。

◆ 隔离电压：表示了光耦合器对电压的隔离能力。

光耦合器二极管侧的驱动可直接用门电路去驱动，一般的门电路驱动能力有限，常用带OC门的电路（如7406、7407）进行驱动。

8.3.2.2 继电器输出接口

继电器方式的开关量输出，是目前最常用的一种输出方式，一般在驱动大型设备时，往往利用继电器作为测控系统输出至输出驱动级之间的第一级执行机构。通过该级继电器输出，可完成从低压直流到高压交流的过渡。如图8-19所示，在经光耦合器光电隔离后，直流部分给继电器控制线圈供电，而其输出触点则可直接与220V市电相接。由于继电器的控制线圈有一定的电感，在关断瞬间会产生较大的反电势，因此在继电器的线圈上常常反向并联一个二极管用于电感反向放电，以保护驱动晶体管不被击穿。不同的继电器，允许驱动电流也不一样。对于需要较大驱动电流的继电器，可以采用达林顿输出的光隔直接驱动，也可以在光耦与继电器之间再加一级三极管驱动。

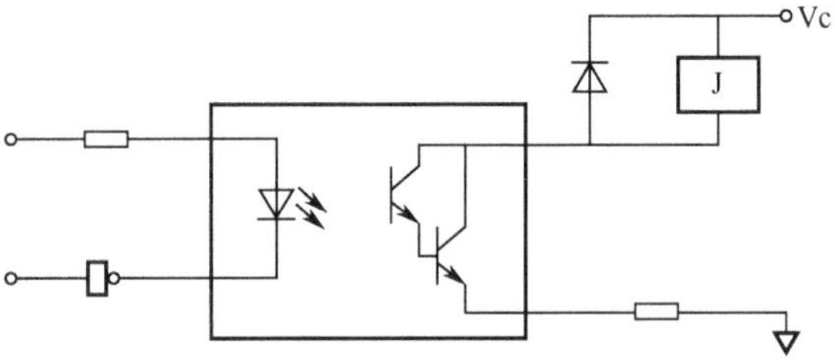

图8-19 继电器输出电路

8.3.2.3 双向晶闸管输出接口

图8-20所示为MOC3041与双向晶闸管的接线图。

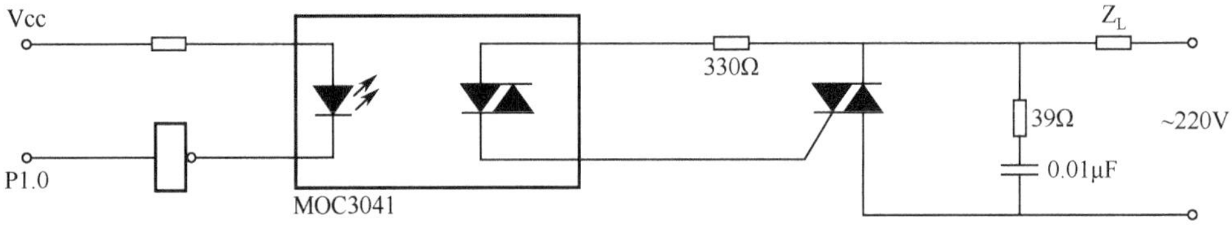

图8-20 MOC3041与双向晶闸管的接线图

双向晶闸管具有双向导通功能，能在交流、大电流场合使用，且开关无触点，因此在工业控制领域有着极为广泛地应用。传统的双向晶闸管隔离驱动电路采用一般的光隔离器和三极管驱动电路。现在已有与之配套的光隔离器产品，这种器件称为光耦合双向晶闸管驱动器。与一般的光耦不同，在于其输出部分是一硅光敏双向晶闸管，有的还带有过零触发检测器，以保证在电压接近为零时触发晶闸管。常用的有MOC3000系列等，供不同负载电压使用，如MOC3011用于110V交流，而MOC3041等可适用于220V交流使用。用MOC3000系列光电耦合器直接驱动双向晶闸管，大大简化了传统的晶闸管隔离驱动电路的设计。

8.3.2.4 固态继电器输出接口

固态继电器（SSR）是近年发展起来的一种新型电子继电器，其输入控制电流小，用TTL、HTL、COMS等集成电路或加简单的辅助电路就可直接驱动，因此适宜于在计算机测控系统中作为输出信道的控制组件；其输出利用晶体管或晶闸管驱动，无触点。与普通的电磁式继电器和磁力开关相比，具有无机械噪声、无抖动和回跳、开关速度快、体积小、质量轻、寿命长、工作可靠等特点，并且耐冲力、抗潮湿、抗腐蚀，因此在计算机测控等领域中，已逐步取代传统的电磁式继电器和磁力开关作为开关量输出控制组件。

图 8-21 是固态继电器的内部逻辑框图。由光电耦合电路、触发电路、开关电路、过零控制电路和吸收电路五部分构成。这五部分被封装在一个六面体外壳内，成为一个整体，外面有四个引脚（图中的 A、B、C、D）。如果是过零型 SSR 就包括“过零控制电路”部分，而非过零型 SSR 则没有这部分电路。固态继电器按负载类型分有直流型和交流型两种。

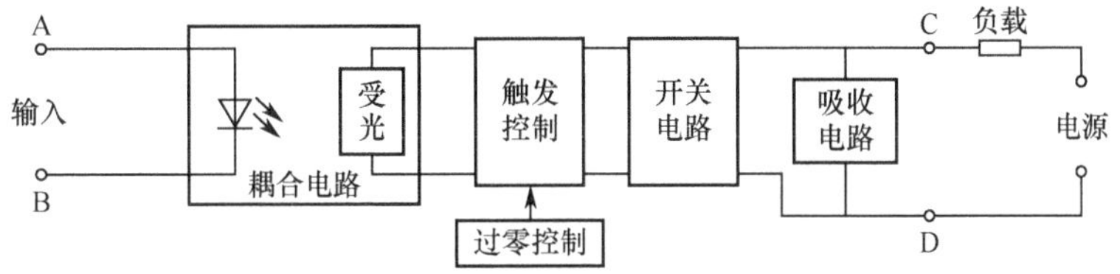

图 8-21　固态继电器内部逻辑图

本 章 小 结

本章讲述了 80C51 系列单片机的测控接口技术，主要包括如下内容：

◆ A/D 和 D/A 转换器是计算机对外界进行测控的重要途径，由于计算机只能处理数字信号，而外界的被测控对象的物理模拟量就要由 A/D 或 D/A 来转换，它们的重要指标是转换速度和转换精度。

◆ D/A 转换器是负责将单片机输出的控制信号（数字量）转换成模拟电压或电流信号送往外部设备。D/A 转换器的转换速度在几微秒到几百微秒之间，转换精度有 8 位、10 位、12 位和 16 位。详细介绍了 DAC0832 芯片及其与 80C51 单缓冲方式和双缓冲方式的接口应用。

◆ A/D 转换器是负责将外部输入的监测信号（模拟量）转换成数字量信号送给单片机。按转换原理可分为计数式 A/D、并行式 A/D、双积分式 A/D 和逐次逼近式 A/D，后两种较为常用。详细介绍了 ADC0809 芯片及与 80C51 的接口电路，叙述了 A/D 转换后二者间的数据传送方式，即定时传送方式、查询方式和中断方式。通过实例介绍了数据传送的编程方法。

◆ 开关量是监控系统中常见的另一类信号，只有 0 和 1 两种状态，对应着开关的断开或闭合。可以直接输入 80C51 的并行口。输出开关量控制着开关类器件，考虑到干扰和驱动问题，开关量的输出接口要利用隔离技术和驱动技术。

习题 8

一．单选题

1．在应用系统中，芯片内没有锁存器的 D/A 转换器，不能直接接到 80C51 的 P0 口上使用，这是因为（　　）。

A　P0 口不具有锁存功能　　　　B　P0 口为地址数据复用

C　P0 口不能输出数字量信号　　D　P0 口只能用作地址输出而不能用作数据输出

2．在使用多片 DAC0832 芯片进行 D/A 转换、分时输入数据的应用中，它的两级数据锁存结构可以（　　）。

A　保证各模拟电压能同时输出　　B　提高 D/A 转换速度

C　提高 D/A 转换精度　　D　增加可靠性

3．使用 D/A 转换器再配以相应的程序，可以产生锯齿波，该锯齿波的（　　）。

A　斜率是可调的　　B　幅度是可调的

C　极性是可变的　　D　回程斜率只能是垂直的

4．下列是把 DAC0832 芯片连接成双缓冲方式并进行正确数据转换的措施，其中错误的是（　　）。

A　给两个寄存器各分配一个地址

B　把两个地址译码信号分别接 $\overline{CS}$ 和 $\overline{XFER}$ 引脚

C　在程序中使用一条 MOVX 指令输出数据

D　在程序中使用两条 MOVX 指令输出数据

5．与其他接口芯片和 D/A 转换芯片不同，A/D 转换芯片中需要编址的是（　　）。

A　用于转换数据输出的数据锁存器　　B　A/D 转换电路

C　模拟信号输入的通道　　D　地址锁存器

二．填空题

1．D/A 转换电路之前必须设置数据锁存器，这是因为________。

2．对于电流输出的 D/A 转换器，为了得到电压的转换结果，应使用__________。

3．在脉冲调控法控制电机启动和调节电机转速的控制电路中，可使用 D/A 转换器产生__________。

4．使用双缓冲方式的 D/A 转换器，可以实现多路模拟信号的________输出。

5．A/D 转换器，按转换原理可分为 4 种，即________式、________式、________式和_______式。

6．A/D 转换器 ADC0809 芯片中，既可作为查询的状态标志，又可作为中断请求信号使用的信号是________。

7．为把数/模转换器转换的数据传送给单片机，可使用的控制方式有：______________、________________和______________三种。

三．简答题和编程题

1．多片 D/A 转换器为什么必须采用双缓冲接口方式？

2．试述什么是 D/A 转换器的单缓冲、双缓冲和直通三种工作方式。

3．逐次逼近式 A/D 转换器由哪几部分组成，各部分的作用是什么？

4．利用 DAC0832 芯片输出 15 个台阶的正向阶梯波，试画出接口电路图，编写控制程序。

5．使用 80C51 和 ADC0809 芯片设计一个巡回检测系统。共有 8 路模拟量输入，采样周期为 1s，其他未列条件可自定。请画出电路连接图并进行程序设计。

技能设计 8　利用 ADC0809 芯片制作数字电压表

一. 实训目的

利用 ADC0809 芯片制作 3 位数字电压表，学习 ADC0809 芯片的工作原理及 A/D 的转换编程方法。

二. 功能要求

利用 ADC0809 芯片实现数字电压表的测量值为 0～5V，用电位器模拟 ADC0809 芯片的输入电压，用 3 位数码管显示，实时模拟数字电压表。

三. 电路连线

电路连线如图 1 所示。

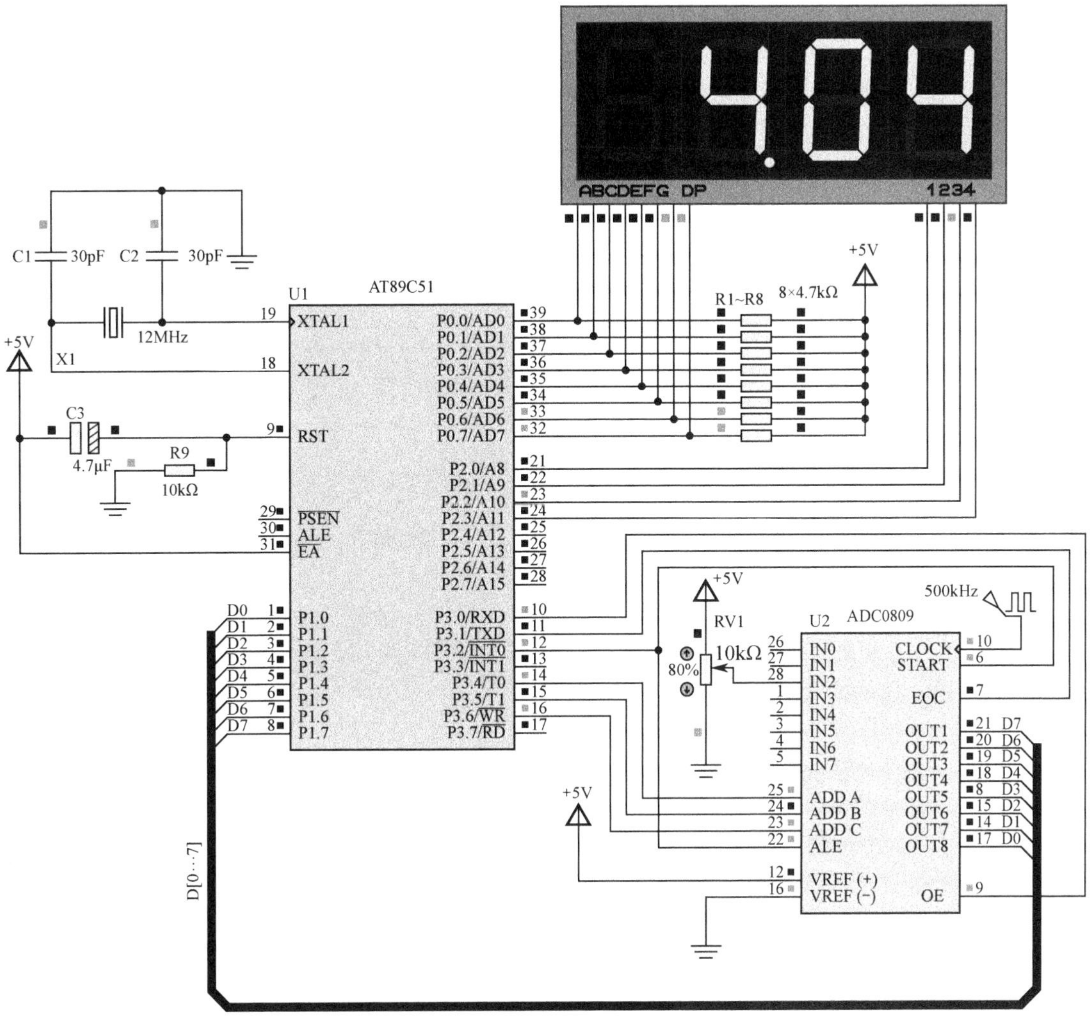

图 1　数字电压表电路连线

四. 程序说明

程序先定义了 ADC0809 芯片的控制线，对其控制端口要注意得是操作时序；要将 A/D 转换来的数据变换成对应的 BCD 码，这是因为 ADO8O9 是 8 位 A/D 转换，对 0～5V 的模拟量转换成 00H～FFH 的数字量，即 0～255。这要变换成对应十进制的 BCD 码才能显示。最高 255/50=5.1（≈5V），BCD 码取 0101B，只精确到十分位。例如 A/D 转换来的数据为 235，变换对应的 BCD 码为：235/50=4（是个位）余 35，余数 35/5=6（十分位）余 5，余数 5 直接作百分位（此位不作精确），即为 4.65V，BCD 码为 0100 0110 0101。然后查表、缓存、调显示程序显示。

五. 汇编程序清单

```
;***************************************************************
; 初始化定义
;***************************************************************
        LED1    EQU  30H
        LED2    EQU  31H
        LED3    EQU  32H                  ;存放三个数码管的段码
        ADC     EQU  35H                  ;存放转换后的数据
        ST      BIT  P3.2
        OE      BIT  P3.0
        EOC     BIT  P3.1                 ;定义 ADC0809 芯片的功能控制引脚
        ORG     0000H
        LJMP    MAIN                      ;跳转到主程序执行
        ORG     0030H
;***************************************************************
;主程序,各寄存器初始化,ADC0809 芯片采集数据和调用显示程序
;***************************************************************
MAIN:   MOV     LED1, #00H
        MOV     LED2, #00H
        MOV     LED3, #00H                ;寄存器初始化
        CLR     P3.4
        SETB    P3.5
        CLR     P3.6                      ;选择 ADC0808 的通道 2
WAIT:   CLR     ST
        SETB    ST
        CLR     ST                        ;在脉冲下降沿启动转换
        JNB     EOC,$                     ;等待转换结束
        SETB    OE                        ;允许输出信号
        MOV     ADC,P1                    ;暂存模/数转换结果
        CLR     OE                        ;关闭输出
        MOV     A,  ADC                   ;将转换结果放入 A 中,准备个位数据变换
        MOV     B,  #50                   ;变换个位调整值 50 送 B
        DIV     AB
        MOV     LED1, A                   ;将变换后的个位值送显示缓冲区 LED1
```

```
        MOV     A, B                    ;将变换结果的余数放入A中,准备十分位变换
        MOV     B, #5                   ;变换十分位调整值5送B
        DIV     AB
        MOV     LED2, A                 ;将变换后的十分位(第一位小数)值送LED2
        MOV     LED3, B                 ;最后的余数作百分位值送LED3(此位不作精确)
        LCALL   DISP                    ;调用显示程序
        AJMP    WAIT
;***********************************************************
;显示子程序
;***********************************************************
DISP:   MOV     R1, #LED1
        CJNE    @R1, #5, GO             ;@R1=5V?是,往下执行,否,则到GO
        MOV     LED2, #0H               ;是5V,即最高值,将小数的十分位清"0"
        MOV     LED3, #0H               ;将小数的百分位清"0"
GO:     MOV     R2, #3                  ;显示位数赋初值,用到3位数码管
        MOV     R3, #0FDH               ;扫描初值送R3
DISP1:  MOV     P2, #0FFH               ;关闭显示,目的是防止显示乱码
        MOV     A, @R1                  ;显示值送A
        MOV     DPTR, #TAB              ;送表首地址给DPTR
        MOVC    A, @A+DPTR              ;查表取段码
        CJNE    R2, #3,GO1              ;判断是否个位数码管?否,跳到GO1
        ORL     A, #80H                 ;将整数的数码管显示小数点
GO1:    MOV     P0, A                   ;送段码给P0口
        MOV     A, R3
        MOV     P2, A                   ;送位码给P2口
        LCALL   DELAY                   ;调用延时
        MOV     R3, A
        RL      A                       ;改变位码
        MOV     R3, A
        INC     R1                      ;改变段码
        DJNZ    R2, DISP1               ;三位是否显示完?否,跳到DISP1
        RET
;***********************************************************
; 延时5ms程序
;***********************************************************
DELAY:  MOV     R6, #10
D1:     MOV     R7, #250
        DJNZ    R7, $
        DJNZ    R6, D1
        RET
;***********************************************************
;显示数据表
;***********************************************************
TAB:    DB 3FH,06H,5BH,4FH,66H  ;共阴极数码管的显示码表0、1、2、3、4
```

```
DB 6DH,7DH,07H,7FH,6FH ;共阴极数码管的显示码表 5、6、7、8、9
END
```

六. 程序流程

程序流程如图 2 所示。

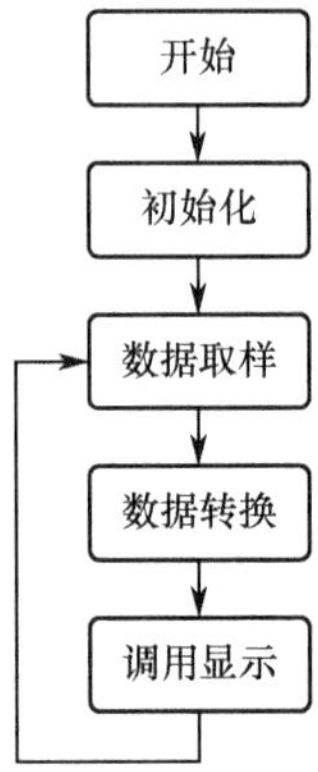

图 2 主程序流程

七. 练习

1. 当输入电压为 2～4V 时，请设计电路并编程。
2. 当输入电压为 0～50V 时，请设计电路并编程。

第9章　单片机安全监控系统设计

本章基本要求：了解80C51单片机安全监控系统的一般设计步骤，掌握提高80C51单片机安全监控系统可靠性的方法，了解进一步提高80C51单片机监控系统软件设计方法。

9.1　单片机安全监控系统设计与开发

单片机作为计算机的一个分支，其监控系统的设计方法和思想与一般的计算机监控系统的设计在许多方面是一致的。但由于单片机监控系统通常作为系统的最前端，设计时更应注意应用现场的工程实际问题，其系统的可靠性必须满足用户的要求。

9.1.1　安全监控系统设计要求

9.1.1.1　可靠稳定性要高

单片机应用系统在满足使用功能的前提下，应具有较高的可靠稳定性。这是因为单片机系统完成的任务是采集和控制输出系统前端信号，其所处的环境较为恶劣，有较多的不稳定因素影响干扰单片机，甚至导致单片机出现故障，造成系统混乱失控，可能产生严重的后果。因此，对可靠稳定性的考虑应贯穿于单片机监控系统设计的整个过程。

◆ 在设计时，要对系统的监控环境进行细致的了解，认真分析可能出现的影响系统可靠性的各种因素，采取切实可行的措施排除故障隐患。

◆ 在总体设计时，应考虑系统故障的自动监测和处理功能。系统正常运行时，定时地进行各个功能模块的自诊断，并对外界的异常情况作出快速处理。对于无法解决的问题，应及时切换到后备装置或报警。

9.1.1.2　使用和维修要方便

在总体设计时，应考虑系统的使用和维修要方便，尽量降低对操作人员的计算机专业知识的要求，以方便系统地广泛使用。

系统的控制开关不能太多，不能太复杂，操作顺序应简单明了，参数的输入/输出应采用十进制，功能符号要简明直观。

9.1.1.3　性价比要高

为了使系统具有良好的市场竞争力，在提高系统功能指标的同时，还要优化系统设计，采用硬件软化技术提高系统的性价比。

9.1.2　安全监控系统设计步骤

9.1.2.1　确定任务

单片机安全监控系统可以分为智能仪器仪表和工业监控系统两大类。无论哪一类，都必须以市场需求为前提。所以，在系统设计前，首先要进行市场调查，了解该系统的市场应用概况，分析系统当前存在的问题，研究系统的市场前景，确定系统开发设计的目的和目标。简单地说，就是通过调研克服旧的缺点、开发新的功能。

确定了大的方向之后，就应该对系统的具体实现进行规划，包括采集的信号的种类、数量、范围，输出信号的匹配和转换，控制算法的选择，技术指标的确定等。

9.1.2.2 方案设计

确定了研制任务后，就可以进行系统的总体方案设计。

（1）单片机机型和器件的选择

◆ 性能特点要适合所要完成的任务，避免过多的功能闲置。

◆ 性价比要高，以提高整个系统的性价比。

◆ 结构原理要熟悉，以便缩短开发周期。

◆ 货源要稳定，有利于批量的增加和系统的维护。

（2）硬件与软件的功能划分

系统的硬件和软件要作统一的规划。因为一种功能往往是既可以由硬件实现，又可以由软件实现，所以要根据系统的实时性和系统的性价比来综合确定。

一般情况下，用硬件实现速度比较快，可以节省 CPU 的时间，但系统的硬件接线复杂、成本较高。如果系统回路多、实时性要求强，则要考虑用硬件完成。用软件实现则较为经济，但要更多地占用 CPU 的时间。所以，在 CPU 时间不紧张的情况下，应尽量采用软件。

9.1.2.3 硬件设计

硬件设计是根据总体设计要求，在确定单片机机型的基础上，具体确定系统中所要使用的元件，并设计出系统的电路原理，经过必要的实验后完成工艺结构设计、电路板制作和样机的组装。主要硬件设计如下。

◆ 单片机电路设计：主要完成时钟电路、复位电路、供电电路的设计。

◆ 扩展电路设计和输入/输出通道设计：主要完成程序存储器、数据存储器、I/O 接口电路、传感器电路、放大电路、多路开关、A/D 转换电路、D/A 转换电路、开关量接口电路、驱动及执行机构的设计。

◆ 控制面板设计：主要完成按键、开关、显示器、报警等电路的设计。

9.1.2.4 软件设计

单片机监控系统的设计中，软件设计占有重要的位置。单片机监控软件通常应包括数据采集和处理程序、控制算法实现程序、人机联系程序、数据管理程序。软件设计通常采用模块化程序设计、自顶向下的程序设计方法。

单片机安全监控系统设计开发流程如图 9-1 所示。

9.1.3 安全监控系统开发

设计单片机应用系统时，在完成硬件系统设计之后，必须配备相应的应用软件。正确无误的硬件设计和良好的软件功能设计是实用的单片机监控系统的设计目标。完成这一目标的过程称为单片机安全监控系统的开发。

单片机作为一片集成了计算机基本部件的集成电路芯片，与通用计算机相比，它自身没有开发功能，必须借助开发机（一种特殊的计算机系统）来完成两项任务：一是排除监控系统的硬件故障和软件错误；二是调试完的程序要固化到内部或外部程序存储器芯片中。

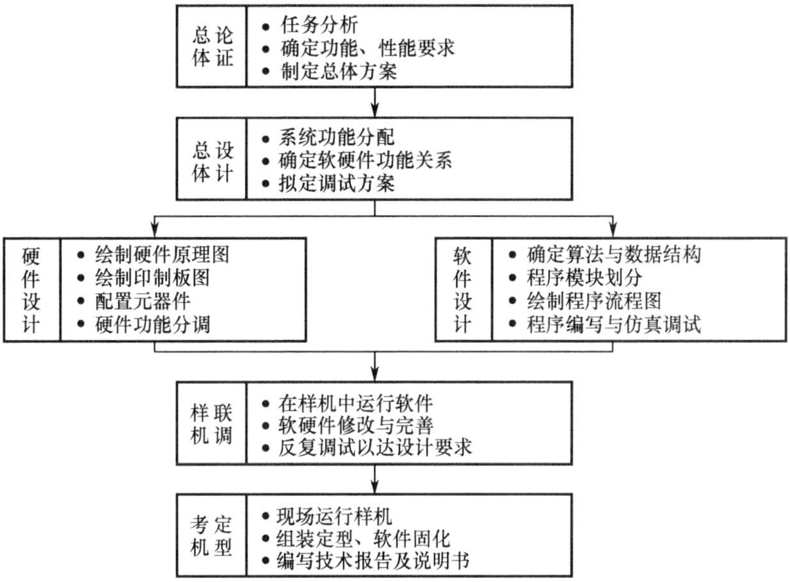

图 9-1　单片机安全监控系统设计开发流程

9.1.3.1　指令的表示形式

指令是让单片机执行某种操作的命令。在单片机中，指令按一定的顺序以二进制码的形式存放于程序存储器中。二进制码是计算机能够直接执行的机器码（又称目标码）。为了书写、输入和显示方便，人们通常将机器码写成十六进制形式。如二进制码 0000 0100B 可以表示为 04H，04H 所对应的指令意义是累加器 A 的内容加 1。若写成“INC A”则要清楚得多。这就是该指令的符号表示，称为符号指令。

9.1.3.2　汇编或编译

符号指令要转换成计算机所能执行的机器码并存入计算机的程序存储器中，这种转换称为汇编。常用的汇编方法有三种：

◆ 手工汇编，设计人员对照单片机指令编码表，把每一条符号指令翻译成十六进制数表示的机器指令，借助于小键盘送入开发机，然后进行调试，并将调试好的程序写入程序存储器芯片。

◆ 利用开发机的驻留汇编程序进行汇编。

◆ 利用通用计算机配备的汇编程序进行交叉汇编，然后将目标码传送到开发机中。

另外，现在还可以采用高级语言进行单片机应用程序的设计。在计算机中编辑好的高级语言源程序经过编译、连接后形成目标码文件，再传送到开发机中。这种方法具有周期短、移植和修改方便的优点，适合于较为复杂系统的开发。

9.1.4　安全监控系统的开发方式

单片机开发系统又称为开发机或仿真器。仿真的目的是利用开发机的资源（CPU、存储器和 I/O 设备等）来模拟欲开发的单片机监控系统（目标机）的 CPU、存储器和 I/O 操作，并跟踪和观察目标机的运行状态。仿真可以分为软件模拟仿真和开发机在线仿真两大类。软件模拟仿真成本低、使用方便，但不能进行监控系统硬件的实时调试和故障诊断。

图 9-2 所示为利用独立型仿真器开发示意图。独立型仿真器采用与单片机监控系统相同类型的单片机做成单板机形式，板上配置 LED 显示器和简易键盘。这种开发系统在没有普通计算机系统的支持下，仍能对单片机监控系统进行在线仿真，便于在现场对监控软件进行调试和修改。另外，这种开发系统还配有串行口，能与普通计算机系统连接。这样，可以利用普通计算机系统配备的组合软件进行源程序的编辑、汇编和联机仿真调试。然后将调试无误的目标程序（机器码）传送到仿真器，利用仿真器进行程序的固化。

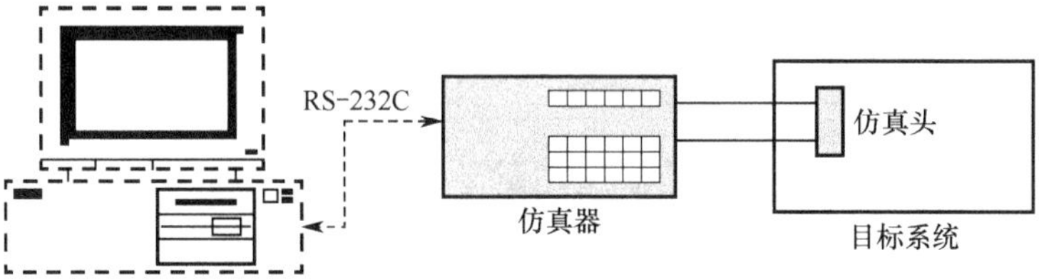

图 9-2　利用独立型仿真器开发示意图

图 9-3 所示为利用非独立型仿真器开发的示意图。这种仿真器采用通用计算机加仿真器方式构成。仿真器与通用计算机间以串行通信的方式连接。这种开发方式必须有计算机的支持，利用计算机系统配备的组合软件进行源程序的编辑、汇编和仿真调试。有些仿真接口上还备有 EPROM 写入插座，可以将开发调试完成的用户应用程序写入 EPROM 芯片。与前一种相比，此种开发方式现场参数的修改和调试不够方便。

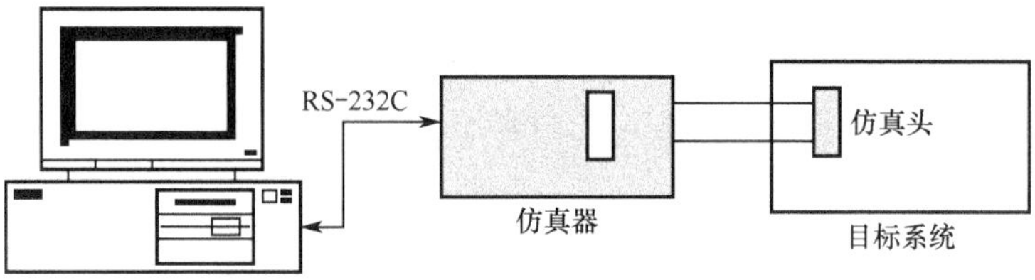

图 9-3　利用非独立型仿真器开发示意图

在开发时，以上两种开发方式均是拔掉目标系统的单片机芯片和程序存储器芯片，插上从开发机上引出的仿真头，即把开发机上单片机出借给目标机。仿真调试无误后，拔掉仿真头，再插回单片机芯片，把开发机中调试好的程序固化到 EPROM 芯片中并插到目标机的程序存储器插座上，目标机就可以独立运行了。

单片机贴片封装形式的广泛应用及 Flash 存储器技术的迅速发展，传统的单片机监控系统开发的理念受到一定冲击。采用新的单片机监控系统开发技术可以将单片机先安装到印刷线路板上，然后通过计算机将程序下载到目标系统。例如，SST 公司推出的 SST89C54 和 SST89C58 芯片分别有 20KB 和 30KB 的 Super Flash 存储器，利用这种存储器可以进行高速读/写的特点，能够实现在系统编程（ISP）和在应用编程（IAP）的功能。首先在计算机上完成监控程序的编辑、汇编（或编译）和模拟运行，然后就实现目标程序的串行下载。Microchip 公司推出的 RISC 结构单片机 PIC16F87X 中内置在线调试器 ICP（In-Circuit Programming）功能，还配置了具有 ICSP（In-Circuit Serial Programming）功能的简单仿真器和烧写器。通过计算机串行电缆就可以完成目标系统的仿真调试。

9.2　单片机安全监控系统可靠性技术

滤波、接地、屏蔽、隔离和反电势控制技术关系到单片机系统工作的稳定可靠。在监控环境中，这些可靠性技术显得格外重要，必须给予充分重视。

9.2.1　滤波技术

在影响单片机系统可靠性的诸多因素中，电源干扰可谓首屈一指。据统计，单片机监控系统的运行故障有 90%以上是由电源噪声引起的，滤波技术就是抑制噪声干扰。

9.2.1.1　直流电源干扰及其抑制

在直流电源回路中，负载的变化会引起电源噪声，例如在数字电路中，当电路从一个状态转换为另一种状态时，就会在电源线上产生一个很大的尖峰电流，形成瞬变的噪声电压。

利用电容、电感等储能元件可以抑制因负载变化而产生的噪声，通常把这种作用称为滤波或去耦。为了进行滤波或去耦，可在电源线的入端并连两个电容，这在印刷电路板上是经常看到的，如图 9-4 所示。其中 50μF 的电解电容是为抑制电源噪声中的低频分量；而 0.01μF 电容则是为抑制高频分量。当然，如果在电容的前面再加上一个电感，滤波效果就会更好。电感可以自制，其方法是在一个几十千欧姆的金属膜电阻上用漆包线向一个方向缠绕（可多层），然后再把漆包线的两端分别和焊在电阻的引脚上。

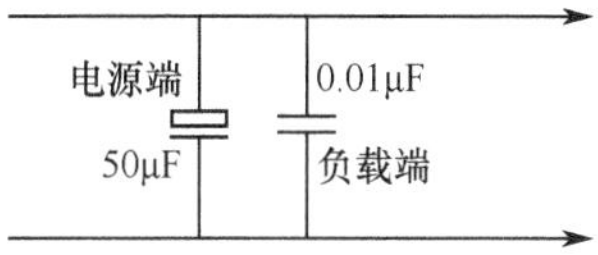

图 9-4　电源滤波

一些直流电源抗干扰的措施如下：

◆ 采用高质量集成稳压电路单独供电。应用系统中往往需要几种不同电压等级的电源，这时可采用低纹波高质量集成稳压电路。每个稳压电路单独对电压过载进行保护，因此不会因某个电路出现故障而使整个系统遭到破坏。而且也减少了公共阻抗的互相耦合，使供电系统的可靠性大大提高。

◆ 采用直流开关电源。直流开关电源是一种脉宽调制型电源。它甩掉了传统的工频变压器，具有体积小、质量轻、效率高、电网电压范围宽、变化时不易输出过电压和欠电压的特点，同时还具有较好的初、次级隔离作用，应用非常广泛。这种电源一般都有几个独立的电压输出，如±5V、±12V、±24V 等，电网电压波动范围可达～220V 的-20%～+10%。

◆ 采用 DC-DC 变换器。如果系统供电电网波动较大，或者精度要求高，可以采用 DC-DC 变换器。DC-DC 变换器的特点是输入电压范围大、输出电压稳定且可调整、效率高、体积小、有多种封装形式。近年来在单片机应用系统中获得了广泛地应用。

9.2.1.2　交流电源干扰及其抑制

多数情况下，单片机监控系统都使用交流 220V、50Hz 的电源供电。在工业现场中，生产负荷的经常变化，大型用电设备的启动和停止，往往都会造成电源电压的波动，有时还会产生尖峰脉冲，如图 9-5 所示。这种高能尖峰脉冲的幅度为 50～4000V，持续时间为几个皮秒。它对计算机监控系统的影响最大，能使系统的程序“跑飞”或使系统造成“死机”。因此，一方面要使系统尽量远离这些干扰源；另一方面要采用交流电源滤波器。这种滤波器是按频谱均衡原理设计的一种无源四端网络，如图 9-6 所示。

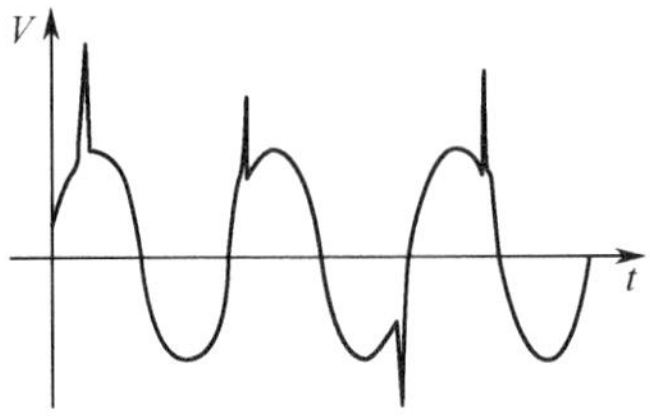

图 9-5　电网上的尖峰干扰

图 9-6　交流电源滤波器

为了提高系统供电的可靠性，还要采用交流稳压器，防止电源的过压和欠压。采用 1:1 隔离变压器，防止干扰通过初、次级间的电容效应进入单片机供电系统，如图 9-7 所示。

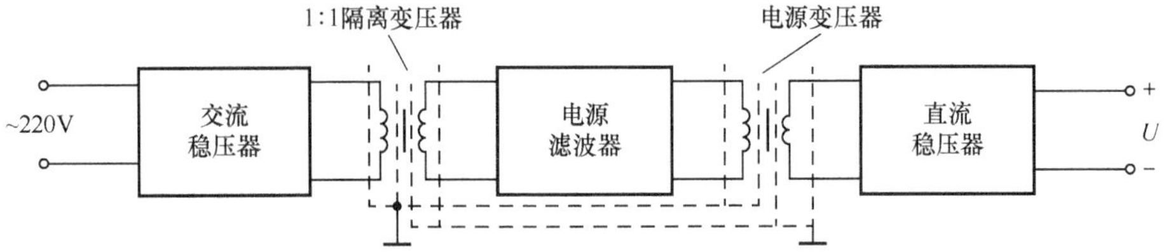

图 9-7　交流电源综合配置

9.2.2　接地技术

在单片机监控系统中，接地是一个非常重要的问题。接地问题处理的正确与否，将直接影响系统能否正常工作。

9.2.2.1　接地种类

接地可分为两种：一是以人身或设备安全为目的而把设备的外壳接地，称为外壳接地或安全接地；二是为电路工作提供一种公共的电位参考点，称为工作接地。

外壳接地是真正的接地，要实实在在地与大地连接，以使漏到机壳上的电荷能及时泄放到大地中去，这样才能确保人身和设备的安全。外壳接地的接地电阻应当尽可能低，因此在材料及施工方面均有一定的要求。外壳接地是十分重要的，但实际上往往又被人们忽视。

工作接地是为电路工作需要而进行的。在许多情况下，工作地不与设备外壳相连，因此工作地的零电位参考点（工作地）相对地球的大地是浮空的，所以也把工作地称为“悬浮地”。

9.2.2.2　接地系统

对于一个较大的单片机系统，应根据信号电压、电流的大小及电源的类别等分类接地，构成一个完整的接地系统。接地系统通常有三类：

◆ 第一类是弱信号地，即把系统中的小信号回路、控制回路、逻辑回路以及它们的直流电源等连在一起接地，弱信号地实际上就是工作地。

◆ 第二类是功率地，即把系统中的继电器、电磁阀以及它们的驱动电源等连在一起构成功率地。这些电路的功率往往较大，成为干扰弱信号回路的噪声源，因此功率地与工作地不可混接。

◆ 第三类是机壳地，包括系统中所有机架、箱体等金属构成的接地，即安全接地。

这三类接地系统可以相互独立（见图 9-8），也可以成伞状连接在一起（见图 9-9）。但不能像图 9-10 那样接地，这样会使 AB 间存在的阻抗产生噪声干扰，影响弱电回路。

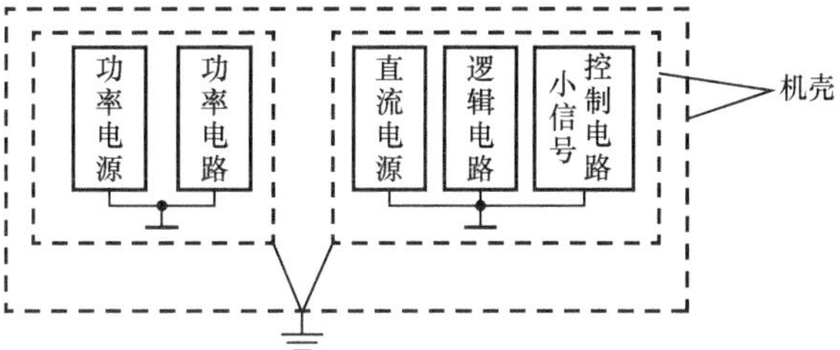

图 9-8　相互独立的接地系统

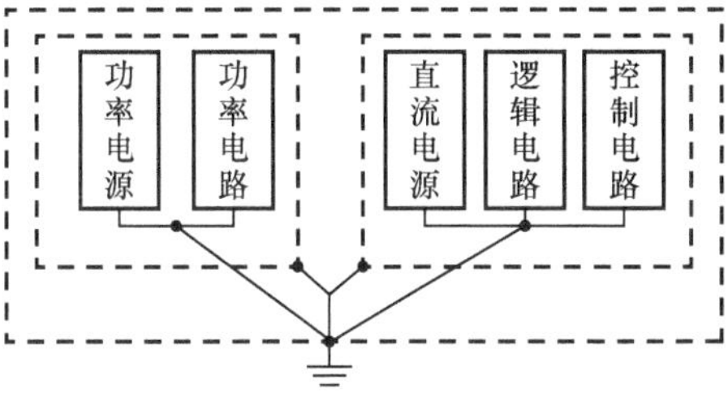

图 9-9　伞状接地系统

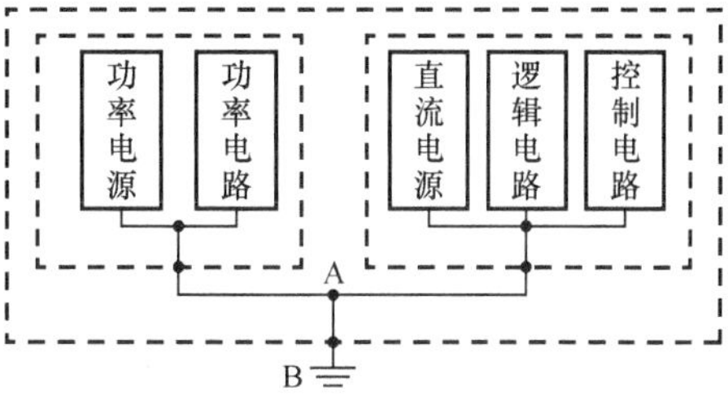

图 9-10　不正确的接地系统

9.2.2.3　其他接地问题

（1）一点接地和多点接地

在低频电路中，布线和元件间的寄生电感影响不大，因而常采用一点接地，以减少地线造成的地环路。在高频电路中，布线和元件间的寄生电感及分布电容将造成各接地线间的耦合，影响比较突出，此时应采用多点接地。

通常，频率小于 1MHz 时，采用一点接地。频率高于 10MHz 时，采用多点接地。频率为 1～10MHz 时，若采用一点接地，其地线长度不应超过波长的二十分之一；否则，应采用多点接地。

（2）数字地与模拟地的连接

数字地是指 TTL 或 CMOS 芯片、I/O 接口电路芯片、CPU 芯片等数字逻辑电路的接地端，以及 A/D、D/A 转换器的数字地。模拟地是指放大器、采样保持器和 A/D、D/A 中模拟信号的接地端。在单片机系统中，数字地和模拟地应分别接地。即使是一个芯片上有两种地也要分别接地，然后在一点处把两种地连接起来，否则数字回路通过模拟电路的地线再返回到数字电源，将会对模拟信号产生影响。

（3）印刷电路板上的地线分布

◆ TTL、CMOS 器件的接地线要呈辐射网状，避免环形。

◆ 板上地线的宽度要根据通过的电流大小而定，最好不小于 3mm。在可能的情况下，地线尽量加宽。

◆ 旁路电容的地线不要太长。

◆ 功率地通过电流信号较大，地线应较宽，必须与小信号地分开。

（4）双绞线和同轴电缆的接地

为了减少信号回路的电磁干扰，送入单片机的信号有时需要采用双绞线（具有抑制电磁干扰的作用）或同轴电缆（具有抑制静电感应干扰的作用）。双绞线或同轴电缆的连接如图 9-11 所示。

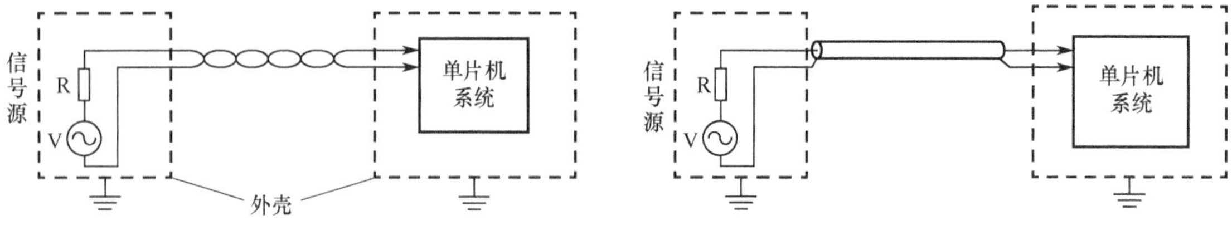

(a) 信号线用双绞线　　(b) 信号线用同轴电缆

图 9-11　采用双绞线或同轴电缆的信号线

当采用带屏蔽的双绞线时，还应注意屏蔽体和工作地的良好连接，而且这种连接只能在信号源侧一个点接地，否则屏蔽体两端就会形成环路，在屏蔽体上产生较大的噪声电流，从而在双绞线上感应出噪声电压。屏蔽体的正确接地如图 9-12 所示。

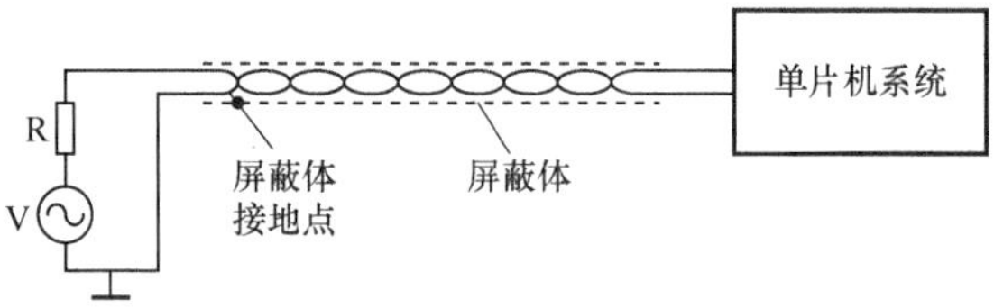

图 9-12　屏蔽体接地

（5）工作地和安全地的连接

当需要把工作地与安全地连在一起时，对于两个以上设备应注意工作地与安全地只能在一点连接，如图 9-13 所示。

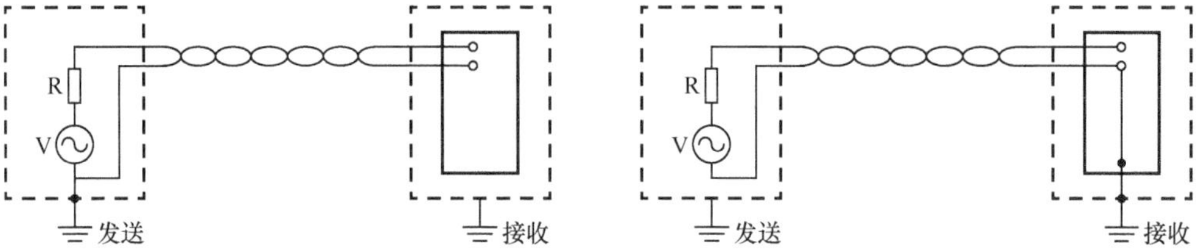

(a) 发送一侧接地　　(b) 接收一侧接地

图 9-13　工作地与安全地在同一点

（6）变压器屏蔽层的接地

有些变压器是带屏蔽层的，因为屏蔽层可以抑制从电源线传导的噪声。屏蔽层通常采用铜箔或铝箔制作。使用时，屏蔽层应与变压器的初级绕组交流零线相连，如图 9-14（a）所示；有些变压器的初级和次级都有屏蔽层，这时应将中间屏蔽层与次级绕组屏蔽层连接，如图 9-14（b）所示。

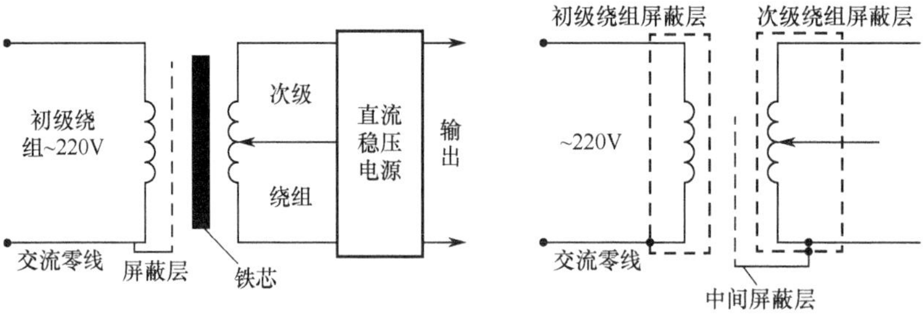

(a)　　(b)

图 9-14　变压器屏蔽层接地方法

9.2.3　屏蔽技术

高频电源、交流电源、强电设备产生的电火花以及雷电，都能产生电磁波，从而成为电磁干扰的噪声源。当距离较近时，电磁波会通过分布电容和电感耦合到信号回路而形成电磁干扰；当距离较远时，电磁波则以辐射形式构成干扰。严格来说，连单片机使用的振荡器，也是电磁干扰的薄弱环节。一方面是因为它本身就是一个电磁干扰源；另一方面它又极易受其他电磁干扰的影响，破坏单片机的正常工作。

以金属板、金属网或金属盒构成的屏蔽体能有效地预防电磁波的干扰。屏蔽体以反射方式和吸收方式来削弱电磁波，从而形成对电磁波的屏蔽作用。预防低频电磁波干扰的最有效方法是选用高导磁材料制成的屏蔽体，使电磁波经屏蔽体壁的低磁阻磁路通过，而不影响屏蔽体内的电路。屏蔽电场或辐射场时，选择铜、铝、钢等电导率高的材料制成的屏蔽体；屏蔽低频磁场时，选择磁钢、坡莫合金、铁等磁导率高的材料制成的屏蔽体；屏蔽高频磁场时则应选择铜、铝等电导率高的材料制成的屏蔽体。

为了有效发挥屏蔽体的屏蔽作用，还应注意屏蔽体的接地问题，为了消除屏蔽体与内部电路的寄生电容，屏蔽体应按“一点接地”的原则接地。

9.2.4　隔离技术

隔离包括物理隔离和光电隔离两种。

9.2.4.1　物理隔离

物理隔离是指对小信号低电平的隔离。其信号连线应尽量远离高电平大功率的导线，以减少噪声和电磁场的干扰。为了实行物理隔离，即使在同一设备的内部也应当把这两类信号导线分开走线。远距离走线时，更应注意把信号电缆和功率电缆分开，并保持一定的距离。必要时还可以用钢管把它们分别套起来，以增加屏蔽效果。

9.2.4.2　光电隔离

光电隔离的目的是割断两个电路的电联系，使之相互独立，从而也就割断了噪声从一个电路进入另一个电路的通路。

光电隔离是通过光电耦合器实现的。光电耦合器是把一个发光二极管（例如砷化镓发光二极管）和一个光敏三极管封装在一个外壳里的器件。外壳有金属或塑料两种。发光二极管和光敏三极管之间用透明绝缘体填充，并使发光管和光敏管对准，以提高其灵敏度。光电耦合器的电路符号如图 9-15 所示。

输入信号使发光二极管发光，其光线又使光敏三极管产生电信号输出，从而既完成了信号的传递又实现了电气上的隔离。光电耦合器的响应时间一般不超过几个微秒。光电耦合器的输入端与输出端在电气上是绝缘的，且输出端对输入端也无反馈，因而具有隔离和抗干扰两方面的独特性能。通常使用光电耦合器是为实现电平转换和隔离两个主要功能。

◆ 电平转换：如图 9-16 所示，TTL 电路与 28V 电源电路之间不需要另加匹配电路就可以传输信号，从而实现了电平转换。

◆ 隔离：由于控制信号电路（光电耦合器的左侧）与接收电路（光电耦合器的右侧）之间被隔离，因此即使两个电路的接地电位不同，也不会形成干扰。

光电耦合器中光敏三极管的基极有引出和不引出两种形式。基极引出通常是经一个电阻接地，如图 9-17 所示。通过接地电阻可以控制耦合的响应速度和灵敏度。总的来说，电阻越小，响应速度越高。

图 9-15　光电耦合器

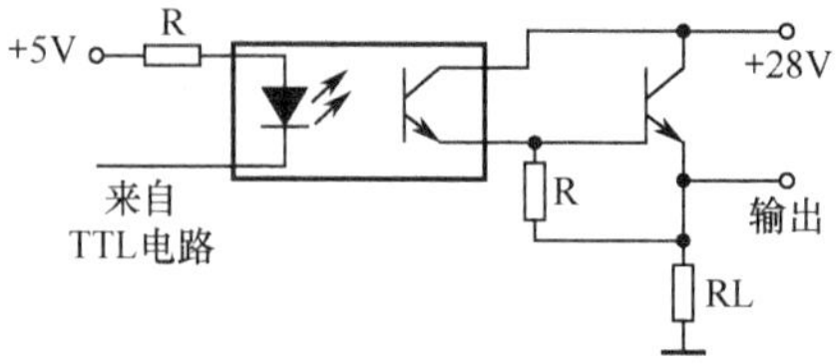

图 9-16　光电耦合器的电平转换电路

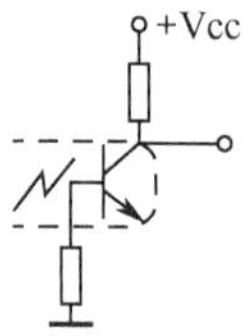

图 9-17　光电耦合器的基极引出形式

9.2.5　反电势干扰及其抑制技术

在单片机的应用系统中，常使用诸如继电器、电动机、电磁阀等具有较大电感量的元件或设备。当电感回路的电流被切断时，会产生很大的反电势而形成噪声干扰。这种噪声不但能产生电磁场干扰其他回路，甚至还可能击穿电路中晶体管等元器件。对于反电势干扰，可采用如下措施加以抑制：

◆ 如果通过电感线圈的是直流电流，可在线圈两端并联二极管和稳压管，如图 9-18 所示。稳定工作时，并联支路被二极管 D 阻断而不起作用；当三极管 T 由导通变为截止时，在电感线圈两端产生反电势 e。此电势可在并联支路中流通，因此 e 的幅值被限制在稳压管 DW 的工作电压范围之内，并被很快消耗掉，从而抑制了反电动势的干扰。使用时 DW 的工作电压应选择的比外加电源高些。

◆ 如果把稳压管换为电阻，同样可以达到抑制反电势的目的，因此也适用于直流驱动线圈的电路。在这个电路中，电阻的阻值范围可以从几欧姆到几十欧姆。阻值太小时，反电势衰减慢；阻值太大时，又会增大反电势的幅值。

◆ 反电势抑制电路也可由电阻和电容组成，如图 9-19 所示。适当选择 R、C 参数，也能获得较好的耗能效果。这种电路不仅适用于交流驱动的线圈，也适用于直流驱动的线圈。

◆ 反电势抑制电路不但可以接在线圈的两端，也可以接在开关的两端。

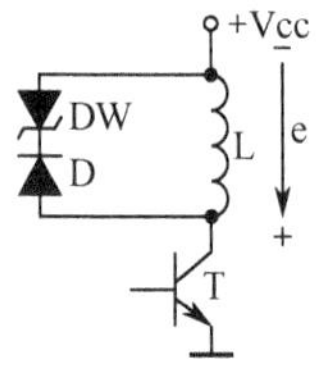

图 9-18　由二极管和稳压管构成的抑制电路

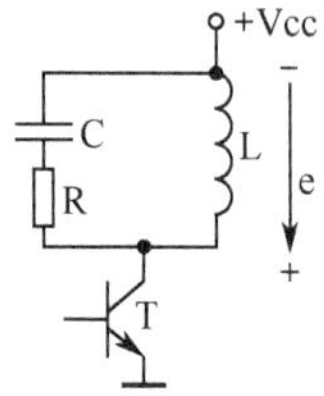

图 9-19　由电阻和电容构成的抑制电路

9.3　单片机安全监控系统设计实例

单片机的应用领域十分广泛，例如面广量大的家用电器，体积小功能各异的仪器仪表，信息通信领域中的广播电视、计算机网络、电话、传真、对讲机等设备，以及军事、工业、农业、交通、运输等行业自动监控领域的应用。目前，自动监控已发展到模糊控制、神经网络控制、可拓控制等更高级复杂的监控系统。

在上述相关电器设备中，单片机是监控核心，是实现智能化的心脏和大脑，下面介绍几个单片机安全监控系统实例。

9.3.1　家电领域的监控系统

由于家用电器体积小，故要求其监控器体积更小，以便能嵌入其结构中，而家用电器品种多，功能差异较大，所以又要求其监控器有灵活的监控功能。单片机以微小的体积和编程的灵活性产生多种监控功能，完全能够满足家用电器的需要。故单片机很适合在家电领域应用。该领域也是单片机安全监控应用最多的领域之一。

9.3.1.1　全自动洗衣机监控系统

AT89C2051 单片机是 ATMEL 公司 8 位单片机系列产品之一，是一种 20 引脚双直列插式芯片。它内含 2KB 可反复烧录及擦除内存和 128 字节的 RAM，有 15 条可编程控制的 I/O 口线，5 个中断触发源，指令与 MCS-51 系列完全兼容。基于上述特点，在需要 I/O 口线不多的监控场合，选用它作为核心监控芯片，可使电路极大地简化，而且程序的编写及固化也相当方便、灵活。选用它设计制作全自动洗衣机监控电路，该电路的组成相对简单，工作原理清晰，易于理解。由于 AT89C2051 的引脚少且内存容量不大，因此其所监控的洗衣机的功能有一定的限制。洗衣机的基本功能是实现对衣物的洗涤，所以关键在于对洗衣程序的监控。从这一角度出发，对洗衣机的功能进行分析，确定其最优化的功能。

（1）洗衣机的监控功能要求

洗衣机要完成洗衣工作，除了对一般洗衣过程的人工工作及效能进行模拟之外，还要根据洗衣机的机械电子性质进行有关控制和监测。对一台套桶式单缸波轮全自动洗衣机而言，首先要求能完成洗衣功能；根据用户的不同要求，设置几种不同的洗衣程序；同时还要考虑水流的情况决定洗涤的强弱情况；另外，还要对洗衣过程出现的故障进行诊断；保证高速运转时脱水的安全性等。所以，对全自动洗衣机，一般要求具有如下基本功能：

◆ 强、弱洗涤功能。要求强洗时正、反转驱动时间各为 4s，间歇时间为 1s；弱洗时正、反转驱动时间各为 3s，间歇时间为 2s。

◆ 4 种洗衣工作程序，即标准程序、经济程序、单独程序和排水程序。标准程序是进水→洗涤→漂洗→排水→脱水，如此循环 3 次，每循环一次洗涤或漂洗环节时间比上一循环同一环节时间减少 2min，具体是：第一循环为洗涤，时间为 6min；第二、第三次循环为漂洗，时间分别为 4min 和 2min。排水时间采用动态时间法确定，脱水时间为 2min。经济程序与标准程序一样，只是循环次数为二次。单独程序是进水→洗涤（6min）→结束（留水不排不脱）。排水程序是排水→脱水→结束，时间确定与上述程序相应环节相同。

◆ 进、排水系统故障自动诊断功能。洗衣机在进水或排水过程中，若在一定的时间范围内进水或排水未能达到预定的水位，就说明进、排水系统有故障，此故障由监控系统测知并通过警告程序发出警告信号，提醒操作者进行人工排除。

◆ 脱水期间安全保护和防振功能。洗衣机脱水期间，若打开机盖，洗衣机就会自动停止脱水。脱水期间，如果出现衣物缠绕引起脱水桶重心偏移而不平衡时，洗衣机也会自动停止脱水，以免振动过大，待人工处理后恢复工作。

◆ 间歇驱动方式。脱水期间采取间歇驱动方式，以便节能。本系统要求驱动 5s，间歇 2s，间歇期间靠惯性力使脱水桶保持高速旋转。

◆ 暂停功能。不管洗衣机工作在什么状态，当按下暂停键时，洗衣机须停止工作，待启动键按下后洗衣机又能按原来所选择的工作方式继续工作。

◆ 声光显示功能。洗衣机各种工作方式的选择和各种工作状态均有声、光提示或显示。

（2）控制逻辑电路

如图 9-20 所示，全自动洗衣机的监控逻辑电路由单片机 AT89C2051 为核心加上有关集成电路及元件组成。从图 9-20 中可以看出，这个电路相当简单。全自动洗衣机的工作部件有 3 个，这就是进水阀、排水阀和电机。进水阀用于控制洗衣机的进水量。排水阀用于控制排水。电机是洗衣机的动力源，它的转动带动洗衣桶和波轮的转动，从而实现对衣物的洗涤。电机在脱水时还高速旋转带动衣物脱水。电机的状态有 3 种，即正转、反转及停止状态。电机一般工作在这 3 种状态不断的转换之中，从而实现洗涤。但在脱水时，只工作在正转高速状态。进水阀和排水阀则只有开、关这两种状态。从图 9-20 的监控电路中可以看出：AT89C2051 的 P1 端口中的 P1.0～P1.3 共 4 条 I/O 口线通过 4 块 SP1110 固态继电器分别直接驱动洗衣机的这些工作部件。SP1110 是一种交流固态继电器，内有发光二极管及光触发双向可控硅，10～50mA 输入电流即可使双向可控硅完全导通，输出端通态电流为 3A（平均值），浪涌电流 15A。之所以选用这个器件，是因为它一方面可使电路进一步简化，另一方面还可使强、弱两类电完全隔离，保证主板的安全。

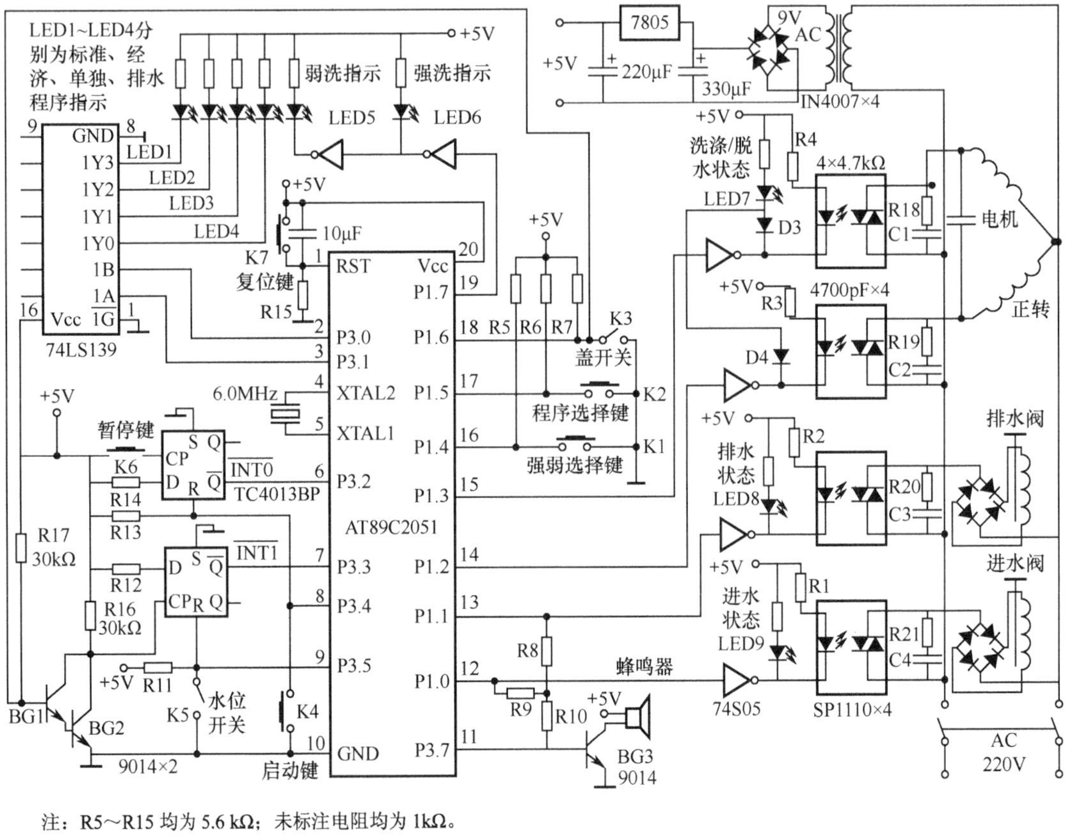

注：R5～R15 均为 5.6 kΩ；未标注电阻均为 1kΩ。

图 9-20　全自动洗衣机监控电路

74S05 为反相器，作为中间缓冲器；其中，4 个反相器可分别驱动 4 个 SP1110 继电器，剩余两反相器用于驱动 LED5 和 LED6。

74LS139 为双 2～4 线译码器，选用它可解决 CPU I/O 口线数量的不足。从控制要求可知，洗衣机有 4 种洗衣工作程序，因此需有 4 种不同的显示来加以区别。74LS139 双 2～4 线译码器仅占用 CPU 的 P3.0 和 P3.1 两口线即可提供 4 种不同显示的驱动，其逻辑关系是：P3.0 和 P3.1 为“11”时 LED1 亮，指示标准程序；为“10”时 LED2 亮，指示经济程序；为“01”时 LED3 时亮，指示单独程序；为“00”时 LED4 亮，指示排水程序。

洗衣机的暂停功能和安全保护及防振功能采用中断处理方式。这两个中断分别对应于 CPU 的外部中断“0”和外部中断“1”。中断请求信号通过 TC4013BP 双 D 触发器的两个 $\overline{Q}$ 分别加到 CPU 的 P3.2 和 P3.3 口线，由触发器锁存直到 CPU 响应中断为止。开盖（安全保护）或不平衡（防振动）中断信号通过由 BG1 和 BG2 组成的反相器送至 TC4013BP 的第（11）脚 CP 端，经触发器的第（12）脚（$\overline{Q}$端）加到 P3.3。本系统对开盖和不平衡中断采取相同的处理方法，共用外部中断“1”。

为了充分利用 CPU 的 I/O 口线，P3.4 和 P3.5 采用分时复用技术，每线具有两个功能。在洗衣机未进入工作状态或洗衣机处于暂停状态期间，P3.4 为输入线，用于监测启动键的状态，当启动键按下时，洗衣机即进入工作状态或从暂停状态恢复到原来的工作状态；在洗衣机暂停中断响应期间，P3.4 为输出线，用于撤销暂停中断请求。在洗衣机进水或排水期间，P3.5 被用作输入线，用于监测水位开关状态，为 CPU 提供洗衣机的水位信息；在洗衣机高速脱水期间，当发生开盖或不平衡中断时，P3.5 为输出线，用于撤销中断请求信号。CPU 的 P3.7 线用于驱动蜂鸣器发出各种告警信号。(4)、(5) 脚外接 6MHz 的晶振。(1) 脚通过 10μF 电容接到+5V 电源，可实现上电自动复位。K7 为强制复位键。洗衣机的强、弱洗可通过 K1 键进行循环选择。K1 还具有第二功能，即当洗衣机发生故障转入报警程序后，按下 K1 键可使洗衣机退出报警状态回到初始待命状态。洗衣工作程序可通过 K2 键循环选择。洗衣机的工作状态可通过 LED7～LED9 进行显示。脱水期间系统响应开盖或不平衡中止后，CPU 采取软件查询的方式通过 P1.6 线对盖开关进行监测，以便确定洗衣机是否继续进行脱水操作。

（3）工作监控程序

AT89C2051 监控的全自动洗衣机的工作程序框图如图 9-21 所示。从程序框图可以看出，这个监控程序也较为简单，所以占用的存储器容量不大。

◆ 从图 9-21 中可以看出程序的基本流程，系统上电复位后，首先进行初始化，默认标准洗衣工作程序和强洗方式，然后扫描 K1、K2 和启动键 K4，这时洗衣机处于待命状态。通过 K1 和 K2 可分别修改强/弱洗方式和洗衣工作程序。扫描过程中当发现启动键 K4 按下时，洗衣机即从待命状态进入工作状态。

◆ 洗衣机进入工作程序后，系统首先根据 RAM 中 57H 单元的特征字判断洗衣机的洗衣工作程序，若特征字为 00H，则为排水程序（01H 为单独程序，02H 为经济程序，03H 为标准程序），这时程序直接跳转至排水操作程序段，执行单独的排水操作，否则进入进水操作程序。进水操作将 P1.0 置位驱动进水阀开启。进水期间系统不断监测水位开关 K5 的状态，当监测到 K5 闭合时，说明进水已达到预定的水位。若在规定的 4min 极限时间内未监测到 K5 闭合，说明进水系统发生故障，此时洗衣机退出洗衣工作状态，程序跳转到以 FW 为标号地址的故障处理程序段进行报警，其处理方法是：将 P1.0～P1.3 位全部置“0”，中止洗衣机的各种操作，然后蜂鸣器以响 1s、停 2s 的规律不断地发出报警信号，直到人工干预即按下 K1 键后为止（按下 K1 后，程序跳转回主程序起始地址，洗衣机又回到待命的初始状态）。

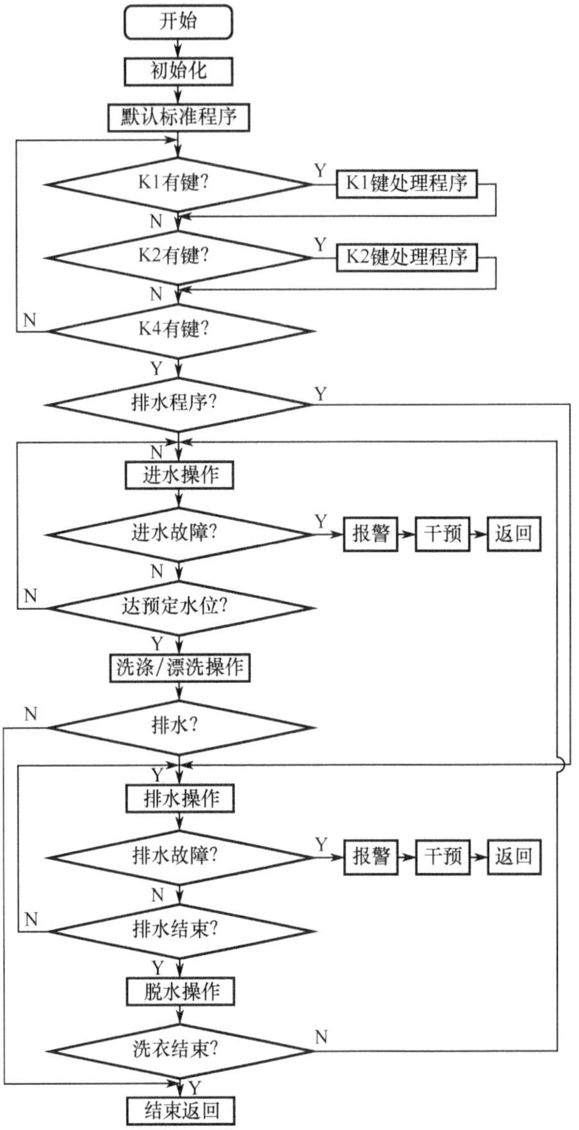

图 9-21　AT89C2051 监控的全自动洗衣机的工作程序框图

◆ 在正常情况下，进水期间监测到 K5 闭合时，说明进水已达到预定水位，这时洗衣机进入下一程序即洗涤工作。因为电机在洗涤或漂洗工作时有正、反转和间歇三种状态，所以用 P1.2 和 P1.3 两线才能实现对电机这三种状态的控制。其逻辑关系是：P1.3 和 P1.2 为“00”、“01”和“10”时电机分别为间歇、正转和反转。洗涤时间为 6min。洗涤结束后，系统通过一条判断指令，判断是否排水。由监控要求可知，若不排水则为单独程序，这时程序直接跳到结束报警程序段，报警三声后跳回主程序，洗衣机进入初始待命状态，单独洗衣工作程序结束；否则，进入排水流程。

◆ 排水时间采用动态时间法确定，其原理是：根据常用的空气压力水位开关的特性（在进水中当水位达到预定水位时，水位开关接通；在排水中当桶内水位下降 11cm 后，水位开关才断开），在排水中若从开始到开关断开所需时间为 D，则整个排水所用时间为 $2D$+50s（经验值）。若在规定的 1min 极限时间内，系统监测不到水位开关 K5 断开，说明排水系统有故障，程序跳转至故障处理程序段发出告警信号，其处理方法与进水系统故障相同。

◆ 排水结束后，洗衣机接着执行脱水操作，P1.1 维持置位状态，保持排水阀开启，P1.2 按 5s 置位、2s 清“0”的规律连续驱动电机高速旋转 2min，然后脱水结束。脱水结束后系统通过一条判断指令判断整个洗衣工作是否结束。其原理是：洗衣机在每次洗涤或漂洗工作环节结束之后，洗衣工作程序标志 57H 单元减 1 次，在脱水工作环节结束后，系统即对该单元进行监测，当检测到 57H 单元为 0 值时，说明整个洗衣工作结束，洗衣机报警三声后，即返回初始待命状态。若洗衣工作尚未结束，洗衣机再次执行进水操作，进入下一循环。

以上是洗衣机工作的大概流程，工作过程中所需的各种计时，均由定时器“0”定时中断服务程序提供。定时器“0”设置为定时方式 1，每 100ms 产生一次中断，因此，TL0 和 TH0 装入的时间常数分别为 0B0H 和 3CH。定时器“0”中断服务子程序入口地址放在 0BH 单元中，洗衣机进入工作状态后定时器即被启动。每中断一次，70H 单元累加 1 一次。累加到 0AH 时，为 1s，因此 71H 单元累加 1 一次，该单元累加到 3CH 时，为 1min。这时 72H 单元累加 1 一次。系统根据这几个内存单元中的数据就可以确定洗衣机工作各个进程的时间。在暂停中断以及开盖或不平衡中断响应期间，定时中断被禁止，计时各单元内容不变。

洗衣机的暂停中断在洗衣机进入工作状态后，中断请求即被设置为允许，中断请求有效；而开盖或不平衡中断只有在洗衣进入高速脱水的工作进程时，中断请求才被设置为允许，请求信号有效。这两个中断服务程序比较简单。

所有套桶式电脑全自动洗衣机的工作原理是基本一致的。然而，不同厂家、不同型号的洗衣机电气监控系统电路的组成和原理则有所区别。这里所介绍的电路仅是 AT89C2051 单片机应用的一个实例。

9.3.1.2　直冷式电冰箱监控系统

电冰箱的发展方向是多功能、智能化。电子技术的发展，使冷冻室和冷藏室的温度分别设定、定时自动除霜、节省空间等诸多功能和要求得以实现。冷冻室通常用于速冻食品和制冰，在冷冻室中的食品是可以存放较长时间的，冷冻室的温度为-18～-6℃。冷藏室的温度为 0～10℃，以不冻伤食品又有保鲜作用为准。冷冻室食品中的水分会凝结成霜，到一定程度还要除霜。显然，电冰箱的主要任务是保持箱内食品的最佳温度，达到食品保鲜的目的，即保证所储存的食品在经过冷冻或冷藏之后，保持色、味、水分、营养不变。但是冰箱内的温度受诸多因素的影响，如存入冰箱中物品温度的高低，存物品的散热特性及其热容量，物品的充满率及开门的频繁程度等。在大多数场合下，冰箱内温度场的数学模型很难建立，因此，无法用传统的控制方法实现精确的调节。电冰箱的使用对象情况也较复杂，层次差异很大，因而控制操作应尽可能简便。对于这类监控系统，采用单片机作为监控核心，并且能对压缩机的工作状态进行较恰当的控制从而达到节能的目的。

（1）直冷式电冰箱的工作原理及监控要求

直冷式电冰箱的监控原理是根据蒸发器的温度控制制冷压缩机的启停，使冰箱内的温度保持在设定温度范围内。一般地，当蒸发器温度高至 3～5℃时启动压缩机制冷，当温度低于-20～-10℃时停止制冷，关闭压缩机。采用单片机监控，可以使控制更准确、灵活。

电冰箱采用单片机监控主要功能及要求：

◆ 设定 3 个测温点，测量范围－26～＋26℃，精度±0.5℃。

◆ 利用功能键分别控制温度设定、速冻设定、冷藏室温度设定及冷冻室温度设定等。

◆ 利用数码管显示冷冻室和冷藏室温度，压缩机启停，以及速冻、报警状态。

◆ 制冷压缩机停机后自动延时 3min 后方能再启动。

◆ 电冰箱具有自动除霜功能，当霜厚达 3mm 时自动除霜。

◆ 开门延时超过 2min 发声报警。

◆ 连续速冻时间设定范围 1～8h。

◆ 工作电压 180～240V，当欠压或过压时，禁止启动压缩机并用指示灯显示。

（2）电冰箱监控系统硬件电路

◆ 主机电路。主机电路采用 8031 单片机，扩展 1 片 2732EPROM 程序存储器和一片 A/D 转换器 ADC0809 芯片，构成基本系统，另外功能键和 LED 显示由串行口扩展 *n* 片 74LS164 实现。此外，还有一些附加电路，如除霜电路、电压监测和开门报警电路等。电路原理框图如图 9-22 所示。

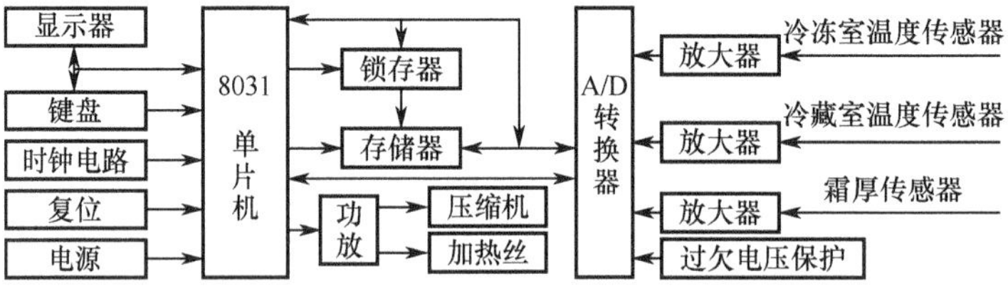

图 9-22　电冰箱监控原理

◆ A/D 转换器电路及功能。A/D 转换电路采用逐次逼近式 8 位 ADC0809 芯片。0809 共有 8 路模拟输入通道，该系统只用了其中 4 个通道 IN0～IN3。其中 IN0 作为冷冻室温度监测通道，IN1 作为冷藏室温度监测通道，IN2 作为除霜监测通道，IN3 作为电源电压监测通道。ADC0809 芯片与单片机接口电路见主电路图 9-23 所示，图中 ADC0809 芯片的 A、B、C 三端通过地址锁存器接于 P0 口的 P0.0～P0.2，该三端控制模拟通道号的选择。P1.6 与 $\overline{WR}$ 端、$\overline{RD}$ 端经与非门接于 0809 的 ALE、START、$\overline{OE}$ 端，控制 0809 的启动、读、写。0809 的 EOC 端悬空，转换后利用软件延时再读结果，不用中断方式。

◆ 功能键及显示电路。系统采用 6 个功能键控制冷冻室、冷藏室及速冻室温度设定，4 位 LED 数码管负责显示冷冻室、冷藏室及压缩机启停和报警等状态。显示和键盘键入均通过 8031 的串行口。显示输出通道和键盘输入通道的选择由端口线 P3.2 和与门 A 完成。当 P3.2 为“1”时，8031 的 TXD 端输出同步脉冲通过与门 A 发送到显示移位寄存器 74LS164 的移位脉冲输入端，这样 8031 欲显示的数据由 RXD 端输出，移位读入到显示器通道；当 P3.2 为“0”时，8031 RXD 的数据仅能被移位读入到键盘扫描用的移位寄存器中。显示通道采用 LED 数码管并用 74LS164 作为驱动器，简化了线路，结构简单，显示字位扩充方便，驱动程序设计容易。键盘工作原理也很简单，8031 通过 RXD 向键盘扫描移位寄存器 74LS164 逐位发送数据“0”，每次发送后即从 P3.4 端读入键盘信号，若读得“0”，表示有键按下，则转入键处理功能程序。

◆ 除霜监控电路。除霜监控电路如图 9-24 所示。图 9-24 中 Rt 为温度传感器，选用 MF53-1 型热敏电阻，具有负温度系数，灵敏度高。其阻值（kΩ）和温度（℃）的关系为：

$$R(t)=\frac{286}{26.8+t}-2.68$$

A 点电压与温度的关系为：

$$V_A = \frac{2.68\times 5}{R(t)+2.68} = 1.26 + 0.047t$$

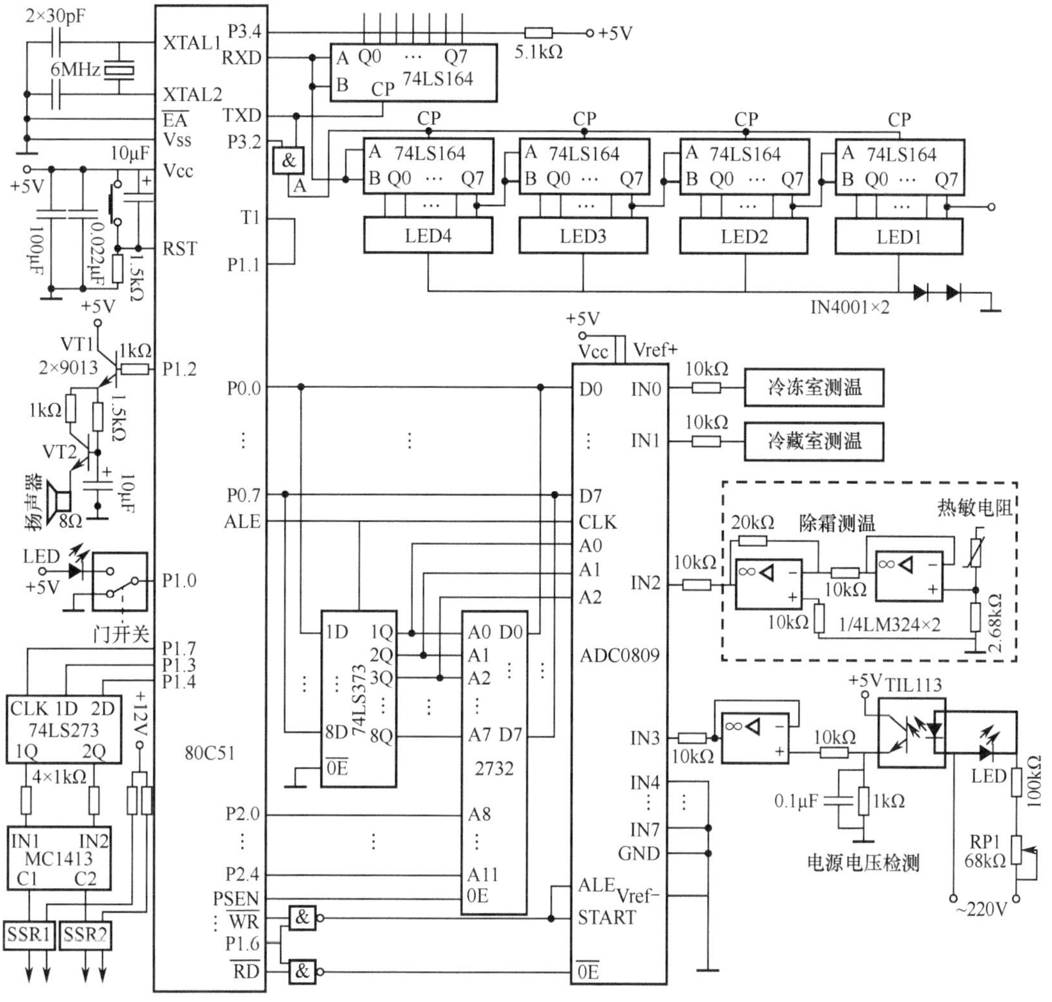

图 9-23　电冰箱单片机监控电路

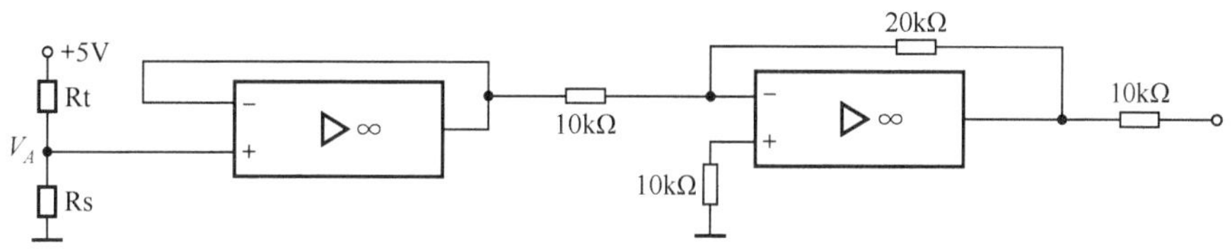

图 9-24　电冰箱除霜监控电路

除霜电路工作原理：把热敏电阻安装在距蒸发器 3mm 的某个合适的位置上，当霜厚大于 3mm 时，热敏电阻接触到霜，从而感到较低的温度，其电阻值变大，电压降低，运算放大器输出信号有变化，经 A/D 转换后送入单片机，经其分析、判断给出除霜命令。

◆ 制冷压缩机和除霜电热丝启停监控电路。制冷压缩机和除霜电热丝启停监控电路如图 9-25 所示。

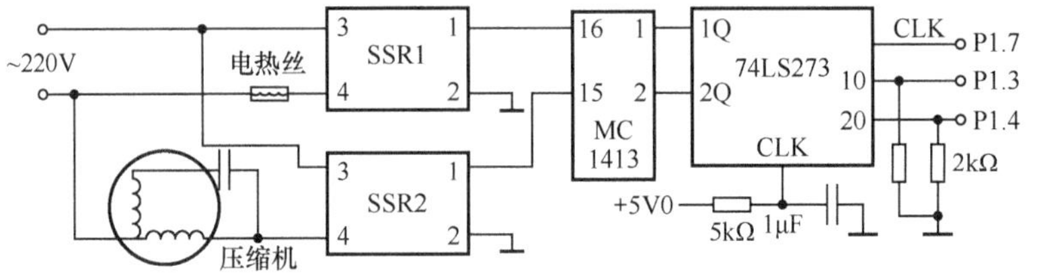

图 9-25 压缩机和除霜电热丝启停监控电路

其电路工作原理为：8031 单片机信号经 P1.3 和 P1.4 端口输出，并在 P1.7 的控制下锁存在 74LS273 中，74LS273 的输出再经驱动器 MC1413 后驱动固态继电器 SSR1 和 SSR2。当 MC1413 的 16 端有高电平输出时，SSR1 的 3、4 引脚接通，使加热丝接通电源而除霜。当 MC1413 的 15 端输出高电平时，SSR2 的 3、4 引脚接通，使压缩机绕组接通电源而启动，开始制冷。74LS273 锁存控制信号，一方面增加输出功率，另一方面也防止单片机复位时引起控制的误动作。采用固态继电器作为压缩机和除霜电热丝的开关，属于无触点开关，内部是大功率的晶闸管电路，不产生火花，无电磁干扰，并将高压与单片机系统隔离。

（3）电冰箱监控系统软件

电冰箱监控程序主要由三大部分：主程序、定时器 T0 中断服务程序和定时器 T1 中断服务程序。这里我们只给出程序的流程图，仅供参考。

◆ 主程序。主程序是整个电冰箱的总监控程序，如监控各单元初始化、控制中断、定时、显示、键盘程序的启动与重复等。主程序框图如图 9-26 所示。

◆ T0 中断服务程序。T0 中断服务程序主要完成电源欠电压、过电压处理、开门状态检查及处理等。其框图如图 9-27 所示。

◆ T1 中断服务程序。T1 工作于记数方式，通过计数达到延时 3min 的目的。T1 的中断服务程序主要完成 3min 定时及温度、除霜、速冻等各种检测，根据监测结果，比较、分析以控制执行元件工作。其框图如图 9-28 所示。

9.3.2 水塔的水位监控系统

9.3.2.1 水塔水位的监控原理

图 9-29 所示为水塔水位监控原理。图 9-29 中虚线表示允许水位变化的上下限。在正常情况下，应保持水位在虚线范围之内。为此，在水塔内的不同高度安装 3 根金属棒，以感知水位变化情况。其中 A 棒处于水塔底部，C 棒处于上限水位上，B 棒处于下限水位上。A 棒接+5V 电源，B 棒、C 棒各通过一个电阻与地相连。水塔由电机带动水泵供水，单片机控制电机转动以达到对水位控制目的。

◆ 供水时，水位上升，当达到上限时，由于水的导电作用，B、C 棒连通+5V。因此，b、c 两端均为“1”态，这时应停止电机和水泵的工作，不再给水塔供水。

◆ 当水位降到下限时，B、C 棒都不能与 A 棒导电，因此 b、c 两端均为“0”状态。这时应启动电机，带动水泵工作，给水塔供水。

◆ 当水位处于上下限之间时，B 棒与 A 棒导通，因 C 棒不能与 A 棒导通，b 端为“1”状态，c 端为“0”状态。这时，无论是电机已在带动水泵给水塔加水，水位在不断上升；还是电机没有工作，用水使水位不断下降，都应继续维持原有的工作状态。

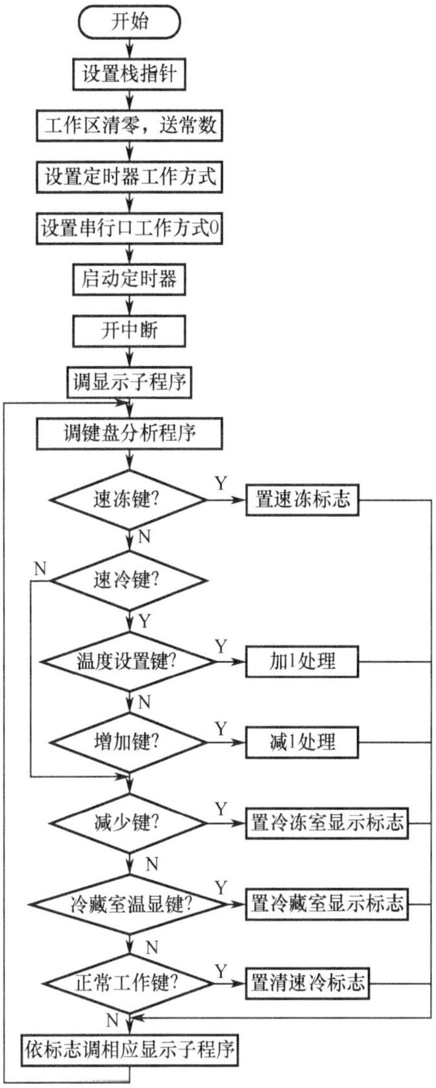

图 9-26　电冰箱监控系统主程序流程

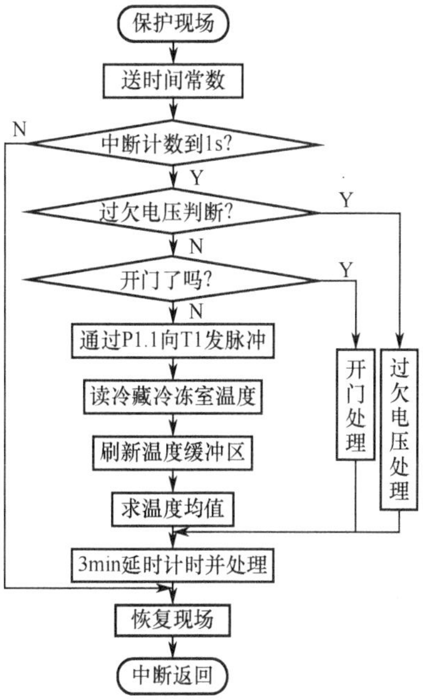

图 9-27　T0 中断服务程序流程

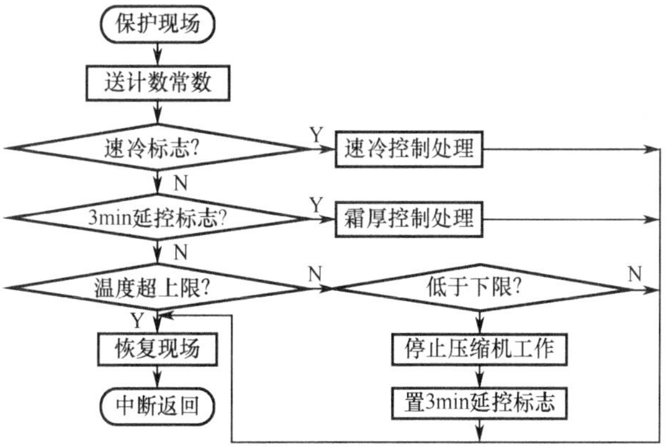

图 9-28　T1 中断服务程序流程

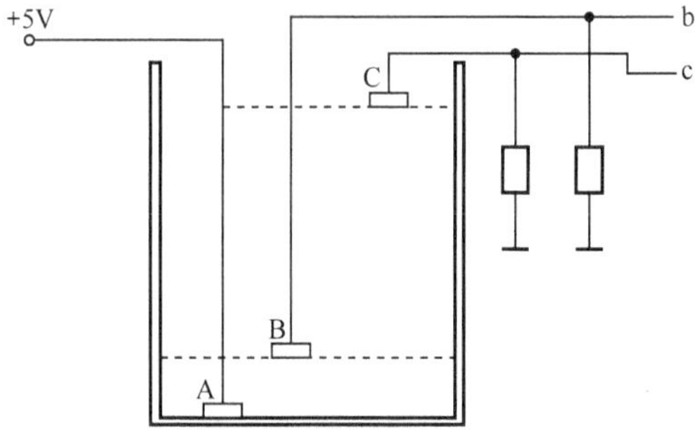

图 9-29　水塔水位监控原理

9.3.2.2　单片机水塔水位监控电路

单片机水塔水位监控电路如图 9-30 所示，对监控电路作如下说明：

◆ 使用 80C51 单片机。由于 80C51 没有内部 ROM，因此需外扩展 ROM，作为程序存储器。本系统使用 2732 构成 4KB 的外扩展程序存储器。74LS373 作为地址锁存器。

◆ 上下限水位信号由 P1.0 和 P1.1 输入，这两个信号共有 4 种组合状态，如表 9-1 所示。其中第三种组合（c=1,b=0）正常情况下是不可能发生的，但在设计中还是应该考虑到，并作为一种故障状态。

◆ 控制信号有 P1.2 端输出，去控制电机。为了提高控制的可靠性，使用了光电耦合。

◆ 由 P1.3 输出报警信号，驱动一只发光二极管进行光报警。

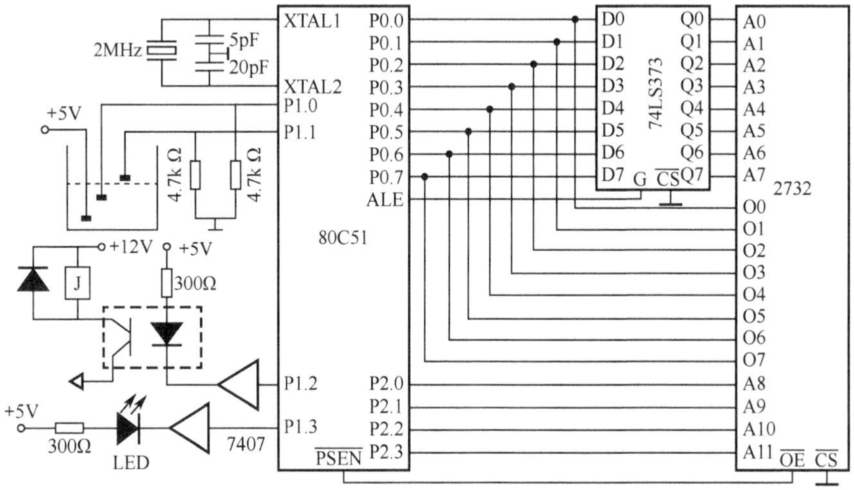

图 9-30　水塔水位监控电路

表 9-1　组合状态

c（P1.1）	b（P1.0）	操　作
0	0	电机运转
0	1	维持原状
1	0	故障报警
1	1	电机停运

9.3.2.3　程序设计

程序流程如图 9-31 所示。

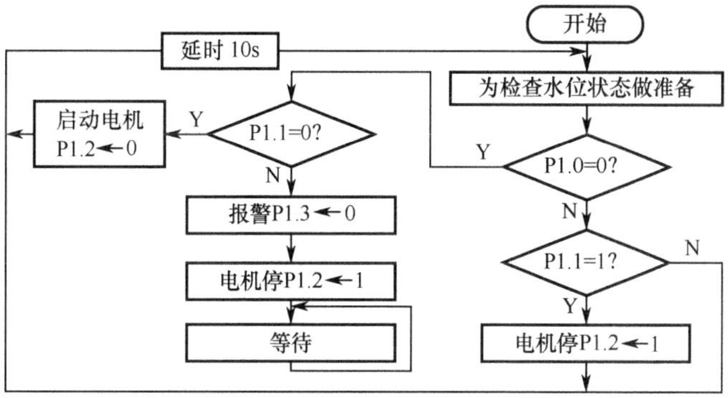

图 9-31　水塔水位监控程序流程

主程序：

```
         ORG      8000H
         AJMP     LOOP
LOOP:    ORL      P1,#03H          ;为检查水位状态做准备
         MOV      A,P1
         JNB      ACC.0,ONE        ;P1.0=0 则转
         JB       ACC.1,TWO        ;P1.1.=1 则转
BACK:    ACALL    D10S             ;延时 10s
         AJMP     LOOP
ONE:     JNB      ACC.1,THREE      ;P1.1=0 则转
         CLR      93H              ;P1.3←0,启动报警装置
         SETB     92H              ;P1.2←1,停止电机工作
FOUR:    SJMP     FOUR
THREE:   CLR      92H              ;启动电机
         AJMP     BACK
TWO:     SETB     92H              ;停止电机工作
         AJMP     BACK
```

延时子程序 D10S（延时 10s）：

```
         ORG      8030H
         MOV      R3,#19H
LOOP3:   MOV      R1,#85H
LOOP1:   MOV      R2,#0FAH
LOOP2:   DJNZ     R2,LOOP2
         DJNZ     R1,LOOP1
         DJNZ     R3,LOOP3
         RET
```

9.3.3　作息时间监控钟

9.3.3.1　原理说明

作息时间监控钟常在学校中使用。在单片机计时的过程中，每一次加 1s 时，都与规定的作息时间比较，如比较相等就进行打铃或扩音设备的开关控制。本系统共有 4 项控制内容，即：接通和断开电铃，以及接通和断开扩音设备。由 P1 口输出控制码进行控制，其控制码定义为：

接通电铃	0FEH	断开电铃	0FDH
接通扩音设备	7FH	断开扩音设备	0BFH

把设备一次开关的控制码及预置时间结合在一起，构成4个字节的存储字。其中控制设备开关的控制码占一个字节，预置时间的时、分、秒各占一个字节。具体格式为：

× ×	× ×	× ×	× ×
开关设备控制码字节	时字节	分字节	秒字节

假定某学校的作息时间如表9-2所示。

表9-2 某学校的作息时间

08:00～08:50	第一节课	12:00～13:30	午间休息
09:00～09:50	第二节课	13:30～14:20	第五节课
09:52～10:05	课间操（播放歌曲及广播操）	14:30～15:20	第六节课
10:10～11:00	第三节课	15:21～15:50	播放歌曲
11:10～12:00	第四节课		

把存储字存放在外部RAM50H开始的存储区中，如表9-3所示。

表9-3 作息时间存储字

存储单元	开控制码	时	分	秒	关控制码	时	分	秒
50H～57H	0FEH	08	00	00	0FDH	08	00	10
58H～5FH	0FEH	08	50	00	0FDH	08	50	10
60H～67H	0FEH	09	00	00	0FDH	09	00	10
68H～6FH	0FEH	09	50	00	0FDH	09	50	10
70H～77H	7EH	09	52	00	0BFH	10	05	00
78H～7FH	0FEH	10	10	00	0FDH	10	10	10
80H～87H	0FEH	11	00	00	0FDH	11	00	10
88H～8FH	0FEH	11	10	00	0FDH	11	10	10
90H～97H	0FEH	12	00	00	0FDH	12	00	10
98H～9FH	0FEH	13	30	00	0FDH	13	30	10
0A0H～0A7H	0FEH	14	20	00	0FDH	14	20	10
0A8H～0AFH	0FEH	14	30	00	0FDH	14	30	10
0B0H～0B7H	0FEH	15	20	00	0FDH	15	20	10
0B8H～0BFH	7EH	15	21	00	0BFH	15	50	00
0C0H～0C7H	00H	×	×	×				

表9-3中存储字的存放是按时间顺序。实际上存储字的存放顺序可以是任意的，这样就可以通过增减存储字随意修改作息内容。设置控制字00H，表示存储字结束。

9.3.3.2 时钟计数程序

计时程序用于时钟计时，在本系统中为主程序，此处省略程序而只列出其中使用的时间单元（内部RAM）：

20H——时单元　　21H——分单元　　22H——秒单元

使用时，运行时钟计时程序，每进行一次加1s操作时，都调用下列的时间比较子程序，与存储区中的预置时间进行比较，比较时要用到上述3个单元。

9.3.3.3 时间比较子程序

此程序以计时时间和存储字中的预置时间进行比较，如比较相等，则说明作息时间已到，发出开关控制码，控制电铃或扩音设备的开或断；否则子程序返回。本程序使用的工作单元都在内部 RAM 中，具体如下：

- 50H：存储区首地址。
- R0：存储区地址指针。
- 2EH：存储区地址指针暂存单元。
- 6AH：存开关控制码。
- 6BH～6DH：依次存放存储字的秒值、分值和小时值。

具体代码如下：

```
LOOP1:  MOV     R0,#4CH         ;存储字存储区首地址减 4
        MOV     2EH,R0          ;送暂存单元
LOOP2:  MOV     R0,2EH
        MOV     R3,#04H
        MOV     R1,#23H
LOOP3:  INC     R0              ;地址指针加 4,得开关控制码地址
        DJNZ    R3,LOOP3
        MOV     2EH,R0          ;暂存开关控制码地址
        MOV     R3,#03H
        MOVX    A,@R0           ;读取控制码
        JZ      A,LOOP5         ;控制码为"0"则返回
        MOV     6AH,A           ;存控制码
LOOP4:  INC     R0              ;地址指针增量
        DEC     R1              ;计时单元地址减量
        MOVX    A,@R0           ;读取作息时间(时,分,秒)
        MOV     6BH,A           ;存作息时间
        MOV     A,@R1           ;读取计时时间
        CJNE    A,6BH,LOOP2     ;计时时间与作息时间比较
                                ;不等则转,继续读下面的控制码
        DJNZ    R3,LOOP4        ;共读取 3 次
        MOV     A,6AH           ;开关控制码送 A
        CPL     A               ;取反
        MOV     P1,A            ;开关控制码输出
LOOP5:  RET                     ;返回
```

9.3.4 交通信号灯模拟监控系统

交通信号灯的监控是单片机应用中最基本的应用之一。现就交通信号灯的自动监控电路原理叙述如下。

9.3.4.1 交通信号灯模拟监控的硬件设计

交通信号灯模拟监控的硬件电路如图 9-32 所示。从图 9-32 中可以看出，交通信号灯的控制通过单片机的 P1 口实现。P1.0、P1.1、P1.2 用来控制东西向的信号灯，P1.3、P1.4、P1.5 用来控制南北向的信号灯。当端口给出高电平时，相应的指示灯才亮；而当端口给出低电平时，相应的指示灯处于灭的状态。

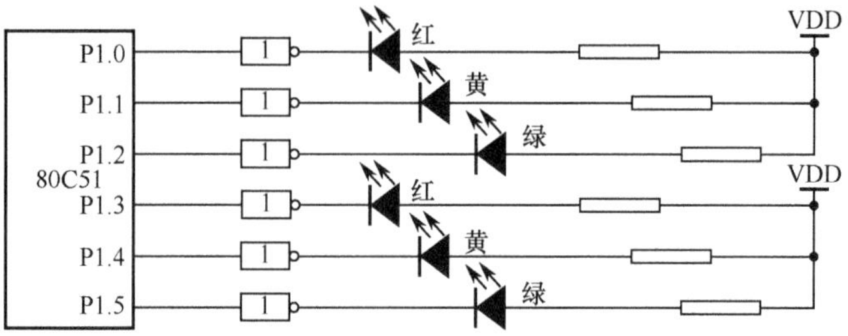

图 9-32　交通信号灯模拟监控的硬件电路

9.3.4.2　交通信号灯模拟监控的软件设计

交通信号灯模拟监控的软件设计也比较简单。其基本思路是利用软件延时，对相应信号灯点亮时间加以控制，软件延时时间为 0.5s。

下列介绍某一交通岗信号灯的控制软件，东西向为主线路，通行时间为 60s，而南北向为支线路，通行时间为 40s。设系统的晶振频率为 12MHz，程序如下：

```
        ORG     0000H
        LJMP    START
        ORG     0030H
START:  MOV     P1,#00H         ;信号灯初始状态全灭
        SETB    P1.2            ;亮东西向绿灯,东西向放行
        SETB    P1.3            ;亮南北向红灯,南北向禁止通行
        MOV     R4,#72H         ;延时 57s
LP1:    LCALL   DL
        DJNZ    R4,LP1
        CLR     P1.2            ;熄灭东西向绿灯
        SET     P1.1            ;点亮东西向黄灯
        MOV     R4,#06H         ;延时 3s
LP2:    LCALL   DL
        DJNZ    R4,LP2
        MOV     P1,#00H
        SETB    P1.0            ;东西向红灯亮,禁止东西向通行
        SETB    P1.5            ;点亮南北向绿灯,南北向放行
        MOV     R4,#4AH         ;延时 37s
LP3:    LCALL   DL
        DJNZ    R4,LP3
        CLR     P1.5            ;熄灭南北向绿灯
        SETB    P1.4            ;点亮南北向黄灯
        MOV     R4,#06H         ;延时 3s
LP4:    LCALL   DL
        DJNZ    R4,LP4
        MOV     P1,#00H
        LJMP    START           ;重新开始下一个周期
DL:     MOV     R7,#05H         ;0.5s 软件延时子程序
DL1:    MOV     R6,#0C8H
DL2:    MOV     R5,#0FAH
        DJNZ    R5,$
        DJNZ    R6,DL2
```

```
        DJNZ        R7,DL1
        RET
        END
```

9.3.5　工业顺序监控系统

在工业生产中，诸如冲压、注塑、制瓶、轻纺等都是一些断续的生产过程，其作业动作是按规定顺序进行的，对这种断续的有规律的作业动作进行控制称为顺序监控。例如注塑生产的工艺过程大致为：合模→注射→加热→开模→卸件→返回等。这种重复动作的顺序监控用单片机是不难实现的。下面以注塑生产为例说明单片机顺序监控的实现方法。

假定以 8255A 作监控接口电路，由 PB 口提供控制码，因此 B 口应为输出方式（方式 0），监控电路如图 9-33 所示。

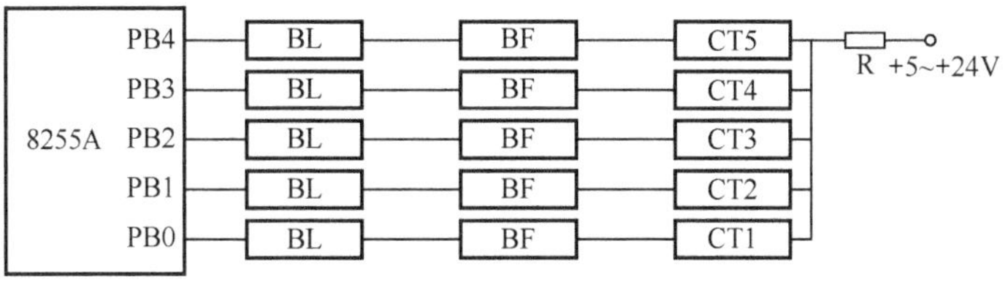

BL—光电隔离；BF—功率放大；CT—电磁铁

图 9-33　注塑监控电路

注塑工序的控制码如表 9-4 所示，各工序的延续时间如表 9-5 所示。

表 9-4　注塑工序的控制码

工序	PB7	PB6	PB5	PB4	PB3	PB2	PB1	PB0	控制码
合模	0	0	0	0	0	0	0	1	01H
注射	0	0	0	0	0	0	1	0	02H
加热	0	0	0	0	0	1	0	0	04H
开模	0	0	0	0	1	0	0	0	08H
卸件	0	0	0	1	0	0	0	0	10H
返回	0	0	1	0	0	0	0	0	20H

表 9-5　各工序延续时间

工序	合模	注射	加热	开模	卸件	返回
时间（s）	0.5	4.5	5	1	3.5	2.0

求各工序延续时间的最大公约数，得 0.5s，因此编写 0.5s 延时子程序供调用，假定延时子程序为 DELAY。

程序设计：

```
MAIN:       MOV         R0,#0EBH        ;8255A 控制口地址
            MOV         A,#80H          ;B 口工作方式 0
            MOVX        @R0,A
            MOV         R1,#0E9H        ;B 口地址
LOOP:       CLR         A
            MOVX        @R1,A           ;清 B 口
            MOV         A,#01H
```

```
            MOVX    @R1,A       ;发合模命令
            MOV     R7,#01H     ;延时子程序调用次数
LOOP1:      MOV     R2,#37H     ;延时时间常数
            ACALL   DELAY       ;调延时子程序
            DJNZ    R7,LOOP1
            MOV     A,#02H
            MOVX    @R1,A       ;发注射命令
            MOV     R7,#09H     ;4.5s 延时
LOOP2:      MOV     R2,#37H     ;延时时间常数
            ACALL   DELAY       ;调延时子程序
            DJNZ    R7,LOOP2
            MOV     A,#04H
            MOVX    @R1,A       ;发加热命令
            MOV     R7,#0AH     ;5s 延时
LOOP3:      MOV     R2,#37H     ;延时时间常数
            ACALL   DELAY       ;调延时子程序
            DJNZ    R7,LOOP3
            MOV     A,#08H
            MOVX    @R1,A       ;发开模命令
            MOV     R7,#02H     ;1s 延时
LOOP4:      MOV     R2,#37H     ;延时时间常数
            ACALL   DELAY       ;调延时子程序
            DJNZ    R7,LOOP4
            MOV     A,#10H
            MOVX    @R1,A       ;发卸件命令
            MOV     R7,#07H     ;3.5s 延时
LOOP5:      MOV     R2,#37H     ;延时时间常数
            ACALL   DELAY       ;调延时子程序
            DJNZ    R7,LOOP5
            MOV     A,#20H
            MOVX    @R1,A       ;发返回命令
            MOV     R7,#04H     ;2s 延时
LOOP6:      MOV     R2,#37H     ;延时时间常数
            ACALL   DELAY       ;调延时子程序
            DJNZ    R7,LOOP6
            AJMP    LOOP
```

0.5s 延时子程序 DELAY：

```
DELAY:      PUSH    02H
LED:        PUSH    02H
LEF:        PUSH    02H
LEI:        DJNZ    R2,LFI
            POP     02H
            DJNZ    R2,LEF
            POP     02H
            DJNZ    R2,LED
            POP     02H
            DJNZ    R2,DELAY
            RET
```

本 章 小 结

本章讲述了单片机安全监控系统的设计和开发技术，主要涉及如下内容：

◆ 本章的主要任务是学会以单片机为核心，通过各种扩展和接口外围器件，设计单片机监控系统。其设计的基本要求是具有较高的可靠性，使用和维修方便，并具有良好的性价比。为提高系统的可靠性，在电源、接地、硬件和软件等方面要采取一定的可靠性措施。通过实例设计制作 80C51 单片机应用系统来加深对所学知识的实践化和系统化的理解。

◆ 单片机监控系统设计步骤为：确定任务，方案设计，硬件设计和软件设计。软硬件应采用相结合的设计方法。通过对系统的目标、任务、指标要求等分析，确定功能技术指标的软、硬件分工方案。软件与硬件相结合对系统进行仿真调试、修改、完善是系统设计的关键所在。

◆ 系统的调试是验证理论设计、排除系统硬件故障、发现和解决程序错误的实践过程。在调试时，要充分理解硬件电路的工作原理和软件设计的逻辑关系、有步骤、有目的地进行。还应综合运用软、硬件手段，可以通过测试软件来查找硬件故障，也可通过检查硬件状态来判断软件错误。

80C51 是众多型号单片机的代表，其基本原理可以推而广之。设计人员应对当前流行的主流单片机要有充分的了解，从而可以选择最为合适的机型。

习题 9

1. 单片机监控系统的设计有哪些要求？
2. 单片机监控系统的设计有哪些步骤？
3. 提高单片机监控系统的可靠性有哪些措施？
4. 与 80C51 兼容的单片机主流产品有哪些？各有何特点？
5. 单片机监控系统的开发是什么？简述单片机的开发过程。
6. 有兴趣的可以试试编写本章中洗衣机和电冰箱两个实例的部分（模块）程序或全部软件。（此题不作要求，仅供学生练习。）

技能设计 9　课程设计（综合）——电脑监控钟的设计与制作

单片机的监控是一种综合性的技术，它要求设计调试人员不但要对单片机本身的结构和原理十分了解，同时还要具备电子技术、电气技术、自动监控原理与系统等各方面的知识。所以，我们学习单片机监控技术，一方面要对单片机的各组成部分进行研究分析，另一方面还要注意各部分的有机联系和结合，乃至外围器件的接口方法和技巧。本章技能设计旨在综合前几章的内容，将本书的知识融会贯通，锻炼独立设计、制作和调试监控系统的能力，深入领会单片机监控系统的软、硬件调试方法和系统研制开发的过程，并对单片机系统要有一个整体的认识。

电脑监控钟的使用非常广泛，除了专用的时钟、计时显示牌外，许多监控系统常常需要带有实时时钟显示，如各种智能化仪器仪表、工业过程控制系统以及家用电器等。实现实时时钟显示的方式多种多样，应根据系统要求及成本综合选用。

一. 设计要求

设计并制作出具有如下功能的电脑监控钟：

◆ 自动计时，由 6 位 LED 显示器显示时、分、秒。

◆ 具备校准功能，可以直接由 0～9 数字键设置当前时间。

◆ 具备定时启闹功能。

◆ 一天时差不超过 1s。

二. 总体方案

（1）计时方案

方案一：采用实时时钟芯片。

针对计算机系统对实时时钟功能的普遍要求，各大芯片生产厂家陆续推出一系列的实时时钟集成电路，如 DS1287、DS12887、DS1302 等。这些实时时钟芯片具备年、月、日、时、分、秒计时功能和多点定时功能，计时数据的更新每秒自动进行一次，不需程序干预。计算机可通过中断或查询方式读取计时数据并进行显示，因此计时功能的实现无需占用 CPU 的时间，程序简单。此外，实时时钟芯片多数以锂电池为后备电源，具备永不停止的计时功能；具有可编程方波输出功能，可用做实时监控系统的采样信号等；有的实时时钟芯片内部还带有非易失性 RAM，可用来存放需长期保存但有时也需要变更的数据。由于功能完善，精度高，软件程序设计相对简单，且计时不占用 CPU 时间，因此，在工业实时监控系统中多采用这一类专用芯片来实现实时时钟功能。

方案二：软件控制。

利用 80C51 内部的定时/计数器进行中断定时，配合软件延时实现时、分、秒的计时。该方案节省硬件成本，且能够使读者在定时/计数器的使用、中断及程序设计方面得到锻炼与提高，因此本系统将采用软件方法实现计时。

（2）键盘/显示方案

对于实时时钟芯片而言，显示显然是另一个重要的环节。如前所述，通常有两种显示方式：动态显示和静态显示。

方案一：串口扩展，LED 静态显示。

如图 1（a）所示，该方案占用口资源少，采用串口传输实现静态显示，显示亮度有保证，但硬件开销大，电路复杂，信息刷新速度慢，比较适用于并行口资源较少的场合。

方案二：8155 扩展，LED 动态显示。

如图 1（b）所示，该方案硬件连接简单，但动态扫描的显示方式需占用 CPU 较多的时间，在单片机没有太多实时监控任务的情况下可以采用。

本系统选择动态显示方式，读者也可自行设计实现静态显示。

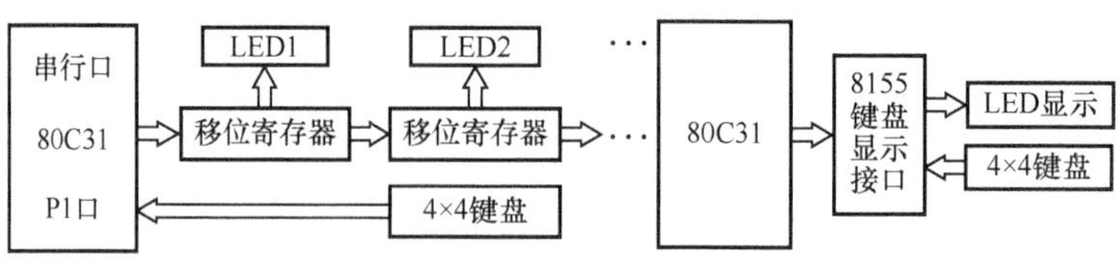

(a) 静态显示　　(b) 动态显示

图 1　显示方式框图

三. 硬件设计

（1）电路原理

电脑时钟电路的核心是 80C51 单片机，其内部带有 4KB 的 Flash ROM，无需外扩程序储存器；电脑时钟没有大量的运算和暂存数据，现有的 128B 片内 RAM 已能满足要求，不必外扩片外 RAM。系统配备 6 位 LED 显示和 4×3 键盘，采用 8155 作为键盘/显示接口电路。利用 8155 的 A 口作为 6 位 LED 显示的位选口，其中 PA0～PA5 分别对应位 LED0～LED5，B 口则作为段选口，C 口的低 3 位为键盘输入口（对应 0～2 行），A 口同时用作键盘的列扫描口。由于采用共阴极数码管，因此 A 口输出低电平选中相应的位，而 B 口输出高电平点亮相应的段。P1.0 接蜂鸣器，低电平驱动蜂鸣器鸣叫启闹。

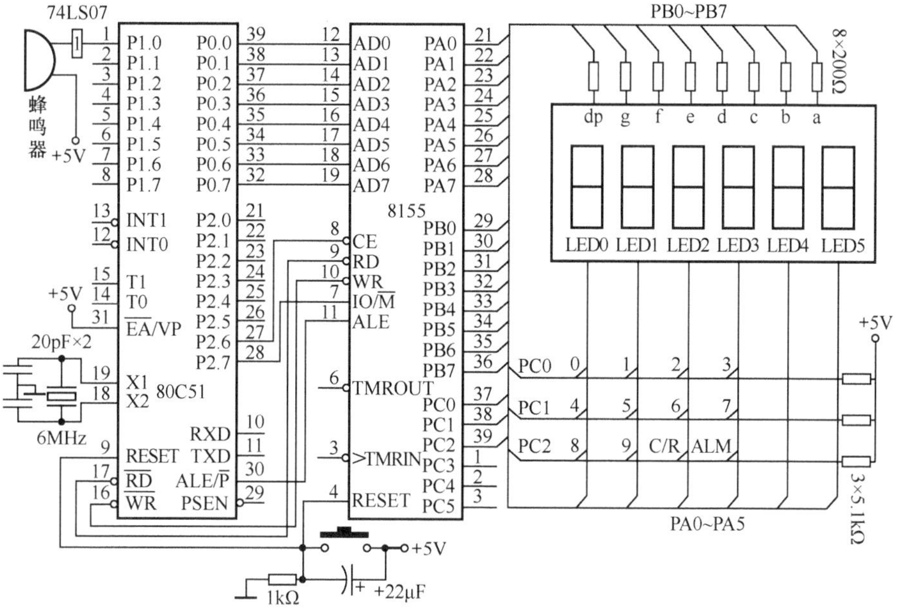

图 2　电脑监控钟硬件原理

由图 2 可见，8155 的地址分配如下。

◆ 控制寄存器：8000H，定义为 PORT。

◆ A 口：8001H，定义为 PORTA。

◆ B 口：8002H，定义为 PORTB。

◆ C 口：8003H，定义为 PORTC。

通过引出的 P1 口外接一个蜂鸣器电路，或是用 P1 口上的发光二极管模拟闹钟功能。

（2）系统的工作流程

本电脑时钟具备以下功能。

◆ 时钟显示：6 位 LED 从左到右依次显示时、分、秒，采用 24 小时计时。

◆ 键盘功能：采用 4×3 键盘，包括 0～9 数字键（键号为 00H～09H）、C/R 键（时间设定/启动计时键，键号为 OAH）、ALM 键（闹钟设置/启闹/停闹键，键号为 OBH）。

系统的工作流程如下：

◆ 时间显示：上电后，系统自动进入时钟显示，从 00:00:00 开始计时，此时可以设定当前时间。

◆ 时间调整：按下 C/R 键，系统停止计时，进入时间设定状态，系统保持原有显示，等待键入当前时间。按下 0～9 数字键可以顺序设置时、分、秒，并在相应 LED 管上显示设置值，直至 6 位设置完毕。系统将自动由设定后的时间开始计时显示。

◆ 闹钟设置/启闹/停闹：按下 ALM 键，系统继续计时，进入闹钟设置状态，显示 00:00:00，等待键入启闹时间。按下 0～9 数字键可以顺序进行相应的时间设置，并在相应 LED 管上显示设置值，直至 6 位设置完毕。这将启动定时启闹功能，并恢复时间显示。定时时间到，蜂鸣器鸣叫，直至重新按下 ALM 键停闹并取消闹钟设置。

四．软件设计

为方便阅读程序，先对系统的资源分配加以说明。

◆ 定时器：定时器 0 用作时钟定时，按方式 1 工作，每隔 100ms 溢出中断一次。

◆ 片内 RAM 及标志位的分配与定义见表 1。

表 1 电子钟监控软件片内 RAM 及标志位分配

地址	功能	名称	初始化值
30H～35H	显示缓冲区，小时、分、秒（高位在前）	DISP0～DISP5	00H
3CH～3FH	计时缓冲区，时、分、秒、100ms	HOUR,MIN,SEC,MSEC	00H
40H～42H	闹钟值寄存区，时、分、秒	AHOUR,AMIN,ASEC	FFH
50H～7FH	堆栈区		
PSW.5	计时显示允许位（1：禁止，0：允许）	F0	0
PSW.1	闹钟标志位（1：正在闹响，0：未闹响）	F1	0

根据上述工作流程，软件设计可分为以下几个功能模块：

◆ 主程序：初始化与键盘监控。

◆ 计时：为定时器 0 中断服务子程序，完成刷新计时缓冲区的功能。

◆ 时间设置与闹钟设置：由键盘输入设置当前时间与定时启闹时间。

◆ 显示：完成 6 位动态显示。

◆ 键盘扫描：判断是否有键按下，并求取键号。

◆ 定时比较：判断启闹时间到否？如果时间到，则启动蜂鸣器鸣叫。

◆ 其他辅助功能子程序，如键盘设置、拆字、合字、时间合法性监测等。

下面分模块进行软件设计。

（1）主程序模块 MAIN

主程序流程如图 3 所示。

（2）计时程序模块 CLOCK

计时程序如图 4 所示。

如前所述，系统定时采用定时器与软件循环相结合的方法。定时器 0 每隔 100ms 溢出中断一次，则循环中断 10 次延时时间为 1s，上述过程重复 60 次为 1 分，分计时 60 次为 1 小时，小时计时 24 次则时间重新回到 00:00:00。

设系统使用 6MHz 的晶振，定时器 0 工作在方式 1，则 100ms 定时对应的定时器初值可由下式计算得到：

$$定时时间=（2^{16}-定时器0初值）\times（12/fosc）$$

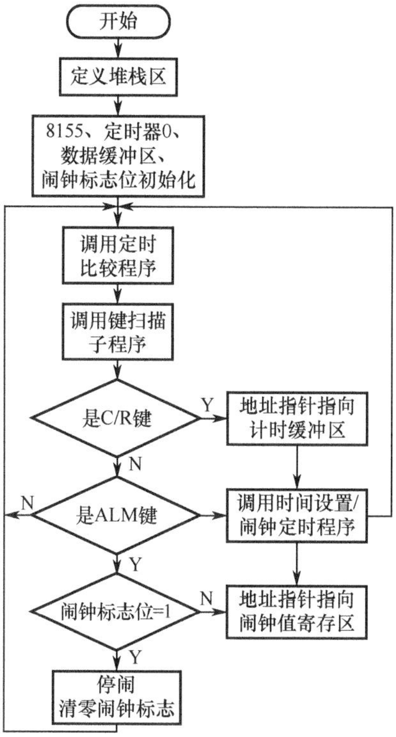

图 3　电脑时钟主程序流程

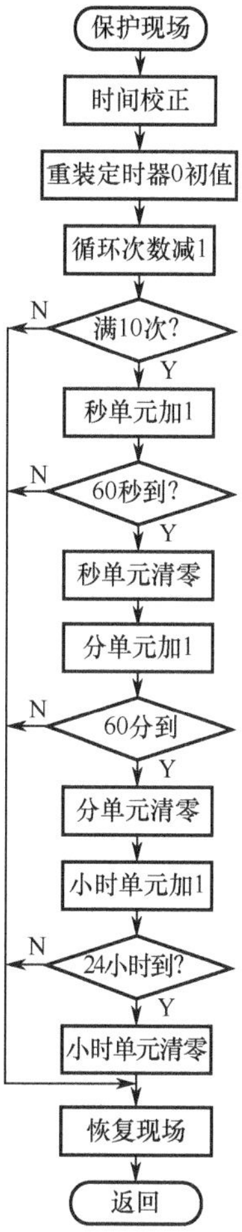

图 4　计时程序流程

因此，定时器 0 初值=3CBOH，即 TH0=3CH，TL0=OBOH。

当系统使用其他频率的晶振时，可以由上式计算相应的定时器 0 初值，也可以改变定时时间。例如当系统晶振为 12MHz 时，同样的初值对应的定时时间为 50ms，则循环中断次数为 20 次时，延时时间为 1s。

这里有两个问题需要特别重视：

第一，定时器溢出产生中断请求，CPU 并不一定产生响应中断，而可能需要延迟一个中断响应时间之后才能响应中断，中断响应时间为 3～8 个机器周期。显然，这将在定时时间中加入额外的延时时间，导致计时误差。为了保证计时精度，必须采取措施进行补偿。我们采用增大重装的定时器 0 初值的方法来减少定时器 0 的定时时间。具体应调整为多大，一般需要通过调试来确定。经测试，定时器 0 重装初值设为 3CB7H～3CBFH 可以满足精度要求。

第二，时间是按十进制递增，而 80C51 单片机只有二进制加法指令，因此用加法指令计时必须进行二进制向十进制的转换。

（3）时间设置程序和闹钟定时程序模块 MODIFY

时间设置程序流程如图 5 所示。将键盘输入的 6 位时间值合并为 3 位压缩 BCD 码（时、分、秒）送入计时缓冲区和闹钟值寄存区，作为当前计时起始时间或闹钟定时时间。该模块的入口为计时缓冲区或闹钟值寄存区的首地址，置入 R1 中。

程序调用一个键盘设置子程序 KEYIN（如图 6 所示）来将键入的 6 位时间值送入键盘设置缓冲区，然后用合字子程序 COMB 将键盘设置缓冲区中的 6 位 BCD 码合并为 3 位压缩 BCD 码，送入计时缓冲区或闹钟值寄存区。该程序同时作为时间值合法性监测程序，若键盘输入的小时值大于 23，分和秒值大于 59，则不合法，将取消本次设置，清零重新开始计时。

图 5　时间设计/闹钟定时流程

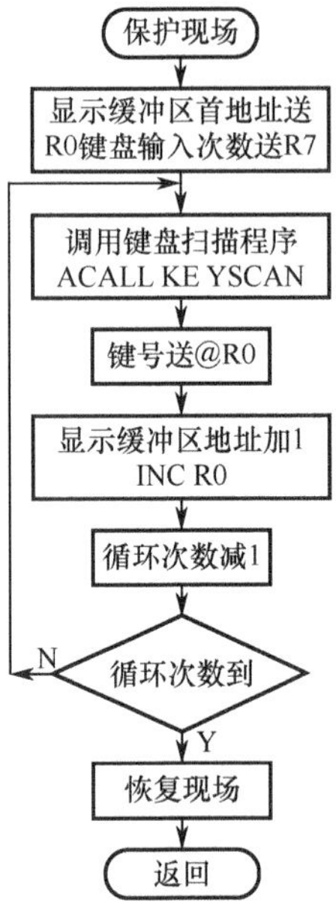

图 6　键盘设置子程序流程

（4）键盘扫描程序模块 KEYSCAN

键盘扫描程序流程如图 7 所示。判断是否有键按下，无键按下则循环等待；有键按下则求取键号并将键号送累加器 A 返回。程序中的去抖延时和循环等待延时都用 DISPLAY 子程序来代替，从而保证随时刷新显示。

（5）显示程序模块 DISPLAY

显示程序流程如图 8 所示。将显示缓冲区中的 6 位 BCD 码用动态扫描方式显示。为此，必须首先将 3 字节计时缓冲区中的时、分、秒压缩 BCD 码拆分为 6 字节（时、分、秒的十位、个位分别占有 1 字节）BCD 码，这一功能由拆字子程序 SEPA 来实现。

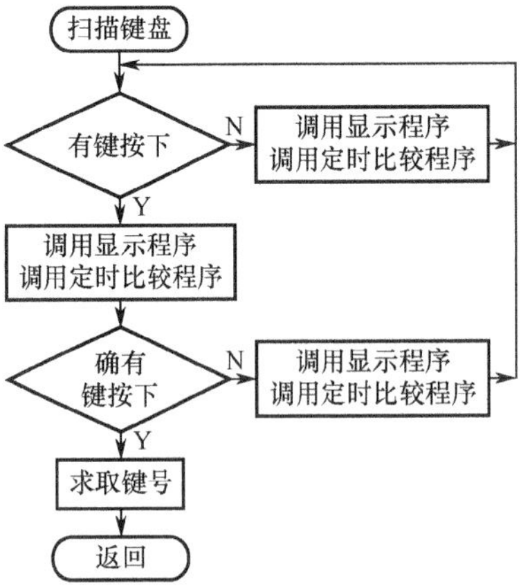

图 7　键盘扫描程序流程

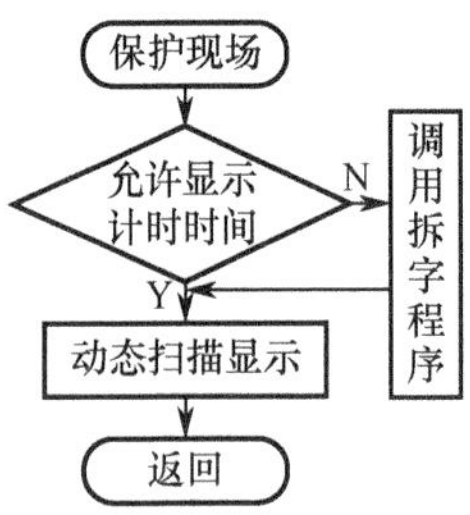

图 8　显示程序流程

需要注意的是，当按下时间或闹钟设置键后，在 6 位设置完成之前，应显示键入的数据，而不显示当前时间。为此，设置一个计时显示允许标志位 F0，在时间/闹钟设置期间 F0=1，不调用 SEPA（调用 SEPA 刷新显示缓冲区的前提条件是 F0=0）。动态显示程序在此不再赘述。

（6）定时比较程序模块 ALARM

定时比较程序流程如图 9 所示。将当前时间（计时缓冲区的值）与预设的启闹时间（闹钟设置寄存区的值）比较，二者完全相同时，启动蜂鸣器鸣叫，并置位闹钟标志位。返回后，待重新按下 ALM 键停闹，并清零闹钟标志。

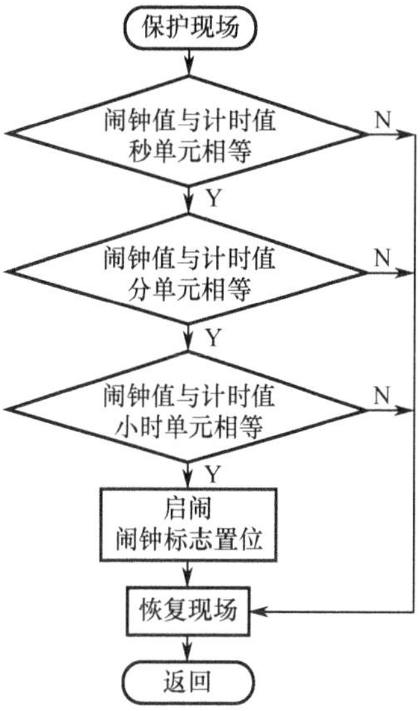

图 9　定时比较程序流程

（7）拆字程序 SEPA 与合字程序 COMB

如前所述，拆字程序的功能是将 3 字节计时缓冲区中的时、分、秒压缩 BCD 码拆分为 6 字节（时、分、秒的个位、十位分别占有 1 字节）BCD 码并刷新显示缓冲区；合字程序的功能是将键盘设置缓冲区中的 6 位 BCD 码合并为 3 位压缩 BCD 码，送入计时缓冲区或闹钟值寄存区，同时检测时间值的合法性。

五．各模块的源程序

以下给出各模块的源程序。

```
;*********************************************************
;主程序 MAIN
;*********************************************************
ORG     0000H
AJMP    MAIN
ORG     000BH
AJMP    CLOCK
ORG     0030H
PORT    EQU         8000H
PORTA   EQU         8001H
PORTB   EQU         8002H
PORTC   EQU         8003H
DISP0   EQU         30H
DISP1   EQU         31H
DISP2   EQU         32H
DISP3   EQU         33H
DISP4   EQU         34H
DESP5   EQU         35H
HOUR    EQU         3CH
MIN     EQU         3DH
SEC     EQU         3EH
MSEC    EQU         3FH
AHOUR   EQU         40H
AMIN    EQU         41H
ASEC    EQU         42H
F1      BIT         PSW.1
```

```
MAIN:   MOV     SP,#50H             ;设置堆栈区
        MOVX    DPTR,#PORT
        MOV     A,#03H
        MOVX    @DPTR,A             ;8155 初始化
        CLR     F1                  ;清零闹钟标志位
        CLR     F0                  ;允许计时显示
        MOV     AHOUR,#0FFH
        MOV     AMIN,#0FFH
        MOV     ASEC,#0FFH
        MOV     R7,#10H
        MOV     R0,#DISP0
        CLR     A
LOOP:   MOV     @R0,A
        INC     R0
        DJNZ    R7,LOOP             ;设置初值
        MOV     TMOD,#01H
        MOV     TL0,#0B0H
        MOV     TH0,#3CH            ;定时器 0 初始化,定时时间 100ms
        SETB    TR0                 ;启动定时器
        SETB    EA
        SETB    ET0                 ;开中断
BEGIN:  ACALL   ALARM               ;调用定时比较
        ACALL   KEYSCAN             ;调用键盘扫描
        CJNE    A,#0AH,NEXT1        ;是 CLR/RST 键否?
        CLR     TR0                 ;是则暂时停止计时
        MOV     R1,#HOUR            ;地址指针指向计时缓冲区首地址
        AJMP    MOD
NEXT1:  CJNE    A,#0BH,BEGIN        ;是 ALARM 键否?
        JB      F1,NEXT2            ;闹钟正在闹响否?
        MOV     R1,#AHOUR           ;地址指针指向闹钟值寄存区首地址
MOD:    SETB    F0          ;置位时间设置/闹钟定时标志,静止显示计时时间
        ACALL   MODIFY              ;调用时间设置/闹钟定时程序
        SETB    TR0                 ;重新开始计时
        CLR     F0          ;清零时间设置/闹钟定时标志,恢复显示计时时间
        AJMP    BEGIN
NEXT2:  SETB    P1.0                ;闹钟正在闹响,停闹
        CLR     F1                  ;清零闹钟标志
        AJMP    BEGIN
;*****************************************************************
;时间设置/闹钟定时模块 MODIFY
;*****************************************************************
MODIFY: ACALL   KEYIN               ;调用键盘设置子程序
        ACALL   COMB                ;调用合字子程序
        RET
;*****************************************************************
;键盘设置子程序 KEYIN:
;*****************************************************************
```

```
KEYIN:  PUSH        PSW
        PUSH        ACC
        SETB        RS1                     ;保护现场
        MOV         R0,#DISP0               ;R0 指向显示缓冲区首地址
        MOV         R7,#06H                 ;设置键盘输入次数
L1:     CLR         RS1
        ACALL       KEYSCAN                 ;调用键盘扫描程序取按下键的键号
        SETB        RS1
        CJNE        A,#0AH,L2               ;键入数合法性检测(是否大于 9)
L2:     JNC         L1                      ;大于 9,重新键入
        MOV         @R0,A                   ;键号送显示缓冲区
        INC         R0
        DJNZ        R7,L1                   ;6 位时间输入完否?未完继续,否则返回
        POP         ACC
        POP         PSW
        CLR         RS1                     ;恢复现场
        RET
;**********************************************************************
;键盘扫描子程序 KEYSCAN
;**********************************************************************
KEYSCAN:ACALL       TEST                    ;调判按键是否按下子程序 TEST
        JNZ         REMOV                   ;有键按下调消抖延时
        ACALL       DISPLAY
        ACALL       ALARM
        AJMP        KEYSCAN                 ;无键按下继续判是否按键
REMOV:  ACALL       DISPLAY                 ;调用显示子程序延时消抖
        ACALL       ALARM
        ACALL       TEST                    ;再判是否有键按下
        JNZ         LIST                    ;有键按下转逐列扫描
        ACALL       DISPLAY
        ACALL       ALARM
        AJMP        KEYSCAN                 ;无键按下继续判是否按键
LIST:   MOV         R2,#0FEH                ;首列扫描字送 R2
        MOV         R3,#00H                 ;首列键号送 R3
LINE0:  MOV         DPTR,#PORTA             ;DPTR 指针指向 8155 的 A 口
        MOV         A,R2                    ;首列扫描字送 R2
        MOVX        @DPTR,A                 ;首列扫描字送 8155 的 A 口
        MOV         DPTR,#PORTC             ;DPTR 指针指向 8155 的 C 口
        MOVX        A,@DPTR                 ;读入 C 口的行状态
        JB          ACC.0,LINE1             ;第 0 行键无键按下转第 1 行
        MOV         A,#00H                  ;第 0 行有键按下,行首键号送 A
        AJMP        TRYK                    ;求键号
LINE1:  JB          ACC.1,LINE2             ;第 1 行键无键按下,转第 2 行
        MOV         A,#04H                  ;第 1 行有键按下,行首键号送 A
        AJMP        TRYK                    ;求键号
LINE2:  JB          ACC.2,NEXT              ;第 2 行键无键按下,转第 3 行
        MOV         A,#08H                  ;第 2 行有键按下,行首键号送 A
        AJMP        TRYK                    ;求键号
```

```
NEXT:    INC      R3                 ;扫描下一列
         MOV      A,R2               ;列扫描字送 A
         JNB      ACC.3,EXIT         ;4 列扫描完,重新进行下一轮扫描
         RL       A                  ;4 列未扫描完,扫描字左移扫描下一列
         MOV      R2,A               ;扫描字送 A
         AJMP     LINE0              ;转向扫描下一列
EXIT:    AJMP     KEYSCAN            ;等待下一次按键
TRYK:    ADD      A,R3               ;按公式计算键码,求得键号
         PUSH     ACC                ;键号入栈保护
LETK:    ACALL    TEST               ;等待按键释放
         JNZ      LETK               ;按键未释放,继续等待
         POP      ACC                ;按键释放,键号出栈
         RET                         ;键盘扫描结束,返回
TEST:    MOV      DPTR,#PORTA        ;DPTR 指针指向 8155 的 A 口
         MOV      A,#00H
         MOVX     @DPTR,A            ;全扫描字 00H 送 8155 的 A 口
         MOV      DPTR,#PORTC        ;DPTR 指针指向 8155 的 C 口
         MOVX     A,@DPTR            ;读入 C 口行标志
         CPL      A                  ;A 取反,以高电平表示有键按下
         ANL      PA,#07H            ;屏蔽高 5 位
         RET
;*****************************************************************
;显示子程序 DISPLAY
;*****************************************************************
DISPLAY:JB        F0,DISP            ;允许时间显示标志 F0=1 转 DISP
         ACALL    SEPA               ;否则调用 SEPA 刷新显示缓冲区
DISP:    PUSH     PSW                ;动态扫描显示子程序
         PUSH     ACC
         SETB     RS0
         MOV      DPTR,#PORTA
         MOV      A,#0FFH
         MOVX     @DPTR,A            ;关显示
         MOV      R0,#DISP0
         MOV      R7,#00H
         MOV      R6,#06H
         MOV      R5,#0FEH
DIS1:    MOV      DPTR,#TAB
         MOV      A,@R0
         MOVC     A,@A+DPTR
         MOV      DPTR,#PORTB
         MOVX     @DPTR,A
         MOV      DPTR,#PORTA
         MOV      A,R5
         MOVX     @DPTR,A
HERE:    DJNZ     R7,HERE
         INC      R0
         MOV      A,R5
         RL       A
```

```
        MOV          R5,A
        DJNZ         R6,DIS1
        CLR          RS0
        POP          ACC
        POP          PSW
        RET
TAB:    DB 3FH,06H,5BH,4FH,66H,6DH,7DH,07H
        DB 7FH,6FH,77H,7CH,39H,5EH,79H,71H        ;共阴极字形码表

;***********************************************************
;合字子程序 COMB
;************************************************************
COMB:   MOV          R0,#DISP1            ;R0 指向显示缓冲区小时低位
        ACALL        COMB1                ;合字
        CJNE         A,#24H,CHK           ;小时大于 24 否?
CHK:    JNC          EXIT1                ;大于 24 则取消本次设置,退出
        MOV          @R1,A        ;否则小时送计时缓冲区/闹钟值寄存区小时单元
        INC          R1
        MOV          R0,#DISP3            ;R0 指向显示缓冲区分低位
        ACALL        COMB1
        CJNE         A,#60H,CHK1
CHK1:   JNC          EXIT1
        MOV          @R1,A
        INC          R1
        MOV          R0,#DISP5            ;R0 指向显示缓冲区秒低位
        ACALL        COMB1
        CJNE         A,#60H,CHK2
CHK2:   JNC          EXIT1
        MOV          @R1,A
        RET
EXIT1:  AJMP         MAIN                 ;输入不合法退出,重新清零计时
COMB1:  MOV          A,@R0
        ANL          A,#0FH               ;取出低位
        MOV          43H,A                ;暂存于 43H 单元
        DEC          R0                   ;指向高位
        MOV          A,@R0
        ANL          A,#0FH
        SWAP         A                    ;高位送高 4 位
        ORL          A,43H                ;高低位合并
        RET
;**********************************************************
;拆字子程序 SEPA
;**********************************************************
SEPA:   PUSH         PSW
        PUSH         ACC
        SETB         RS0
        MOV          R0,#DISP5            ;指向显示缓冲区秒低位
        MOV          A,SEC
```

```
        ACALL   SEPA1
        MOV     A,MIN
        ACALL   SEPA1
        MOV     A,HOUR
        ACALL   SEPA1
        POP     ACC
        POP     PSW
        CLR     RS0
        RET
SEPA1:  MOV     44H,A           ;暂存 44H
        ANL     A,#0FH          ;取出低位
        MOV     @R0,A           ;送显示缓冲区低位
        DEC     R0              ;指向显示缓冲区高位
        MOV     A,44H
        ANL     A,#0F0H         ;取出高位
        SWAP    A               ;高位送往低 4 位形成高位数据
        MOV     @R0,A           ;高位数据送显示缓冲区高位
        RET
;*************************************************************
;定时比较模块 ALARM
;*************************************************************
ALARM:  MOV     A,ASEC
        CJNE    A,SEC,BACK      ;秒单元相同则继续比较,否则返回
        MOV     A,AMIN
        CJNE    A,MIN,BACK      ;分单元相同则继续比较,否则返回
        MOV     A,AHOUR
        CJNE    A,HOUR,BACK     ;小时单元相同定时时间到
        CLR     P1.0            ;启动闹钟鸣叫
        SETB    F1              ;置位闹钟标志
BACK:   RET
;*************************************************************
;定时器 0 中断服务子程序 CLOCK
;*************************************************************
CLOCK:  MOV     TL0,#0B7H
        MOV     TH0,#3CH        ;重装初值,时间校正
        PUSH    PSW
        PUSH    ACC             ;保护现场
        INC     MSEC
        MOV     A,MSEC
        CJNE    A,#0AH,DONE
        MOV     MSEC,#00H
        MOV     A,SEC
        INC     A
        DA      A               ;二→十进制转换
        MOV     SEC,A
        CJNE    A,#60H,DONE
        MOV     A,MIN
        INC     A
```

```
        DA      A
        MOV     MIN,A
        CJNE    A,#60H,DONE
        MOV     MIN,#00H
        MOV     A,HOUR
        INC     A
        DA      A
        MOV     HOUR,A
        CJNE    A,#24H,DONE
        MOV     HOUR,#00H
DONE:   POP     ACC
        POP     PSW             ;恢复现场
        RETI
```

六. 系统调试与脱机运行

完成了硬件的设计、制作和软件编程之后，要使系统能够按设计意图正常运行，必须进行系统调试。系统调试包括硬件调试和软件调试两个部分。不过，作为一个计算机系统，其运行是软硬件相结合的，因此，软硬件的调试也是不可能绝对分开的，硬件的调试常常需要利用调试软件，软件的调试也可能需要通过对硬件的测试和控制来进行。

（1）硬件调试

硬件调试的主要任务是排除硬件故障，其中包括设计错误和工艺性故障。

◆ 脱机检查。用万用表逐步按照电路原理图检查印制电路板中所有器件的各引脚，尤其是电源的连接是否正确；检查数据总线、地址总线和控制总线是否有短路等故障，顺序是否正确；检查各开关按键是否能正常开关，是否连接正确；各限流电阻是否短路等。为了保护芯片，应先对各 IC 座（尤其是电源端）电位进行检查，确定其无误后再插入芯片检查。

◆ 联机调试。暂时拔掉 80C51 芯片，将仿真器的 40 芯仿真插头插入 80C51 的芯片插座进行调试，检验键盘/显示接口电路是否满足设计要求。可通过一些简单的测试软件来查看接口工作是否正常。例如，可以设计一个软件，使 8155 的 A、B 口输出 55H 或 AAH，同时读 C 口，运行后用万用表检查相应端口电平是否一高一低，在仿真器中检查读入的 C 口低 3 位是否为 1，如果正常则说明 8155 工作正常；还可以设计一个使所有 LED 全显示“8.”的静态显示程序来检验 LED 的好坏。如果运行测试结果与预期不符，需根据故障的现象来判断故障的产生原因，采取针对性措施排除故障。

（2）软件调试

软件调试的任务是利用开发工具进行在线仿真调试，发现和纠正程序错误，同时也能发现硬件故障。程序的调试应一个模块一个模块地进行，首先单独调试各功能子程序，检验程序是否能够实现预期的功能，接口电路的控制是否正常等；最后逐步将各子程序连接起来总调。联调需要注意的是，各程序模块间能否正确传递参数，特别要注意各子程序的现场保护与恢复。调试的基本步骤如下：

◆ 用仿真器修改显示缓冲区内容，屏蔽拆字程序，调试动态扫描显示功能。例如将 DISP0～DISP5 单元置为“012345”，应能在 LED 上从左到右显示“012345”。若显示不正常，可在 DISP 子程序相应位置设置断点调试检查，然后用仿真器修改计时缓冲区内容，调用拆字程序，调试显示模块 DISPLAY。例如，将 HOUR、MIN、SEC 单元置为“123456”，检查是否能正确显示“12:34:56”。若显示不正确，应在 SEPA 子程序相应位置设置断点，调试检查。

◆ 运行主程序调试计时模块，不按下任何键，检查是否能从由 00:00:00 开始正确计时。若不能正确计时则应在定时器中断服务子程序中设置断点，检查 HOUR、MIN、SEC、MSEC 单元是否随断点运行而变化。然后屏蔽缓冲区初始化部分，用仿真器修改计时缓冲区内容为 23:58:48，运行主程序（不按下任何键），检验能否正确进位。

◆ 调试键盘扫描模块 KEYSCAN，先用延时 10ms 子程序代替显示子程序延时消抖，在求取键号后设置断点，中断后观察累加器 A 中的键号是否正确：然后恢复用显示子程序延时消抖，检查与 DISPLAY 模块能否正确连接。

◆ 调试时间设置/闹钟定时模块 MODIFY。首先屏蔽 COMB 子程序，单独调试键盘设置模块 KEYIN，观察显示缓冲区 DISP0～DISP5 单元的内容是否随键入的键号改变，以及键号能否在 LED 上显示。然后屏蔽 KEYIN 子程序，单独调试合字模块 COMB，分别将 R1 设置为时间设置缓冲区和闹钟值寄存区的首地址，修改显示缓冲区内容，程序运行后查看时间设置缓冲区 HOUR、MIN、SEC 单元和闹钟值寄存区 AHOUR、AMIN、ASEC 单元内容是否正确。最后联调 MODIFY 模块。

◆ 运行主程序联调，检查能否用键盘修改当前时间以及设置闹钟，能否正确计时、启闹、停闹。

（3）脱机运行

软硬件调试成功之后，可以将程序固化到 80C51 的 Flash ROM 中，插入 80C51 芯片，接上电源脱机运行。虽然软硬件都已调试成功，脱机运行理论上肯定是成功的，但是事实往往并非如此，仍有可能出现如下故障：

◆ 系统不工作。其原因主要有晶振不起振（晶振损坏、晶振电路不正常导致晶振信号太弱等），或 $\overline{EA}$ 脚没有接高电平（接地或悬空）等。

◆ 系统工作时好时坏。这主要是由干扰引起的。由于本系统没有传感输入通道和控制输出通道，干扰源相对较少且简单。因此，在电源、总线处对地接滤波电容一般可以解决问题。

附　　录

附录 A　80C51 系列单片机指令

序号	助 记 符	指令功能	机器代码（二进制）	对标志位的影响				字节数	周期数
				Cy	AC	OV	P		
一、数据传送类指令（28 条）									
1	MOV A,Rn（寄存器数据传送指令）	A←Rn	11101rrr	×	×	×	√	1	1
2	MOV A,direct（直接寻址数据传送指令）	A←(direct)	11100101、direct	×	×	×	√	2	1
3	MOV A,@Ri（间接寻址数据传送指令）	A←(Ri)	1110011i	×	×	×	√	1	1
4	MOV Rn,#data（立即数据传送指令）	A←data	01110100、data	×	×	×	√	1	1
5	MOV Rn,A（累加器数据传送指令）	Rn←A	11111rrr	×	×	×	×	1	1
6	MOV Rn,direct（直接寻址数据传送指令）	Rn←(direct)	10101rrr、direct	×	×	×	×	2	2
7	MOV Rn,#data（立即数据传送指令）	Rn←data	01111rrr、data	×	×	×	×	2	1
8	MOV direct,A（累加器数据传送指令）	direct←A	11110101、direct	×	×	×	×	2	1
9	MOV direct,Rn（寄存器数据传送指令）	direct←Rn	10001rrr、direct	×	×	×	×	2	2
10	MOV direct1,direct2(直址数据传送指令）	Direct1←(direct2)	10000101、direct1、direct2	×	×	×	×	3	2
11	MOV direct,@Ri(间接寻址数据传送指令)	direct←(Ri)	1000011i、direct	×	×	×	×	2	2
12	MOV direct,#data（立即数传送指令）	(direct)←data	01110101、direct、data	×	×	×	×	3	2
13	MOV @Ri,A（累加器数据传送指令）	(Ri)←A	1111011i	×	×	×	×	1	1
14	MOV @Ri,direct(直接寻址数据传送指令)	(Ri)←(direct)	1010011i、direct	×	×	×	×	2	2
15	MOV @Ri,#data（立即数传送指令）	(Ri)←data	0111011i、data	×	×	×	×	2	1
16	MOV DPTR,#data16（十六位数据传送指令）	DPTR←data16	10010000、data15～8、data7～0	×	×	×	×	3	2
17	MOVC A,@A+DPTR(程序存储器读指令）	A←(A+DPTR)	10010011	×	×	×	√	1	2
18	MOVC A,@A+PC（程序存储器读指令）	A←(A+PC)	10000011	×	×	×	√	1	2
19	MOVX A,@Ri(寄存器间址外 RAM 读指令)	A←(Ri)	1110001i	×	×	×	√	1	2
20	MOVX A,@DPTR（数据指针间址外 RAM 读指令）	A←(DPTR)	11100000	×	×	×	√	1	2
21	MOVX @Ri,A(寄存器间址外 RAM 写指令)	(Ri)←A	1110001i	×	×	×	×	1	2
22	MOVX @DPTR,A（数据指针间址外 RAM 写指令）	(DPTR)←A	11110000	×	×	×	×	1	2
23	PUSH direct（进栈指令）	SP←SP+1,(SP)←(direct)	11000000、direct	×	×	×	×	2	2
24	POP direct（出栈指令）	direct←(SP),SP←SP-1	11010000、direct	×	×	×	×	2	2
25	XCH A,Rn（寄存器寻址字节交换指令）	A⇄Rn	11001rrr	×	×	×	√	1	1
26	XCH A,direct（直接寻址字节交换指令）	A⇄(direct)	11000101、direct	×	×	×	√	2	1
27	XCH A,@Ri（间接寻址字节交换指令）	A⇄(Ri)	1100011i	×	×	×	√	1	1
28	XCHD A,@Ri（半字节交换指令）	$A_{0\sim3}$⇄$(Ri)_{0\sim3}$	1101011i	×	×	×	√	1	1

（续表）

序号	助 记 符	指令功能	机器代码（二进制）	对标志位的影响				字节数	周期数
				Cy	AC	OV	P		
二、算术运算类指令（24 条）									
29	ADD A,Rn（寄存器加指令）	A←A+Rn	00101rrr	√	√	√	√	1	1
30	ADD A,direct（直接寻址加指令）	A←A+(direct)	00100101、direct	√	√	√	√	2	1
31	ADD A,@Ri（间接寻址加指令）	A←A+(Ri)	0010011i	√	√	√	√	1	1
32	ADD A,#data（立即数加指令）	A←A+data	00100100、data	√	√	√	√	2	1
33	ADDC A,Rn（寄存器带进位加指令）	A←A+Rn+Cy	00111rrr	√	√	√	√	1	1
34	ADDC A,direct（直址带进位加指令）	A←A+(direct)+Cy	00110101、direct	√	√	√	√	2	1
35	ADDC A,@Ri（间接寻址带进位加指令）	A←A+(Ri)+Cy	0011011i	√	√	√	√	1	1
36	ADDC A,#data（立即数带进位加指令）	A←A+data+Cy	00110100、data	√	√	√	√	2	1
37	SUBB A,Rn（寄存器寻址带进位减指令）	A←A－Rn－Cy	10011rrr	√	√	√	√	1	1
38	SUBB A,direct（直接寻址带进位减指令）	A←A－(direct)－Cy	10010101、direct	√	√	√	√	2	1
39	SUBB A,@Ri（间接寻址带进位减指令）	A←A-(Ri)－Cy	1001011i	√	√	√	√	1	1
40	SUBB A,#data（立即数带进位减指令）	A←A－data－Cy	10010100、data	√	√	√	√	2	1
41	INC A（累加器加 1 指令）	A←A+1	00000100	×	×	×	√	1	1
42	INC Rn（寄存器加 1 指令）	Rn←Rn+1	00001rrr	×	×	×	×	1	1
43	INC direct（直接寻址单元加 1 指令）	Direc←(direct)+1	00000101、direct	×	×	×	×	2	1
44	INC @Ri（间接寻址单元加 1 指令）	(Ri)←(Ri)+1	0000011i	×	×	×	×	1	1
45	INC DPTR（16 位数据指针加 1 指令）	DPTR←DPTR+1	10100011	×	×	×	×	1	2
46	DEC A（累加器减 1 指令）	A←A－1	00010100	×	×	×	√	1	1
47	DEC Rn（寄存器减 1 指令）	Rn←Rn－1	00011rrr	×	×	×	×	1	1
48	DEC direct（直接寻址减 1 指令）	Direct←(direct)－1	00010101、direct	×	×	×	×	2	1
49	DEC @Ri（间接寻址减 1 指令）	(Ri)←(Ri)－1	0010011i	×	×	×	×	1	1
50	MUL AB（乘指令）	BA←A*B	10100100	0	×	√	√	1	4
51	DIV AB（无符号数除指令）	A÷B=A…B	10000100	0	×	√	√	1	4
52	DA A（十进制调整指令）	对 A 进行十进制调整	11010100	√	√	√	√	1	1
三、逻辑运算和移位类指令（25 条）									
53	ANL A,Rn（寄存器逻辑与指令）	A←A∧Rn	01011rrr	×	×	×	√	1	1
54	ANL A,direct（直接寻址逻辑与指令）	A←A∧(direct)	01010101、direct	×	×	×	√	2	1
55	ANL A,@Ri（间接寻址逻辑与指令）	A←A∧(Ri)	0101011i	×	×	×	√	1	1
56	ANL A,#data（立即数逻辑与指令）	A←A∧data	01010100、data	×	×	×	√	2	1
57	ANL direct,A（累加器逻辑与指令）	direct←A∧(direct)	01010010、direct	×	×	×	×	2	1
58	ANL direct,#data（逻辑与指令）	direct←(direct)∧data	01010011、direct、data	×	×	×	×	3	2
59	ORL A,Rn（逻辑或指令）	A←A∨Rn	01001rrr	×	×	×	√	1	1
60	ORL A,direct（逻辑或指令）	A←A∨(direct)	01000101、direct	×	×	×	√	2	1
61	ORL A,@Ri（逻辑或指令）	A←A∨(Ri)	0100011i	×	×	×	√	1	1
62	ORL A,#data（逻辑或指令）	A←A∨data	01000100、data	×	×	×	√	2	1
63	ORL direct,A（逻辑或指令）	direct←A∨(direct)	01000010、direct	×	×	×	×	2	1
64	ORL direct,#data（逻辑或指令）	direct←(direct)∨data	01000011、direct、data	×	×	×	×	3	2

（续表）

序号	助 记 符	指令功能	机器代码（二进制）	对标志位的影响				字节数	周期数
				Cy	AC	OV	P		
65	XRL A,Rn（逻辑异或指令）	A←A⊕Rn	01101rrr	×	×	×	√	1	1
66	XRL A,direct（逻辑异或指令）	A←A⊕(direct)	01100101、direct	×	×	×	√	2	1
67	XRL A,@Ri（逻辑异或指令）	A←A⊕(Ri)	0110011i	×	×	×	√	1	1
68	XRL A,#data（逻辑异或指令）	A←A⊕data	01100100、data	×	×	×	√	2	1
69	XRL direct,A（逻辑异或指令）	direct←A⊕(direct)	01100010、direct	×	×	×	×	2	1
70	XRL direct,#data（逻辑异或指令）	direct←(direct)⊕data	01100011、direct、data	×	×	×	×	3	2
71	CLR A（累加器清“0”指令）	A←0	11100100	×	×	×	√	1	1
72	CPL A（累加器取反指令）	A←$\overline{A}$	11110100	×	×	×	×	1	1
73	RL A（循环左移指令）	A_7 ← A_0	00100011	×	×	×	×	1	1
74	RR A（循环右移指令）	A_7 → A_0	00000011	×	×	×	×	1	1
75	RLC A（带进位循环左移指令）	Cy A_7 ← A_0	00110011	√	×	×	√	1	1
76	RRC A（带进位循环右移指令）	Cy A_7 → A_0	00010011	√	×	×	√	1	1
77	SWAP A（累加器高低半字节交换指令）	$A_7 \cdots A_1$ $A_3 \cdots A_0$	11000100	×	×	×	×	1	1

四、控制转移类指令（17 条）

序号	助 记 符	指令功能	机器代码（二进制）	对标志位影响 Cy	字节数	周期数
78	AJMP addr11（绝对转移指令）	PC10～0←addr11	$a_{10}a_9a_8$00001、addr7～0	×	2	2
79	LJMP addr16（长转移指令）	PC15～0←addr16	00000010、$addr_{15\sim8}$、$addrl_{7\sim0}$	×	3	2
80	SJMP rel（短转移指令）	PC←PC+rel	10000000、rel	×	2	2
81	JMP @A+DPTR（无条件间接转移指令）	PC←(A+DPTR)	01110011	×	1	2
82	JZ rel（判 0 转移指令）	若 A=0，则 PC←PC+2+rel 若 A≠0，则 PC←PC+2	01100000、rel	×	2	2
83	JNZ rel（判 0 转移指令）	若 A≠0，则 PC←PC+2+rel 若 A=0，则 PC←PC+2	01110000、rel	×	2	2
84	CJNE A,direct,rel （数值比较转移指令）	若 A≠(direct)，则 PC←PC+3+rel 若 A=(direct)，则 PC←PC+3 若 A<(direct)，则 Cy=1；否则 Cy=0	10110101、direct、rel	√	3	2
85	CJNE A,#data,rel （数值比较转移指令）	若 A≠data，则 PC←PC+3+rel 若 A=data，则 PC←PC+3 若 A<data，则 Cy=1；否则 Cy=0	10110100、data、rel	√	3	2
86	CJNE Rn,#data,rel （数值比较转移指令）	若 Rn≠data，则 PC←PC+3+rel 若 Rn=data，则 PC←PC+3 若 Rn<data，则 Cy=1；否则 Cy=0	10111rrr、data、rel	√	3	2
87	CJNE @Ri,#data,rel （数值比较转移指令）	若(Ri)≠data，则 PC←PC+3+rel 若(Ri)=data，则 PC←PC+3 若(Ri)<data，则 Cy=1；否则 Cy=0	1011011i、data、rel	√	3	2
88	DJNZ Rn,rel （寄存器减 1 条件转移指令）	Rn←Rn－1 若 Rn≠0，则 PC←PC+2+rel 若 Rn=0，则 PC←PC+2	11011rrr、rel	×	2	2

（续表）

序号	助 记 符	指令功能	机器代码（二进制）	对标志位影响 Cy	字节数	周期数
89	DJNZ direct,rel （直接寻址单元减 1 条件转移指令）	direct←(direct)－1 若(direct)≠0，则 PC←PC+3+rel 若(direct)=0，则 PC←PC+3	11010101、direct、rel	×	3	2
90	ACALL addr11（绝对调用指令）	PC←PC+2 SP←SP+1,(SP)←PCL SP←SP+1,(SP)←PCH PC10～0←addr11	$a_{10}a_9a_8$1001、$addr_{7\sim0}$	×	2	2
91	LCALL addr16（长调用指令）	PC←PC+3 SP←SP+1,(SP)←PCL SP←SP+1,(SP)←PCH PC15～0←addr16	00010010、$addr_{15\sim8}$、$addr_{7\sim0}$	×	3	2
92	RET（子程序返回指令）	PCH←(SP),SP←SP－1 PCL←(SP),SP←SP－1	00100010	×	1	2
93	RETI（中断返回指令）	PCH←(SP),SP←SP－1 PCL←(SP),SP←SP－1	00110010	×	1	2
94	NOP（空指令）	PC←PC+1	00000000	×	1	1
五、位操作类指令（17 条）						
95	CLR C（进位标志清“0”指令）	Cy←0	11000011	√	1	1
96	CLR bit（直接寻址位清“0”指令）	bit←0	11010010、bit	×	2	1
97	STEB C（进位标志置位指令）	Cy←1	11010011	1	1	1
98	SETB bit（直接寻址位置位指令）	bit←1	11010010、bit	×	2	1
99	CPL C（进位标志位取反指令）	Cy← $\overline{Cy}$	10110011	√	1	1
100	CPL bit（直接寻址位取反指令）	bit←($\overline{bit}$)	10110010、bit	×	2	1
101	ANL C,bit（位逻辑与指令）	Cy←Cy∧(bit)	10000010、bit	√	2	2
102	ANL C,/bit（位反逻辑与指令）	Cy←Cy∧($\overline{bit}$)	10110000、bit	√	2	2
103	ORL C,bit（位逻辑或指令）	Cy←Cy∨bit	01110010、bit	√	2	2
104	ORL C,/bit（位反逻辑或指令）	Cy←Cy∨($\overline{bit}$)	10100000、bit	√	2	2
105	MOV C,bit（位数据传送指令）	Cy←(bit)	10100010、bit	√	2	1
106	MOV bit,C（累加位数据传送指令）	(bit)←Cy	10010010、bit	×	2	2
107	JC rel（累加位条件转移指令）	若 Cy=1，则 PC←PC+2+rel 若 Cy=0，则 PC←PC+2	01000000、rel	×	2	2
108	JNC rel（累加位条件转移指令）	若 Cy=0，则 PC←PC+2+rel 若 Cy=1，则 PC←PC+2	01010000、rel	×	2	2
109	JB bit,rel（位条件转移指令）	若(bit)=1，则 PC←PC+3+rel 若(bit)=0，则 PC←PC+3	00100000、bit、rel	×	3	2

（续表）

序号	助 记 符	指令功能	机器代码（二进制）	对标志位影响 Cy	字节数	周期数
110	JNB bit,rel（位条件转移指令）	若(bit)=0，则 PC←PC+3+rel 若(bit)=1，则 PC←PC+3	00110000、bit、rel	×	3	2
111	JBC bit,rel（位条件转移清“0”指令）	若(bit)=1，则 PC←PC+3+rel 且 bit←0 若(bit)=0，则 PC←PC+3	00010000、bit、rel	×	3	2

注释：指令系统所用符号和含义如下：

addr11—11 位地址；←—数据传送方向；×—不影响标志；∧—逻辑与；addr16—16 位地址；⊕—逻辑异或；√—影响标志；∨—逻辑或；#data—8 位立即数；@—间接寻址方式中，表示间址寄存器的符号；rel—相对偏移量，为 8 位有符号数（补码形式）；Rn—工作寄存器 R0～R7，在机器代码中用三位二进制数 rrr 表示 n=0～7；direct—直接地址单元（RAM、SFR、I/O 等）；bit—位地址；X—片内 RAM 中的直接地址或寄存器；Ri—i=0,1，数据指针 R0 或 R1；A—累加器；（X）—在直接寻址方式中，表示直接地址 X 中的内容；在间接寻址方式中，表示间址寄存器 X 指出的地址单元中的内容；Cy、AC、OV、P—表示指令执行分别对进位、辅助进位、溢出、奇偶标志位的影响。

附录 B　80C51 系列单片机常用资料

附表 B-1　特殊功能寄存器

SFR 符号	字节地址	位地址/位符号（D7←→D0）——有效位 83 个								注　释
*ACC	E0H	E7	E6	E5	E4	E3	E2	E1	E0	累加器
		ACC.7	ACC.6	ACC.5	ACC.4	ACC.3	ACC.2	ACC.1	ACC.0	
*B	F0H	F7	F6	F5	F4	F3	F2	F1	F0	乘法寄存器
*PSW	D0H	D7	D6	D5	D4	D3	D2	D1	D0	程序状态字
		CY	AC	F0	RS1	RS0	OV	F1	P	
SP	81H									堆栈指针
DPL	82H									数据存储器指针低 8 位
DPH	83H									数据存储器指针高 8 位
*IE	A8H	AF	AE	AD	AC	AB	AA	A9	A8	中断允许控制器
		EA		（ET2）	ES	ET1	EX1	ET0	EX0	
*IP	D8H	BF	BE	BD	BC	BB	BA	B9	B8	中断优先控制器
				（PT2）	PS	PT1	PX1	PT0	PX0	
*P0	80H	87	86	85	84	83	82	81	80	端口 0
		P0.7	P0.6	P0.5	P0.4	P0.3	P0.2	P0.1	P0.0	
*P1	90H	97	96	95	94	93	92	91	90	端口 1
		P1.7	P1.6	P1.5	P1.4	P1.3	P1.2	P1.1	P1.0	
*P2	A0H	A7	A6	A5	A4	A3	A2	A1	A0	端口 2
		P2.7	P2.6	P2.5	P2.4	P2.3	P2.2	P2.1	P2.0	
*P3	B0H	B7	B6	B5	B4	B3	B2	B1	B0	端口 3
		P3.7	P3.6	P3.5	P3.4	P3.3	P3.2	P3.1	P3.0	
PCON	87H									电源控制及波特率选择
*SCON	98H	9F	9E	9D	9C	9B	9A	99	98	串行口控制器
		SM0	SM1	SM2	REN	TB8	RB8	TI	RI	
SBUF	99H									串行数据缓冲器
*TCON	88H	8F	8E	8D	8C	8B	8A	89	88	定时器控制
		TF1	TR1	TF0	TR0	IE1	IT1	IE0	IT0	

（续表）

SFR 符号	字节地址	位地址/位符号（D7←→D0）——有效位 83 个								注　释
TMOD	89H									定时器方式选择
TL0	8AH									定时器 0 低 8 位
TL1	8BH									定时器 1 低 8 位
TH0	8CH									定时器 0 高 8 位
TH1	8DH									定时器 1 高 8 位

注：1.带*号的特殊功能寄存器都是位寻址的寄存器；

2.（）中为增强型芯片的定时器 T2 的有关位。

附表 B-2　单片机复位状态

专用寄存器	复位状态	专用寄存器	复位状态	专用寄存器	复位状态
PC	0000H	P0～P3	FFH	TL0	00H
ACC	00H	IP	×××00000B	TH1	00H
B	00H	IE	0××00000B	TL1	00H
PSW	00H	TMOD	00H	SCON	××H
SP	07H	TCON	00H	SBUF	0×××0000B
DPTR	0000H	TH0	00H		

注：×为不定状态。

附表 B-3　工作寄存器和 RAM 地址对照

组号	RS1 RS0	R7	R6	R5	R4	R3	R2	R1	R0
0	0 0	07H	06H	05H	04H	03H	02H	01H	00H
1	0 1	0FH	0EH	0DH	0CH	0BH	0AH	09H	08H
2	1 0	17H	16H	15H	14H	13H	12H	11H	10H
3	1 1	1FH	1EH	1DH	1CH	1BH	1AH	19H	18H

附表 B-4　RAM 中 20H～2FH 位地址

字节地址	位 地 址							
	D7	D6	D5	D4	D3	D2	D1	D0
20H	07H	06H	05H	04H	03H	02H	01H	00H
21H	0FH	0EH	0DH	0CH	0BH	0AH	09H	08H
22H	17H	16H	15H	14H	13H	12H	11H	10H
23H	1FH	1EH	1DH	1CH	1BH	1AH	19H	18H
24H	27H	26H	25H	24H	23H	22H	21H	20H
25H	2FH	2EH	2DH	2CH	2BH	2AH	29H	28H
26H	37H	36H	35H	34H	33H	32H	31H	30H
27H	3FH	3EH	3DH	3CH	3BH	3AH	39H	38H
28H	47H	46H	45H	44H	43H	42H	41H	40H
29H	4FH	4EH	4DH	4CH	4BH	4AH	49H	48H

（续表）

字节地址	位地址							
	D7	D6	D5	D4	D3	D2	D1	D0
2AH	57H	56H	55H	54H	53H	52H	51H	50H
2BH	5FH	5EH	5DH	5CH	5BH	5AH	59H	58H
2CH	67H	66H	65H	64H	63H	62H	61H	60H
2DH	6FH	6EH	6DH	6CH	6BH	6AH	69H	68H
2EH	77H	76H	75H	74H	73H	72H	71H	70H
2FH	7FH	7EH	7DH	7CH	7BH	7AH	79H	78H

附表 B-5　P3 口第二功能定义

口　线	引　脚	第二功能
P3.0	10	RXD（串行口输入）
P3.1	11	TXD（串行口输出）
P3.2	12	INT0（外部中断 0）
P3.3	13	INT1（外部中断 1）
P3.4	14	T0（定时器 0）
P3.5	15	T1（定时器 1）
P3.6	16	WR（外部数据存储器写）
P3.7	17	RD（外部数据存储器读）

附录 C　ASCII 码（美国标准信息交换码）表

低 4 位 \ 高 3 位	000（0H）	001（1H）	010（2H）	011（3H）	100（4H）	101（5H）	110（6H）	111（7H）
0000（0H）	NUL	DLE	SP	0	@	P	`	p
0001（1H）	SOH	DC1	!	1	A	Q	a	q
0010（2H）	STX	DC2	“	2	B	R	b	r
0011（3H）	ETX	DC3	#	3	C	S	c	s
0100（4H）	EOT	DC4	$	4	D	T	d	t
0101（5H）	ENG	NAK	%	5	E	U	e	u
0110（6H）	ACK	SYN	&	6	F	V	f	v
0111（7H）	BEL	ETB	'	7	G	W	g	w
1000（8H）	BS	CAN	（	8	H	X	h	x
1001（9H）	HT	EM	）	9	I	Y	i	y
1010（AH）	LF	SUB	*	:	J	Z	j	z
1011（BH）	VT	ESC	+	;	K	[	k	{
1100（CH）	FF	FS	,	<	L	\	l	|

（续表）

高3位 / 低4位	000（0H）	001（1H）	010（2H）	011（3H）	100（4H）	101（5H）	110（6H）	111（7H）
1101（DH）	CR	GS	—	=	M	]	m	}
1110（EH）	SO	RS	.	>	N	Ω ①	n	～
1111（FH）	SI	US	/	?	O	— ②	o	DEL

注：第0、1、2和7列特殊控制功能的解释如下：

SYN：空转同步；FF：走纸控制；DC4：设备控制4；ETB：信息组传送结束；SUB：减；

SOH：标题开始；GS：组分隔符；DC3：设备控制3；CR：回车（Carriage Return）；NUL：空；

STX：正文结束；SO：移位输出；DC2：设备控制2；ESC：换码；LF：换行；

ETX：本文结束；SI：移位输入；DC1：设备控制1；NAK：否定；ENQ：询问；

EOT：传输结束；VT：垂直列表；DLE：数据链换码；DEL：删除；SP：空格；

FS：文字分隔符；HT：横向列表；RS：记录分隔符；ACK：承认；EM：纸尽；

BS：退一格；BEL：响铃；US：单元分隔符；CAN：作废。

① 取决于使用这种代码的机器，它的符号可以是在下面画线，向下箭头，或心形。

② 取决于使用这种代码的机器，它的符号可以是弯曲符号，向上箭头，或（—）标记。

附录D　二进制逻辑单元图形符号对照

序号	名称	原电子部标准	原国际通用符号	原国家标准	国家标准	备注
1	与门	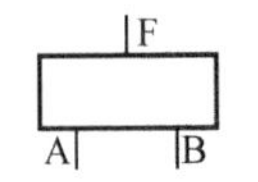		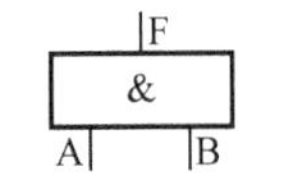	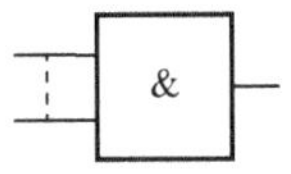	F=A·B
2	或门	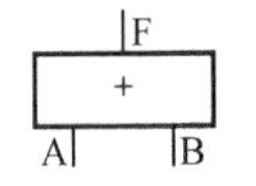		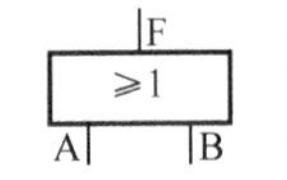	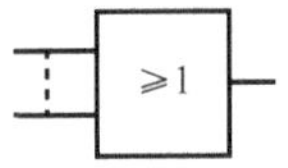	F=A+B
3	非门	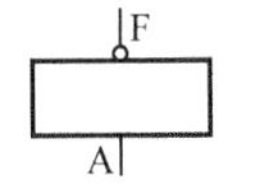	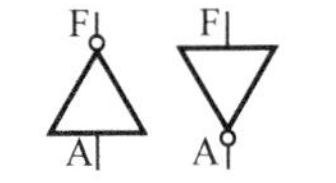	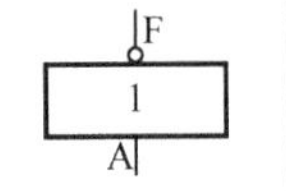	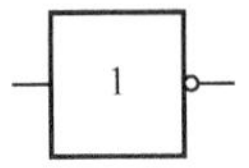	F=$\overline{A}$
4	与非门	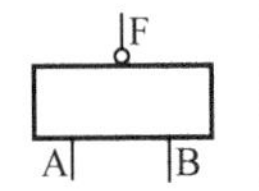	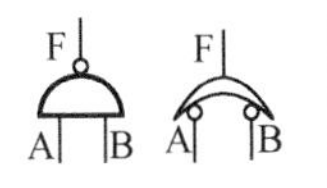	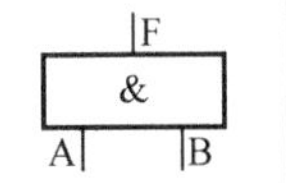	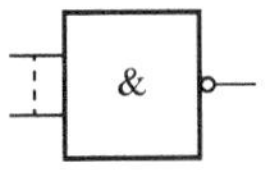	F=$\overline{A\cdot B}$
5	或非门	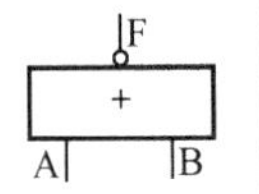	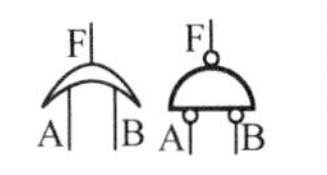	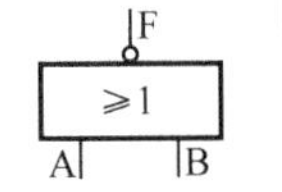	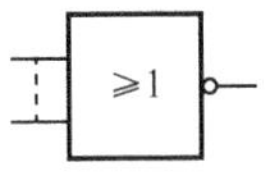	F=$\overline{A+B}$
6	与或非门	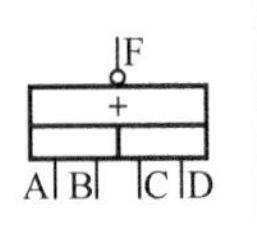		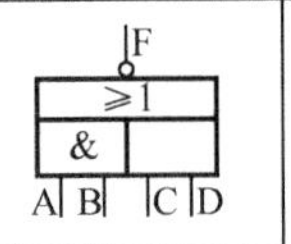	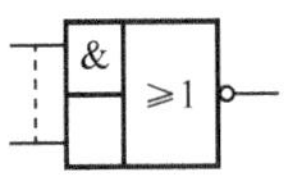	F=$\overline{A\cdot B+C\cdot D}$
7	异或门	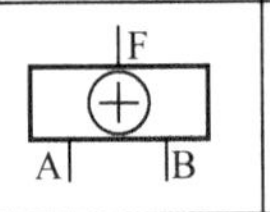		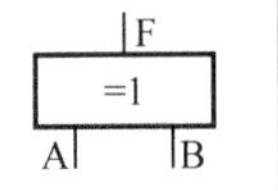	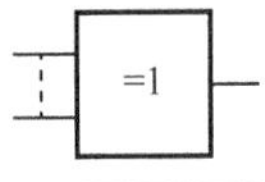	F=A ⊕ B

附录E 常用芯片引脚图

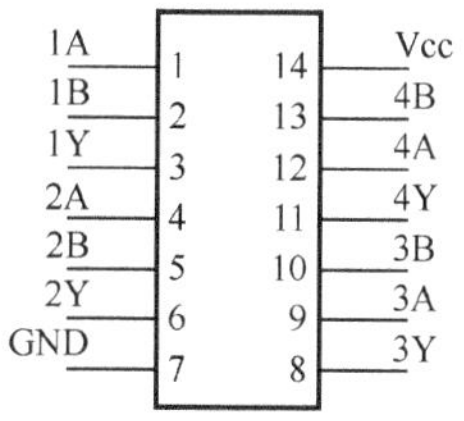

四2输入与非门74LS00

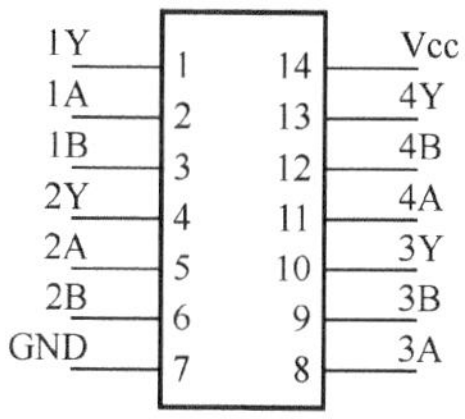

四2输入与非门74LS02

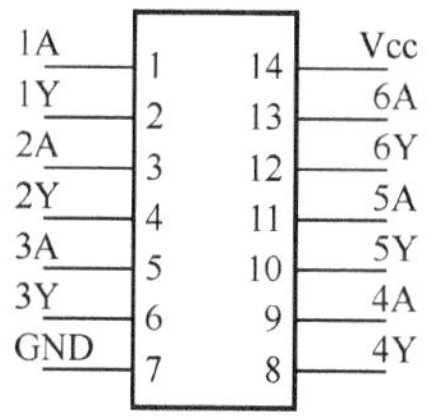

6反相器74LS04

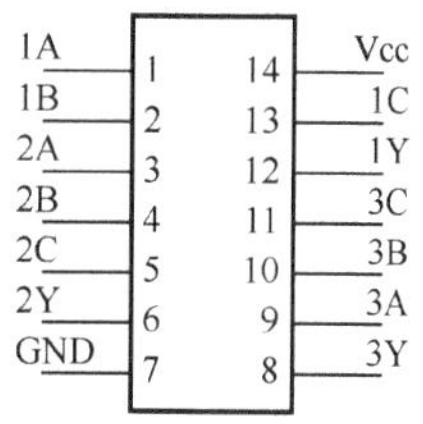

三3输入与非门74LS10

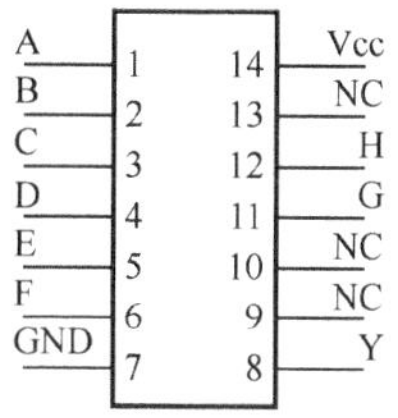

8输入与非门74LS30

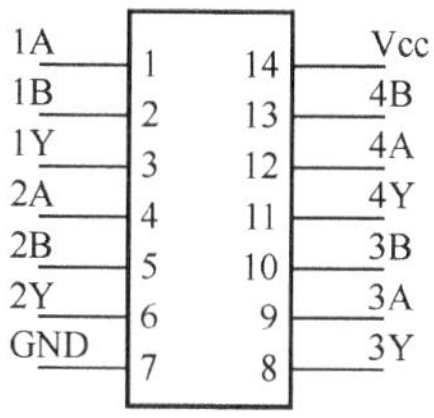

四输入或门74LS32

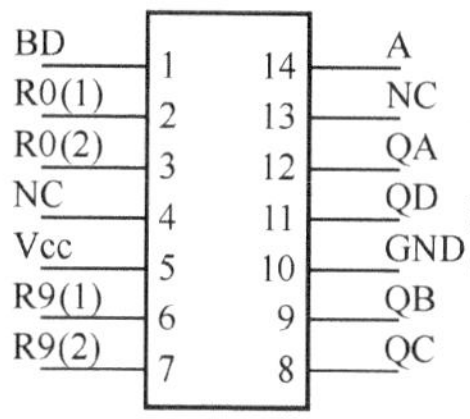

十进制计数器74LS90

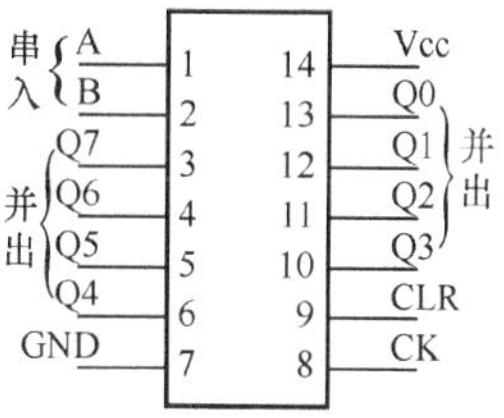

8位串入/并出
移位寄存器74LS164

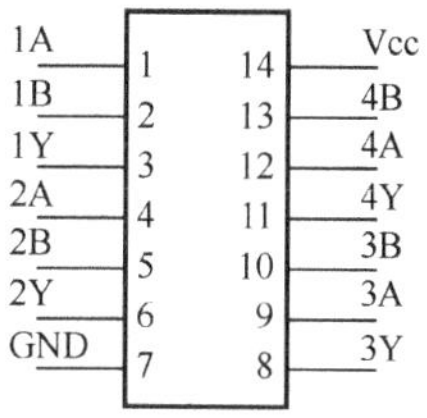

四二输入与门74LS08

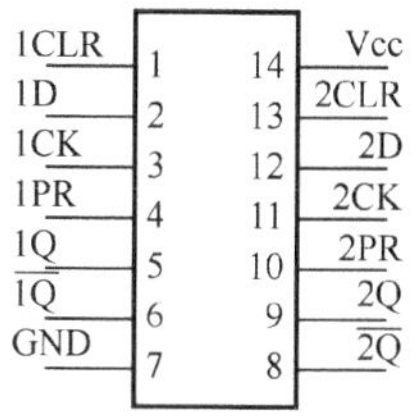

正沿触发器
双D锁存器74LS74

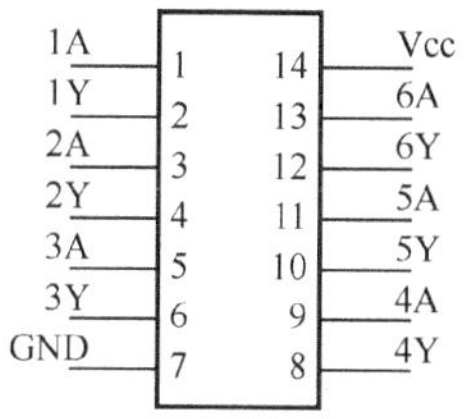

6同相缓冲器/驱动器
(OC高压输出) 7407

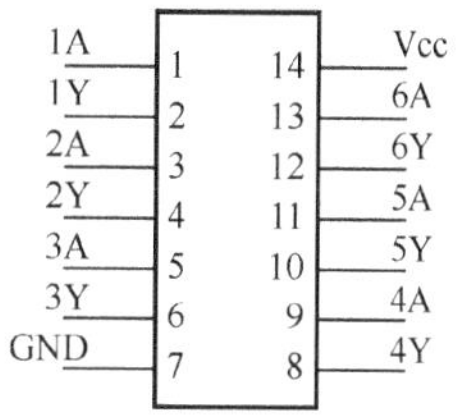

6反相缓冲器/驱动器
(OC高压输出) 7406

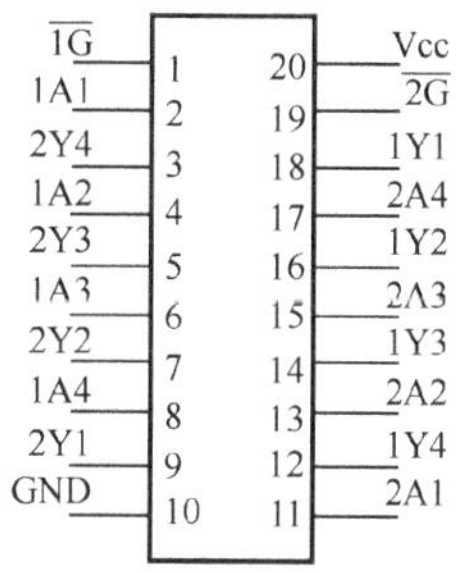

8缓冲/线驱动/线接收器
(原码三态输出) 74LS244

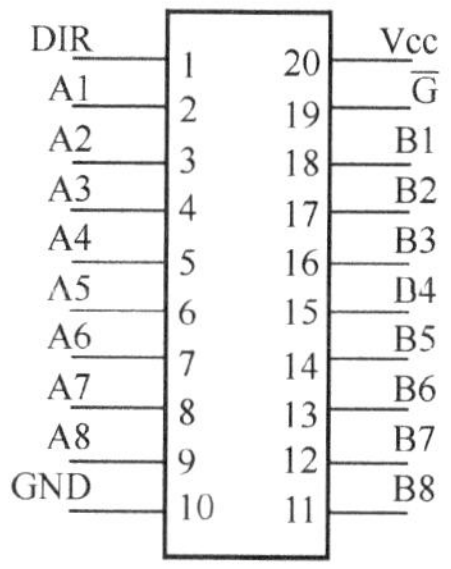

8总线接收/发送器
74LS245

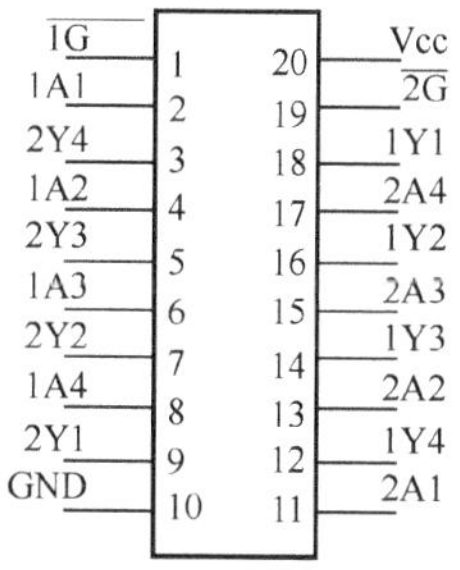

8缓冲/线驱动/线接收器
(反码三态输出) 74LS240

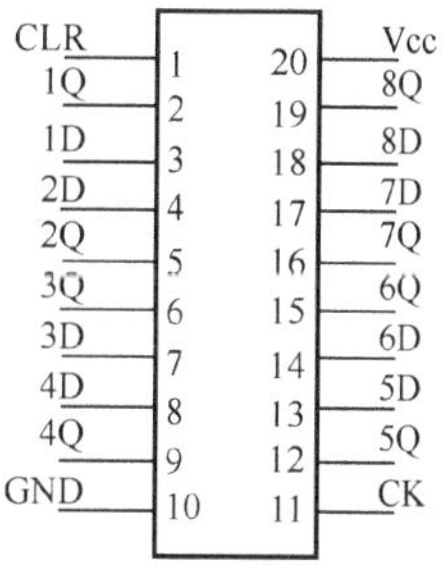

8D锁存器74LS273

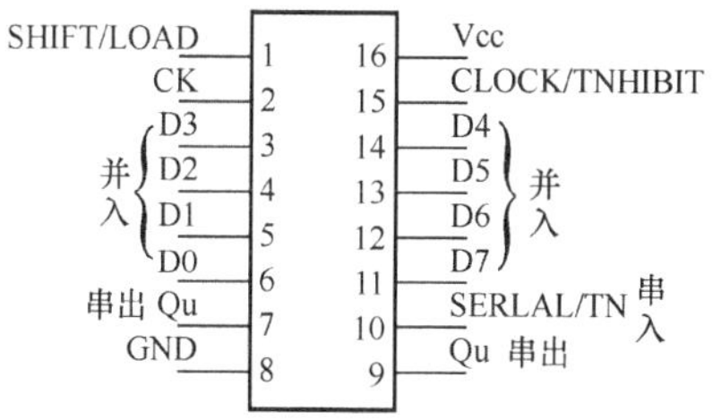

8位串入或并入/补码串出
移位寄存器74LS165

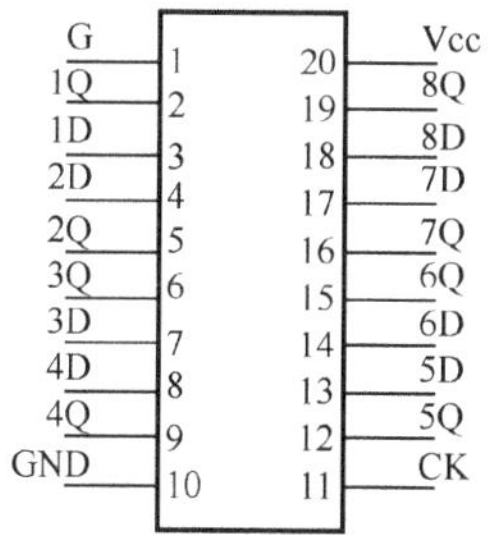

带使能端的8D锁存器
74LS377

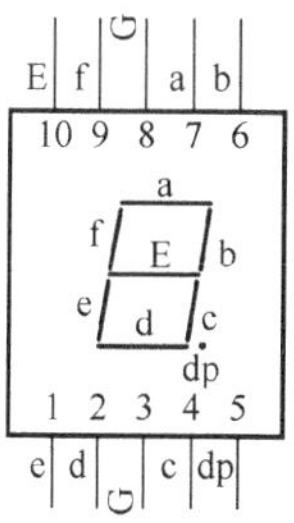

LED数码显示管
LTS547GF

附录F　部分习题答案

为了帮助大家学习，仅列出选择题、填空题的答案。对于问答题和编程题的答案，由于篇幅所限，不能在此一一列出。

习题1

一．单选题

1．A　2．B　3．B　4．A　5．D　6．C

二．填空题

1．有符号和无符号
2．11001010，10110110
3．-21，-107，95，149
4．30H～39H，41H～46H
5．54H

习题2

一．单选题

1．D　2．A　3．B　4．C
5．C　6．D　7．D　8．C

二．填空题

1．低电平，下跳变
2．32，4，8
3．0，00H，07H
4．高增益反相放大器，晶体振荡器，微调电容
5．专用寄存器，128

习题3

一．单选题

1．A　2．C　3．B　4．D　5．A
6．C　7．A　8．D　9．B　10．A

二．填空题

1．指令
2．汇编
3．一，二，三
4．操作数
5．8，内部RAM
6．A，PC，DPTR
7．8140H
8．62H，30H，70H
9．34H，1，1，1
10．23H，1
11．96H
12．$P3.0=(P1.0)\wedge(P1.1)\wedge(\overline{P1.2})$

习题 5

一. 单选题

1. D　2. A　3. C　4. D　5. B
6. B　7. C　8. C　9. A　10. D
11. B　12. A　13. D

二. 填空题

1. 共享　2. 外中断　3. PC，PC，程序存储器
4. TF1，查询的状态　5. 8192×4=32768μs

习题 6

一. 单选题

1. B　2. A　3. A　4. A　5. C　6. B　7. A

二. 填空题

1. 64KB　2. 线选法，译码法
3. 统一编址　4. 同步传送方式，查询传送方式，中断传送方式
5. 数据，控制　6. 256，RAM，14，定时器/计数器
7. 扫描法，线反转法　8. 编程扫描，定时扫描，中断扫描
9. 共阴极，共阳极　10. 硬件消抖，软件消抖

习题 7

一. 单选题

1. B　2. B　3. D　4. B
5. A　6. C　7. C　8. D

二. 填空题

1. 并行，串行，串行　2. 起始，数据，奇偶校验，停止
3. 单工，全双工，半双工　4. 串行，反串行，反串行
5. 串行发送数据缓冲，串行接收数据缓冲　6. 同步移位，并行输出，并行输入
7. 一样　8. 2，自动重新加载

习题 8

一．单选题

1．B　　2．A　　3．D　　4．C　　5．C

二．填空题

1．转换需要一定时间才能完成，数字量输入要稳定一段时间　　2．运算放大器
3．调控脉冲　　4．同步　　5．计数，双积分，逐次逼近，并行
6．EOC　　7．定时传送，查询，中断

参考文献

[1] 李广弟，朱月秀，冷祖祁．单片机基础[M]．3 版．北京：北京航空航天大学出版社，2007．
[2] 徐汉斌，熊才高．单片机原理及应用[M]．武汉：华中科技大学出版社，2013．
[3] 李全利．单片机原理及应用[M]．2 版．北京：清华大学出版社，2014．
[4] 李晓林，苏淑靖，许鸥，等．单片机原理与接口技术[M]．3 版．北京：电子工业出版社，2015．
[5] 丁元杰．单片微机原理及应用[M]．3 版．北京：机械工业出版社，2011．
[6] 姚国林．单片机原理与应用技术[M]．2 版．北京：清华大学出版社，2016．
[7] 黄勤．单片机原理及应用[M]．北京：清华大学出版社，2010．
[8] 靳桅．单片机原理及应用[M]．成都：西南交通大学出版社，2004．
[9] 张毅刚，彭喜元，彭宇．单片机原理及应用[M]．北京：高等教育出版社，2010．
[10] 张旭涛．单片机原理与应用[M]．3 版．北京：北京理工大学出版社，2013．
[11] 高惠芳．单片机原理及应用技术[M]．北京：科学出版社，2010．
[12] 李林功，吴飞青，王一刚，等．单片机原理与应用[M]．2 版．北京：机械工业出版社，2014．
[13] 朱定华，戴颖颖，朱悦．单片机原理及接口技术[M]．2 版．北京：清华大学出版社，2013．
[14] 张志霞，张楠楠，王永刚，等．单片机原理[M]．北京：水利水电出版社，2014．
[15] 姜志海，黄玉清，刘连鑫．单片机原理及应用[M]．3 版．北京：电子工业出版社，2013．
[16] 张毅刚．单片机原理及接口技术（C51 编程）[M]．北京：人民邮电出版社，2011．
[17] 李朝青，刘艳玲．单片机原理及接口技术[M]．4 版．北京：北京航空航天大学出版社，2013．
[18] 胡汉才．单片机原理及其接口技术[M]．3 版．北京：清华大学出版社，2010．
[19] 刘建辉，冀常鹏．单片机智能控制技术[M]．北京：国防工业出版社，2007．
[20] 陈中，朱代忠．基于 STC89C52 单片机的控制系统设计[M]．北京：清华大学出版社，2015．

反侵权盗版声明